AVR DANPIANJI
KAIFA YU YINGYONG SHILI

AVR单片机
开发与应用实例

主　编　张校铭

副主编　曹振华　朱　雷

中国电力出版社
CHINA ELECTRIC POWER PRESS

内 容 提 要

本书从工程实践角度出发，全面、系统地讲解了 AVR 单片机的基础知识、硬件结构、各典型接口应用以及多个综合系统应用的设计和分析等。本书共分为 11 章，第 1 章介绍了 AVR 单片机的基础知识；第 2 章～第 8 章以 ATmega128 单片机为例讲解了 AVR 单片机的系统开发工具、硬件结构、指令系统和各典型接口的应用等，其中还穿插讲解了 C 语言编程基础；第 9 章讲解了 AVR 单片机在电气控制系统中的应用实例；第 10 章讲解了各种传感器的应用实例；第 11 章的内容讲解了 AVR 单片机的综合应用设计实例。

本书内容丰富、深入浅出、图文并茂，书中收集了大量的 AVR 单片机设计实例电路图及程序案例，并配以详尽的文字讲解，适合从事单片机技术的开发人员使用，同时可作为相关专业在校师生的参考用书。

图书在版编目（CIP）数据

AVR 单片机开发与应用实例/张校铭主编 . —北京：中国电力出版社，2018.7
ISBN 978－7－5198－1940－8

Ⅰ.①A…　Ⅱ.①张…　Ⅲ.①单片微型计算机　Ⅳ.①TP368.1

中国版本图书馆 CIP 数据核字（2018）第 073316 号

出版发行：中国电力出版社
地　　址：北京市东城区北京站西街 19 号（邮政编码 100005）
网　　址：http://www.cepp.sgcc.com.cn
责任编辑：杨　扬（y－y@sgcc.com.cn）
责任校对：郝军燕　李　楠
装帧设计：王红柳
责任印制：杨晓东

印　　刷：三河市航远印刷有限公司
版　　次：2018 年 7 月第一版
印　　次：2018 年 7 月北京第一次印刷
开　　本：787 毫米×1092 毫米　16 开本
印　　张：30.5
字　　数：841 千字
定　　价：98.00 元

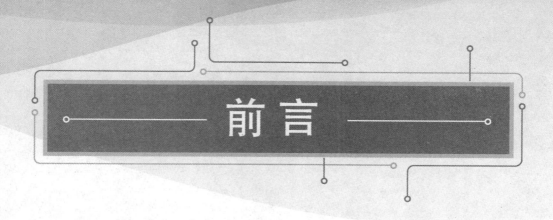

前 言

AVR 单片机是于 1997 年由 Atmel 公司研发出的，增强型内置 Flash 的 RISC（Reduced Instruction Set CPU）精简指令集高速 8 位单片机。AVR 单片机具有可靠性高、功能强、高速度、低功耗等优点，广泛应用于计算机外部设备、工业实时控制、仪器仪表、通信设备、家用电器等各个领域。

本书以 AVR 单片机中的高档系列——ATmega128 单片机为蓝本，全面、系统地讲解了 AVR 单片机的基础知识、系统开发工具、硬件结构、各典型接口应用以及多个综合系统应用的设计和分析等知识。本书以实例为主，偏重于实用性，书中每个案例都经过了实践验证，具有很强的工程实践指导性，使读者能举一反三，从而掌握 AVR 单片机的开发与应用技术。

本书由张校铭主编，参加本书编写的还有寇志万、杨欢、赵春霞、王建薇、李娟、崔颖、张国发、崔二立、王志永、袁建国、李维忠、许振兴、裴广龙、王彦伦、郑号、张珺、周波、周俞、李亚旭、刘兴杰、马绪滨、张颖伟、张伯虎等。本书在编写过程中还参考了相关书籍和资料，在此对以上编写人员及文献作者一并表示感谢！

由于作者水平有限，加之时间仓促，本书难免有错误和不足之处，望广大读者批评指正。

编者

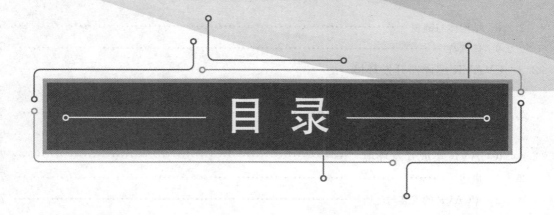

目 录

第1章
AVR单片机的基础知识

1.1 AVR 单片机特点与种类

1.1.1 AVR 单片机的特点

Atmel 公司的 AVR 单片机，是增强型 RISC 内载 Flash 的单片机，芯片上的 Flash 存储器附在用户的产品中，可以随时编程、再编程，使用户的产品设计容易，更新换代方便。AVR 单片机采用增强的 RISC 结构，使其具有高速处理能力，在一个时钟周期内可执行复杂的指令，每 1MHz 可实现 1MIPS 的处理能力。AVR 单片机工作电压为 2.7~6.0V，可以实现耗电最优化。AVR 的单片机广泛应用于计算机外部设备、工业实时控制、仪器仪表、通信设备、家用电器、宇航设备等各个领域。

AVR 单片机吸收了 DSP 双总线的特点，采用 Harvard 总线结构，因此单片机的程序存储器和数据存储器是分离的，并且可以对具有相同地址的程序存储器和数据存储器进行独立的寻址。在 AVR 单片机中，CPU 执行当前指令时取出将要执行的下一条指令放入寄存器中，从而可以避免传统 MCS51 系列单片机中多指令周期的出现。传统的 MCS51 系列单片机所有的数据处理都是基于一个累加器的，因此累加器与程序存储器、数据存储器之间的数据转换就成了单片机的瓶颈；在 AVR 单片机中，寄存器 32 个通用工作寄存器组成，并且任何一个寄存器都可以充当累加器，从而有效地避免了累加器的瓶颈效应，提高了系统的性能。

AVR 单片机具有良好的集成性能。系列的单片机都具备在线编程接口，其中的 Mega 系列还具备 JTAG 仿真和下载功能；都含有片内看门狗电路、片内程序 Flash、同步串行接口 SPI；多数 AVR 单片机还内嵌了 A/D 转换器、E^2PROM、模拟比较器、PWM 定时计数器等多种功能；AVR 片机的 I/O 接口具有很强的驱动能力，灌电流可以直接驱动继电器、LED 等器件，从而省去了驱动电路，节约了系统成本。AVR 单片机采用低功率、非挥发的 CMOS 工艺制造，除具有低功耗、高密度的特点外，还支持低电压的联机 Flash，E^2PROM 写入功能。

AVR 单片机还支持 Basic、C 等高级语言编程。采用高级语言对单片机系统进行开发是单片机应用的发展趋势。对单片机用高级语言编程可以很容易地实现系统移植，并加快软件的开发过程。AVR 单片机的主要特点介绍如下。

1

1．高性能、低功耗的 8 位 AVR 微处理器及其先进的 RISC 结构

（1）131 条指令，大多数指令执行时间为单个时钟周期。

（2）32 个 8 位通用工作寄存器。

（3）全静态工作。

（4）工作于 16MHz 时性能高达 16MIPS。

（5）只需两个时钟周期的硬件乘法器。

2．非易失性程序和数据存储器

（1）16KB 的系统内可编程 Flash ROM。

（2）具有独立锁定位的可选 Boot 代码区。

（3）通过片上 Boot 程序实现系统内编程。

（4）真正的同时读写操作。

（5）512B 的 E^2 PROM。

（6）擦写寿命：100000 次。

（7）1KB 的片内 SRAM。

3．JTAG 接口（与 IEEE1149.1 标准兼容）

（1）符合 JTAG 标准的边界扫描功能。

（2）支持扩展的片内调试功能。

（3）通过 JTAG 接口实现对 Flash、E^2 PROM、熔丝位和锁定位的编程。

4．外设特点

（1）两个具有独立预分频器和比较器功能的 8 位定时器/计数器。

（2）一个具有预分频器、比较功能和捕捉功能的 16 位定时器/计数器。

（3）具有独立振荡器的实时计灵敏器 RTC。

（4）四通道 PWM。

（5）8 路 10 位 ADC。

（6）8 单端通道。

（7）TQFP 封装的 7 差分通道。

（8）两个具有可编程增益（1×、10×或 200×）的差分通道。

（9）面向字节的两线接口。

（10）两个可编程的串行 USART。

（11）可工作于主机/从机模式的 SPI 串行接口。

（12）具有独立片内振荡器的可编程看门狗定时器。

（13）片内模拟比较器。

5．特殊的处理器特点

（1）上电复位以及可编程的掉电检测。

（2）片内经过标写的 RC 振荡器。

（3）片内/片外中断源。

（4）六种睡眠模式：空间模式、ADC 噪声抑制模式、省电模式、掉电模式、Standby 模式以及扩展的 Standby 模式。

6．I/O 口和封装

（1）32 位可编程的 I/O 口。

（2）40 引脚 PDIP 封装，44 引脚 TQFP 封装，与 44 引脚 MLF 封装。

7. 工作电压

（1）ATmega16L：2.7～5.5V。

（2）ATmega16：4.5～5.5V。

8. 速度等级

（1）0～8MHz ATmega16。

（2）0～16 MHz ATmega16。

9. ATmega16L 在 1MHz、3V、25℃时的功耗

（1）正常模式：1.1mA。

（2）空间模式：0.35mA。

（3）掉电模式：<1μA。

1.1.2　封装和引脚功能

ATmega16 单片机具有三种不同的封装形式：40 引脚 PDIP 封装、44 引脚 TQFP 封装与 44 引脚 MLF 封装。常用的是 40 引脚 PDIP 封装和 44 引脚 TQFP 封装，其外形封装如图 1-1 所示。引脚图如图 1-2 所示。

图 1-1　ATmega16 单片机封装图
(a) PDIP-40 封装；(b) TQFP-44 封装

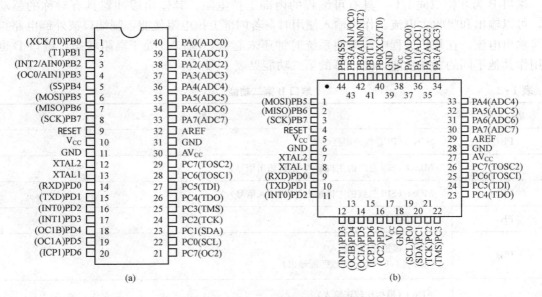

图 1-2　ATmega16 单片机引脚图
(a) PDIP-40 封装；(b) TQFP-44 封装

下面以常用的 PDIP（40 引脚）封装来介绍 ATmega16 的引脚定义，其引脚排列分布如图 1-2（a）所示。

1. 端口 Vcc

数字电路的电源。

2. 端口 GND

数字电路的地。

3. 端口 A（PA7～PA0）

端口 A 为 8 位双向 I/O 口，具有可编程的内部上拉电阻。其输出缓冲器具有对称的驱动特性，可以输出和吸收大电流。作为输入使用时，若内部上拉电阻使能，则端口被外部电路拉低时将输出电流。在复位过程中，即使系统时钟还未起振，端口 A 处于高阻状态，端口 A 可作为 A/D 转换器的模拟输入端，其第二功能见表 1-1。

表 1-1 端口 A 第二功能

端口引脚	第二功能	端口引脚	第二功能
PA7	ADC7（ADC 输入通道 7）	PA3	ADC3（ADC 输入通道 3）
PA6	ADC6（ADC 输入通道 6）	PA2	ADC2（ADC 输入通道 2）
PA5	ADC5（ADC 输入通道 5）	PA1	ADC1（ADC 输入通道 1）
PA4	ADC4（ADC 输入通道 4）	PA0	ADC0（ADC 输入通道 0）

4. 端口 B（PB7～PB0）

端口 B 为 8 位双向 I/O，具有可编程的内部上拉电阻。其输出缓冲器具有对称的驱动特性，可以输出和吸收大电流。作为输入使用时，若内部上拉电阻使能，则端口被外部电路拉低时将输出电流。在复位过程中，即使系统时钟还未起振，端口 B 处于高阻状态，端口 B 也可以用作其他不同的特殊功能，端口 B 的第二功能见表 1-2。

表 1-2 端口 B 第二功能

端口引脚	第 二 功 能
PB7	SCK（SPI 总线的串行时钟）
PB6	MISO（SPI 总线的主机输入/从机输出信号）
PB5	MOSI（SPI 总线的主机输出/从机输入信号）
PB4	(SPI 从机选择引脚)
PB3	AISI（模拟比较负输入） OCO（T/CO 输出比较匹配输出）
PB2	AINO（模拟比较正输入） INT2（外部中断 2 输入）
PB1	TI（T/CI 外部计数器输入）
PB0	TD（T/CO 外部计数器输入） XCK（USART 外部时钟输入/输出）

5. 端口 C（PC7～PC0）

端口 C 为 8 位双向 I/O 口，具有可编程的内部上拉电阻，其输出缓冲器具有对称的驱动特性，可以输出和吸收大电流。作为输入使用时，若内部上位电阻使能，则端口被外部电路拉低时将输出电流。在复位过程中，即使系统时钟还未起振，端口 C 处于高阻状态。如果 JTAG 接口使能，即使复位出现，引脚 PC5（TDI）、PC3（TMS）与 PC2（TCK）的上位电阻被激活。端口 C 的第二功能见表 1-3。

表 1-3　　　　　　　　　　　　　端口 C 第二功能

端口引脚	第　二　功　能
PC7	TOSC2（定时报警器引脚 2）
PC6	TOSC1（定时报警器引脚 1）
PC5	TD1（JTAC 测试数据输入）
PC4	TD0（JTAC 测试数据输出）
PC3	TMS（JTAC 测试模式选择）
PC2	TCK（JTAC 测试时钟）
PC1	SDA（两线串行总线数据输入/输出线）
PC0	SCL（两线串行总线时钟线）

6. 端口 D（PD7～PD0）

端口 D 为 8 位双向 I/O 口，具有可编程的内部上拉电阻，其输出缓冲器具有对称的驱动特性，可以输出和吸收大电流。作为输入使用时，若内部上位电阻使能，则端口被外部电路拉低时将输出电流。在复位过程中，即使系统时钟还未起振，端口 D 处于高阻状态。端口 D 也可以用作其他不同的特殊功能，端口 D 的第二功能见表 1-4。

表 1-4　　　　　　　　　　　　　端口 D 第二功能

端口引脚	第　二　功　能
PD7	OC2（T/C2 输出比较匹配输出）
PD6	ICP1（T/C1 输入捕捉引脚）
PD5	OC1A（T/C1 输出比较 A 匹配输出）
PD4	OC1B（T/C1 输出比较 B 匹配输出）
PD3	INT1（外部中断 1 的输入）
PD2	INT0（外部中断 0 的输入）
PD1	TXD（USART 输出引脚）
PD0	ItXD（USART 输入引脚）

7. 端口 RESET

复位输入引脚。持续时间超过最小门限时间的低电平将引起系统复位。持续时间小于门限时间的脉冲不能保证可靠复位。

8. 端口 XTAL1

反向振荡放大器与片内时钟操作电路的输入端。

9. 端口 XTAL2

反向振荡放大器的输出端。

10. 端口 AVcc

AVcc 是端口 A 与 A/D 转换器的电源。不使用 ADC 时，该引脚应直接与 Vcc 连接。使用 ADC 时应通过一个低通滤波器与 Vcc 连接。

11. 端口 AREF

A/D 的模拟基准输入引脚。

1.1.3 AVR 种类与标识

1. 种类

Atmel 公司的 AVR 单片机有三个系列的产品。为满足不同的需求和应用，Atmel 公司对 AVR 单片机推出了 tinyAVR、low powerAVR 和 megaAVR，分别对应低、中、高三个不同档次数十种型号的产品。

tiny 系列 AVR 单片机：主要有 tiny11/12/13/15/26/28 等。

AT90S 系列 AVR 单片机：主要有 AT90S1200/2313/8515/8535 等。

ATmega 系列 AVR 单片机：主要有 ATmega8/16/32/64/128（存储容量为 8/16/32/64/128KB）以及 ATmega8515/8535 等。

三个系列所有型号的 AVR 单片机，指令系统兼容，内核相同，只是存储器容量、片内集成的外围接口的数量和功能略有不同。不同型号 AVR 单片机，有不同的引脚数目，价格各异，可以满足不同应用需求。使用者可以根据需要进行选择。

2. AVR 单片机的型号标识

随着 AVR 系列单片机产品线的日趋丰富，产品的命名也越来越复杂，在此仅以 ATmega32 单片机的产品命名为例，说明一下 AVR 系列产品的命名方法。本例中的单片机是 AVR 系列中较有代表性的一款，其完整型号为"ATMEGA32A - 16PU"，以下我们对产品型号进行说明。

（1）开头字母"AT"代表 Atmel 公司产品，之后的"MEGA"表示该产品是 megaAVR 系列。

（2）"MEGA"后面的数字"32"是产品代号，AVR 单片机的产品代号大多与片内的 Flash 存储器容量有关，此处的"32"表示片内 Flash 存储器的容量是 32KB。

（3）型号后面的字母表示的是工作电压范围。字母"L"表示的是低电压版本，工作电压为 2.7～5.5V，但芯片的最高时钟频率会减半。没有字母的表示工作电压为 4.5～5.5V，字母"A"则表示该芯片是改进工艺的新产品，工作电压与"L"版相同，均为 2.7～5.5V，但最高时钟频率没有限制。

例如：ATmega32 最高时钟频率为 16MHz，电源电压为 4.5～5.5V；而 ATmega32L 可以

低电压运行，电源电压为 2.7～5.5V，但最高时钟频率仅为 8MHz。ATmega32A 就没有时钟频率限制，在 2.7～5.5V 电压下时钟频率可以运行在 16MHz。

（4）"-"以后的部分是后缀。其中数字表示该芯片支持的最高系统时钟频率；"16"表示可以支持最高为 16MHz 的系统时钟。

（5）后缀第一个字母表示封装。"P"表示芯片为 DIP 封装，"A"表示芯片为 TQFP 封装，"M"表示芯片为 MLF 封装。

（6）后缀第二个字母表示芯片的应用级别。"C"表示芯片为商业级，"I"表示芯片为工业级（有铅），"U"表示芯片为工业级（无铅）。

1.1.4　AVR 单片机的基本结构

图 1-3 所示为 AVR 单片机的结构框图。

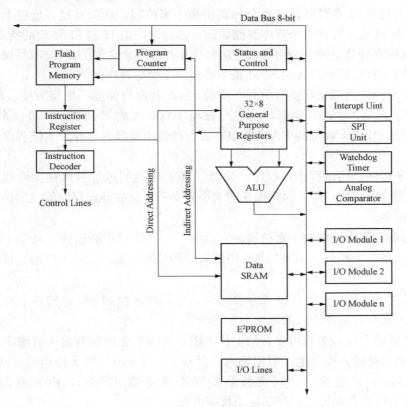

图 1-3　AVR 单片机结构框图

AVR 单片机抛弃了复杂指令计算机指令（CISC），采用精简指令集（RISC），一条指令可以在一个时钟周期内同时访问两个独立的寄存器，并以字作为指令长度单位，具有取值周期短、可预取指令的特点，可以达到 1MIPS/MHz 的高速运行处理能力。

快速存取 RISC 寄存器是由 AVR 的内核中的 32 个通用工作寄存器构成的，在一个时钟周期内可以执行一个完整的 ALU 操作，操作流程为：先从寄存器中取出操作数，执行操作，最后将操作结果放回目的寄存器中。通用寄存器还可以代替累加器，克服了采用单一 ACC 进行处理造成的瓶颈现象，同时又减少了对外设管理的开销，相对简化了硬件结构，

7

降低了成本。

在 32 个通用工作寄存器中，有 6 个可以用作 3 个 16 位的间接地址寄存器指针以寻址数据空间，实现高效的地址运算，它们分别称为 X 寄存器、Y 寄存器、Z 寄存器，其中一个指针还可以作为程序存储器查询表的地址指针。

AVR 单片机采用 CMOS 技术，具有高速度、低功耗的特点，同时还具有休眠（SLEEP）功能。为了最大限度地提高并行处理的运行效率，它运用了 Harvard 结构，即程序存储器和数据存储器使用不同的存储空间和总线，可以直接访问全部的数据存储器和程序存储器，寄存器文件被双向映射并能被访问，算术逻辑单元（ALU）在执行某一指令时，下一个指令被预先从程序存储器中提取处理，提高了 MCU 的运行效率。

算术逻辑单元（ALU）支持寄存器之间以及寄存器和常数之间的算术和逻辑运算，以及单一寄存器操作，每次的运算结果都通过状态寄存器（SREG）反映出来。

程序流程通过有/无条件的跳转指令和调用指令来控制，从而直接寻址整个地址空间，大多数指令长度为 16 位，亦即每个程序存储器地址都包含一条 16 位和 32 位的指令。

AVR 的程序存储器空间分为引导程序区和应用程序区。它们的读和读/写保护由对应的锁定位来实现。用于写应用程序区的 SPM 指令必须位于引导程序区。

AVR 单片机内嵌高质量可擦写 10000 次的 Flash 程序存储器，擦写方便，ISP 和 LAP 便于产品的调试、开发、生产、更新，内嵌可擦写 10000 次的 E^2PROM，可以多次更改程序，快速完成商品化。片内大容量的 RAM 可以有效支持使用高级语言开发系统程序，并可以扩展外部 RAM。

在中断和子程序调用过程中，程序计数器（PC）中返回地址被保存在堆栈之中，而堆栈处于数据存储器（SRAM）中，因此堆栈的大小只受系统总的静态存储器（SRAM）的大小及其使用情况的限制。

AVR 存储器空间为线性的平面结构。它具有一个灵活的中断模块，每个中断都对应一个中断入口地址，各个中断的优先级与其在中断入口的地址有关，中断入口的地址越小，中断优先级就越高。

I/O 存储器空间包含 64 个 I/O 寄存器空间，它们用来控制 MCU 的各个外围功能。映射到数据空间即为寄存器文件之后的地址为 \$20～\$5F。

AVR 单片机的 I/O 线带有可设置的上拉电阻，可以单独设定为输入或输出，作输入时可以设置为三态高阻抗输入或带上拉电阻输入，具备 10～20mA（吸入输出）；作输出时可输出 40mA（单一输出）大电流，可以直接驱动固态继电器（SSR），内置看门狗定时装置（WDT），使得 I/O 口资源灵活，产品抗干扰能力强。

AVR 单片机内具备多种独立的时钟分频器，可以提供给串行异步通信（URAT）、SPI 传输功能使用。8/16 位定时/计数器可作比较器、计数器外部中断和 PWM 用于控制输出。AVR 单片机的定时/计数器进行（单）双向计数形成三角波，并与输出比较匹配寄存器配合，可以生成占空比、频率、相位都可变的方波信号。

AVR 单片机有自上电复位电路（POR）、独立的看门狗电路（WDT）、低电压检测电路 BOD，多个复位源，只要在复位端接一个上拉电阻就可以了，不需要外接外部复位器件。

AVR 单片机具有 Flash 程序存储器，看门狗、E^2PROM、同/异步串行口、TWI、SPI、A/D 转换器、定时/计数器等多种器件和增强可靠性的复位系统、降低功耗抗干扰的休眠模式，品种多门类全的中断系统、具有输入捕获和比较匹配输出等多样化功能的定时器/计数器、具有替换功能的 I/O 端口多种功能，性能十分强大，内部结构比较复杂。

1.2　ATmega16/32/128 系列单片机

1.2.1　ATmega16 单片内部结构

ATmega16 是 AVR 单片机中一款比较典型、比较常见的高性能单片机，其内部结构如图1-4 所示。

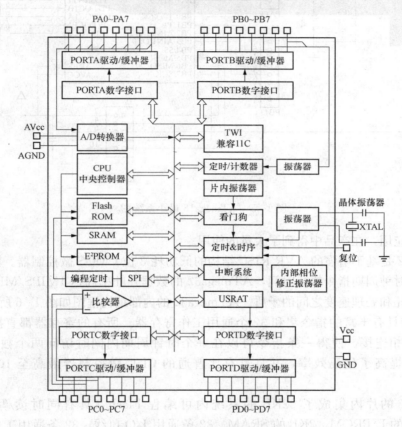

图 1-4　ATmega16 单片机内部结构图

1. ATmega16 单片机最小系统

单片机最小系统包含电源、时钟、复位电路等。如图 1-5 所示，电源电路应做好去耦，复位电路由 RC 元件实现，通过电阻电容的充放电实现单片机复位。

ATmega16 单片机内置了 8M 的陶瓷晶振，在时序要求高的场合可以使用外接晶振。为了简化设计，节约成本，在时序要求不高的场合，可以使用内置的时钟源，而 XTAL 引脚可以悬空。

2. ATmega32 系列单片机片内总体结构

在 AVR 系列单片机中，ATmega32 是一款中高档功能的 AVR 芯片，片内资源丰富，功能强大，较全面地体现了 AVR 的特点，不仅适合对 AVR 了解和使用的入门学习，同时也满

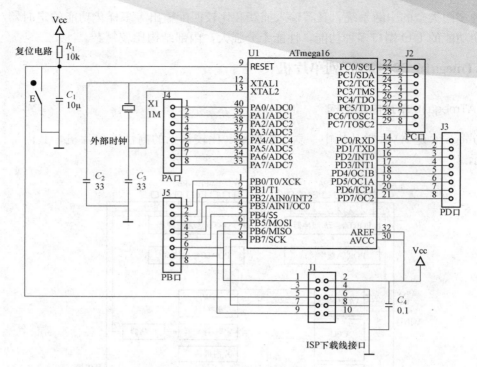

图 1-5　ATmega16 最小系统图

足一般的普通应用，在产品中得到了大量的使用。

　　ATmega32 是基于增强的 AVR RISC 结构的低功耗 8 位 CMOS 微控制器。由于其先进的指令集以及单时钟周期指令执行时间，ATmega32 的数据吞吐率高达 1MIPS/MHz，从而可以缓解系统在功耗和处理速度之间的矛盾。ATmega32 的内部结构框图如图 1-6 所示。

　　AVR 内核具有丰富的指令集和 32 个通用工作寄存器。所有的寄存器都直接与运算逻辑单元（ALU）相连接，使得一条指令可以在一个时钟周期内同时访问两个独立的寄存器。这种结构大大提高了代码效率，并且具有比普通的 CISC 微控制器最高至 10 倍的数据吞吐率。

　　ATmega32 的片内集成了 32KB 的系统内可编程 Flash（具有同时读/写的能力，即 RWW）、1KB 的 E^2PROM、2KB 的 SRAM、32 条通用 I/O 口线、32 条通用工作寄存器，具有用于边界扫描的 JTAG 接口，支持片内调试与编程，3 个具有比较模式的灵活的定时/计数器（T/C），片内/外中断，可编程串行 USART，面向字节的两线串行接口，8 路 10 位具有可选差分输入级可编程增益（TQFP 封装）的 ADC，具有片内振荡器的可编程看门狗定时器以及一个 SPI 串行端口。

　　ATmega32 有 6 个可以通过软件进行选择的省电模式。当工作于空闲模式时，CPU 停止工作，而 USART、两线接口、A/D 转换器、SRAM、T/C、SPI 端口以及中断系统继续工作；掉电模式时晶体振荡器停止振荡，除了中断和硬件复位之外所有功能都停止工作；在省电模式下，异步定时器继续运行，允许用户保持一个时间基准，而其余功能模块处于休眠状态；ADC 噪声抑制模式时，终止 CPU 和除了异步定进器与 ADC 以外所有 I/O 模块的工作，以降低 ADC 转换时的开关噪声；Standby 模式下只有晶体或谐振振荡器运行，其余功能模块处于休眠

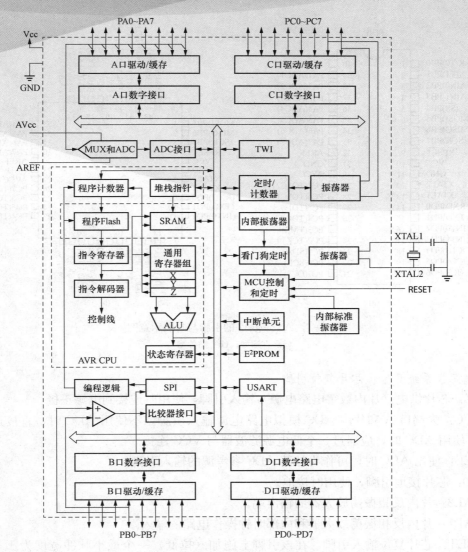

图1-6　ATmega32的内部结构框图

状态，使得器件只消耗极少的电流，同时具有快速启动能力；扩展Standby模式下则允许振荡器和异步定进器继续工作。

ATmega32是以Atmel高密度非易失性存储器技术生产的。片内ISP Flash允许程序存储器通过ISP串行接口或者通用编程器进行编程，也可以通过运行于AVR内核之中的引导程序进行编程，引导程序可以使用任意接口将应用程序下载到应用Flash存储区，在更新应用Flash存储区时，引导Flash区的程序继续运行，实现了RWW操作。

1.2.2　封装与引脚功能

ATmega32单片机有三种形式的封装，即PDIP-40（双列直插）、MLF-44（贴片形式）和TQFP-44（方形）。其外部引脚封装如图1-7所示。各引脚的功能如下。

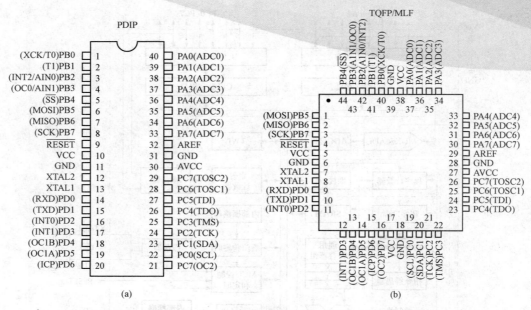

图 1-7　ATmega32 的引脚与封装示意图

（a）直插型；（b）贴片型

1. 电源、系统晶振、芯片复位引脚

VCC：芯片供电（片内数字电路电源）输入引脚，使用时连接到电源正极。

AVCC：为端口 A 和片内 ADC 模拟电路电源输入引脚。不使用 ADC 时，直接连接到电源正极；使用 ADC 时，应通过一个低电源滤波器与 VCC 连接。

AREF：使用 ADC 时，可作为外部 ADC 参考源的输入引脚。

GND：芯片接地引脚，使用时接地。

XTAL2：片内反相振荡放大器的输出端。

XTAL1：片内反相振荡放大器和内部时钟操作电路的输入端。

RESET：芯片复位输入引脚。在该引脚上施加（拉低）一个最小脉冲宽度为 $1.5\mu s$ 的低电平，将引起芯片的硬件复位（外部复位）。

2. I/O 引脚

I/O 引脚共 32 个，分成 PA、PB、PC 和 PD 这 4 个 8 位端口，它们全部是可编程控制的双（多功能复用的）I/O 引脚（口）。

4 个端口的第一功能是通用的双向数字输入输出（I/O）口，其中每一位都可以由指令设置为独立的输入口或输出口。当 I/O 设置为输入时，引脚内部还配置了上拉电阻，这个内部的上拉电阻可以通过编程设置为上拉有效或上拉无效。

如果 AVR 的 I/O 口设置为输出方式工作，则当其输出高电平时，能够输出 20mA 的电流，而当其输出低电平时，可以吸收 40mA 的电流。因此 AVR 的 I/O 口驱动能力非常强，能够直接驱动 LED（发光二极管）、数码管等。而早期单片机 I/O 口的驱动能力只有 5mA，驱动 LED 时，还需要增加外部的驱动电路和器件。

芯片复位后，所有 I/O 口的缺省状态为输入方式，上拉电阻无效，即 I/O 为输入高阻的三态状态。

1.2.3　ATmega128 系列单片机

ATmega128 微控制器是 Atmel 推出 AVR 单片机中的高档产品，具有高速低功耗、超强功能、精简指令的特点，能够同时读、写。在执行指令的同时，通过 SPI、UART 或两线接口对快闪存储器进行编程或重新编程。ATmega128 在实际应用中有着非常强大的功能，本书将以 AVR 单片机中的高档产品——ATmega128 单片机为主线进行介绍，使读者通过对本书的学习，能够熟练掌握 ATmega128 单片机的应用。

1. ATmega128 单片机的特点

ATmega128 单片机具有 133 条指令，大多数指令可以在一个时钟周期内完成，而且有 32 个 8 位通用工作寄存器及外设控制寄存器，克服了一般单片机单一累加器数据处理带来的瓶颈现象，从而使得指令代码更加灵活，编码更容易。ATmega128 单片机除了具有先进的 RISC 结构外，还具有以下优点。

（1）非易失性的程序和数据存储器。ATmega128 单片机具有 128KB 的系统内可编程 Flash，寿命为 10000 次的写/擦除周期。具有独立锁定位和可选择的启动代码区。它可以通过片内的启动程序实现系统内编程真正的读—修改—写操作，而且还包括寿命为 100000 次写/擦除周期 4KB 的 E^2PROM 及 4KB 的内部 SRAM，有多达 64KB 的优化的外部存储器空间。ATmega128 单片机可以对锁定位进行编程以实现软件加密，并可以通过 SPI 实现系统内编程。

（2）JTAG 接口（与 IEEE 1149.1 标准兼容）。ATmega128 单片机遵循 JTAG 标准的边界扫描功能，支持扩展的片内调试，可以通过 JTAG 接口实现对 Flash、E^2PROM、熔丝位和锁定位的编程。

（3）外设特点。ATmega128 单片机具有两个包含独立的预分频器和比较器功能的 8 位定时/计数器，两个具有预分频器、比较功能和捕捉功能的 16 位定时/计数器，并且具有独立预分频器的实时时钟计数器，同时含有两路 8 位 PWM，6 路分辨率可编程（2～16 位）的 PWM，8 路 10 位转换器，面向字节的两线接口，两个可编程的串行 USART，可工作于主机/从机模式的 SPI 串行接口，具有独立片内振荡器的可编程看门狗定时器，输出比较调制器，片内模拟比较器等外设。

（4）特殊的处理器特点。ATmega 128 单片机具有上电复位以及可编程的掉电检测功能，片内经过标定的 RC 振荡器，片内/片外中断源可以通过软件进行选择的时钟频率，通过熔丝位可以选择 ATmega 103 兼容模式和全局上拉禁止功能及六种睡眠模式。六种睡眠模式分别为空闲模式、ADC 噪声抑制模式、省电模式、掉电模式、Standby 模式以及扩展的 Standby 模式。

（5）其他特点。ATmega128L 工作电压范围为 2.7～5.5V，系统时钟为 0～8MHz，ATmega128 工作电压范围为 4.5～5.5V，系统时钟为 0～16MHz，而且 ATmega128 具有整套的开发工具，包括 C 编译器、宏汇编、程序调试器/仿真器和评估板。

2. ATmega128 与 ATmega103 的兼容性

ATmega128 是一个高度复杂的微处理器，它的 I/O 数目为 AVR 指令集所保留的 64 个 I/O 的超集。为了保持其与 ATmega103 的兼容性，所有 ATmega103 的 I/O 位置与 ATmega128 的相同。多数添加的 I/O 位于 560 到 SFF 扩展的 I/O 空间（也就是位于 ATmega103 的内容 RAM 空间）。这些地址可以通过指令 LD/LDS/LDD 和 ST/STS/STD 来访问，而不是 IN/OUT 指令。内部 RAM 空间的变换对 ATmega103 用户来说仍然是个问题。此外，当程序代码使用了绝对地址时，逐渐增多的中断向量也可能是个问题。为了解决这些问题，ATmega128 设置了一个熔丝位 M103C。通过对熔丝位进行编程就可以使 ATmega128 工作于 ATmega103 兼容模式。此时扩展 I/O 空间将无法使用，而内部 RAM 正好与 ATmega103 的一致。同时扩展的中断向量也被取消了。

熔丝位 M103C 的配置将设定 ATmega128 是否以与 ATmega103 的兼容方式工作，兼容性主要表现在 RAM、I/O 引脚和中断向量上。ATmega128 在出厂时 M103C 默认状态为"0"、即默认以与 ATmega103 兼容的方式工作。但是，在这种兼容模式下，ATmega128 的以下一些新特点将起作用。

ATmega128 新特点如下。

（1）只剩下一个 USART，支持异步模式。只有低 8 位的波特率寄存器可用。

（2）一个 16 位的定时/计数器有两个比较器寄存器，而不是两个 16 位定时/计数器有三个比较寄存器。

（3）不支持两线串行接口。

（4）端口 C 只能用作输出。

（5）端口 G 只能用作第二功能，而不能作通用 I/O 端口。

（6）端口 F 只能作为输入引脚，而不能作 ADC 的模拟输入引脚。

（7）不支持引导程序功能。

（8）不能够校准片内 RC 振荡器的频率。

（9）在外部存储器接口不能释放任何地址引脚作为通用 I/O，也不能够为不同的外部存储器地址区配置不同的等待周期。

此外，下面的特性使 ATmega128 更兼容 ATmega103。

（1）只有 EXTRF 和 PORF 存在在状态寄存器 MCUCSR 里。

（2）改变看门狗溢出时间没有时序要求。

（3）外部中断引脚 3—0 只能作为电平中断。

（4）USART 没有 FIFO 缓冲器。

在写操作中，ATmega103 没有使用 I/O 应该写 0。

3．ATmega128 单片机的引脚配置

ATmega128 单片机有 64 个引脚，其中包含 53 个可编程 I/O 端口线，且多数端口都含有第二功能。其封装有 TQFP 与 MLF 两种，这两种封装的 64 引脚布局均相同，如图 1-8 所示。但是这两种封装形式下引脚的位置及引脚的同间距有所差别，在绘制电路板时要加以注意。

ATmega128 单片机各引脚说明如下。

（1）VCC：数字电路的电源。

（2）GND：地。

（3）端口 A（PA7～PA0）。端口 A 为 8 位双向 I/O，并具有可编程的内部上拉电阻。其输出缓冲器具有对称的驱动特性，可以输出和吸收大电流。作为输入使用时，若内部上拉电阻使能，则端口被外部电路拉低时将输出电流。复位发生时端口 A 为三态。

（4）端口 B（PB7～PB0）。端口 B 为 8 位双向 I/O，并具有可编程的内部上拉电阻。其输出缓冲器具有对称的驱动特性，可以输出和吸收大电流。作为输入使用时，若内部上拉电阻使能，则端口被外部电路拉低时将输出电流。复位发生时端口 B 为三态。

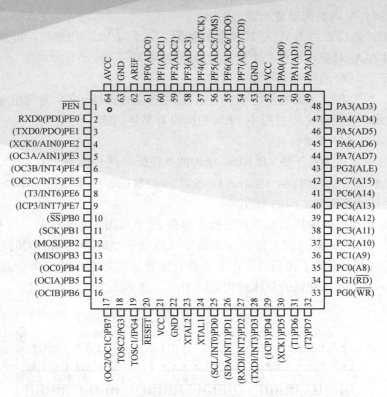

图 1 - 8　ATmega128 单片机的引脚

（5）端口 C（PC7～PC0）。端口 C 为 8 位双向 I/O，并具有可编程的内部上拉电阻。其输出缓冲器具有对称的驱动特性，可以输出和吸收大电流。作为输入使用时，若内部上拉电阻使能，则端口被外部电路拉低时将输出电流。复位发生时端口 C 为三态。

（6）端口 D（PD7～PD0）。端口 D 为 8 位双向 I/O，并具有可编程的内部上拉电阻。其输出缓冲器具有对称的驱动特性，可以输出和吸收大电流。作为输入使用时，若内部上拉电阻使能，则端口被外部电路拉低时将输出电流。复位发生时端口 D 为三态。

（7）端口 E（PE7～PE0）。端口 E 为 8 位双向 I/O，并具有可编程的内部上拉电阻。其输出缓冲器具有对称的驱动特性，可以输出和吸收大电流。作为输入使用时，若内部上拉电阻使能，则端口被外部电路拉低时将输出电流。复位发生时端口 E 为三态。

（8）端口 F（PF7～PF0）。端口 F 为 8 位双向 I/O，并具有可编程的内部上拉电阻。其输出缓冲器具有对称的驱动特性，可以输出和吸收大电流。作为输入使用时，若内部上拉电阻使能，则端口被外部电路拉低时将输出电流。复位发生时端口 F 为三态。

（9）端口 G（PG7～PG0）。端口 G 为 8 位双向 I/O，并具有可编程的内部上拉电阻。其输出缓冲器具有对称的驱动特性，可以输出和吸收大电流。作为输入使用时，若内部上拉电阻使能，则端口被外部电路拉低时将输出电流。复位发生时端口 G 为三态。

（10）RESET：复位输入引脚。超过最小门限时间的低电平将引起系统复位。低于此时间的脉冲不能保证可靠复位。

（11）XTAL1：反向振荡器放大器及片内时钟操作电路的输入。

15

（12）XTAL2：反向振荡器放大器的输出。

（13）AVCC：端口 F 以及 ADC 转换器的电源。需要与 VCC 相连接，即使没有使用 ADC 也应如此。使用 ADC 时应该通过一个低通滤波器与 VCC 连接。

（14）AREF：ADC 的模拟基准输入引脚。

（15）PEN：SPI 串行下载的使能引脚。在上电复位时保持 PEN 为低电平将使器件进入 SPI 串行下载模式。在正常工作过程中 PEN 引脚没有其他功能。

4．ATmega128 单片机的结构

ATmega128 单片机为基于 AVR RISC 结构的 8 位低功耗 CMOS 微处理器。由于其先进的指令集以及单周期指令执行时间，因此 ATmega128 的数据吞吐率高达 1MIPS/MHz，从而缓减了系统在功耗和处理速度之间的矛盾。

ATmega128 单片机的内核具有丰富的指令集和 32 个通用工作寄存器，所有的寄存器直接与算术逻辑单元（ALU）相连接，使得一条指令可以在一个时钟周期内同时访问两个独立的寄存器。这种结构大大提高了代码效率，并且具有比普通的复杂指令集微处理器高 10 倍的数据吞吐率。ATmega128 单片机的总体结构框图如图 1-9 所示。

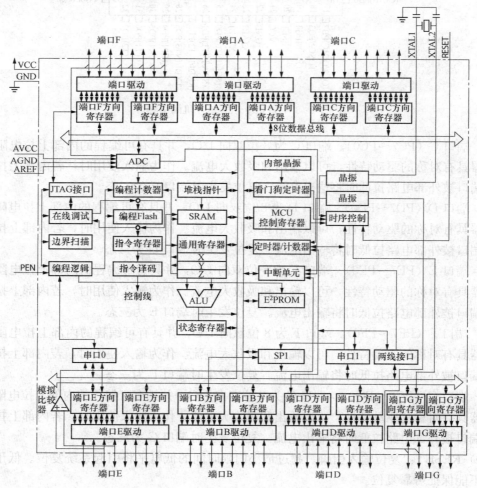

图 1-9　ATmega128 单片机的总体结构框图

ATmega128 单片机具有 Flash 程序存储器、看门狗、E^2PROM、同/异步串行口、TWI、SPI、A/D 转换器、定时/计数器等多种器件和增强可靠性的复位系统，同时还有降低功耗抗干扰的休眠模式、中断系统、输入捕获、比较匹配输出、多样化功能的定时/计数器以及具有替换功能的 I/O 端口。

ATmega128 单片机性能十分强大，内部结构相对比较复杂，其总体结构包括以下几个部分，分别介绍如下。

（1）快速存取 RISC 寄存器。快速存取 RISC 寄存器是由 AVR 的内核中的 32 个通用工作寄存器构成的，在一个时钟周期内可以执行一个完整的 ALU 操作。

（2）32 个通用工作寄存器。在 32 个通用工作寄存器中，有 6 个可以用作 3 个 16 位的间接地址寄存器指针，以寻址数据空间，实现高效的地址运算，它们分别为 X 寄存器、Y 寄存器、Z 寄存器。

（3）Harvard 结构。AVR 单片机采用 CMOS 技术，具有高速度、低功耗的特点，同时还具有休眠（SLEEP）功能。为了最大限度地提高并行处理的运行效率，它采用了 Harvard 结构，即程序存储器和数据存储器使用不同的存储空间和总线，可以直接访问全部的数据存储器和程序存储器，寄存器文件被双向映射并能被访问。算术逻辑单元（ALU）在执行某一指令时，下一个指令被预先从程序存储器中被提取处理，提高了 MCU 的运行效率。

（4）算术逻辑单元（ALU）。算术逻辑单元（ALU）支持寄存器之间以及寄存器和常数之间的算术和逻辑运算，以及单一寄存器操作，每一次的运算结果都通过状态寄存器（SREG）反映出来。

程序流程通过有/无条件的跳转指令和调用指令来控制，从而直接寻址整个地址空间。大多数指令长度为 16 位，即每个程序存储器地址都包含一条 16 位或 32 位指令。

（5）程序存储器。AVR 的程序存储器空间由引导程序区和应用程序区组成。它们的读和读/写保护由对应的锁定位来实现。

（6）I/O 存储器。I/O 存储器包含 64 个 I/O 寄存器空间，它们用来控制 MCU 的各个外围功能。

（7）多种独立的时钟分频器。多种独立的时钟分频器为串行步通信（URAT）、SPI 提供传输。8/16 位定时/计数器可以用作比较器、计数器外部中断和 PWM 的控制输出。AVR 单片机定时/计数器（单）双向计数形成三角波与输出比较匹配寄存器配合，可以生成占空比、频率、相位可变的方波信号。

（8）其他电路。AVR 单片机有自动上电复位电路（POR）、独立的看门狗电路（WDT）、低电压检测电路（BOD），多个复位源，只需在复位端接一个上拉电阻即可实现复位，不需要另加外部复位器件。

5. ATmega128 单片机最小系统

图 1-10 所示为 ATmega128 单片机最小系统。它仅由一片 ATmega128 单片机芯片、两个电阻 R_1、R_3 和两个电容 C_1、C_2 构成。发光二极管 LED 和电阻 R_2 构成其外围电路，能够直观地显示出它的工作状态，其中 R_2 起限流的作用。

（1）复位线路的设计。ATmega128 已经内置了上电复位设计，并且可以通过编程熔丝位控制复位时的额外时间，因此我们只要在 AVR 外部的复位线路上电时，直接接电阻到 V_{CC} 上就可以了，当 AVR 开始工作时，其复位引脚变为低电平，触发芯片复位。

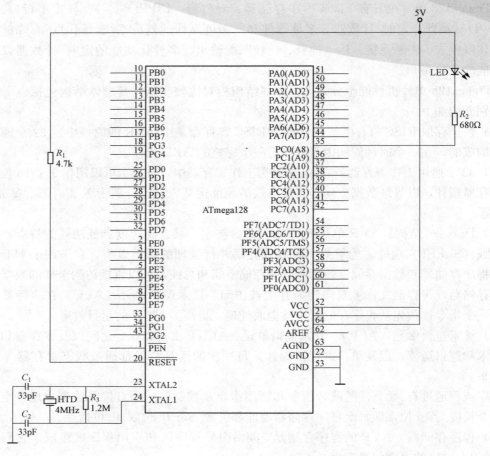

图 1-10 ATmega128 最小系统电路图

（2）晶振电路的设计。从电路图中可以看到，石英晶体和电容组成了谐振回路，该谐振回路接在 ATmega128 的引脚 XTAL1 和 XTAL2 上，并配合片内的 OSC（Oscillator）振荡电路构成的振荡源作为系统的时钟源。

在实际应用时，如果对频率精度的要求不高，则可以使用内部的 RC 振荡电路，该振荡电路可以产生 1/2/4/8MHz 的振荡频率，引脚 XTAL1 和 XTAL2 此时悬空。

（3）A/D 转换滤波电路的设计。在这部分电路中，直接将 AVCC 接到 VCC 上，AREF 悬空，不需要任何的外围器件。

（4）外围电路的设计。可以通过一个简单的程序使发光二极管 LED 每间隔 1s 闪烁一次，循环发光。把程序的运行代码下载到 ATmega128 的程序存储器中，生成一个秒节拍输出显示装置，只要一接通电源，ATmega128 就能驱动发光二极管闪烁发光。

1.2.4 AVR 程序下载

单片机系统程序的编写、开发和调试都需要借助于通用计算机 PC 完成。用户首先在 PC 机上通过使用专用单片机开发软件平台，编写由汇编语言或高级语言构成的系统程序（源程序），再由编译系统将源程序编译成单片机能够识别和执行的运行代码（目标代码）。运行代码的本身是一组二进制数据，在 PC 中对纯二进制码的数据文件一般是采用 BIN 格式保存的，以 "bin" 作为文件的扩展名。但是实际使用中，通常使用的是一种带定位格式的二进制文件；HEX 格式的文件，一般以 "hex" 作为文件的扩展名。

对单片机的编程操作是指以特殊手段和软硬件工具，对单片机进行特殊的操作，以实现下面的三种功能。

（1）将在 PC 机上生成的单片机系统程序代码写入单片机的程序存储器中。

（2）用于对片内的 Flash、E^2PROM 进行擦除，数据的写入（包括运行代码）和数据的读出。

（3）实现对 AVR 配置熔丝位的设置，芯片型号的读取，加密位的锁定等。

AVR 单片机支持以下多种形式的编程下载方式。

（1）高压并行编程方式。外围引脚数大于 20 的 AVR 芯片一般都支持这种高压并行编程方式。这种编程方式也是最传统的单片机程序下载方式，其优点是编程速度快。但使用这种编程方式需要占用芯片众多的引脚和 12V 的电压，所以必须采用专用的编程器单独对芯片进行操作。于是，AVR 芯片必须从 PCB 板上取下来，不可以实现芯片在线（板）的编程操作。因此，这种方式不适合系统调试过程以及产品的批量生产需要。

（2）串行编程方式（ISP）。串行编程方式是通过 AVR 芯片本身的 SPI 或 JTAG 串行口实现的，由于编程时只需要占用比较少的外围引脚，可以实现芯片的在线编程（InSystem Programmable），不需要将芯片从 PCB 板上取下来，所以，串行编程方式也是最方便和最常用的编程方式。

串行编程方式还细分成 SPI、JTAG 方式，前者表示通过芯片 SPI 串口实现对 AVR 芯片的编程操作，后者则是通过 JTAG 串口来实现的，AVR 的许多芯片都同时集成有 SPI 和 JTAG 两种串口，因此，可以同时支持 SPI 和 JTAG 的编程。使用 JTAG 方式编程的优点是，通过 JTAG 口还可以实现系统的在片实时仿真调试（On Chip Debug），缺点是需要占用 AVR 的 4 个 I/O 引脚，而采用 SPI 方式编程，只需要一根简单的编程电缆，同时可以方便地实现 I/O 口的共用，是最常使用的方式，其不足之处是不能实现系统的在片实时仿真调试。

（3）其他编程方式。有些型号的 AVR 还支持串行高压编程方式和 IAP（In Application Programmable）在运行编程方式。串行高压编程是替代并行高压编程的一种方式，主要针对 8 个引脚的 Tiny 系列 AVR 使用。IAP 在运行编程方式则是采用了 Atmel 称为自引导加载（BootLoad）的技术实现的，往往在一些需要进行远程修改更新系统程序，或动态改变系统程序的应用中才采用。

ATmega128 片内集成了 128KB 的支持系统在线可编程（ISP）和在应用可编程（IAP）的 Flash 程序存储器，以及 4KB 的 E^2PROM 数据存储器，另外，在它的内部还有一些专用的可编程单元——熔丝位，用于加密锁定和对芯片的配置等。对 ATmega128 编程下载操作就是在片外对上的存储器和熔丝单元进行读/写（烧入）以及擦除的操作。

由于 ATmega128 片内含有 SPI 和 JTAG 口，所以，对 ATmega128 能使用三种编程的方式：高压并行编程、串行 SPI 编程、串行 JTAG 编程。在本书中将主要介绍和采用串行 SPI 编程方式。

1.2.5　ATmega128 单片机熔丝位

熔丝位是 Atmel 公司 AVR 单片机比较独到的特征。在每一种型号的 AVR 单片机内部都有一些特定含义的熔丝位，其特性表现为多次擦写的 E^2PROM，用户通过配置（编程）这些熔丝位，可以固定地设置 AVR 的一些特性、参数以及 I/O 配置等，当然也包括对片内运行代码的锁定（加密）。

用户使用并行编程方式、ISP 编程方式、JTAG 编程方式都可以对 ATmega128 单片机的熔丝位进行配置，但不同的编程工具软件提供对熔丝位的配置方式（指人机界面）也是不同的。有的是通过直接填写熔丝位值（如 CVAVR、PonyPorg2000 和 ALISP 等），有的是通过列出表格选择（如 AVR STUDIO、BASCOM－AVR）。建议用户对 ATmega128 单片机的熔丝位进行配置时，使用 ISP 编程方式及 SLISP 编程工具软件。

用户往往忽视熔丝位配置的重要性，随意修改熔丝位，造成一些意想不到的后果，如芯片无法正常运行，芯片死锁、无法再次进入 ISP 编程模式等；或者自己的系统不知如何配置熔丝位是最合适的。下面将给出进行 ATmega128 单片机熔丝位配置操作时的注意事项及 ATmega128 熔丝位的定义和配置方式。

1. 熔丝位配置的注意事项

众多程序员在进行 ATmega128 单片机熔丝位配置的过程中，经过长期实践总结出了一些较好的配置方法，本节取各家之长，将 ATmega128 单片机熔丝配置的注意事项罗列出来，供读者参考。

（1）在 ATmega128 单片机使用手册中，对熔丝位使用已编程（Programmed）和未编程（Unprogrammed）定义熔丝位的状态，Unptogrammed 表示熔丝状态为"1"（禁止），Programmed 表示熔丝状态为"0"（允许）。因此，配置熔丝位的过程实际上是配置熔丝位成为未编程状态"1"或成为已编程状态"0"。

（2）在使用通过选择打勾"√"的方式确定熔丝位状态值的编程工具软件时，请首先仔细阅读软件的使用说明，弄清楚"√"表示设置熔丝位状态为"0"还是为"1"。

（3）新的 ATmega128 单片机在使用前，应首先看它熔丝位的配置情况，再根据实际需要，进行熔丝位的配置，并将各个熔丝位的状态记录备案。

（4）ATmega128 单片机加密以后仅仅是不能读取芯片内部 Flash 和 E^2PROM 中的数据。熔丝位的状态仍然可以读取但不能修改配置。芯片擦除命令是将 Flash 和 E^2PROM 中的数据清除，并同时将两位锁定位状态配置成"11"，处于无锁定状态，但芯片擦除命令并不改变其他熔丝位的状态。

（5）在芯片无锁定状态下，下载运行代码和数据，配置相关的熔丝位，最后配置芯片的锁定位。芯片被锁定后，如果发现熔丝位置不对，必须使用芯片擦除命令清除芯片中的数据，并解除锁定，然后重新下载运行代码和数据，修改配置相关的熔丝位，最后再次配置芯片的锁定位。

（6）使用 ISP 串行方式下载编程时，应配置 SPIEN 熔丝位为"0"。芯片出厂时 SPIEN 位的状态默认为"0"。表示允许 ISP 串行方式下载数据。只有该位处于编程状态"0"时，才可以通过 ATmega128 单片机的 SPI 口进行 ISP 下载，如果该位被配置为未编程"1"，则 ISP 串行方式下载数据立即被禁止，此时只能通过并行方式或 JTAG 编程方式才能将 SPIEN 的状态重新设置为"0"，开放 ISP。通常情况下，应保持 SPIEN 的状态为"0"。若要允许 ISP 编程不会影响其引脚的 I/O 功能，只要在硬件电路设计时，注意将 ISP 接口与其并接的器件进行必要的隔离，如使用串接电阻或断路跳线等。

（7）当系统中不使用 JTAG 接口下载编程或实时在线仿真调试，且 JTAG 接口的引脚要作为 I/O 口使用时，必须设置熔丝位 JTAGEN 的状态为 "1"。芯片出厂时 JTAGEN 的状态默认为 "0"，表示允许 JTAG 接口，JTAG 的外部引脚不能作为 I/O 口使用，当 JTAG 的状态设置为 "1" 后，JTAG 接口立即被禁止，此时只能通过并行方式或 ISP 编程方式才能将 JTAG 重新设置为 "0"，开放 JTAG。

（8）一般情况下要设置熔丝位，把 HESET 引脚定义成 I/O 使用，这样会导致 ISP 的下载编程无法进行，因为在进入 ISP 方式编程时，需要将 RESET 引脚拉低，使芯片先进入复位状态。

（9）ATmega128 单片机要特别注意熔丝位 CKSEL 的配置。ATmega128 单片机出厂时 CKSEL 位的状态默认为使用内部 8MHz 的 RC 振荡器作为系统的时钟源。如果使用了外部振荡器作为系统的时钟源，不要忘记首先正确配置 CKSEL 熔丝位，否则整个系统的定时都会出现问题。而当在设计中没有使用外部振荡器（或某种特定的振荡源）作为系统的时钟源时，千万不要误操作或错误地把 CKSEL 熔丝位配置成使用外部振荡器（或其他不同类型的振荡源）。一旦这种情况发生，使用 ISP 编程方式便无法对芯片进行操作了（因为 ISP 方式需要芯片的系统时钟工作并产生定时控制信号），芯片就死锁了。此时只有通过取下芯片使用并行编程方式，或使用 JTAG 方式 9（如果 JTAG 为允许时且目标板上留有 JTAG 接口）来解救了。另一种解救的方式是：尝试在芯片的晶体引脚上临时人为地叠加上不同类型的振荡时钟信号，一旦 ISP 可以对芯片操作，立即将 CKSEL 配置成使用内部 8MHz 的 RC 振荡器作为系统的时钟源，然后再根据实际情况重新正确配置 CKSEL。

2. 重要熔丝位的配置

下面将对在一般情况下，ATmega128 单片机几个重要的熔丝位配置情况进行说明。

（1）熔丝位 M103C。M103C 的配置将设定 ATmega128 是以 ATmega103 兼容方式工作运行还是以 ATmega128 本身的方式工作运行。ATmega128 在出厂时，M103C 默认状态为 "0"，即默认以 ATmega103 兼容方式工作。当用户系统设计使芯片以 ATmega128 方式工作时，应首先将 M103C 的状态配置为 "1"。

（2）CLKSEL0 - CLKSEL3，用于选择系统的时钟源，有五种不同类型的时钟源可供选择（每种类型还有细的划分）。芯片出厂时的默认情况为 CLKSEL3 - CLKSEL0 和 SUT1、SUT0 分别是 "0001" 和 "10"，即使用内部 8MHz 的 RC 振荡器，使用最长的启动延时，这保证了无论外部振荡电路是否工作，都可以进行最初的 ISP 下载。对于 CLKSEL3 - CLKSEL0 熔丝位的改写。需要十分慎重，因为一旦改写错误，将会造成芯片无法启动。CLKSEL 熔丝位配置见表 1 - 5。

表 1 - 5 　　　　　　　　　　　　CKSEL 熔丝位配置

熔丝位（CKSEL3~CKSEL1）	工作频率范围（MHz）	熔丝位（CKSEL3~CKSEL1）	工作频率范围（MHz）
0101	≤0.9	0111	3.0~8.0
0110	0.9~3.0	1000	8.0~12.0

（3）JTAGEN。如果不使用 JTAG 接口，应将 JTAGEN 的状态设置为 "1"，即禁止 JTAG，JTAG 引脚用于 I/O 口。

（4）SPIEN。SPI 方式下载数据和程序允许，默认状态允许 "0"，一般保留其状态。

(5) WDTON。看门狗的定时器始终开启。WDTON 默认为"1",即禁止看门狗的定时器始终开启。如果该位设置为"0"后,看门狗的定进器就会始终打开,不能被内部程序控制,这是为了防止当程序跑飞时,未知代码读写寄存器将看门狗定时器关断而设计的(尽管关断看门狗定时器需要特殊的方式,但它保证了更高的可靠性)。

(6) EESAVR。执行擦除命令时是否保留 E^2PROM 中的内容。默认状态为"1",表示 E^2PROM 中的内容同 Flash 中的内容一同擦除。如果该位置为"0",对程序进行下载前的擦除命令只会对 Flash 代码区有效,而对 E^2PROM 区无效。这对于希望在系统更新程序时,需要保留 E^2PROM 中数据的情况下是十分有用的。

(7) BODTRST。决定芯片上电启动时间,第一条执行指令的地址,默认状态为"1",表示启动时从 0x0000 开始执行程序;如果 BOOTRST 设置为"0",则启动时从 BOOTLOADER 区的起始地址处开始执行程序。Boot Loader 区的大小由 BODTSX1 和 BOOTSX0 决定,因此其首地址也随之变化,Boot 复位熔丝位配置见表 1 - 6。

表 1 - 6   **Boot 复位熔丝位配置**

BOOTRST	复位地址
1	应用区复位(地址 S0000)
0	Boot Loader 复位

(8) BOOTSZ1 和 BOOTSZ0。这两位确定了 BOOTLOADER 区的大小以及其起始的首地址,具体见表 1 - 7。

表 1 - 7   **Boot 区大小配置**

BOOTSZ1	BOOTSZ0	Boot 区大小	页数	应用 Flash 区	Boot Loader Flash 区	应用区结束地址	Boot 复位地址(Boot Loader 起始地址)
1	1	512 字	4	$0000~$FDFF	$FE00~$FFFF	$FDFF	$FE00
1	0	1024 字	5	$0000~$FBFF	$FC00~$FFFF	$FBFF	$FC00
0	1	2048 字	16	$0000~$F7FF	$FB00~$FFFF	$F7FF	$F800
0	0	4096 字	32	$0000~$EFFF	$F000~$FFFF	$EFFF	$F000

第2章
AVR单片机的系统开发工具

2.1 AVR 单片机系统的软硬件开发工具

2.1.1 AVR 单片机系统的硬件开发工具

在学习和应用单片机来设计开发嵌入式系统的过程中，一般应配备两种硬件设备：仿真器和编程烧入器。仿真器是对所设计嵌入式系统的硬件软件进行调试的工具，而编程烧入器的作用则是将系统执行代码写入到目标系统中。现在更多的开发设备已将仿真器和编程烧入器合二为一，同时具备了两者的功能。

调试（Debug）是系统开发过程中必不可少的环节。但是嵌入式系统开发的调试环境和方法同通用计算机系统的软件开发有着明显的差异。通过计算机系统的软件开发基本与硬件无关，而且调度器与被调试程序常常位于同一台计算机上（在相同的 CPU 上运行），如在 Windows 平台上利用 VC、VB 等语言开发在 Windows 上运行的软件。而对于嵌入式系统的开发，由于开发主机和目标机处于不同的机器中（在不同的 CPU 上运行），系统程序在开发主机上进行开发，编译生成在另外机器上执行的代码文件，然后需要下装到目标机后才能运行，因此嵌入式系统的调试方法和过程就比较麻烦和复杂。

目前在嵌入式系统的开发过程中，经常采用的调试方法有三种：软件模拟仿真调试（Simulator）、实时在板仿真调试（On Board Debug）和实时在片仿真调试（On Chip Debug）。其中软件模拟仿真调试技术和实时在片仿真调试技术发展很快，逐渐成为调试嵌入式系统的主要手段。

1. 软件仿真器

软件仿真器也称为指令集模拟器（ISS），其原理是用软件来模拟 CPU 处理器硬件的执行过程，包括指令系统、中断、定时计数器、外部接口等。用户开发的嵌入式系统软件，就像已经下装到目标系统硬件一样，载入到软件模拟器中运行，这样用户可以很方便地对程序运行进行控制，对运行过程进行监视，进而达到实现调试的目的。由于这种调试不是在真正的目标板系统上进行，而是采用软件模拟方式实现的，所以它是一种非实时性的仿真调试手段。

软件仿真器的一个优点是它可以使嵌入式系统的软件和硬件开发并行开展。只要硬件设计工作完成后，不管硬件实体如何，就可以进行软件程序的编写和调试了。应用程序在结构上、逻辑上的错误能够利用软件仿真器很快地发现和定位。有些与硬件相关的故障和错误也能在软

23

件仿真器中被发现。使用软件仿真器不仅可以缩短产品开发周期，而且非常经济，不需要购买昂贵的实时仿真设备。同时软件仿真器也是学习和加深了解所使用处理器的内容结构和工作原理的最好工具。

使用软件仿真器的缺点是其模拟的运行速度比真正的硬件慢得多，一般要慢 10～100 倍。另外软件仿真器只能模拟仿真软件的正确性。仿真与时序有关，查找同硬件有关的错误比较困难。

目前推出的比较先进的单片机应用系统开发平台一般都内含软件仿真器，如 Atmel 公司的 AVR Studio 中就包含一个功能非常强大的软件仿真器，能够实现汇编级和高级语言级的软仿真功能。一些针对 AVR 开发的平台，如 IAR、BASCOM 中也都包含自己的软件仿真器。值得一提的是，BASCOM 的软件仿真器提供了模拟实物图形化界面，将一些标准化的外围器件，如字符 LCD 模块、键盘模块等作为实物显示在屏幕上，用户能够更加直观地看到系统运行的结果，使用非常方便。另外，目前在市场上有一些专用的软件模拟平台，如 VMLAB 等，都可以实现对 AVR 的模拟仿真调试，但一般价格比较昂贵。

2. 实时在板仿真器

实时在板仿真器通常称为在线仿真（In Circuit Emulate，ICE），它是最早用于开发嵌入式系统的工具。ICE 实际上是一个特殊的嵌入式系统，一般是由专业公司研制和生产。它的内部含有一个具有"透明性"和"可控性"的 MCU，可以代替被开发系统（目标系统）中的 MCU 工作，即用 ICE 的资源来仿真目标机。因此，ICE 实际上是内部电路仿真器，它是一个相对昂贵的设备，用于代替微处理器，并植入处理器与总线之间的电路中，允许使用者监视和控制微处理器所有信号的进出。因此，这种仿真方式的设备更确切地讲应该称为实时在板仿真（On Board Debug）器。

ICE 仿真器一般使用串行口（COM 或 USB 接口）或并行口（打印机口）同 PC 机通信，并提供一个与目标机系统上 MCU 芯片引脚相同的插接口（仿真口）。使用时，将目标机上的 MCU 取下，插上仿真器的仿真口，仿真器的通信口与 PC 连接（见图 2-1）。

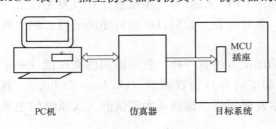

仿真器上所提供的 MCU 称为仿真 MCU，它与目标系统上使用的 MCU 是相同系列，或具备相同的功能和特性，其控制作用和工作过程与被仿真的 MCU 几乎完全一样，使用者将编写好的目标系统的软件下载到仿真器中，然后将目标机上的 MCU 取下，插上仿真器的仿真口，仿真器的通信口与 PC 连接。

图 2-1　仿真器的连接与使用示意图

在 PC 上需要安装与该仿真器配套使用的专用调试系统软件，用户在该调试系统中，就可以通过 PC 机来控制仿真器中程序的运行，同时观察系统外围器件和设备的运行结果，分析、调试和排除系统中存在的问题。这种运行调试方法称为在线（板）仿真。

为了能实现 MCU 的仿真功能，仿真开发系统通常具有以下的一些基本功能。

（1）可控性。可以根据调试的需要，控制目标程序的运行方式，如单步、连续、带断点等多种运行方式。

（2）透明性。能对 MCU 的各个部分进行监控查看和设置内存单元、寄存器、I/O 的数据。

仿真开发系统都必须配备一套在 PC 机上运行的专用仿真开发软件系统，用以配合和实现仿真器的在线仿真调试工作。因此嵌入式系统的开发人员，除了要掌握单片机和嵌入式系统的应用和设计能力，还应熟练地掌握和使用仿真器械和仿真系统软件。

实时在板仿真器（ICE）虽然具备实时的跟踪能力，但它最大的缺点是价格昂贵，同时与目标板的对接比较困难，尤其面对采用贴片技术，高速的 MCU 构成的系统时，就显得非常不方便。所以在过去 ICE 一般用在低速系统中。

随着软件和芯片技术的发展，实时在板仿真器和相应的调试方法正在逐渐被软件仿真器、实时在片仿真调试（On Chip Debug）方法和实时在片仿真器等其他的形式所替代。

3. 实时在片仿真器

为了解决实时仿真的困难，新型的芯片在片内集成了硬件调试接口。最常见的就是符合 IEEE1149.1 标准的 JTAG 硬件调试接口，它是采用了一种原应用于对集成电路芯片内部进行检测的"边界扫描"技术实现的。使用该技术，当芯片在工作时，可以将集成电路内部的各个部分的状态以及数据，组成一个串行的移位寄存器链，并通过引脚送到芯片的外部。所以通过 JTAG 硬件调试接口，用户就能了解芯片在实际工作过程中各个单元的实际情况和变化，进而实现跟踪和调试。JTAG 硬件调试接口采用 4 线的串行方式传送数据，占用 MCU 的引脚比较少。

与实时在板仿真器系统一样，采用 JTAG 硬件调试接口进行仿真调试也是实时在线调试。不同的是，采用这种方式的调试不需要将芯片取下，用户得到的运行数据就是芯片本身运行的真实数据，所以这种调试手段和方式称为实时在片调试（On Chip Debug）。它正在逐步替代传统的实时再板仿真调试（On Board Debug）技术。

实现实时在片调试的首要条件，是芯片本身要具备硬件调试接口。除此之外，同实时再板仿真调试一样，也需要一个专用的实时在片仿真器（采用 JTAG 硬件调试口的，称为 JTAG ICE），不过同实时再板仿真器相比，它的价格相对便宜。例如，一台应用于 AVR 的 JTAG 仿真器 JTAGICE mkⅡ，其原理装价格仅在 2000 元左右，而国内推出的 JTAG ICE 仅数百元。

使用实时在片仿真器进行系统调试时，其系统的组成和连接方式与使用实时再板仿真器类似，如图 2-1 所示。JTAG 仿真器一般也是使用串行口（COM 或 USB 接口）或并行口（打印机口）同 PC 机通信，不同之处在于，另一端的接口是直接与目标机系统上 MCU 芯片的 JTAG 引脚连接，不需要将芯片从系统上取下。

在 PC 上也需要安装与相应的 JTAG 仿真器配套使用的专用调试系统软件。在目标板上的 MCU 运行时，用户可以通过 PC 机来读取和跟踪 MCU 的运行数据和过程，并通过仿真器控制 MCU 的运行，同时观察系统外围器件和设备的运行结果，分析、调试和排除系统中存在的问题。由于这种运行调试方法过程中，直接获得的为真实的 MCU 的数据和状态，所以称为实时在片仿真调试技术。

在 AVR 中，大部分 Mage 系列芯片都支持 JTAG 硬件调试口，而对于引脚数少的 tiny 芯片，则使用了一种新的单线硬件调试接口技术——"debug-ware"。顾名思义，它只使用了一根线，就能将芯片内部各个部件的工作状态和数据传送到外部，比 JTAG 使用了更少的接口引脚。

4. 编程烧写器

编程烧写器也称为程序烧写或编程器，它的作用是将开发人员编写生成的嵌入式系统的二进制运行代码下载（写入）到单片机的程序存储器中。高档的编程器一般称作万用编程器，它不仅可以下载运行代到多种类型和型号的单片机中，还可以对 EPROM、PAL、GAL 等多种器件进行编程。

目前，性能较好的仿真器械也都具备了对其可仿真的 MCU 的编程功能，这样就可以不用专门购置编程器设备，当单片机芯片具备 ISP 功能时，程序的下载更加简单了，一般通过 PC 的串行或并行口，使用简单的软件就可将编译生成的嵌入式系统的运行代码直接下载到 MCU 中。

现在一些新型的单片机内部集成了一种标准的串行接口 JTAG，专门用于在线仿真调试和程序下载。使用 JTAG，可以简化仿真器（无须使用专用的仿真 MCU）和编程器的结构，甚至可以淘汰专用仿真器和编程器，而将 PC 直接同系统板连接（一般经过简单的隔离），利用系统板上的 MCU 直接实现在线的仿真调试，这为嵌入式系统的设计提供了更为有效和方便的开发手段和方法。当系统使用贴片封装或 BGA 封装的小体积芯片和器件时，它的优点尤为突出。

2.1.2 AVR 单片机系统的软件开发平台

Atmel 公司为开发使用 AVR 单片机提供了一套免费的集成开发平台：AVR Studio（heep：//www. atmel. com）。该软件平台支持 AVR 汇编程序的编辑、编译、链接以及生成目标代码。同时该软件还内嵌 AVR GCC 高级语言接口，内含 AVR 软件模拟器，其仿真调试平台还可以配合 Atmel 公司设计推出的多种类型的仿真器，如实时在板仿真器 ICE40、ICE50，实时在片仿真器 JTAG ICE、JTAGICE mkⅡ等，以实现系统的在线硬件仿真调试功能和目标代码的下载功能。

此外，一些第三方公司也推出了许多采用高级语言编程的开发平台，用于 AVR 单片机系统的开发。

采用高级程序语言 C 的开发平台有以下几个。

（1）ICCAVR（http：//www. imagecraft. com/software）。

（2）CodeVision AVR（http：//www. hpinfotech. ro）。

（3）IAR Systems（http：//www. iar. com）。

（4）AVR GCC（http：//www. avrfreaks. net）。

采用高级程序语言 BASIC 的开发平台有以下几个。

（1）BASIC AVR（http：//www. digimok. com）。

（2）FastAVR Basic（http：//www. fastavr. com）。

（3）BASCOM‐AVR（http：//www. mcselec. com）。

其中 AVR Studio 和 AVR GCC 是完全免费的软件，而 ICCAVR、CodeVisionAVR、IAR System、BASCOM‐AVR 等均为商业软件，但它们都有提供给用户试用的 DEMO 版软件（在功能上、时间或代码量上有限制），可以从网上免费下载，在学习单片机嵌入式开发的起步阶段，完全可以使用这些 DEMO 版的开发平台进行开发设计。

采用高级程序设计语言开发单片机系统已成为当前的发展趋势。

由于 AVR 单片机具有 ISP 性能，其程序存储器具有可以多次编程、在线下载的优点，加上采用高级程序设计语言来开发单片机系统具有语言简洁，使用方便灵活，表达能力强，可进行结构化程序设计等优点；再配合软件模拟仿真调试，使得我们可以不必购买价格在几千元的仿真器和编程器，就能够很好地学习和掌握 AVR 单片机嵌入式系统的设计和开发。

1. 汇编语言开发平台

Atmel 公司提供免费的 AVR 汇编语言编译器。在 AVR Studio 中已经将 AVR 汇编语言编译器集成在一起，用户可以在 AVR Studio 中完成 AVR 汇编代码的编辑、编译和链接，生成可下载的运行代码。

由于 AVR 的指令与 C 语言有很强的对应性，再加上 AVR 汇编语言编译器有强大的预编译能力，如宏、表达式计算能力等，所以使用 AVR 汇编语言写出的代码可读性也是很强的。如果用户不想花很多的钱在编译工具上的话，AVR Studio 是一个不错的选择。

另外在 AVR Studio 中还提供了一个纯软件的软件模拟仿真环境，在此软件环境的支持下，单片机的系统程序可以在 PC 上进行模拟的运行（完全脱离硬件环境），以实现第一步的软件调试和排错功能。

2. 高级语言开发平台

由于 AVR 单片机自身的优势，吸引了大量的第三方厂商为 AVR 单片机编写开发出各种各样的 AVR 高级语言编译器和开发软件平台，很少有一个 8 位单片机能有如此众多的编译器以及开发平台可供选择。根据高级语言的种类，AVR 有 C、BASIC、PASCAL，ADA 等多种语言的开发平台。如果用户对其中的一种语言比较熟悉，那用户就不必重新学习另一种语言，而直接选择用户熟悉的进行开发。而且这些编译器的厂商在其网站上都提供了免费试用版本的下载，因此用户可以在试用了一段时间，在比较其之间的优缺点之后，选择购买。

下面就对其中的几种高级语言编译器和开发软件平台进行一个简要的介绍。

（1）IAR Systems 的 Embedded Workbench 编译器。IAR Systems 是非常著名的嵌入式系统的编译工具的提供商。如果用户访问其网站，就会发现它几乎为所有的 8 位、16 位、32 位的单片机和微处理器提供 C 编译器，由此可见其在业界的地位，正因为如此，当初 Atmel 在开发和设计 AVR 时，决定咨询 IAR Systems 的编译器设计工程师，商讨如何设计 AVR 的结构，使其对使用高级语言时的编译效率更高。此后，IAR Systems 与 Atmel 一直保持着良好的而又紧密的合作关系，这使其设计出来的编译器的编译效率也是同类中最高的，但是其价格也较高。

IAR Systems 的 Embedded Workbench 集成了一个集成环境，包括编译器和图形化的调试工具，能够完成系统的设计、测试和文档工作。用户可以在其上完全无缝地完成新建项目、编辑源文件、编译、链接和调试等工作，也可以同时打开多个项目，很容易扩展集成诸如代码分析等外部工具。其 C 编译器和汇编编译器支持几乎所有 AVR 芯片，且具备以下特点。

1）C 编译器支持 ISO/ANSI C 的标准 C 和可选的 Embedded C++编译器。

2）所有代码都可重入。

3）有多种存储器模型和指针类型，以充分利用存储器。

4）内建针对 AVR 经的选项，多重的代码大小和执行速度的优化控制。

5）有针对 AVR 的语言扩展，以适应嵌入式编程。

6）新增的强大全局优化器。

7）可以直接在 C/C++中写快速易用的中断处理函数。

8）高效的 32 位和 64 位 IEEE 兼容的浮点运算。

9）扩展的 C 和 EC++的函数库，并可以对数学和浮点数运算。

IAR Systems 的网站地址为 http：//www. iar. com。

（2）IMAGE CRAFT 和 ICCAVR 编译器。这是 IMAGE CRAFT 提供的一款低成本高性能的 C 语言编译器，其包括了 C 编译器和 IDE 集成编译环境，简称 ICCAVR。其支持除 AT90S1200 外的所有 AT90 系列和 ATmega 系列、Tiny26 以及 AT94KFPSLIC 器件，自动生成对 I/O 寄存器操作的 I/O 指令。其编译器是对 LCC 通用 C 编译器的移植，完全支持标准的 ANSI C，支持 32 位的长整数和 32 位的单精度浮点数运算，支持在线汇编，同时也能和单独的汇编模块进行接口。拥有包括 printf、存储器公配，字符串和数学函数的 ANSI C 库函数的子集库函数和针对特定目标访问片上 E^2PROM 和各种片上外设的库函数。可以生成用于 AVR Studio 源码级调试的目标文件。在其 IDE 中包含了对项目的管理，源文件的编辑、编译和链接源的设置，还有内嵌的 ISP 编程界面。但是由于其源自通用 C 编译器，因此它几乎完全不支持位寻址。

Image Craft 的网站地址为 http：//www. imagecraft. com，提供 30 天的试用版下载。国内的广州双龙公司是 ICCAVR 的代理商。

（3）HP Info Tech 的 CodeVisionAVR 编译器。CodeVision AVR 是 HP Info Tech 专门为 AVR 设计的一款低成本的 C 语言编译器，它产生的代码非常严密，效率很高。它不仅包括了 AVR C 编译器，同时也是一个集成 IDE 的 AVR 开发平台，简称 CVAVR。CVAVR 支持所有片内含有 RAM 的 AVR 芯片，具备以下特点。

1）支持 bit、char、short、int、long、float 以及指针等多种数据类型，充分利用存储器。

2）内建针对 AVR 优化的多种选项。

3）支持内嵌汇编。

4）扩展的一些标准的外部器件支持和接口函数，如标准字符 LCD 显示器、I^2C 接口、SPI 接口、延时、BCD 码与格雷码转换等。

5）可以直接在 C/C++中写快速易用的中断处理函数。

6）高效的 32 位和 64 位的 IEEE 兼容的浮点运算。

7）扩展的 C 和 EC++的函数库，并对数学和浮点运算。

HP Info Tech 的网站地址为 http：//www. hpinfotech. ro.，提供试用版（2K 代码限制）的下载，清华大学出版社出版的《嵌入式 C 编程与 Atmel AVR》一书中，对 CVAVR 的使用和程序设计给出了全面和详细的介绍。

（4）GNU GCC AVR。GNU GCC AVR 是著名的自由软件编译器的 GNU GCC 的 AVR 平台的移植。它包括两部分：编译和链接的命令行程序包以及针对 AVR Libc 函数库。如同其他 GNU 协议下的软件一样，所有这些都是以源程序的形式发布，用户可以根据其自身的计算机平台进行配置编译，生成适合用户自身计算机平台可执行版本的 GNU GCC AVR。对于 Windows 用户，也有已经预先编译好的二进制版本可供下载。GCCAVR 的特点如下。

1）所有源代码都是向用户开放的，完全免费。

2）GCCAVR 本身支持 ANSI C/C++/EMBEDDED C++。

3）GCCAVR 本身的编译效率和稳定性，编译后代码执行效率仅次于 IAR Systems 的 Embedded Workbench。

4）支持几乎所有的 AVR 器件。

5）包括兼容 ANSI C 的部分标准函数库和针对 AVR 的各个外设的函数库。

6）缺乏专业的技术支持，缺乏图形的集成编辑环境（IDE），所有程序都是命令执行的。用户可以在 http：//www.avrfreaks.net 上获得最新的 GNU GCC AVR 软件包。

（5）几种 C 语言开发平台的对比。表 2-1 给出上述四种 C 语言开发平台的性能价格对比。

表 2-1　　　　　　　　　　　AVR 四种 C 语言开发平台的比较

语言	IAR	ImageCraft	CodeVision	GNU GCC
代码效率	+++	++	++	++
价格	$ $	$	$	Free
易用性	++	+++	+++	+
与 AVR Studio 集成度	++	+++	+++	++
技术支持	+	+++	+++	－

（6）BASCOM - AVR。BASCOM - AVR 是荷兰 MCS Eletronics 公司设计的一款针对 AVR 系列单片机的 BASIC 编译器，其软件包由 BACIS 编译器和 IDE 集成编辑环境组成。IDE 集成编辑环境支持对源代码的高亮显示，提供上下文提示，以提高编码效率。IDE 集成编辑环境还包含了一系列工具，图形化的模拟仿真环境，无须连接硬件，用户就可以通过它对 LCD、LED、UART 和 PIO 端口进行仿真。此外，用户还可以在 IDE 集成环境中对目标板进行 ISP 编程。其主要特点如下。

1）采用可带语句标示符的结构型 BASIC 高级程序设计语言编程，程序语句和 Microsoft VB/QB 高度兼容。

2）结构化的 IF - THEN - ELSE - ENDIF、DO - LOOP、WHILE - WEND、SELECT - CASE 程序设计。

3）变量名和语句标示符长达 32 个字符。

4）支持位（Bit）、字节（Byte）、整型（Integer）、字（Word）、长型（Long），字符串（String）多种类型的变量。

5）支持内嵌汇编。

6）编译产生的运行代码可以在所有带内部存储器的 AVR 微控制器中运行。

7）为标准字符 LCD 显示器、图形 LCD 显示器、I^2C 芯片、单总线协议芯片、SPI 通信、矩阵键盘，标准 AT 键盘甚至 TCP/IP 硬件协议栈芯片等扩充了大量的专用语句。

8）内置模拟终端和程序下载功能。

9）自带内置的图形软件仿真平台，并同时支持和采用 AVR Studio 作为其软件模拟仿真器。

10）完善的连机帮助功能和大量的例程。

BSACOM - AVR 采用结构型 BASIC 作为程序设计语言，简单易学，尤其适合入门学习，在开发 AVR 单片机应用系统时效率很高，其他语言需要几天开发的软件采用 BASCOM - AVR 可能只要几小时就能完成，BASCOM - AVR 还对 AVR 单片机内含的外围设备和单片机常用外围扩充器件，如字符型液晶显示器、图形液晶显示器、各种串行总线接口器件、标准键盘甚至一些 TCP/IP 硬件协议栈器件提供支持，大大方便了使用。

BASCOM - AVR 对 PC 机要求不高，奔腾以上的 PC 机都能运行这个软件，BASCOM -

AVR 可以通过多种硬件设备把程序下载到单片机里，最简单的是通过打印机口用一条简单的下载电缆（下载线）与单片机 ISP 接口连接就可以下载程序，这条电缆只有 6 条连线和数个电阻器组成，考究一点增加一片 74HC244 做缓冲隔离，AVR 单片机内部的可编程 Flash（程序存储器）编程次数达万次，有这些硬件条件做基础，单片机的程序开发就非常方便了，目前通常的做法是：①用下载线连接 PC 机和单片机应用电路板；②在 IDE 中用 BASIC 语言编写应用程序；③按下编译快捷键形成目标程序，若编译不能通过则 IDE 给出提示并指出错误所在；④按下载快捷程序下载到了单片机里并运行。如此重复直到满意为止。由于编译和下载只需要数秒至数十秒，次数又不受限制，因此可以让程序在实际电路中运行来调试程序。例如，用实际的硬件资源逐块调试各个子程序、过程和自定义函数、通过硬件资源观察程序运行中变量的变化来发现问题和修改程序等。这些手段不仅给开发带来了极大方便，也使学习单片机技术的过程大大简化。

2.1.3 AVR 单片机的开发板及下载线

1. STK500 系列开发板

STK500 系列开发板是 Atmel 公司推出的一套基于 90 系列和 mega 系列的 AVR 开发评估板和相应的适配板，以使用户能快速入门和了解使用 AVR 芯片，用户在产品设计过程中也可以在这些开发板上完成初步的验证，而免去了自己制板的成本与风险。STK500 系列评估板包括 STK500 主板和 STK501、STK502、STK503、STK504、STK505、STK5420 等子板。

STK500 是 Atmel 推出的主要针对 40 脚及 40 脚以下的 DIP 封装的 90 系列和 mega 系列单片机的评估开发板。其具有高压并行和 ISP 编程功能以及 JTAG 仿真接口，同时还配备了一些 LED 和按键，它们可以通过扁平线和单片机的端口连接，用于观察端口的电平变化或者手动触发端口电平的变化，这在没有仿真的情况下是非常有用的，在板上除了一个用于和下载程序的 RS-232 接口外，还有一个 RS-232 接口，通过跳线可以和单片机的 UART 连接，完成与 PC 机进行通信的任务，另外，板上还有一个振荡电路，用户可以根据自己的需求选择不同的时钟源驱动单片机。图 2-2 所示为 STK500 开发板。

图 2-2 STK500 开发板

由于许多 AVR 芯片采用 TQFP 的贴片封装，不能直接在 STK500 上使用，所以 STK500 还配有多种不同形式的顶置模块子板，以适合各种封装形式的 AVR 使用。图 2-3 所示为顶置模块子板 STK501，专门应用于 TQFP64 脚的 AVR（ATmega103/ATmega64/ATmega128）使用。

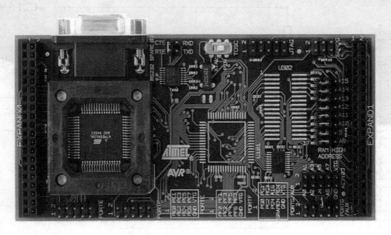

图 2-3　STK501 子板

STK501 作为 STK500 的子板，配有安装 ATmega103/ATmega128 的 ZIF 插座和 PCB 封装。它需要安装在 STK500 上才能完成 ATmega128 开发功能（见图 2-4）。此外，由于 ATmega128 有两个 USART 口，所以在 STK501 上还扩展了一个额外的 RS-232 口，以及 32kHz 的 RTC 振荡器。

STK500 配备的面置模块子板有 STK501、STK502、STK503、STK504、STK505、STK520 等。它们都必须与 STK500 配合，以适合各种封装形式和不同型号的 AVR 使用。用户在 AVR Studio 软件环境的在线帮助中，可以了解它们的具体特点和使用方法。

图 2-4　使用 STK500+STK501 开发 ATmega128

2. 自制下载线

AVR 单片机系统开发过程的最后一个步骤是将已经调试通过（最好经仿真无误后）的程序下载到目标单片机中，实现对目标单片机的编程。单片机系统传统的编程方式是根据单片机的型号选用一定的编程器，将被编程芯片插入编程器的插槽，编程器会将程序写入单片机的内部存储器，之后再将芯片取出并插入目标板后，系统就可以运行。在这种编程方式中，大量的时间被浪费在单片机芯片的插拔过程中，效率低下，并且多次插拔单片机还很容易对单片机芯片造成一定的损伤。

AVR 系列的所有单片机都支持 ISP。用户可以通过特制的下载线对支持 ISP 的芯片进行编程，省去了专用编程器，单片机在目标板上就可以进行程序下载，而无须将其取下，方便系统的开发和升级。AVR 系列单片机的下载线原理较为简单，用户可以选择 Atmel 公司推出的下载线 AVR ISP（电路图见图 2-5），也可以自行制作简易的 ISP 下载线（电路见图 2-6）。前者是用缓冲器缓冲的，后者是直接接到并口线。平常推荐使用带有缓冲器的，如果手头上没有芯片，使用直连的也可以。

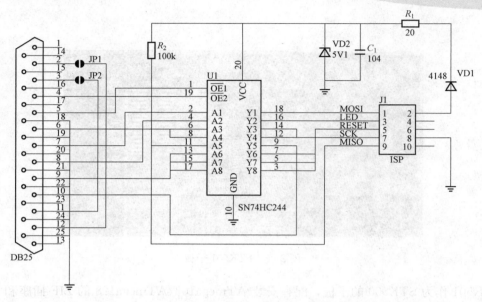

图 2-5　AVR 并口 ISP 下载线

对于使用 244 缓冲器电路的版本，需要接 V_{CC} 电源，用以给 244 芯片供电，并口的电压是 5V 的，根据 AVR 系统使用的是 5V 还是 3.3V，应该选择正确的芯片。例如，3.3V 系统中选择 74LC244A，它可以用 3.3V 供电，并且输入输出兼容 TTL 电平。5V 系统中使用 74LS244、74HC244 都没有问题。实物图如图 2-7 所示。

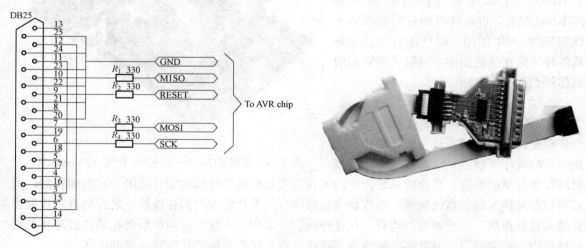

图 2-6　简易 AVR ISP 下载　　　　　　图 2-7　AVR ISP 下载线实物图

对于简易的并且 ISP 下载线只有一个连接打印口的 25 针接口以及 4 个 330Ω 电阻（见图 2-6），其实 $R_1 \sim R_4$ 的保护电阻也可以不接，但是为了保险起见还是接上为好。将其连接到计算机的打印口，再运行相应的软件即可。软件可以从 Atmel 或 PonyProg 下载，推荐使用 PonyProg 免费提供的软件，因为它几乎支持所有的 AVR 单片机以及 Atmel 支持在线编程的 51 单片机。

2.2　AVR 单片机 C 语言编程基础

单片机的程序设计语言可分为三类：机器语言、汇编语言和高级语言。

1. 机器语言

机器语言是完全面向芯片的语言，由二进制码"0"和"1"组成，在单片机的程序存储器中存放的就是以"0"或"1"构成的二进制序列指令字，它是单片机 CPU 直接识别和执行的语言。用机器语言表示的程序称为机器语言程序或目标程序。例如，一条 AVR 机器语言代码如下：

0000110000000001

它就是指将 AVR 单片机内部的寄存器单元 R0 和 R1 的内容相加，结果存在在 R0 中。

采用机器语言编程不仅难学、难记，而且也不易于理解和调试，因此人们不直接使用机器语言来编写系统程序，往往使用汇编语言或高级语言编写程序。不过，无论使用汇编语言还是高级语言来编写系统程序，最终都需要使用相应的开发软件系统（一般在软件开发平台中的都提供编译软件系统）将其编译成机器语言，生成目标程序的二进制代码文件（.bin 或 .hex），然后再把目标代码写入（编程下载）单片机的程序存储器中，最后由单片机的 CPU 执行。

2. 汇编语言

汇编语言是一种符号化的语言，它使用一些方便记忆特定的助记符（特定的英文字符）来代替机器指令，如"ADD"表示加，"MOV"表示传送等，上面的 AVR 机器指令用汇编语言表示为"ADD R0，R1"。

用汇编语言编写的程序称为汇编语言程序，显然，它比机器语言易学、易记。但是，汇编语言也是面向机器的，也属于低级语言。由于各种单片机的机器指令不同，每一类单片机的汇编语言也是不同的，如 8051 的汇编语言同 AVR 的汇编语言是完全不一样的。

传统开发单片机应用系统主要是用汇编语言编写系统程序。学习和采用汇编语言开发系统程序的优点是：能够全面和深入地理解单片机硬件的功能，充分发挥单片机的硬件特性。但由于汇编语言编写的程序可读性、可移植性（各种单片机的机器指令不同）和结构性都较差，因此采用汇编语言来开发单片机应用系统程序比较麻烦，调试和排错也比较困难，产品开发周期长，同时要求软件设计人员要具备相当高的能力和经验。

3. 高级语言

高级语言是一种"基本"不依赖硬件的程序设计语言。这里的"基本"是指编写在通用计算机系统上运行的系统软件。

由于高级语言具有面向问题或过程，其形式类似自然语言和数学公式，结构性、可读性、可移植好的特点，所以为了提高编写系统应用程序的效率，改善程序的可读性和可移植性，缩短产品的开发周期，采用高级语言来开发单片机系统已成为当前的发展趋势。

需要特别注意的是，在设计开发单片机应用系统系统软件的过程中，总是要同硬件打交道，而且关联是比较密切的，其软件设计有着自己独特的技巧和方法。因此，那些纯软件出身的软件工程师，如果没有硬件的基础，没有经过一定的学习和实践，可能还写不好，甚至写不了单片机应用系统的系统软件。

不管是使用汇编语言还是高级语言来开发单片机系统程序，都需要一个专用的软件平台把软件设计人员编写的源程序"翻译"成二进制的机器指令代码，这个"翻译"过程对汇编语言来讲称为汇编，对高级语言来讲，它包括编译和链接两个过程，因此，一个性能优良的，专门用于开发单片机的软件平台和环境也是必不可少的开发工具。

4. C 语言

随着 AVR 技术的发展以及系统的日趋复杂，对嵌入式系统代码的执行效率与可靠性要求也越来越高。同时，为了满足工程师的协作要求，执行代码还必须具有规范化、模块化的特点。汇编语言是一种低级语言，虽然该语言的执行效率比较高，但是其编程效率低下，且移植性与可读性较差。C 语言作为一门结构化的语言，具有功能性强、效率高和与系统接近等特点。C 语言的表达式以及操作符集合使得编程人员可以采用较少的代码量来解决较为复杂的问题。

使用 C 语言编程具有汇编语言所不可比拟的优点，具体表现在以下几个方面。

（1）使用 C 语言在加快系统开发速度上具有很大的优势，随着程序量的加大，该优势被体现得越来越明显。

（2）在使用 C 语言进行编程时，不需要编程人员精通机器指令集以及具体硬件结构。同时，使用 C 语言编程还能够实现软件的结构化编程，源程序的可读性以及可维护性得到了很大的提高，从而提高了系统的稳定性。

（3）当使用汇编语言时，编程人员要花费很大一部分精力在分配单片机资源上，而使用 C 语言就可以避免这种麻烦，只需在代码中声明一下变量的类型，编译器就会对相关资源进行自动分配，这样就可以避免不必要的资源浪费。

（4）使用 C 语言时，只要程序代码符合 ANSI，在把写好的算法移植到不同种类的 MCU 的过程中，只要对相关硬件的代码做适当的修改，便可以完成整个移植过程，不需要对代码进行重写。

（5）C 语言提供了 auto、static 以及 flash 等存储类型以及复杂的数据类型。同时，C 编译还能实现中断服务程序的现场保护和恢复，并为用户提供常用的标准函数库。

（6）对于一些复杂系统的开发，可以通过移植的实时操作系统来实现。

2.2.1 C 语言的构成及特点

C 语言是一种结构化程序设计语言，编写的程序层次清晰，便于按模块化方式组织，易于调试和维护，并且 C 语言的表现能力和处理能力极强。其主要特点如下。

（1）简洁、紧凑，使用方便、灵活。只有 32 个关键字、5 种基本语句、9 种控制语句，程序书写形式自由，主要使用小写字母表示。

（2）具有丰富的运算符和数据类型，便于实现各类复杂的数据结构，C 语言提供的数据类型有整型、实型、字符型、数组类型、指针类型、结构体类型、共用体类型等。特别是指针类型，使得用户能够通过操作内存空间地址来直接处理数据，提高了程序设计的灵活性及执行效率。

（3）能够直接访问内存的物理地址，进行位（bit）操作。具有汇编语言的部分功能，直接对硬件进行操作，因此，C 语言又常被称为"中级语言"。

（4）具体结构化的控制语句，便于实现程序的模块化设计。

（5）既可以用于系统软件的开发，也适合于应用软件的开发。

（6）C 语言编制的程序较其他高级语言编制的程序具有效率高、可移植性强等特点。

下面是一个简单的 C 语言小程序，通过这个小程序开始 C 语言的学习。这个程序是在目录 "\ icc \ examples" 中的文件 "led. c" 的基础上修改的流水灯实验。

```
# include<iom128v. h>
# include<macros. h>
/*为使能够看清 LED 的变化图案延时程序需要有足够的延时时间*/
void Delay()
    {
    unsigned char a,b;
    for(a = 1;a;a + +)
        for(b = 1;b;b + +);
    }
void LED_On(int i)
    {
    PORTB~BIT(i)        /*低电平输出使 LED 点亮*/
    Delay();
    }
void main()
    {
    int i;
    DDRB = 0xFF;        /*定义 B 口输出*/
    PORTB = 0X55;        /*B 口全部为高电平对应 LED 熄灭*/
    while(1)
        {
    /*LED 向前步进*/
        for (i = 0;i<8;i + +)
            LED~On(i);
    /*LED 向后步进*/
        for(i = 8;i>0;i - -
            LED_On(i);
    /*LED 跳跃*/
            for (i = 0;i<8;i + = 2)
                LED_On(i);
            for(i = 7;i>0;i - = 2)
                LED_On(i);
        }

    }
```

上面的程序称为 C 语言源程序，简称 C 程序。

该程序在初始化 I/O 寄存器之后，运行一个无限循环，并且在这个循环中改变 LED 的步进图案，LED 是在 LED _ ON 例程中被改变的，在 LED _ ON 例程中直接写正确的数值到 I/O 端口，因为 CPU 执行速度很快，为能够看见图案变化，因此 LED _ ON 例程调用了延时例程。

因为不能确定实际的延时值，所以这一对嵌套循环只能给出延时的近似时间，如果这个定时时间很重要，则在这个例程中应该使用硬件定进器来完成延时。

该程序中的第一行 include 是一条编译预处理命令，其意义是把尖括号<>或引号内指定的文件包含到本程序中，成为本程序的一部分。被包含的文件通常是由系统提供的，其扩展名为 .h，也称为头文件或首部文件。C 语言的头文件中包括了各个标准库函数的函数原型。因此，凡是在程序中调用一个库函数时，都必须包含该函数原型所在的头文件，在本例中 include 的作用是将后面的 iom128v.h 头文件包含到设计的程序中来，因为在 iom128v.h 头文件中有程序要用于 ATmega128 单片机 I/O 寄存器的定义。

main 是一个函数名，表示"主函数"。C 程序总是由一个或多个函数组成，程序通过函数实现各种操作，函数名可以按照标识符的命名法则随程序员的喜好决定，但需要注意的是，在 C 程序中"主函数"只有一个，就是"main"，C 程序总是从 main 函数中的第一条语句开始执行，并且在主函数中的最后一条语句结束运行的。

花括号 {} 括起来的部分是函数的语句部分，称为函数体。

/ * … * /中间的部分是注释，是为了便于程序阅读及维护而添加的，对于程序的编译和执行没有影响，注释可以添加到程序的任何位置，但需要注意的是，注释不能够嵌套，即在注释中不能再含有/ * … * /。

2.2.2 运算符和表达式

C 语言中的运算符包括算术运算符、关系运算符、赋值运算符、逻辑运算符、周期值运算值、条件运算符、位运算符、逗号运算符、指针运算符、强制类型转换运算符、分量运算符、下标运算符以及求字节数运算符等多种形式，而表达式也有算术表达式、逻辑表达式、赋值表达等多种形式。这些内容是 C 语言的基础，需要认真学习和领会。

1. 算术运算符和算术表达式

（1）算术运算符。C 语言提供了七种算术运算符，具体见表 2-2。

表 2-2 　　　　　　　　　　　　　算 术 运 算 符

类型	含义	示例	优先级	结合方向
＋	加	5＋8	4	从左到右
－	减或取负	6－7 或－4	4	为减号时从左到右，取负时从右到左
*	乘	12 * 4	3	从左到右
/	除	45/7	3	从左到右
%	取余	54％8	3	从左到右
++	自增	i＋＋或＋＋i	2	从右到左
－－	自减	－－	2	从右到左

（2）算术表达式。算术表达式是由算术运算符号和括号将运算对象连接起来的式子，其中运算对象可以是常量、变量、函数、数组元素等内容。算术表达式的一般组成形式为

表达式1　算术运算　表达式2…

2. 赋值运算符

C 语言提供了 11 种赋值运算符，具体见表 2-3。

表 2-3　　　　　　　　　　　　赋值运算符

类型	含义	示例	优先级	结合方向
=	等于	a=b+3	14	从右到左
+=	加等于	a+=b	14	从右到左
-=	减等于	a-=2	14	从右到左
*=	乘等于	a*=3	14	从右到左
/=	除等于	a/=（a+3）	14	从右到左
%=	取余等于	a%=b	14	从右到左
≫=	右移等于	a≫=1	14	从右到左
≪=	左移等于	a≪=2	14	从右到左
&=	按位与等于	a&=b	14	从右到左
^=	按位异或等于	a^=b	14	从右到左
|=	按位或等于	a|=b	14	从右到左

3. 关系运算符和关系表达式

（1）关系运算符。C 语言提供了六种关系运算符，具体见表 2-4。

表 2-4　　　　　　　　　　　　关系运算符

类型	含义	示例	优先级	结合方向
<	小于	5<8	6	从左到右
<=	小于等于	a<=b	6	从左到右
>	大于	a>b+1	6	从左到右
>=	大于等于	5<=8-2	6	从左到右
!=	不等于	a!=3	7	从左到右
==	是否等于	a==5	7	从左到右

（2）关系表达式。关系表达式是由关系运算符和括号将运算对象连接起来的式子，其中运算对象可以是常量、变量、函数、数组元素等内容，关系表达式的一般组成形式为

表达式 1　关系运算符　表达式 2…

关系表达式的结果是"1"或"0"，前者对应关系成立，后者对应关系不成立。

4. 逻辑运算符和逻辑表达式

（1）逻辑运算符。C 语言提供了三种逻辑运算符，具体见表 2-5。

表 2-5　　　　　　　　　　　　逻辑运算符

类型	含义	示例	优先级	结合方向
!	取反	!a	2	从右到左
&&	逻辑与	(5>3)&&12%7	11	从左到右
||	逻辑或	y/4||（x+3）==5	12	从左到右

逻辑运算的值为"真"和"假"两种，用"1"和"0"来表示，其求值规则见表 2-6。

表 2-6　　　　　　　　　　　　　　逻辑运算表

a	b	! a	! b	a&&b	a‖b
真	真	假	假	真	真
真	假	假	真	假	真
假	真	真	假	假	真
假	假	真	真	假	假

（2）逻辑表达式。逻辑表达式是由逻辑运算符和括号将运算对象连接起来的式子，其一般形式为

表达式 1　逻辑运算符　表达式 2

其中，运算对象可以是常量、变量和函数，也可以是关系表达式、算术表达式等表达式嵌套的形式，逻辑表达式的结果为"1"或"0"。

2.2.3　C 语言的语句及程序结构

C 语言程序最基本的语义单位是语句，每个 C 程序都具有一定的结构，就像写文章一样，可以有多种结构形式。

1. 顺序机构程序设计

顺序结构是结构化程序设计的三种基本结构之一，也是最基本、最简单的程序组织结构，在顺序结构中，语句按出现的先后顺序依次执行，程序执行过程流程图如图 2-8 所示。

一个 C 程序或一个 C 函数整体上是一个顺序结构，它是由一系列语句或控制结构组成的。

2. 选择结构的基本形式

在实际问题求解中，经常要根据问题的已知条件或当时的情况进行判断，以便决定下一步采取的措施：根据处理问题的复杂程序，需要判断的内容可能有一个或多个。例如，要出去旅游，出行的方式可以是乘火车、乘汽车、乘飞机等几种形式，对于这些形式还需要对比确定乘坐的车次或航班。选择结构程序设计是指根据不同的判定条件，

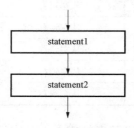

图 2-8　顺序结构

控制执行不同的程序流程，其特点是程序执行的顺序与程序书写的顺序不一致，每次只执行选择程序段的部分程序。条件分支结构又称选择结构，在程序设计中，当需要根据选择判断来处理问题时，就要用到选择分支结构。

在 C 语言中，选择分支结构通常有单分支、双分支、多分支等多种情况。

（1）单分支结构。单分支结构的形式如下：

if（expression）

　　statements

流程图如图 2-9 所示。

执行过程为：系统首先对 exepression 表达式进行判断，当表达式结果为真（不为 0）时，执行 ststements 语句；否则，跳过 statements 语句，继续执行其后的其他语句。

（2）双分支结构。双分支结构的形式如下：

```
if (expression)
    statements1
else
    statements2
```

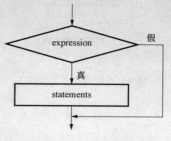

图 2-9　单分支结构的流程图

流程图如图 2-10 所示。

执行过程为：系统首先对 exepression 表达式进行判断，当表达式结果为真（不为 0）时，执行 statements1 语句；否则执行 statements2 语句。选择结构执行完成后继续执行其后的其他语句。

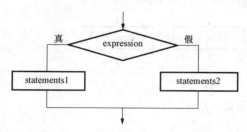

图 2-10　双重分支结构的流程图

流程图如图 2-11 所示。

执行过程为：实际上，该结构是由多个 if……else 双分支组合而成的，系统首先对 expression1 表达式进行判断，当表达式结果为真（不为 0）时，执行 statements1 语句；否则，对 expression2 表达式进行判断，结果为真时执行 statements2 语句；否则，继续判断后续表达式，直到找到结果为真的表达式，执行与之匹配的语句，并结束整个多分支结构，选择结构执行完成后继续执行其后的其他语句。

（3）多分支结构。多分支结构的形式如下：

```
if (expression1)
    statements1
else  if (expression2)
    statements2
…
else
    statementsn
```

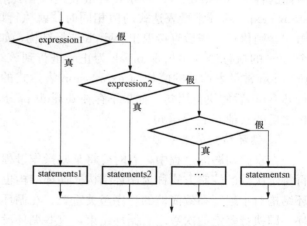

图 2-11　多重选择分支结构的流程图

（4）switch…case 分支结构。如果要处理的问题比较复杂，存在很多分支，用 if…else…的结构进行表示，将降低程序的可读性。C 语言提供的 switch 语句是另一种形式的多分支选择结构，一般表示形式为

```
switch(expression)
{   case constant-expression1;
        statements1;
    case constant-expression2;
        statements2;
        ……
    case constant-expressionn;
```

```
        statementsn;
    default:
        statementsm;
}
```

流程图如图 2-12 所示。

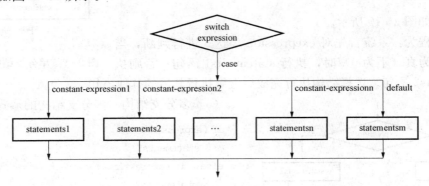

图 2-12　switch…case 结构的流程图

其中，expression 表达式可以是任意类型，各个 constant - expession 常量表达式代表 expession 表达式的各个不同取值。执行过程中，首先求解 expession 表达式的值，然后依次与后面的各个 sonstant - expession 常量表达式相比较，当 expession 的值与某个 case 后的 constant - expession 常量表达式的值相同时，就执行该 case 后的语句，如果该语句中存在 break 语句，则执行完毕后直接退出 switch 选择结构；如果不存在 break 语句，则一直向后执行到某个 case 的执行语句中出现 break 为止或进行到该结构的大括号为止；如果所有 constant - expession 常量表达式的值均与 expression 表达式的值不相等，且存在 default 部分，系统将执行 default 后的执行语句，如果不存在 default 部分，程序将不做任何处理而直接执行 switch 结构之后的其他 C 程序语句。

3. 循环结构的基本形式

在求解问题的过程中，有时要将某些操作过程执行若干次，通常将按照制定的条件重复执行特定次数的控制方式称为循环结构。循环结构也是 C 程序设计中三种基本结构之一，灵活循环结构对于编写高效简洁的程序至关重要。在循环结构程序设计中，有些是循环次数确定的循环，即执行确定的次数之后循环结束，有些循环没有事先预定的循环次数，而是通过达到一定条件而由控制语句强制结束和跳转。循环程序设计的特点是程序执行的顺序与程序书写的顺序相一致，而且在循环体上将重复执行多次，在 C 语言中有 if…goto…、while、do…while 和 for 四种循环结构，循环结构形式在某些条件下可以进行互换。

（1）if…goto…构在的循环。用 if 及 goto 语句构成循环，实现无条件转移，C 语言中 goto 语句的一般格式为

lablename：statements；

……

goto labelname；

goto 关键字的作用是将程序控制点跳转到 labelname 标号所指定的位置，标号应符合 C 语言中标识符的约定，即可以用字母、数字和下划线组成，首字母不能为数字也不能使用系统保

留的关键字，流程图如图 2 - 13 所示。

注意：在跳转之前必须有条件判断，即在满足一定的条件下才进行跳转，否则，将造成系统死循环。

（2）while 循环。while 循环是一种"当"型的循环，即在满足一定的条件时才执行后面的循环体语句，C 语言中 while 循环的结构形式为

while（expression）

　　statements；

流程图如图 2 - 14 所示。

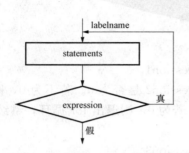 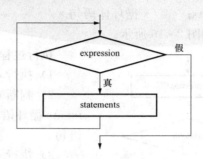

图 2 - 13　if…goto 循环的流程图　　　图 2 - 14　while 循环的流程图

特点：先判断表达式，后执行特循环体。

while 循环说明如下。

1）循环体有可能一次也不执行。

2）循环体可以为任意类型语句。

3）出现下列情况将退出 while 循环：①条件表达式不成立（为零）；②循环体内遇到 break、return 或 goto 语句。

4）无限循环。无限循环的格式为

while（1）

循环体；

（3）do…while 循环。do…while 型的循环又称为"直到"型循环，顾名思义就是一直循环到条件不成立为止。do…while 循环的一般形式为

do

statements ；　　　　/ * 循环体语句 * /

while（expression）；

流程图如图 2 - 15 所示。

特点：先执行循环体，后判断表达式。

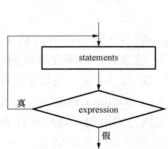

do…while 循环说明如下。

1）至少执行一次循环体。

2）当只有一个循环体语句时，可以不加大括号 {}；否则，图 2 - 15　do…while 循环的流程图

需要将循环体语句用大括号括起来构成复合语句。

3）while（expression）后面的分号不能省略。

4）do…while 结构可以转化成 while 结构，若 while 循环的表达式为真，则两种结构的结

41

果相同，否则不同。

5）循环体可以为任意类型语句。

6）出现下列情况将退出 do…while 循环：①条件表达式不成立（为零）；②循环体内遇到 break、return 或 goto 语句。

（4）for 循环。for 循环是 C 语言的循环控制语句中功能最为强大、应用最为灵活和广泛的一种形式，它不仅适用于循环次数确定的情况，也适用于循环次数未知的情况。while 循环和 do…while 格式的循环均可以转换成 for 循环。for 循环的一般形式为

for（［expression］；［expression2］；［expression3］)

statements；　　/ * 循环体语句 * /

流程图如图 2 - 16 所示。

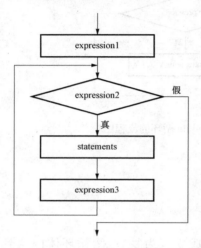

图 2 - 16　for 循环的流程图

执行过程如下。

1）执行 expression1。

2）判断 expression2 是否为 0。若不为 0，则执行 statements 循环语句；若为 0，则退出 for 循环，继续执行后面的语句。

3）执行 expression3。

4）转到 2）继续执行。

（5）循环控制语句。在 while、do…while、for 三种循环结构中，都是循环终止的判断表达式，正常情况下只有该表达式结果为 "0" 时才结束循环。实际情况下，有时并不需要执行全部循环体语句，特别是在循环次数不确定的循环结构中，需要在满足一定的条件下可以跳过其中一部分语句，或者终止所在循环结构层次部分的执行，这时就要用 break 和 continue 语句。

1）break 语句。break 语句只能用于 switch 多分支选择结构和循环结构的循环体语句中，作用分别是结束当前的选择结构和结束所在的循环结构，使程序控制转到后续的程序语句中，在循环结构中使用 break 语句的一般形式为

if（expression)

break

其中，expression 可以是任意类型的表达式，只要 expression 表达式计算的结果不为 "0"，就强制结束所在层次的循环。

说明：break 语句用于循环结构中强制结束所在层次的循环时，一般要与 if 语句搭配使用。

2）continue 语句。continue 语句的作用是结束本次循环，跳过循环体中 continue 语句下面未执行的语句，转向循环条件表达式，判断是否执行下一次循环。在循环结构中使用 continue 语句的一般形式为

if（expression)

continue；

其中，expression 可以是任意类型的表达式，只要 expression 表达式计算的结果不为 "0"，就强制经本次循环。

说明：continue 语句只能用于循环结构中，一般要与 if 语句搭配使用。

2.2.4　数组

数组是线性表的一种形式，它是由一组相同数据类型的数据构成的有序集合，用一个统一的数组名和下标来唯一地确定数组中的元素。借助数组可以很容易实现多个数据的排序及特定数据的查找。变量在内存中有固定的位置，而指向该变量地址的变量是指针变量。指针是 C 语言的精华，是 C 语言中相对难以掌握的内容，使用指针可以很容易地访问单片机的物理内存。

1. 一维数组

数组是由一组相同数据类型的数据构成的集合，集合中的每一个元素称为数组元素，在单片机内存中按顺序存放在一段地址连续的空间内，数组名称是指向该连续地址空间的地址常量，通过数组名称和某元素的下标就可以唯一确定数组中的某个元素。数组概念的引入，使得 C 语言在处理多个相同类型的数据时更为清晰和简便。

（1）数组的定义。使用数组之前必须先对数组进行定义，明确声明数组的名称，数组元素的数据类型和元素个数，数组有一维数组、二维数组和多维数组之分，一维数组的定义格式为

数据类型说明符　数组名称〔数组元素个数〕

（2）数组元素的引用。对于数组元素的引用，C 语言规定必须先定义后使用，而且只能逐个引用数组元素而不能一次引用整个数组，数组元素的表示形式为

数组名称〔下标〕

2. 数组的初始化

通过对变量的学习可知，对于变量的赋值，可以先定义变量然后在程序段中进行赋值，也可以在定义变量时同时进行初始化，对于数组，也可采用这种赋值方式。

（1）先定义后赋值。先定义数组，然后再逐个元素进行赋值，这个过程要遵循关于数组元素引用的规定。例如：

int　a〔5〕;
a〔0〕=10; a〔1〕=9; a〔2〕=8; a〔3〕=7; a〔4〕=6;

上述 5 个语句用于对数组的 5 个元素进行赋值，完成初始化过程。

（2）在定义的同时初始化。将定义和初始化过程写在一起，可以使数组元素在编译阶段获得初值，具体操作过程是将赋值内容写在一对大括号中。根据一次赋值元素的个数是否为定义元素的总个数，数组的初始化可以分为全部元素初始化和部分元素初始化两种形式。

1）全部元素初始化。对于全部元素初始化的形式，即赋值元素的个数和定义元素的个数相同，将赋值元素写在一对大括号中，元素之间用逗号分隔。例如：

int a〔5〕={1, 2, 3, 4, 5};

等价于

a〔0〕=1; a〔1〕=2; a〔2〕=3; a〔3〕=4; a〔4〕=5;

对于这种为全部元素赋初值的情况，可以省略数组定义中元素的个数，系统在编译过程中自动根据赋值元素的个数来确定数组定义的元素个数。例如：

int b〔〕={1, 2, 3, 4, 5};

表明数组 b 的元素个数为 5。

2）部分元素初始化。当大括号中数值的个数少于数组定义时指定的个数时，只对数组前

面的一部分元素初始化，而其他元素的数值自动取值为"0"。例如：

int a [5] = {2, 3};

则

a [0] =2；a [1] =3；a [2] =0；a [3] =0；a [4] =0；

2.2.5 指针变量和指针运算符

指针是 C 语言中非常重要的一部分，也是 C 语言的一大特色，利用指针可以直接访问内存，也可以处理其他复杂的数据结构，如动态链表、树和图等，在函数调用中可以得到多个返回值。

1. 指针变量定义及指针运算

指针变量是存放地址的变量，该指针变量的数值就是其指向变量的内存地址，所以，通过指针变量的数值就可以获得和使用变量的数值。指针变量也要遵循先定义后使用的原则。

对于指针变量，一般采用的定义形式为

数据类型 * 指针变量名；

在定义指针变量时，既要说明它是一个指针，同时也要说明该指针指向哪种类型的数据。

（1）"数据类型"是指针变量所指向变量的数据类型，确定了指针所指向的内存单元的字节长度以及所存储数据的大小范围。

（2）"指针变量名"是一个变量名称，遵循 C 语言关于标识符的约定。

（3）" * "表明此外定义的是指针。

例如：

int * p1;

float * p2;

char * p3;

表示定义了 3 个指针变量 p1、p2 和 p3，其中 p1 可以指向一个整型变量，p2 可以指向一个单精度实型变量，p3 可以指向一个字符型变量，即 p1、p2、p3 可以分别存放整型变量的地址、单精度实型变量的地址和字符型变量的地址。

根据赋值的位置不同，可以有以下两种形式。

1）先定义指针变量，然后再赋值。例如：

int * p1,i = 5

float * p2,f = 3.14;

char * p3,c = 'h';

p1 = &1;

p2 = $ f;

p3 = &c;

2）在定义指针变量时间同时进行初始化。例如：

int i = 5, * p1 = &i;

float f = 3.14, * p2 = &f;

char c = 'h', * p3 = &c;

上述例子中赋值语句 p1＝&i 表示将变量 i 的内容地址赋给指针变量 p1，此时 p1 就指向变量 i。同理，p2 指向 f，p3 指向 c。图 2-17 所示是对应的示意图。

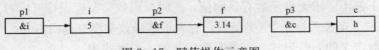

图 2-17　赋值操作示意图

说明如下。

1）对指针变量进行初始化时，必须使用变量的地址，而不能使用整型常量或整型变量。例如：

int * p1＝2000；（错误）

2）一个指针变量只能指向与其类型相同的变量的地址，否则，可能导致程序异常或结果错误。例如：

float PI＝3.1415926；

int m＝5，* p1＝&m；

p1＝&PI；（错误）

3）使用指针变量之前，必须对其进行初始化（必须赋初值）。例如：

int m＝5，* p1

* p1＝20；

由于 P1 没有指向具体的内存单元，因此既有可能指向内存的空白区域，也有可能指向正在使用的区域，如果是后者将可能导致不可预料的错误发生。

2. 指针变量的引用

直接通过变量的名称访问普通变量，这是直接访问方式；而对于定义了指针变量并且令其指向普通变量的地址，然后通过该指针来访问普通变量数值的情况，这是间接访问形式。一般表示形式为：

* 指针变量名；

2.2.6　函数与参数传递

本节主要介绍函数的定义格式、函数的调用方法、函数的参数传递方式以及变量的作用域及其存储类型等内容。

1. 函数定义的一般形式

C 语言规定，对于变量和自定义函数，必须先定义后使用，所谓"函数定义"是指对函数功能的确定，包括指定函数名、函数值类型，以及形参及其类型、函数体等。用户自定义的函数，必须符合 C 语言规定的格式，通常由两部分组成：一是函数头（即函数体前面的部分）；二是函数体（由一对花括号括住的部分，包含该函数所用到在变量的定义及有关操作）。

（1）无参函数定义的一般形式。无参函数定义的一般形式为

函数类型标识符　函数名（）

{　　　　声明部分

语句部分

}

其中，类型标识符和函数名称为函数头。类型标识符指明了函数的类型，也就是函数返回值的类型。函数名要符合C语言标识符的约定，函数名后面的"0"不能省略。

在很多情况下都不需求无参函数有返回值，此时，函数类型标识符可以写为"void"。"void"代表"无类型"（或"空类型"），它表示本函数是没有返回值的。

（2）有参函数定义的一般形式。有参函数定义的一般形式为

函数类型说明符　函数名（数据类型符　形式参数1 [，……]）

〔　　　声明部分

语句部分

〕

有参函数比无参函数多了一项内容，即形式参数列表。在形参表中给出的参数称为形式参数，它们可以是各种类型的变量，各参数之间用逗号间隔。在进行函数调用时，主调函数将赋予这些形式参数实际的值。既然形参是变量，那么必须在形参表中给出形参的类型说明。说明如下。

1）在C语言中，所有的函数定义，包括主函数main在内，都是平行的。

2）不能在一个函数的函数体内定义其他的函数，即不能嵌套定义。

3）函数之间允许相互调用，也允许嵌套调用，同一个函数可以被一个或多个函数调用若干次。

2. 形式参数与实际参数

所谓"形式参数"（简称"形参"）是指在函数定义时设定的参数。由有参函数的定义格式可知，形参位于函数名后的括号内，既给定了形参的个数，又对每个形参的数据类型加以设定。

所谓"实际参数"（简称"实参"）是指在进行有参函数调用时所使用的参数，实参位于主调函数中调用函数名后的括号内。

在数据传递的过程中，数据的传递方式有以下两种形式。

（1）值传递方式。所谓"值传递方式"，是指将实参的数值单向传递给形参的一种方式。

实参可以是已赋值的变量、常量或有确定值的表达式，形参通常是变量。函数调用时，被调函数的形参作为被调函数的局部变量处理，即在内存的堆栈中开辟空间以存放由主调函数放进来的实参的值，从而成为实参值的一个副本。

系统分配给实参和形参的内存单元是不同的（即实参、形参在内存中占有不同的存储空间），分配内存单元的时刻也不同（即被调函数只有在被调用时，形参才被分配内存单元；调用结束后，形参所占的内存单元即被释放）。

特点：被调函数对形参的任何操作都是作为局部变量进行的，不会影响主调函数的实参变量的值。

（2）地址传递方式。所谓"地址传递方式"是指将实参代表的地址传递给形参的一种方式，即只传递指针的值而不传递指针指向的值。

实参可以是变量的地址、数组名，也可以是后续介绍的相关指针变量，形参通常是数组或指针变量。函数调用过程中，被调函数的形参虽然也作为局部变量在堆栈中开辟了内存空间，但是，这时存放的是由主调函数传递过来的实参变量的内存地址。被调函数对形参的任何操作都被处理成间接寻址，即通过堆栈中存放的地址访问主调函数中的实参变量。

特点：被调函数对形参做的任何操作都影响了主调函数中的实参变量。

3. 函数的返回值

函数的返回值是指函数被调用之后，执行函数体中的程序段所取得的并返回给主调函数的值。对函数的返回值（或函数的值）有以下说明。

（1）函数的值只能通过 return 语句返回主调函数。return 语句的一般形式为

return（表达式）；

或

return 表达式；

该语句的功能是计算表达式的值，并返回给主调函数。在函数中允许有多个 return 语句，但每次调用只能有一个 return 语句被执行，因此，只能返回一个函数值。

（2）函数类型说明符指定本函数返回值的数据类型，函数值的类型和函数定义中函数的类型应保持一致。如果两者不一致，则以函数的类型为准，自动进行类型转换。具有返回值的函数可以在被调用时使用，如可以把该值赋给变量或应用在表达式中。

（3）如函数值为整型，则在函数定义时可以省去类型说明，系统默认的返回值类型是整型。

（4）无返回值的函数，可以定义为"void"，即无类型。如函数并不向主函数 Find 返回函数值，对此，可定义为：

void Find（int n）

{……

}

一旦函数被定义为空类型后，就不能在主调函数中使用被调函数的函数值了，虽然在 void 类型的函数中也可以使用 return 语句，但其后不能带有数值。例如，sum＝Find（n）；就是错误的。

为使程序具有良好的可读性并减少出错，凡不要求返回值的函数都应定义为空类型。

4. 函数的调用

函数调用的一般方法为

函数名（实参 1，实参 2，实参 3…）

或

函数名（）；

前者用于有参函数，若实参中包含了两个以上实参时，各参数之间应用逗号分隔，实参的个数应与形参的个数相同，且按顺序对应的参数的类型应一致；后者用于无参函数的调用，注意，其后括号一定不能省略。

5. 函数的声明

由前面的内容可知，用户自定义函数一定是先定义后调用。如果在编写程序时定义的函数出现在调用函数位置之前，则无须进行函数声明。

由于 C 语言中的函数定义相互独立，函数与函数之间只有调用与被调用的关系，它们的位置并没有一定的顺序关系，因此在一个含有多个函数的源程序中，各个函数的放置是随机的。例如，有 3 个函数 main（）、fun1（）、fun2（），它们的排列可以有六种情况，现给出以下三种排列。

float fun1（int x）　　　　　　int fun2（char c）　　　　main（）

{ … }	{ … }	{ … }
int fun2（char c）	main（）	float fun（int x）
{ … }	{ … }	{ … }
main（）	float funl（itn x）	int fun2（char c）
{ … }	{ … }	{ … }

由于函数定义和调用的顺序不同，可能出现调用在前，定义在后的情况，因此当被调函数放置在主调函数之后，且函数值的类型不是整型或字符型时，则应在主调函数的适当位置对被调函数进行声明，否则编译时就会出现相应的错误信息。

所谓"函数声明"是指向 C 编译系统提供相关信息，如函数值的类型、函数名及函数参数的个数等，以便 C 编译系统在函数调用时进行核查。函数声明的一般格式为

函数类型　函数名（参数类型 1，参数类型 2，…）

或

函数类型　函数名（参数类型　参数名 1，参数类型　参数名 2，…）

2.2.7　编译预处理

前面已多次使用过以"＃"号开头的预处理命令，如包含命令 ＃include 和定义命令 ＃define 等。编译预处理功能是 C 语言与其他高级语言的重要区别，它有效改进了 C 语言的设计环境，提高了程序的开发效率，增强了程序的可移植性。C 语言提供的预处理的功能主要包括宏定义、文件包含量和条件编译等三种形式。预处理的内容一般出现在源文件的开始部分。

1. 宏定义

所谓预处理是指在进行编译的第一遍扫描（词法扫描和语法分析）之前所做的工作。预处理是 C 语言的一个重要功能，它由预处理程序完成，当对一个源文件进行编译时，系统将自动引用预处理程序对源程序中的预处理部分作处理，处理完毕后自动进入源程序的编译。需要注意的是，预处理命令虽然是 ANSI C 统一规定的，但它不是 C 语言本身的组成部分，是不能够被编译的，即这些命令是在源程序编译之前被执行的。

宏定义命令是将一个标识符定义为一个字符串，在编译之前将程序出现的该标识符用字符串替换，所以又称为宏替换。宏定义是由源程序中的宏定义命令完成的。宏替换是由预处理程序自动完成的。宏定义分为两种：一种是简单的无参数的宏定义；另一种是带参数的宏定义。

（1）无参宏定义。无参宏定义的宏名后不带参数，其定义的一般形式为

＃define 标识符　字符串

其中，"＃"表示这是一条预处理命令，凡是以"＃"开头的均为预处理命令；"define"为宏定义命令；"标识符"为所定义的宏名；"字符串"可以是常数、表达式、格式串等。

前面介绍过的符号常量定义就是一种无参宏定义。此外，常对程序中反复使用的表达式进行宏定义。

（2）带参宏定义。带参数的宏定义扩充了无参宏定义的功能，在字符串替换的同时还进行参数的替换。在宏定义中的参数称为形式参数，在宏调用中的参数称为实际参数。需要注意的是，对带参数的宏定义，在调用时不仅要宏展开，而且要用实参去替换形参。

带参宏定义的一般形式为

♯define 标识符（形参表）字符串

其中，"标识符"为宏名；"形参表"中的参数个数不作限制；"字符串"中包含着参数表中指定的参数。

带参宏调用的一般形式为

宏名（实参表）；

2. 文件包含

文件包含是 C 程序中常用的一种预处理命令，文件包含是指一个源文件可以将另外一个指定源文件的内容包含进来。

文件包含命令行的一般形式为：

♯include" 文件名"

或

♯include〈文件名〉

其中，"include"为包含命令；"文件名"是被包含的文件的全名。

在前面已多次用此命令包含过库函数的头文件。例如：

♯include" io. h"

♯include" mega16. h"

被包含文件通常放在文件开头，因此常称为头文件，一般用". h"作为扩展名（h 是 head 的缩写）。C 编译系统提了很多头文件，在使用标准库函数进行程序设计时，需要在源程序中包含相应的头文件，因为这些头文件中包含有一些公用的常量定义、函数说明及数据结构定义等。

被包含文件也可以是用户自己定义的程序、数据等文件，其扩展名不一定是". h"，也可以是其他扩展名，如". c"文件等。

在程序设计中，文件包含是很有用的，一个大的程序可以分为多个模块，由多个程序员分别编写。有些公用的符号常量或宏定义等可以单独组成一个文件，在其他文件的开头用包含命令包含该文件后即可使用。这样，可以避免在每个文件开头都书写公用量，从而节省时间，并减少出错。

文件包含命令还应注意以下几个问题。

（1）包含命令中的文件名可以用双引号括起来，也可以用尖括号括起来。例如，以下写法都是正确的。

♯include" macros. h"

♯include＜iom128v. h＞

但是，这两种形式是有区别的：使用尖括号表示在包含文件目录中去查找（包含目录是由用户在设置环境时设置的），而不在源文件所在目录查找；使用双引号则表示首先在当前的源文件目录中查找，若未找到才到包含目录中查找。用户编程时可以根据自己文件所在的目录来选择一种命令形式。

（2）一个 include 命令只能指定一个被包含文件，若有多个 include 文件要包含，则需用多个命令。

（3）文件包含允许嵌套，即在一个被包含的文件中又可以包含另一个文件。

（4）被包含文件应是源文件，而不是目标文件。

（5）当被包含文件中的内容被修改后，包含该文件的所有源文件都要重新进行编译处理。

3. 条件编译

预处理程序提供了条件编译的功能。使用条件编译命令可以使用户有选择地按不同的条件去编译不同的程序部分，只有满足一定条件才能进行编译，从而产生不同的目标代码文件。这对于程序的移植和调试是很有用的，提高了程序的通用性。

常用的条件编译命令有以下三种形式。

（1）＃ifdef 命令。一般形式为

＃ifdef 标识符

程序段 1

＃else

程序段 2

＃endif

它的功能是，如果标识符已被＃define 命令定义过，则对程序段 1 进行编译；否则，对程序段 2 进行编译。如果没有程序段 2（它为空），则本格式中的＃else 可以省略，即可以写为

＃ifdef 标识符

程序段

＃endif

条件编译的作用主要是提高程序的通用性。例如，有的单片机存放一个整数需要 16 位，而有的单片机需要 32 位，为使所编程序能够在两种单片机上通用，程序中可以使用以下条件编译命令：

```
＃ifdef PC
＃define INT_SIZE 16
＃else
＃define INT_SIZE 32
＃endif
```

如果在前面定义过，则编译语句＃defineINT_SIZE16，否则，将编译语句＃INT‐SIZE32。于是，源程序不必做任何修改，只要增加或删除语句＃definePC，就可以使程序运行于不同的单片机系统。

条件编译常用于程序的调试。例如，在调试程序时，常常希望输出一些中间信息，而在调试完成后不要输出这些信息，为此可在源程序的相应位置上插入形式如下的条件编译段：

```
＃ifdef DEBUG
     Printf("a = ％d,b = ％d\n",a,b);
＃endif
```

如果前面对 DEBUG 进行了定义，即有

```
＃define DEBUG
```

则在程序运行时显示 a、b 的值，以便调试分析，程序调试完成后，只要删去 DEBUG 的定义，

则上述 printf 语句不参加编译，程序运行时不再显示 a、b 的值。

（2）♯ifndef 命令。一般形式为

```
♯ifndef 标识符
程序段 1
♯else
程序段 2
♯endif
```

这种形式与第一种形式的区别在于将"ifdef"改为"ifndef"，其功能是当标识符未被 ♯
define 命令定义时则对程序段 1 进行编译，否则，对程序段 2 进行编译。这与第一种形式的功
能正好相反，两种形式的用法完全相同，可以根据需要任选一种。

（3）♯if 命令。一般形式为

```
♯if 常量表达式
程序段 1
♯else
程序段 2
♯endif
```

需要注意的是，if 后面的表达式为常量表达式。该命令的功能是：如果常量表达式的值为
真（非 0），则对程序段 1 进行编译，否则，对程序段 2 进行编译。其中，♯else 部分也可以省
略，即简写为

```
♯if 常量表达式
程序段 1
♯endif
```

该命令可以使程序在不同的条件下实现不同的功能。

在程序第一行宏定义中，定义 R 为 1，因此，在条件编译时，常量表达式的值为真，故计
算并输出圆面积。上面介绍的条件编译当然也可以用条件语句来实现。但是，用条件语句将会
对整个源程序进行编译，生成的目标代码程序很长，而采用条件编译，则可以根据条件只编译
其中的程序段 1 或程序段 2，生成的目标程序较短。因此，如果条件选择的程序段很长，那么
采用条件编译的方法是十分必要的。

条件编译还可以嵌套，特别是描述 ♯else 后同样为条件编译的程序段时，需要引入预处理
命令 ♯elif，它的含义是 ♯else if。因此，条件编译预处理更一般的形式为：

```
♯if 表达式 1
程序段 1
♯elif 表达式 2
♯elif 表达式 n
程序段 n
♯else
程序段 n + 1
♯endif
```

2.2.8 结构体与链表

结构体和其他基础数据类型一样，如 int 类型、char 类型、只不过结构体可以被定义为所期望的数据类型，以方便后续使用。在项目中，结构体大量存在，研发人员常使用结构体来封装一些属性以形成新的类型。

链表（Linked list）是一种常见的基础数据结构，它是一种线性表，但是并不能按线性的顺序存储数据，只能在每一个节点中存入下一个节点的指针（Pointer）。

1. 结构体的定义与引用

前面已经学习了 C 语言的基本数据类型和数组这类构造数据类型，这些数据类型用于科学计算已经足够了，但是对于复杂程序的设计、计算机辅助教学管理等方面而言，仅有这些灵敏据类型还是不够的。结构体是一种构造数据类型，可以根据实际需要对其定义，其构成元素既可以是基本数据类型（如 int、long、float 等）的变量，也可以是其他构造数据类型（如 array、struct、union 等）的数据单元。

结构体与整型等基本数据类型不同，它是一种由用户参与定义的构造数据类型，结构体类型定义的一般格式为

Struct[结构体类型名]
{
      数据类型说明符 1   结构体成员名 1；
      数据类型说明符 2   结构体成员名 2；
      …
      数据类型说明符 n,结构体成员名 n
};

定义结构体类型必须使用 struct 修饰符，此处"[结构体类型名]"可以省略，各个成员可以是基本的数据类型，如 int、char 等；也可以是数组等构造类型。结构体类型名和成员名称必须遵循 C 语言关于标识符的约定，即只能由数字、字母和下划线组成，首字母不能为数字且不能使用系统的关键字。

在定义结构体类型时，成员的数据类型还可以是结构体类型，即结构体类型可以进行嵌套定义。

2. 结构体类型变量的定义

由于结构体本身就是自定义的数据类型，因此定义结构体变量的方法和定义普通变量的方法一样，但是结构体变量的定义方法比普通变量的定义方法更多样，共有三种定义方法。

（1）首先定义结构体数据类型，然后在结构类型定义位置之后定义该结构体类型的变量，格式为

Structnn(结构体类型名)
{
      数据类型说明符 1   结构体成员名 1；
      数据类型说明符 2   结构体成员名 2；
      …
      数据类型说明符 n,结构体成员名 n

```
};
…
Structnn 结构体类型名    变量名称表列;
```

（2）在定义结构体类型的同时定义结构体变量，将结构体类型的定义和变量的定义放在一个说明语句中，格式为

```
Structnn(结构体类型名)
{
    数据类型说明符 1    结构体成员名 1;
    数据类型说明符 2    结构体成员名 2;
    …
    数据类型说明符 n,结构体成员名 n
}变量名称表列;
```

（3）在第二种方法的基础上进行改进，省略结构体类型名称而直接定义结构体类型的变量，格式为

```
Structnn
{
    数据类型说明符 1    结构体成员名 1;
    数据类型说明符 2    结构体成员名 2;
    …
    数据类型说明符 n,结构体成员名 n
}变量名称表列;
```

由于这种方式没有结构体类型名称，因此，在程序的后续代码中不能按照（1）的方式再定义结构体类型的变量。

关于结构体类型的几点说明如下。

（1）变量和类型是两个不同的概念，类型不占用存储空间，只有定义了该类型的变量，系统才在编译时为其分配存储空间，并将各个成员按照它们被声明的顺序在内存中顺序存储，第一个成员的地址和整个结构变量的地址相同。

（2）结构体变量中的成员名称可以与程序中的变量名称相同，但其含义不同，引用方式也不同，对普通变量而言可以直接使用变量的名称，而对于结构体变量则应引用其成员。

（3）数据类型相同的数据项，既可以逐个、逐行分别定义，也可以合并成一行定义。

3. 结构体变量的初始化和成员引用

（1）整体赋值法。结构体类型变量的初始化赋值方式与一维数组的初始化非常相似，若结构体类型变量中各成员均为基本数据类似，则可以采用下面的方法：

结构体变量＝｛初值表｝;

对于存在结构体类型嵌套的变量而言，由于其成员中存在结构体数据类型，因此对于该成员的初始化也需要写在一对大括号中，格式为

结构体变量变｛成员 1 初值，成员 2 初值，…｛成员 1，…｝成员 n 初值｝;

根据内容可知，定义结构体类型的变量有三种方式，相应地，为结构体类型的变量进行整体初始化的方式也有三种，初值的数据类型应与结构变量中相应成员所要求的类型一致，否则

就会出错。三种初始化方式分别介绍如下。

```
Struct 结构体类型名
{
    数据类型说明符 1    结构体成员名 1;
    数据类型说明符 2    结构体成员名 2;
    …
    数据类型说明符 n,结构体成员名 n
};
……
Sturct 结构体类型名    变量名＝{初始值};
struct 结构体类型名
{
    数据类型说明符 1    结构体成员名 1;
    数据类型说明符 2    结构体成员名 2;
    …
    数据类型说明符 n,结构体成员名 n
}变量名＝{初始值};
Struct
{
    数据类型说明符 1    结构体成员名 1;
    数据类型说明符 2    结构体成员名 2;
    …
    数据类型说明符 n,结构体成员名 n
}变量名＝{初始值};
```

（2）分量赋值法。在数组一节中了解到，对于数组个别元素的赋值可以采用"数组名称［下标］"的方式进行引用，与此类似，对于结构体变量成员的引用，是采用"结构体变量名称＋成员引用符'.'＋成员"的方式，若该成员也是结构体类型，则继续利用成员引用符找到最深层的成员名称。

分量赋值法就是用程序语句为结构体类型变量的某些成员进行赋值，具体过程是，先书写要赋值的成员名称，然后利用赋值运算符或相关函数进行赋值。

使用时应注意以下几点。

1）不能对一个结构体变量整体进行输入和输出操作，只能使用成员运算符逐个引用变量中的各个成员。

2）结构体变量的成员中存在结构体类型时，需要逐级深入找到最深层的成员，然后进行引用。

3）可以像普通变量一样对结构体变量的成员进行各种运算。

2.2.9 运算符

在单片机内部，程序的执行、数据的存储及运算都是以二进制的形式进行的，一个字节由 8 个二进制位组成。在系统软件中，经常要处理二进制的问题。C 语言提供了按位运算的功能，这使得它与其他高级语言相比，具有很强的优越性。

表 2-7 列出了位操作的运算符。位运算符的操作对象为整型或字符型数据。

表 2-7　　　　　　　　　　　　　　位操作的运算符含义与实例

位运算符	含义	举　　　例
～	按位取反	～a, 对变量 a 中全部二进制位取反
≪	左移	a≪2, a 中各位全部左移 2 位, 右边补 0
≫	右移	a≫2, a 中各位全部右移 2 位, 左边补 0
&	按位与	a&b, a 和 b 中各位按位进行 "与" 运算
|	按位或	a | b, a 和 b 中各位按位进行 "或" 运算
^	按位异或	a^b, a 和 b 中各位按位进行 "异或" 运算

说明如下。

（1）运算量只能是整型或字符型的数据，不能为实型或结构体等类型的数据。

（2）6 个位运算符的优先级由高到低依次为：取反、左移和右移、按位与、按位异或、按位或。

（3）两个不同长度的数据进行位运算时，系统会将两者按右端对齐。

2.3　CVAVR 编译器开发环境

Code Vision AVR C Compiler 是为 Atmel AVR 系列微控制器而设计的一款低成本的 C 语言编译器，可以在 Windows95/98/NT3.0/2000/XP/Vista 操作系统下运行，而且它产生的代码非常严密，效率很高。它不仅包括了 AVR C 编译器，同时也是一个集成 IDE 的 AVR 单片机开发平台，简称 CVAVR。

除了标准的 C 语言函数库外，CVAVR 还提供了许多的标准外部器件的库函数，如标准字行 LCD 显示器、I^2C 接口和 CPI 接口等。同时，CVAVR 还包含一个自动程序生成器，用户可以很方便地完成对片内资源及片外标准接口设备的初始化，大大节省了开发时间，提高了开发效率。

经过同行们较长时间的使用和比较，发现 CVAVR 更适合初学者，而且有着很大的优势。通过和其他的编译器（如 AVR Studio、GCCAVR、ICCAVR、IAR 等）相比，CVAVR 编译器有着显著的优势，具体介绍如下。

（1）CVAVR 界面友好：关键字颜色不同，有折叠方式，看起来比 ICCAVR 界面更加舒服。

（2）可直接操作：在 CVAVR 中可以直接使用位操作，如 PORTC.0=1。

（3）可直接操作内部 E^2PROM。例如：

　　E^2PROM CHAR DATA;

　　DATA=0XFF;

（4）较丰富的专用函数：可以直接调用函数（如延时的 delay 函数），只需要把晶振设置好，delay 函数编译器会给出来，我们直接调用即可，无须另外写一个延时子函数。又如，用 DS1302、SD18B20、LCD 等不用写底层驱动之类的代码。

（5）直接支持 STK200、STK300 下载线。

2.3.1　开发环境简介

在安装好 CVAVR 后，双击桌面快捷方式图标或者从菜单"开始"→程序"CodeVisionAVR C CodeVisionAVR C Compiler"启动 CVAVR，会进入图 2-18 所示的工作初始界面。初始界面主要由四大部分组成：菜单栏、工具栏、工作区和状态栏。

CVAVR 为用户提供了丰富的菜单，在一级菜单栏下又分别设置有一级或多级的子菜单。另外，在 IDE 中右击也会根据实际情况弹出相应的工具菜单，菜单栏的功能主要是进行各种命令操作、设置各种参数和进行各种开关的切换等。它包括"File""Edit""Search""View""Project""Tools""Settings"和"Help"这 8 个菜单。"File"菜单主要用于文件的管理，包括文件的打开、新建和退出等。"Edit"菜单主要用于文件的编辑，包括复制、剪切、粘贴、删除等。"Search"菜单主要用于文件内容的查找、替换等。"View"菜单主要用于设置工作界面。"Project"菜单主要用于工程项目的管理，包括工程的编译、配置等。"Tools"菜单主要用于各种工具的管理，包括程序生成器的应用、仿真调试器的调用、系统配置等。"Settings"菜单主要用于各编辑器的参数设置，包括文件编辑器、汇编器、编程器和终端仿真器等。"Help"菜单主要用于打开帮助文件，用户可随时打开以获取各方面的帮助。限于篇幅，对各菜单栏不再进行更详尽的介绍，更多信息请读者参阅 CVAVR 的用户手册。

工具栏放置的是菜单栏中各菜单命令的快捷方式。工具栏的主要功能是方便操作，工具栏中显示的内容是"View"菜单中"Toolbars"下面的子菜单确定。

工作区是用户与 IDE 交流信息的主要区域，此区域中不仅包含文件编辑区，还包括代码导航器、代码信息区、函数调用树、代码模板及剪贴板历史等。工作区中显示的内容由"View"菜单控制。工作区中的这些组成部分，其位置及大小都可以根据用户的需要进入调整。

状态栏主要显示编译后的状态，如编译有错误，则在状态栏可以看到相关的提示信息。在文件中查找字或词时，相应的结果信息也在状态栏显示。

2.3.2　开发环境的应用

CVAVR 集成开发环境是使用项目的方式而不是单一文件的方式来管理文件的。所有的文件，包括源程序、头文件以及说明性的文档等，都可以放在工程项目文件中统一管理。概括地说，CVAVR 环境下的软件开发主要步骤如下。

(1) 创建一个新的工程项目。

(2) 工程项目的配置。

(3) 新建源文件。

(4) 编辑源文件。

(5) 向工程项目中添加源文件。

(6) 编译工程项目。

(7) 仿真调试。

下面以一个简单的跑马灯项目为例，详细讲解 CVAVR 的项目开发流程。程序代码如下：

```
1/******************************************************************************
2File name          ;example_2_1.c
3Chip type          ;ATmega32
4Program type       ;Application
5Clock frequency    ;8.000000MHz
6Menory nodel       ;Small
7External SRAM size;0
8Data Stack size    ;512
9 ***************************************************************************** /
10
11#include<mega32.h>
12#include<delay.h>
13void main(void)
14{
15unsigned char position = 0;      //position 为控制位的位置
16PORTA = 0xFF;                     //PA 口输出全 1,LED 全灭
17DDRA  = 0xFF                      //PA 口工作为输出方式
18
19while(1)
20{
21PORTA = ~(1<<position);
22if( + + positiuon > = 8)position = 0);
23delay_ns(1000);
24}
25}
```

1. 工程项目的创建

在图 2-18 所示的初始界面中，执行 "File" → "New" 菜单命令，会弹出图 2-19 所示的对话框。

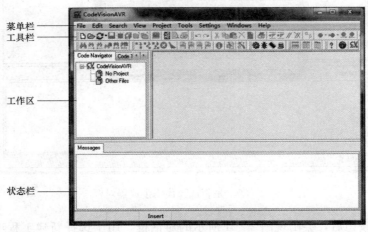

图 2-18　CVAVR 初始工作界面

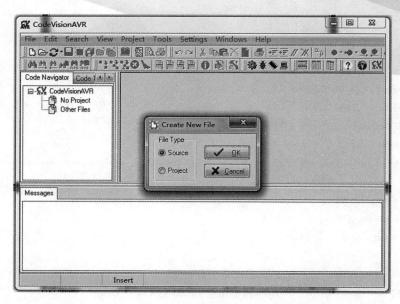

图 2-19 新建工程项目对话框

选择"Project"选项，然后单击"OK"按钮，会出现图 2-20 所示的对话框。此对话框用于确认正在新建一个项目文件，并询问是否使用代码生成器。如果选择，则单击"Yes"按钮。关于代码生成器的使用，后续的章节将进行介绍，如果此处不选择，则单击"No"按钮。

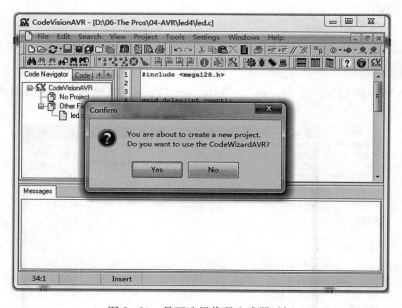

图 2-20 是否选择代码生成器对框

单击"No"按钮后，会出现图 2-21 所示的对话框，用于选择新建工程项目的保存路径，选定路径后，在"文件名"中输入新建工程项目的名称，单击"保存"按钮后完成工程项目的新建。需要说明的是，为便于管理，最好给每个项目文件单独建一个文件夹。

图 2 - 21　选择保存目录对话框

2. 工程项目的配置

完成图 2 - 21 所示的对话框设置后，单击"保存"按钮，会弹出图 2 - 22 所示的工程项目配置对话框。如果要对一个已经创建的工程项目进行配置。可先执行"Project"→"Configure"菜单命令，打开需要配置的工程项目，再执行菜单命令。这样，也可以打开图 2 - 22 所示的配置界面。

图 2 - 22 所示的配置对话框有 4 个选项卡："Files" C Complier "Before Build" "After Build"。"Files"选项卡主要用于输入文件和输出文件的配置。"C Complier"选项卡主要用于C 编译器的配置。"Before Build"选项卡主要用于设置工程项目编译之前 CVAVR 执行的动作。"After Build"选项卡主要用于设置工程项目编译之后 CVAVR 执行的动作。

（1）"File"选项卡。由图 2 - 22 可以看出，"Files"选项卡又包括两个子选项：一个是"Input Files"选项，另一个是"Output Directories"选项。"Input Files"标签页主要用来往项目中添加或删除文件。单击"Add"按钮，可以往工程项目中添加源文件。单击"Remove"按钮可以从工程项目中删除文件。单击"Edit File Name"按钮可以修改工程项目中源文件的名称。单击"Move Up"按钮可以使选中的文件往上排列。单击"Move Down"按钮可以使选中的文件往下排列，由于本例中暂时还没有加入源文件，因此只有"Add"按钮是可用的。

在图 2 - 22 中单击"Output Directories"标签页，会出现图 2 - 23 所示的工作界面。该标签页主要用于配置编译完成之后的输出文件的保存路径。单击按钮选择路径。编译后的 . rom 和 . hex 文件放置在"Exrcutadle Files"对话框指定路径对应的文件夹中。编译后的目标文件放置在"Object Files"对话框指定路径对应的文件夹中。编译后的 . acm， . hst 和 . map 文件置在"List Files"对话框指定路径对应的文件夹中。编译过程中由链接器产生的链接文件放置在"Linker Files"对话框指定路径对应的文件夹中。

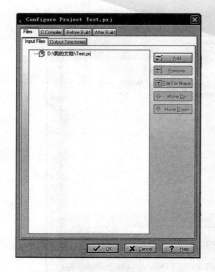 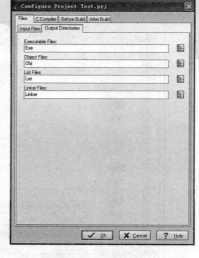

图 2-22　工程项目配置对话框　　　图 2-23　输出路径配置界面

（2）"C Complier"选项卡。在图 2-22 所示的界面中单击"C Complier"会出现图 2-24 所示的工作界面，"C Complier"选项卡又包括 4 个选项："Code Generation""Messages" "Globally ♯ define""Paths"。

"Code Gneration"标签页主要用于设置 AVR 单片机的型号、工作时钟、存储器大小、优化选项及代码产生选项等。在"Chip"对应的下拉框中选择单片机的型号。由于不同的单片机资源不同，因此相应的"Code Generation"标签页界面也会有所差别。

本例中的单片机选择为"ATmega128"，完成之后图 2-24 所示的"Code Generation"标签页界面变为图 2-25 所示的界面。

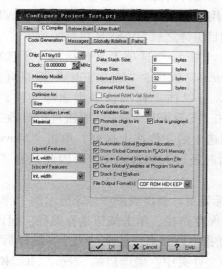 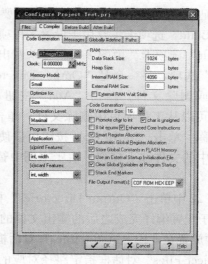

图 2-24　代码产生配置界面　　　图 2-25　ATmega128 代码产生配置界面

"Clock"用于配置 CPU 的时钟频率，时钟频率的单位为 MHz。"Memory Model"用于配置存储模式。"Optimize for"用于选择对哪个方面进行最优化，有两个选项"Size"和

"Speed"，分别表示编译程序可对最小容量和最快执行速度进行优化。"Optimization Level"用于配置代码优化的程序，有 3 个选项："Low""Medium"和"Maximal"。其中"Maximal"级别的优化可能会使得在 AVR Studio 中进行代码调试时有些困难。"Program Type"用于配置程序类型，有两个选项："Application"和"Boot Loader"。如果选择"Boot Loader"程序类型，则附加的"Boot Loader Debugging in AVR Studio"选项也会生效。如果选择这个选项，则编译器就会生成附加代码，以支持 Boot Loader 作为源水平级在 AVR Studio simulator/emulator 中调试。在使用最终的 Boot Loader 代码编程芯片时，"Boot Loader Debugging in AVR Studio"选项必须禁止。"（s）printf Features"用于选择标准 C 语言输入输出函数中的 printf 和 sprintf 的形式。（s）scanf Features 用于选择标准 C 语言输入输出函数中的 scanf 和 s‑scanf 的形式。

"Data Stack Size"用于配置堆栈区的大小。如果使用了标准库中的动态存储分配函数，则"Heap Size"也必须指定；如果不使用存储分配函数，则"Heap Size"必须为 0。"Internal RAM Size"用于配置内部存储器的大小。"External RAM Size"用于配置外部存储器的大小。"Bit Variables Size"用于配置全局位变量的最大容量。"Promote char to int"复选框允许 char 操作数按 ANSI 标准强制转化为 int，这个选项还可以使用 ♯pragma promotechar 编译器指令来指定。对于像 AVR 这样的 8 位单片机，强制将 char 类型转换到 int 类型，会增加代码容量并降低运行速度。"char is unsigned"复选框用于选择 char 类型是否当作无符号数处理。如果选中该复选框，则编译器将 char 类型当作无符号 8 位数（0－255）；如果没有选中该复选框，则编译器将 char 类型当作有符号 8 位数（－128～＋127）。这个选项还可以使用 ♯pragma uchar 编译器指令来指定，将 char 作为无符号数处理可以减小代码容量，提高运行速度。"8‑bit enums"复选框用于配置 enumerations 类型是否当作 8 位 char 类型处理。如果选中该复选框，则 enumerations 类型当作 8 位 char 类型处理；如果没有选中该复选框，则 enumerations 类型当作 ANSI 标准的 16 位 int 类型处理。将 enumerations 类型当作 8 位 char 类型处理有助于优化代码容量和提高运行速度。"Enhanced Core Instructions"复选框用于允许或禁止使用新的 ATmega 和 AT94K FPSLIC 器件的增强型内核指令。"Smart Register Allocation"复选框允许 R2～R14（不用于位变量）和 R16～R21 的分配，按这种方法，16 位变量将更适合放在偶寄存器对中，这样增强型内核指令 MOVW 对它们的访问将更有效。该选项只有在选中了"Enhanced Core Instructions"复选框时才有效。如果"Smart Register Allocation"复选框没有被选中，则寄存器将按变量声明的顺序分配。特别要注意的是，如果程序是使用 CVAVR V1.25.3 版本开发的，则"Smart Register Allocation"复选框必须被禁止，因为它包含了访问位于寄存器 R2～R4 和 R16～R21 中的汇编代码。在选中了"Automatic Global Register Allocation"复选框后，寄存器 R2～R14（不用于位变量）可以自动分配为 char 和 int 全局变量和全局指针变量。如果"Store Global Constants in FLASH Memory"复选框被选中，则编译器会将标记为 const 类型的常数与标记为 Flash 存储器属性的常数同等对待，并都存储在 Flash 存储器中。如果该复选框没有被选中，则标记为 const 类型的常数将存储在 RAM 中，而标记为 Flash 存储器属性的常数则存储在 Flash 存储器中。为了与在 V1.xx 下开发的工程项目兼容，"Store Global Constants in FLASH Memory"必须被选中。选中"Use an External Startup Initialization File"复选框可以使用外部启动文件。"Clear Global Variables at Program Startup"复选框用于允许或禁止在芯片复位后用 0 去初始化位于 RAM 和寄存器 R2～R14 的全局变量。对于调试目的，还有"Stack End Markers"选项。如果选择，则编译器将字符串 SD-TACKEND 和 HSTACKEND 分别放到 Data Stack Hardware Stack 区的最后。在 AVR Studio 调试器中调试程序量，如果看到这些字符串被覆盖，则要修改"Data Stack Size"的值，如果程序正确运行，则可以删除这些字符串，以减小代码容量。"File Output Format（s）"列表框用于选择编译器生成文件的格式，有两个选项："COF ROM HEX EEP"和"OBJ ROM HEX EEP"。其中 COF 文件是 AVR Studio 仿真调试器所需的文件，EEP 是 ISP 所需的文件。

"Messages"标签页界面如图 2 - 26 所示。选择前面的复选框，可以单独地允许或禁止各种编译器和链接器警告。

"Globally ♯ define"标签页用于配置在所有的工程项目文件中都能用到的宏定义。图 2 - 27 所示的宏定义，与在工程项目的每个文件中作 ♯ define ABC1234 是等价的。

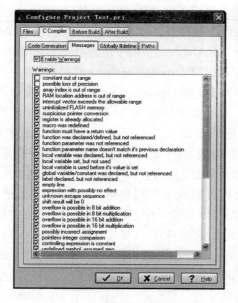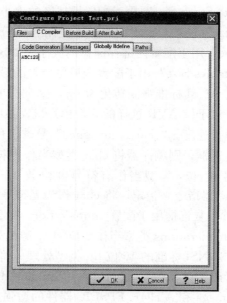

图 2 - 26　编译信息配置界面　　　　图 2 - 27　"Globally ♯ define"标签页配置界面

"Paths"标签页用于指定 ♯ include 和 library 文件的附加路径。这些路径必须在相应的编辑控制区每行输入一个，如图 2 - 28 所示。

（3）"Before Build"选项卡。"Before Build"选项卡主要用于配置编译之前 CVAVR 执行的动作。在该选项卡下面有一个"Execute User's Program"复选框，如果选中该复选框，则配置界面如图 2 - 29 所示。

在图 2 - 29 所示的界面中，可以为要执行的程序指定以下参数。"Program Directory and File Name"用于指定程序目标和文件名。"Command Line Parameters"用于指定程序命令行参数；"Working Directory"用于指定程序工程目录。

（4）"After Build"选项卡。"After Build"选项卡主要用于配置编译之后 CVAVR 执行的动作，在该选项卡下面有两个复选框：一个是"Program the Chip"，一个是"Execute User's Program"。如果选中"Program the Chip"复选框，则表示编译成功后，程序将被内容的编程软件自动传送到 AVR 芯片，选中该复选框的配置界面如图 2 - 30 所示。

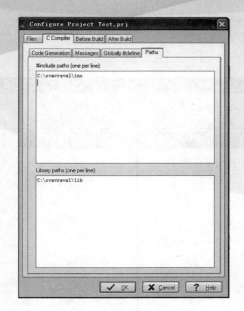

图 2-28　"Paths" 标签页配置界面

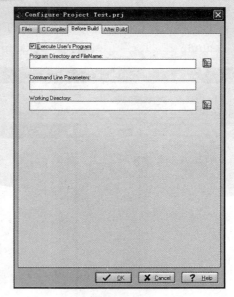

图 2-29　"Before Build" 选项卡配置界面

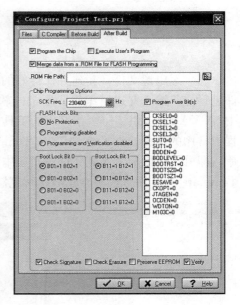

图 2-30　"After Build" 选项卡配置界面

如果复选 "Merge data from a. ROM File for FLASH Programming" 选项，将在 Flash 编程缓冲区中合并 . ROM 文件的内容，该 . ROM 文件是在 Build 之后由编译器创建的，而其数据来自于在 ". ROM File Path" 中指定的 . ROM 文件。"SCK Freq" 列表框用于确定 ISP 下载的时钟频率，该选项必须超过 1/4 倍的芯片时钟频率。"FLASH Lock Bits" 用于配置 Flash 是否需要密码保护。

如果所选的芯片有可编程的熔丝位，则会出现一个附加的 "Program Fuse Bit（s）" 复选框。如果该复选框被复选，则芯片的熔丝位将在 Make 后被编程。如果一个熔丝位复选框被复选，则相应的熔丝位将被设置为 0，该熔丝位将不编程，如果要在编程前检查芯片的序列号，则必须使用 "Check Signature" 选项，如果要加速编程进程，可以取消复选 "Check Erasure" 复选框。这样，Flash 擦除的正确性将不被校验。"Preserve E²PROM" 复选框允许在芯片擦除时保留 E²PROM 的内容。要加速编程进程，可以取消复选 "Verify" 复选框。这样，Flash 和 E²PROM 编程将不被校验。

如果选中 "Execute User's Program" 复选框，一个在先前指定的程序将在编译进程之后被执行。工程项目配置完成之后，单击配置界面中的 "OK" 按钮，所修改的配置才会生效。

在初始界面中，执行 "File" → "New" 菜单命令，会弹出对话框。选择 Source 选项，然后单击 "OK" 按钮，初始工作界面变为图 2-31 所示的界面。对比图 2-31 可以看出，对于新创建的文件，出现了一个新的编辑窗口。新文件自动名为 untitled. c。执行 "File" → "Save as"菜单命令，可以保存该源文件，在打开的对话框中输入的文件名称，单击"OK"按钮完成新建文件的保存。默认的保存目录为打开的工程项目所在的目录。在本例中，新建的源文件名称为"example‐2‐1.c"，并保存在"example‐2‐1"文件夹中。

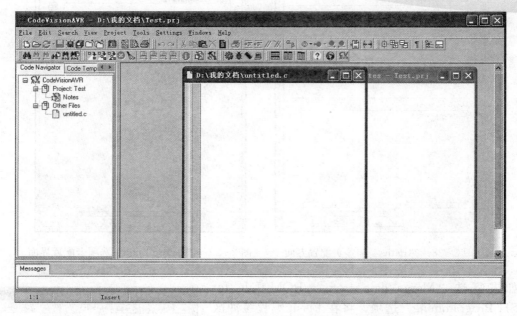

图 2‐31　在工程项目中新建源文件后的工作界面

（5）编辑源文件。新建并保存好的源文件还没有任何内容，此时可以在编辑窗口中对该文件进行代码输入并进行编辑。通常的软件代码主要在该编辑窗口完成。在输入软件代码过程中，CVAVR 提供了一个很好用的工具，"Code Templates"该工具主要是提供了一些软件编程中常用的模板，然后在"Code Templates"区右击，选择"Copy to the Edit Window"命令，即可将该模板复制到文件编辑区中。例如，本例中要用到 While（）模板，可先在"Code Templates"选中该模板，然后执行复制命令，如图 2‐32 所示，即可将 While（）模板复制到编辑区中。用户可以将常用的代码段做成模板，用"Paste"命令放入"Code Templates"区；也可以用"Delete"命令删除不再常用的模板；还可以用"Move Up"和"Move Down"命令对模板在"Dode Templates"区的次序进行排列。"Code Templates"的这些特点可以使用户在编写软件代码时极大地提高工作效率。

将前面给出的简单的跑马灯代码输入到文件编辑区并保存后，工作界面变为图 2‐33 所示的工作界面。在编辑区中，不同部分的字体及颜色等都可能有所不同。这主要是 CVAVR 为方便用户阅读代码而设置的。若想对默认的属性进行修改，可执行"Settings"→"Editor"菜单命令，在弹出的配置

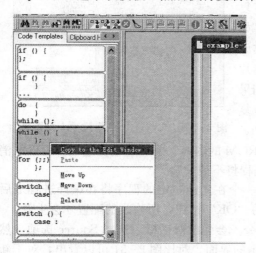

图 2‐32　将代码模板复制到文件编辑区的过程

界面中重新进行设置。

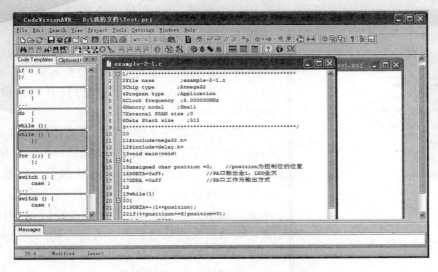

图 2 - 33　完成源文件编辑后的工作界面

（6）向工程项目中添加源文件。在前面已经提到，执行 "Project" → "Confiogure" 命令，会弹出界面，单击 "Add" 按钮即可实现向工程项目中添加源文件的功能。在本例中，单击 "Add" 按钮后，弹出图 2 - 34 所示的对话框，在 "查找范围" 对应的下拉框中选择文件的路径，在文件名对应的下拉框中选择源文件，然后单击 "打开" 选项，这样所选中的源文件便可以被添加到工程项目中，如果有多个源文件需要添加，则不断执行上述动作。然后，单击图中的 "OK" 按钮，最终完成向工程项目添加源文件的功能。本例中，仅一个源文件需要添加，且源文件为 "example - 2 - 1" 目录下的 "example - 2 - 1. c" 文件。

图 2 - 34　向工程项目中添加源文件对话框

添加源文件后，图 2 - 33 所示界面中左上角的 "Code Navigator" 变为图 2 - 35 所示情形。对照图 2 - 33 中 "Code Navigator" 及图 2 - 35 所示的 "Code Navigator"，可以看出，"examples - 2 - 1. c" 从 "Other Files" 下转移到 "Porject：Test" 下，这表明 "examples - 2 - 1. c" 确定已经添加到工程项目中去了。从图 2 - 35 还可以看出，在 "Project：Test" 下还有一个 "Notes" 文件，这是 CVAVR 为每个工程项目配置的一个记事本，主要用于记录一些代码的说明事项，代码修改信息等内容。本例中因为工程项目简单，故记事本为空。在项目比较大，而且源文件代码比较复杂的情况下，使用记事本可以记录很多与软件设计有关的信息，可以有效提高代码的可读性和可维

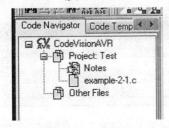

图 2 - 35　添加源文件后的代码导航栏

护性，有效促进项目开发。

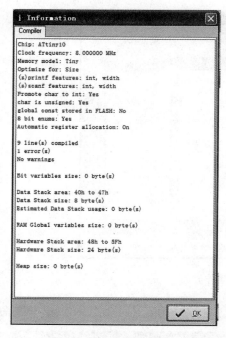

图 2-36　编译信息

（7）编译工程项目。执行"Project"→"Build"菜单命令，可以对工程项目进行编译。CVAVR 编译器被执行，生成一个扩展名为 .asm 的汇编程序文件。这个文件可在编辑器中打开进行检查和修改。在编译完成后，一个"Information"窗口将打开以显示编译结果，如图 2-36 所示。

本例中源文件比较简单，没有语法错误，所以一次就通过编译了。在一般的程序设计中，由于各种原因，开始时不可避免地会出现语法错误而导致编译不通过。此时的错误信息会在状态栏显示。根据提示信息，不断修改，把所有错误修改完成后才能通过编译。在本例中，将最后后面几行去掉再进行编辑，状态栏会出现图 2-37 所示的出错信息。

当编译后出现错误提示信息时，双击对应的提示信息，可以在编辑器中直接找到出错对应的位置，根据提示信息即可修改相应错误。在本例中，可以看到，错误提示信息中已经给出了出错的代码行号及错误类型。

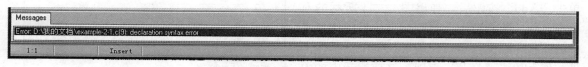

图 2-37　编译出错提示信息

（8）仿真调试。通过编译之后的工程项目只能说在语法上没有问题，但还不能确定所设计的软件是否能完成给定的任务，因此通常还需要进行软件模拟仿真，以进一步修改和完善所设计的软件。由于 CVAVR 本身不带有调试功能，它可以生成 .coff 文件，通过该文件实现与 AVR Studio 的连接，即是通过该文件调用 AVR Studio 这个功能强大的软件仿真平台。关于使用 AVR Studio 进行软件模拟仿真的有关内容将在后面讨论。需要说明的是，为了调用 AVR Studio，必须配置 CVAVR 使用的调试器。具体步骤为：先执行"Settings"→"Debugger"菜单命令，弹出图 2-38 所示的对话框；然后选择 AVR Studio 为仿真调试器，单击"OK"按钮完成配置。

2.3.3　代码生成器

新建工程项目时，CVAVR 会询问是否使用代码生成器，前面已经介绍了不使用代码生成器的工程项目开发过程，这里则介绍使用代码生成器的情况。为了便于比较，这里仍然以前面的跑马灯为例来进行介绍。

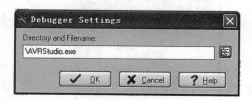

图 2-38　设置 CVAVR 的仿真调试器对话框

代码生成器 Code WizardAVR 能自动生成代码，设置时钟、通信端口、I/O 端口、中断源以及很多其他特性，这样就可以在工程项目的开始阶段节省很多时间，提高开发效率。代码生成器是一个很有用的工具。

1. 新建工程项目

执行 "File" → "New" 菜单命令，会弹出对话框，选择 Project，然后单击 "OK" 按钮，会弹出对话框，询问是否使用代码生成器。单击 "Yes" 按钮，会弹出图 2-39 所示的代码生成器工作界面。

新的工程项目默认为 "untitled. cwp"。后缀名 . cwp 表示这是使用代码生成器自动生成的工程项目。执行 "Tools" → "Code WizardAVR" 菜单命令，也会弹出图 2-39 所示的界面，直接新建一个 cwp 工程项目。

2. 代码生成器的设置

在图 2-39 左上角，有许多的标签页，如 "Chip" Ports "LCD" 等。用户可以根据工程项目的需要对这些标签页中有关的内容进行设置。代码生成器根据用户的设置再生成相应的代码框架。由于标签页比较多，限于篇幅，这里不对它们的内容作详细的介绍，许多标签页的内容在后续相关章节中再介绍，这里仅以跑马灯程序为例，介绍代码生成器的设置。

本例比较简单，需要设置的有两个标签页，一是 "Chip" 标签页，设置界面如图 2-39 所示。"Chip" 下位框用于选择芯片型号，本例中选择 "ATmega32"。"Clock" 用于设置芯片时钟频率，本例设置为 8MHz。二是 "Ports" 标签页，其设置界面如图 2-40 所示。

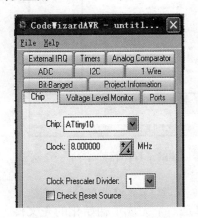
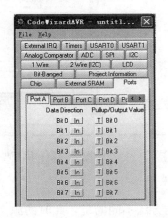

图 2-39　代码生成器工作界面　　　图 2-40　"Ports" 标签页设置界面

图 2-40 中的 PortA 全部为输入工作方式，单击 "Direction" 下面的这排按钮，可以将方向在 In 和 Out 之间切换。输出的数值也用同样的方式进行设置。本例中使用了 PortA 口的全部 8 位，为输出方式工作，用于控制 LED，因此，要将 Bit0～Bit7 的方向都修改为 Out，Bit0～Bit7 的数值都修改为 1。

3. 生成代码并保存

设置完成之后，在图 2-39 所示的工作界面中执行 File 菜单命令，会弹出如图 2-41 所示的保存源文件对话框。

前面已经提到，为便于文件管理，需要对每个工程项目新建一个文件夹，将该项目相关的所有文件都放入这个文件夹中，本例中，直接保存到了 "我的文档"。在 "保存在" 对应的下

图 2-41　保存源文件对话框

位框中选择文件存储的路径，在"文件名"对应的下位框中输入源文件名称，单击"保存"按钮即完成了源文件的保存。本例中，源文件的名称为"example _ 2 _ 2. c"。在保存源文件后，又会弹出工程项目保存对话框及代码生成器项目保存对话框。保存方式完全一样。本例中，工程项目名称为"example _ 2 _ 2. prj"，代码生成器项目名称为"example _ 2 _ 2. cwp"。所有文件保存之后，工作界面变为图 2-42 所示界面。从图 2-42 中可以看出，此时，工程项目已经创建完毕，源文件也已经自动生成并自动加入到工程项目中了。

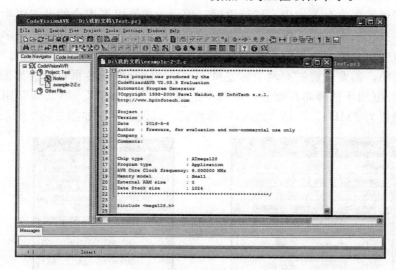

图 2-42　用代码生成器创建的工程项目

4. 源文件的编辑

与前面介绍的方法不同的是，此时的源文件只是一个完成了初始化的壳文件，为便于与前面的例子进行比较，给出 example _ 2 _ 2 的程序代码。程序代码如下：

```
1 /********************************************************************
2 This program was produced by the
3 CodwWizardAVR V2. 03. 0Evaluation
4 AutomaticPorogras Generator
5 ? Copyright 1998—2009Pavel Haiduc,HP InfoTech s. r. 1.
6 heep://www. hpinfotech. com
7
8 Progject  :
9 Version  :
10 Date  :2009 - 3 - 19
```

```
11 Author:Freeware. for evaluation and non-commercial use only
12 Company :
13 Comments :
14
15
16 Chpi type          :ATmega32
17 Progran type       :Application
18 AVR Core Clock frequency   :8. 000000MHz
19 Menory model       :Seall
20 External RAM size   :0
21 Data Stack size       :512
22 ********************************************************************************
23
24 # include<mega32. h>
25
26 //Declare your global Variables here
27
28 void main(void)
29 {
30//Declare your local variables here
31
32//Input/Output Ports initialization
33//Port A initialization
34//Func7 = Out Func6 = Out Func5 = Out Func4 = Out Func3 = Out Func2 = Out Func1 = Out Func0 = Out
35//State7 = 0 State6 = 0 State5 = 0 State4 = 0 State3 = 0 State2 = 0 State1 = 0 State0 = 0
36 PORTA = 0xFF;
37 DDRA  = 0xFF;
38
39//Port B initialization
40//Func7 = In Func6 = In Func5 = In Func4 = In Func3 = In Func2 = In Func1 = In Func0 = In
41//State7 = T State6 = T State5 = T State4 = T State3 = T State2 = T State1 = T State0 = T
42 PORTB = 0x00;
43 DDRB = 0x00;
44
45 //Port C initialization
46//Func7 = In Func6 = In Func5 = In Func4 = In Func3 = In Func2 = In Func1 = In Func0 = In
47 // State7 = T State6 = T State5 = T State5 = T State4 = T State3 = T State2 = T State1 = T State0 = T
48 PORTC = 0x00;
49 DDRC = 0x00;
50
51 //Port D initialization
52//Func7 = In Func6 = In Func5 = In Func4 = In Func3 = In Func2 = In Func1 = In Func0 = In
53 // State7 = T State6 = T State5 = T State4 = T State3 = T State2 = T State1 = T State0 = T
```

```
54 PORTD = 0x00;
55 DDRD = 0x00;
56
57 //Timer/Counter 0 initialization
58 //Clock source:System Clock
59 //Clock value:Timer 0Stopped
60 //Mode:Normal top = FFh
61 //OC0 output :Disconndcted
62 TCCR0 = 0x00;
63 TCNT0 = 0x00;
64 OCR0 = 0x00;
65
66 //Timer /Counter 1initialization
67 //Clock source:System Clock
68 //Clock value:Timer 1 Stopped
69//Mode:Normal top = FFFFh
70 //OC1A out put Discon.
71 //OC1B outpur:Discon.
72//Noise Canceler:Off
73 Input Capture on Falling Edge
74 //Timer 0Overflow Interrupt:Off
75//Input Copture Interrupt:Off
76//Compare A Match Interrupt ;Off
77//Compare Match Interrupt;Off
78 TCCR1A = 0x00;
79 TCCR1B = 0x00;
80 TCNT1H = 0x00;
81 TCNT1L = 0x00;
82 ICR1H = 0x00;
83 ICR1L = 0x00;
84 OCR1AH = 0x00;
85 OCR1AL = 0x00;
86 OCR1BH = 0x00;
87 OCR1BL = 0x00;
88
89 //Timer/Counter 2 initialization
90//Clock source:System Clock
91//Clock value:Timer 2 Stopped
92 //Mode:Normal top = FFh
93 //OC2 output:Disconnected
94 ASSR = 0x00;
95 TCCR2 = 0x00;
96 TCNT2 = 0x00;
```

```
97 OCR2 = 0x00;
98
99 //External Interrupt(s)initialization
100 //INT0,Off
101 //INT1,Off
102 //INT2,Off
103 MCUCR = 0x00;
104 MCUCSR = 0x00;
105
106 //Timer(s)/Counter(s)Interrupt(s)initialization
107 TIMSH = 0x00;
108
109 //Analog Comparator initialization
110 //Analog Comparator,Off
111 //Analog Comparator,Input Capture by Timer /Counter 1;Off
112 ACSR = 0x80;
113 SFIOR = 0x00;
114
115 while(1)
116    {
117       //Piace your code here
118
119    };
120    }
```

这是完全由代码生成器自动生成的代码，连空行都完整地保留了。从这段自动生成的代码可以看出，虽然在设置时仅设置了 PortA，但代码生成器对其他的片内资源，包括其他 I/O 口、定时/计数器、中断、模拟比较器等都进行了初始化。不同的是，PortA 是按设置之后的值进行初始化的，而其他资源是按照默认的初始值进行初始化的。上面的代码虽然看起来很多，但还不能实现跑马灯的功能，为了要完成指功能，还必须对该代码进行编辑。

代码的第 30 行提示了可以在此处声明变量。将"example＿2＿1.c"中的第 15 行中代码放于此处完成变量声明。代码的第 117 行提示可以在此处添加自己的代码。将"example＿2＿1.c"中的第 21～23 行代码放于此处即可完成跑马灯程序。因为在跑马灯程序中调用了延时函数"delay＿ms"，因此要在程序开始处的第 25 行增加预编译命令♯include＜delay. h＞，也即是"example＿2＿1.c"中的第 12 行。进行了这些编辑之后并保存，"example＿2＿2"工程项目才可以完成和 example＿2＿1 项目完全一样的功能。由于本例仅用到了 PortA 资源，为保证代码的简洁，其余资源的初始化代码完全可以删除。

此时如果需要对工程项目进行配置，则可以执行"Project"→"Configure"菜单命令，如果需要对文件进行编译，则可以执行"Project"→"Build"菜单命令，这些操作，包括后面的仿真调试等环节，都与不采用代码生成器创建项目时的操作完全一致。

2.4　ICCAVR 集成开发环境

ICCAVR 是一种使用符合 ANSI 标准的 C 语言来开发 MCU 程序的一个工具，功能合适、

71

使用方便、技术支持好，它是一个综合了编辑器和工程管理器的集成工作环境（IDE）。所有源文件全部被组织到工程之中，工程管理还能直接生成可以直接使用 Intel HEX 格式文件，该格式的文件可以被大多数编程器所支持，用于下载到芯片中。

2.4.1 概述

1. ICCAVR 简介

ImageCraft 的 ICCAVR 是一种使用符合 ANSI 标准的 C 语言来开发微控制器 MCU 程序的一个工具，它有以下几个主要特点。

（1）ICCAVR 是一个综合了编辑器和工程管理器的集成工作环境（IDE），可以在 Windows 9X/NT、Windows 2000、Windows XP 系统运行。

（2）ICCAVR 的源文件全部被组织到工程之中，文件的编辑和工程的构筑也在这个环境中完成。编译错误显示在状态窗口中，并且鼠标单击编译错误时，光标会自动跳转到编辑窗口中引起错误的那一行，这个工程管理器还能直接产生可以直接使用的 Intel-HEX 格式文件，Intel HEX 格式文件可以被大多数的编程器所支持用于下载程序到芯片中去。

（3）ICCAVR 是一个 32 位的程序支持长文件名。

（4）ICCAVR 提供了全部的库源代码及一些简单的应用实例，方便初学者参考，并且提供的库源代码，可以帮助用户理解库函数的参数及返回值，用户根据库源代码对 ICCAVR 提供的库函数进行裁剪和扩充。

2. ICCAVR 中的文件类型及其扩展名

文件类型是由它们的扩展名决定的，ICCAVR 的 IDE 和编译器可以使用以下几种类型的文件。

（1）输入文件的类型。

1）.c 扩展名：表示 C 语言源文件。

2）.s 扩展名：表示汇编语言源文件。

3）.h 扩展名：表示 C 语言的头文件。

4）.prj 扩展名：表示工程文件，这个文件保存有 IDE 所创建和修改的工程有关信息。

5）.a 扩展名：表示库文件，它可以由几个库封装在一起，而 libcavr.a 是一个包含了标准 C 的库函数和 AVR 特殊程序调用的基本库函数，如果库函数被引用，则链接器会将其链接到用户的模块或文件中，当然用户也可以创建或修改一个符合自己需要的库。

（2）输出文件夹类型。

1）.s 扩展名：对应每个 C 语言源文件，由编译器在编译时产生的汇编输出文件。

2）.o 扩展名：由汇编文件汇编产生的目标文件，多个目标文件可以链接成一个可执行文件。

3）.hex 扩展名：Intel HEX 格式文件，其中包含了程序的全部可执行代码（机器代码）。

4）.eep 扩展名：Intel HEX 格式文件，包含了 $E^2 PROM$ 的初始化数据。

5）.cof 扩展名：COFF 格式输出文件，用于在 Atmel 的 AVR Studio 环境下进行程序调试。

6）.lst 扩展名：列表文件，在这个文件中列举出了目标代码对应的最终地址。

7）.mp 扩展名：内存映像文件，包含了程序中有关符号及其所占内存大小的信息。

8) .cmd 扩展名：NoICE2.xx 调试命令文件。

9) .noi 扩展名：NoICE3.xx 调试命令文件。

10) .dbg 扩展名：ImageCraft 调试命令文件。

2.4.2　ICCAVR 的安装与注册

1. ICCAVR 的安装

ICCAVR 的安装过程如下。

（1）打开"我的电脑"，双击光盘文件中的"SETUP. EXE"图标，即进入安装界面，安装界面如图 2-43 所示。

（2）选择安装路径。按照提示，选择程序的安装位置，如图 2-44 所示。

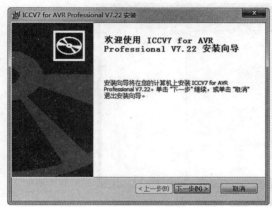
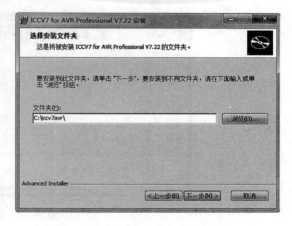

图 2-43　安装界面　　　　　　　　　　图 2-44　选择安装目录

（3）安装目录不需要更改，可以直接安装在"C：\icc7avr"文件夹下，接下来一直单击"下一步"按钮，直到出现按钮时，开始安装 ICCAVR 编译器程序，这时出现图 2-45 所示的界面。

（4）安装完毕后，出现如图 2-46 所示界面。

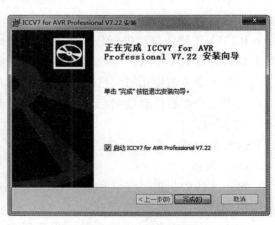

图 2-45　安装过程图　　　　　　　　　　图 2-46　安装完毕界面

图 2 - 47　ICCAVR 运行界面

（5）单击"下一步"按钮，直到出现"完成"按钮，这时表示 ICCAVR 安装成功。

按照上述方法进行安装后，只能得到一个 30 天使用权限的未注册版，只有进一步完成注册才能得到一个无使用限制的正式版。

2. 运行 ICCAVR

（1）单击 Windows 的"开始"菜单，在"程序"中选择"ImageCraft Development Tools"，并选择其中的"ICCV7 for AVR"，具体如图 2 - 47 所示。

（2）运行后的界面如图 2 - 48 所示。

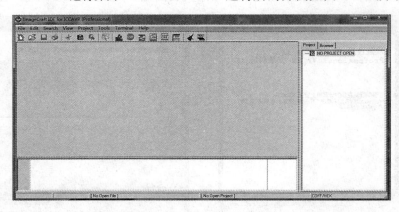

图 2 - 48　运行后界面

3. ICCAVR 的注册

对首次安装并且使用期未超过 30 天的用户，可以按照下面的步骤进行注册。

（1）启动 ICCAVR 编译器的集成环境 IDE。

（2）将正式版中附带的一张名称为"Unlock Disk"的软盘插入机器的软盘驱动器中。

（3）在 IDE 的"Help"菜单中寻找标题为"Importing a License from a Floppy Disk"的一项，并且进行单击。

（4）ICCAVR 软件自动进行注册，当注册完成后会提示用户注册文件已从软盘移走。当确定并重新启动 ICCAVR 后，会发现软件已经完成注册。

对不是首次安装或使用时间已超过 30 天的用户，可以按照下面的步骤进行注册。

（1）这类用户在程序启动时已不能进入 IDE 环境，而是出现一个提示注册的对话框，应该单击"YES"按钮。

（2）这时会出现一个注册对话框，对话框上有一个标题为"Importing a License from a Floppy Disk"按钮。

（3）将正式版中附带一张名称为"Unlock Disk"的软盘插入机器的软盘驱动器中，单击上一步中提到的按钮。

（4）ICCAVR 软件自动进行注册，当注册完成后会提示用户注册文件已从软盘移走，当确定并重新启动 ICCAVR 后，会发现软件已经完成注册。

在安装的过程中需要注意以下几点。

（1）"Unlock Disk" 软盘在注册时应打开写保护，否则无法完成注册。

（2）完成注册后 "Unlock Disk" 软盘成为一张空盘，不可以在另一台机器上进行安装和注册。

（3）当需要在不同的电脑中使用 ICCAVR 或在同一台电脑中将 ICCAVR 重新安装在与原来不同的目录位置时，应该首先在 "Help" 菜单中选择 "Transferring Your License to a Floppy Disk" 一项，将注册文件传送到一张软盘上，然后再按上述方法进行安装注册。

2.4.3　ICCAVR 的 IDE 环境

1. 工程管理

工程管理允许将多个文件组织进同一个工程，而且定义它们的编译选项，这个特性允许将工程分解成许多小的模块，当处理工程构筑时，只有一个文件被修改和重新编译，如果一个头文件作了修改，则当编译包含这个头文件的源文件时，IDE 会自动重新编译已经改变的头文件。

一个源文件可以写成 C 或汇编格式的任意一种，C 文件必须使用 .c 扩展名，汇编文件必须使用 .s 扩展名。可以将任意文件放在工程列表中，如可以将一个工程文档文件放在工程管理窗口中，工程管理器在构筑工程时对源文件以外的文件不予理睬。

对目标器件不同的工程，可以在编译选项中设置有关参数。当新建一个工程时，使用默认的编译选项，可以将现有编译选项设置成默认选项，也可将默认编译选项装入现有工程中。默认编译选项保存在 "default.prj" 文件中。

为避免工程目录混乱，可以指定输出文件和中间文件到一个指定的目录，通常这个目录是工程目录的一个子目录。

启动 ICCAVR 编译器就进入了 IDE 环境，IDE 环境是由编辑窗口、工程管理窗口、状态窗口以及文件切换四大部分构成的。

（1）编辑窗口。用户可以在编辑窗口中完成源程序的输入以及修改。编辑窗口是用户与 IDE 交流信息的主要区域，在这个窗口中可以修改相应的文件，当编译存在错误，用鼠标单击有关错误信息时，编辑器会自动将光标定位在错误行的位置。

注意：对 C 源文件中缺少分号的错误编辑器定位于其下面一行。

（2）工程管理窗口。该窗口由工程栏 "Project" 和代码浏览器 "Browser" 构成，工程的作用是显示与工程相关的所有文件，而用户可在代码浏览器中看到该工程生成代码中的相关信息。

（3）状态窗口。该窗口主要用于显示 IDE 的工作状态以及编译信息。

（4）文件切换。通过文件切换可以方便用户选择需要的已经打开的文件。

同时 IDE 环境中还内置有一个终端仿真器。注意，它不包含任意一个 ISP 在系统编程功能，但它可以作为一个简单的终端，或许可以显示目标装置的调试信息，也可下载一个 ASCII 码文件。

2. 编译独立文件

正常建立一个输出文件的顺序如下。

（1）首先应该建立一个工程文件并且定义属于这个工程的所有文件。然而，我们有时也需要将一个文件单独地编译为目标文件或最终的输出文件。

（2）从 IDE 菜单中选择"Compile File"命令，执行"to Object"和"to Output"中的任意一个。

（3）当调用这个命令时，文件应该是打开的，并且是在编辑窗口中可以编辑的。

编译一个文件为目标文件（to Output），对检查语法错误和编译一个新的启动文件是很有用的。编译一个文件为输出文件（to Output），对较小的并且是一个文件的程序较为有用。

注意：这里使用默认的编译选项。

3. 创建新工程

为创建一个新的工程，从菜单"Project"中选择"New"命令，IDE 会弹出一个对话框，在对应框中要以指定工程的名称，这也是输出文件的名称。如果使用一些已经建立的源文件，可以在菜单"Project"中选择"Add File（s）"命令。

另外，可以在菜单"File"中选择"New"命令来建立一个新的源文件来输入代码。也可以在菜单"File"中选择"Save"或"Save As"命令来保存文件。然后可以像上面所述调用"Add File（s）"命令将文件加入到工程中，也可在当前编辑窗口中单击鼠标右键选择"Add to Project"将文件加入已打开的工程列表中，通常输出源文件在工程同一个目录中，但也可不作这样的要求。

工程的编译选项使用菜单"Project"中的"Options"命令。

4. 应用构筑向导生成工程文件

应用构筑向导是用于创建外围设备初始化代码的一个图形界面，可以单击快捷工具栏中的"Builder Project"或菜单"Tools"中的"ApplicationBuilder"命令来调用它，应用构筑向导使用编译选项中指定的目标 MCU 来产生相应的选项和代码。

应用构筑向导显示目标 MCU 的每一个外围设备子系统，在这里你可以设置 MCU 所具有的中断、内存、定时器、I/O 端口、UART、SPI 和模拟量比较器等外围设备，并产生相应的代码。如果需要，还可以产生 main（）函数。

应用构筑向导对话框有"CPU""Memory""Ports""Timer0""Timer1""Timer2""Timer3""UART""SPI"以及"Analog"这些页面，下面分别对这些页面进行介绍。

（1）"CPU"页面：在该页面中，可以对芯片的类型、频率进行设置，还可以设置是否使用看门狗和外部中断，同时确定看门狗的预分频比例和外部中断的触发方式。该页面如图 2 - 49 所示。

（2）Memory 页面：通过该页面可设置是否使用扩展 SRAM 以及是否插入等待周期等内存信息。该页面如图 2 - 50 所示。

（3）"Ports"页面：通过该页面可以设置 I/O 端口的特性，该页面如图 2 - 51 所示。

（4）"Timer0"和"Timer2"页面：这两个页面的设置是相同的，通过它们可以设定是否使用 Timer0 和 Timer2，是否打开 Timer0 和 Timer2 的溢出中断，以及设定 Timer0 和 Timer2 的周期，可以从"Actual Value"中知道实际值与设定值误差，TCNT0 和 TCNT2 的初始值信息。用户还可以在该页面设置波形方式以及决定是否使能同步模式，在使用同步模式的情况下，还可以对外部晶振频率进行设置，如图 2 - 52 所示。

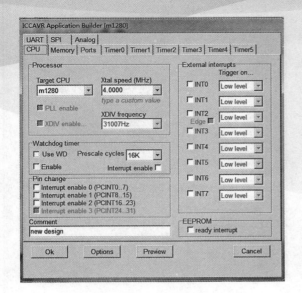

图 2-49　"CPU" 页面

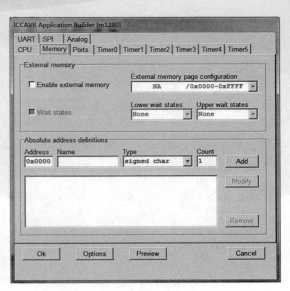

图 2-50　"Memory" 页面

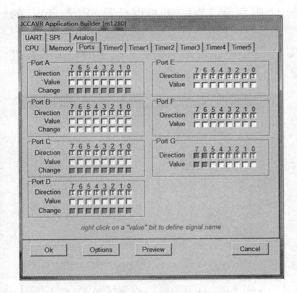

图 2-51　"Ports" 页面

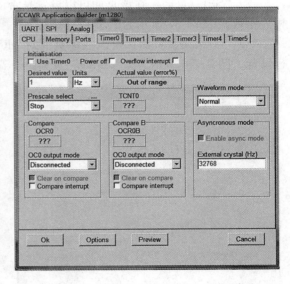

图 2-52　"Timer0" 和 "Timer2" 页面

（5）"Timer1" 和 "Timer3" 页面：这两个页面除了与 "Timer0" 和 "Timer2" 具有相同的选项外，还增加了对比较寄存器 A、B、C 以及输入捕获功能的设置。图 2-53 所示为 "Timer1" 页面。

（6）"UART" 页面：在该页面中可以设定是否使用 UART0/UART1，RT 和 TX 是否中断，同时还可对数据位、通信波特率设定值与实际值的误差进行设定，如图 2-54 所示。

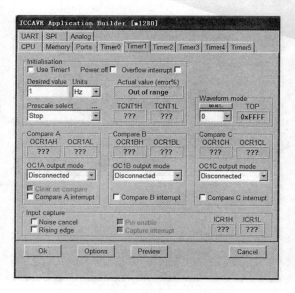

图 2-53 "Timer1" 页面

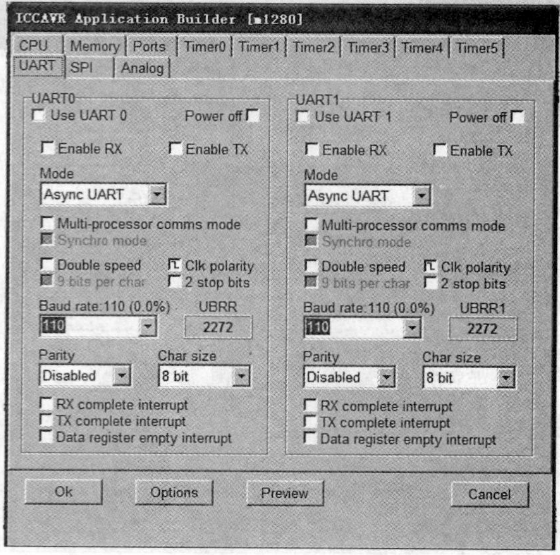

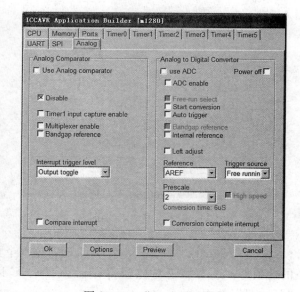

图 2-54 "UART" 页面

（7）"SPI" 页面：在该页面可以设置是否使用 SPI 以及 TWI，并可以设置 SPI 与 TWI 的相关参数。图 2-55 所示为 "SPI" 页面。

（8）"Analog" 页面：可以在该页面对 MCU 内的模拟比较器与模数转换器的相关参数进行设置。图 2-56 所示为 "Analog" 页面。

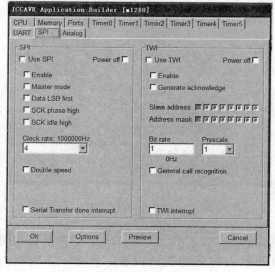

图 2-55 "SPI" 页面

图 2-56 "Analog" 页面

根据以上各个页面的设置说明及不同的 MCU 类型，就能生成一个需要的硬件初始化文件。

2.4.4　ICCAVR 的设置与使用

应用系统的源程序在用 ICCAVR 编译和链接前，必须要对编译器的一些属性进行设置。

1. Compiler Options 设置

通过单击"Compiler"→"Options"命令，可以打开系统的属性设置对话框，每个工程都有其自身特定的属性，这些特定的属性可以保存下来，并作为新建工程的默认属性，系统的属性设置对话框（"Compiler Options"）有 4 个页面，分别为路径（"Paths"）、编译器（"Compiler"）、目标（"Target"）和"Config Salvo"。

（1）"Paths"设置。在"Paths"选项中，可以设定包含文件、库文件和输出文件的所在目录。"Paths"页面如图 2-57 所示。共有以下几项设置。

1)"Include Paths"：可以指定包含文件的路径，可以根据用户选定的安装路径自动设置本选项的内容，包含文件的目录在系统安装完毕后时应设置为"安装盘：\ 安装目录 \ include"。

2)"Asm Include Paths"：指定汇编文件的路径。

3)"Library Paths"：链接器所使用的库文件的路径，可以根据用户选定的安装路径自动设置本选项的内容，库文件的目录在系统安装完毕时应设置为"安装盘：\ lib"。

4)"Output Directory"：输出文件的目录，系统的输出文件目录是编译器用于放置与工程相关文件和输出文件的地方，除非人为地定义输出文件的目录，否则它与工程所在目录一致，如果在"Output Directory"文本中输入"objs"，则系统将以"C：\ icctest \ example \ objs"作为输出文件的目录。

（2）编译器属性设置。在对话框的编译器"Compiler"选项卡中，可以定义一些影响编译器操作的属性，此外，在这个选项卡中还可以进行宏定义等操作。编译器（"Compiler"）页面如图 2-58 所示。共有以下几项设置。

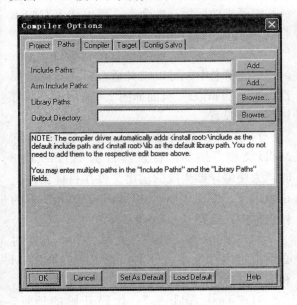
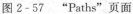

图 2-57　"Paths"页面

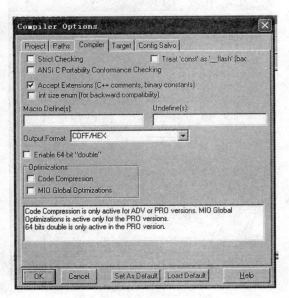

图 2-58　编译器"Compiler"页面

1）"Strict Checking"：严格的标准 C 语法检查。

2）"Accept Extensions（C++Comments，binary constants）"：接受 C++类型语法扩充。

3）"Output Format"：选择输出文件格式，共有 COFF/HEX、COFF 和 INTEL HEX 三种格式。

可以选择是输出 INTEL HEX 格式的烧录文件，还是 COFF 格式的仿真文件，一般选择 COFF/HEX 格式，即同时可生成 ".cof" 和 ".hex" 文件。

4）"int size enum（for backward compatibility）"：接受整扩充。

5）"Macro Define（s）"：定义宏，宏之间用空格或分号分开。

宏定义形式为

name［：value］name［＝value］

例如：DEBUG：1：PRINT＝printf

等价于在 C 源程序中的以下指令：

#define DEBUG 1

#define PRINT printf

6）"Undefin（s）"：取消宏定义，用法与宏定义相同。

7）"Optimizations"：代码优化。已有以下两个选项。

Default：基本优化，只优化寄存器分配、共用相同的子例程等。

Maximize Code Size Reduction：代码压缩优化，可去除无用的碎片代码，只有专业版才可使用此功能。

AVR Studio Version（COFF）：选择输出 COFF 文件的格式，有 Studio 3.X、Studio4.0 to4.05 以及 Studio4.06 and above 三个选项。若使用哪个版本的进行仿真，就选择相应的输出格式。

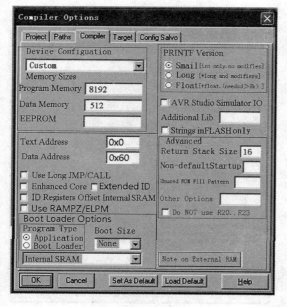

图 2-59 "Target" 页面

Execute Command After Successful Builder：编译成功后执行的命令，可以使 ICCAVR 在编译完成后执行相应的指令。

（3）目标属性。在对话框的目标（"Target"）选项卡中，可以定义适合目标器件的属性设置。"Target" 页面如图 2-59 所示。共有以下几项设置。

1）"Device Configuration"：选择目标 MCU 类型。例如，目录器件为 ATmega128 时，为使编译器生成的输出文件在目标器件上正确运行，可在 "Device Configuration" 下的列表框中，选择 "ATmega128"。

2）"Memory Sizes"：选择 "Custom" 时必须指定内存大小，分别设置 ROM、SRAM 和 E^2PROM 三个选项的大小。

3）"Text Address"：代码开始的地址，通常开始于中断向量区域后面，选择 "Custom" 时必须指定。

4）"Data Address"：数据起始地址，通常为 0x60，选择"Custom"时必须指定。

5）"Use Long JMP/CALL"：指定微处理器是否支持长跳转和长调用，选择"Custom"时必须指定。

6）"Enhanced Core"：指定硬件是否支持增强指令，选择"Custom"时必须指定。

7）"IO Registers Offset Internal SRAM"：指定内部 SRAM 的偏移量。

8）Internal SRAM 或 ExtemalSRAM：指定目标系统的数据 SRAM 类型。

9）"PRINTF Version"：选择 PRINTF 的版本，有下面所列出的选项。

"Small"：支持%c,%d,%x,%u 和%s 的格式。

"Long"：支持 small 类型，同时支持% ld,%lu,%lx 和%lX 的格式。

"Floating point"：支持 Long 类型，同时支持%f 格式，该选项占用很大的内存。

10）"AVR Studio Simulator IO"：选中该项，输出文件可在 AVR Studio 的终端进行模拟仿真。

11）"Additional Libraries"：使用标准库以外的附加库。

12）"Strings inFLASH"：字符串只保存在 Flash 存储器中。

13）"Advance"：高级选项，所涉及的内容如下。

"Return Stack Sixe"：指定编译器使用的硬件堆栈的大小。默认为 16 字节，在使用浮点函数、深层次的递归调用以及%f 格式说明符的情况下，要设定更大的字节数。

"Non Default Startup"：允许指定一个启动文件的位置而不使用系统默认的启动文件，这样 IDE 可以使用多个启动文件。

"Unused ROM Fill Pattern"：用一串十六进制数填充空余的 ROM 空间。

"Other Options"：自定义代码区在 Flash 中的起始地址。

"Do Not use R20...R23"：不使用 R20～R23 寄存器，可以节省数据存储器。

2. Environment Options 设置

该系统设置选项中共有 4 个页面，分别为"Preferences""Terminal""Editor Preference"和"ISP"页面。

（1）参数设置。参数设置页面如图 2-60 所示。共有以下项设置。

1）"Beep on Completing Build"：可设置编译完成后发出提示音。

2）"Verbose Compiler Output"：选中它可在状态窗口中将编译过程详细地显示出来。

3）"Mulitple Row Editor Tabs"：设定制表位置。

4）"Auto Save Files Before Compiling"：在编译前自动保存文件。

5）"Create Backup on Save"：当保存文件时，在文件扩展名前加一个下划线。

6）"Undo Across Save"：撤销改变，以前保存过的也撤销。

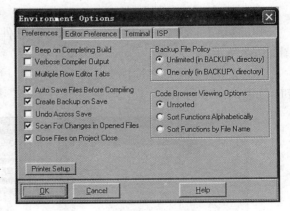

图 2-60　参数设置页面

7）"Scan For Changes in Opened Files"：检查其他编辑器打开的文件是否被修改过，若被修改就提示存盘。

8）"Close Files on Project Close"：当关闭工程文件时，自动关闭全部与此工程相关的文件。

9）"Printer Setup"：对打印机相关信息进行设置。

Editor 选择编译器。有"IDE Builtin""TextPad""UltraEdit32"和"WinEdit"4 个选项。

10）"Code Browser Viewing Options"：对工程管理窗口中的代码浏览方式进行选择，包括以下 3 个选项。

a．"Unsorted"：不排序；

b．"Sort Function Alphabetically"：按字母顺序排序，若存在多个源文件，则先将源文件的变量，函数进行合并，再按照字母顺序排序；

c．"Sort Function by File Name"：按源文件字母顺序排序，若存在多个源文件，先将源文件按字母顺序排序，源文件内部的变量以及函数也按字母顺序排序。

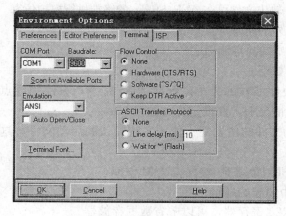

图 2-61 "Terminal"页面

（2）"Terminal"设置。"Terminal"页面如图 2-61 所示。

通过它可以对 IDE 内置的仿真器进行设置，包括以下选项。

1）"COM Port"：可以设置仿真器与 COM1～COM4 的哪一个端口相连。

2）"Baudrate"：设置仿真器的通信速率。

3）"Flow Control"：设置控制流方式，分别有无、硬件以及软件三种方式。

4）"Keep DTR Active"：仿真器控制。

5）"ASCII Transfer Protocol"：ASCII 码传送协议。

3．ICCAVR 的使用

当设定好 ICCAVR 的集成开发环境属性后，就可以编写源程序文件了。下面具体来介绍一下 ICCAVR 的使用过程。

（1）新建一个工程项目。

1）启动 Image Craft IDE for ICCAVR 软件，从"Porject"菜单中选择"New"命令，如图 2-62 所示。

2）在新的对话框中选择文件保存的路径，并输入工程文件的名称，然后单击"保存"按钮，如图 2-63 所示。

图 2-62 选择"New"命令

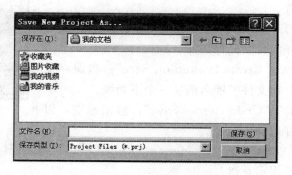

图 2-63 保存对话框

3）单击"New File"图标，建立一个新文件。

4）从"File"菜单中选择"Save As"命令，将新建的文件另存为".c"文件，如图 2-64 所示。

5）在打开的对话框中输入".c"的文件名，如图 2-65 所示。

图 2-64　选择"Save As"命令　　　图 2-65　另存为对话框

6）添加文件到工程中，在右侧的工程导航框中，单击鼠标左键选择"F"，再在"Files"上单击鼠标右键，在出现的子框中单击"Add File（s）"命令，将".c"文件添加到工程中去，如图 2-66 所示。

7）在弹出的对话框中找到".c"文件，将其添加到"Project"中，如图 2-67 所示。

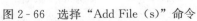

图 2-66　选择"Add File（s）"命令　　　图 2-67　"Add Files"对话框

（2）在 ICCAVR 中编写自己的 C 代码，并进行编译。

1）在已保存的".c"文件中输入代码，如图 2-68 所示。

2）单击"Project"菜单中的"Options"选项，如图 2-69 所示。

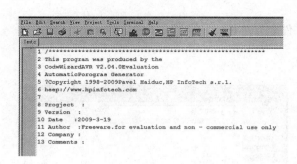

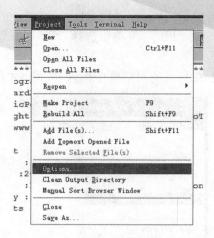

图 2-68 在已保存的".c"文件中输入代码   图 2-69 选择"Options"选项

3) 出现的界面如图 2-70 所示。在这里可以对 CPU 类型和堆栈等相关信息进行设置。例如，在"Device Configuration"下拉框中选择 CPU 类型；在"Return Stack Size"中设置堆栈的深度，一般我们将默认的 16 改为 40，最后单击"Set As Default"按钮，就可将设置变为默认状态，在以后新建工程时，可以省略该步骤。

4) 打开"Compiler"页面，选择与实际相符合的选型，一般设置如图 2-71 所示。

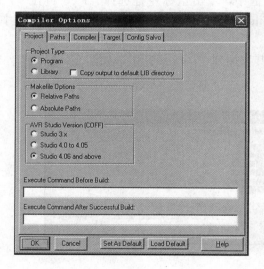

图 2-70 "Options"页面

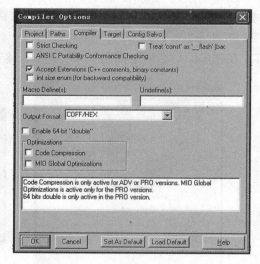

图 2-71 "Compiler"页面

图 2-72 单击"Builder Project"图标

5) 配置完成后就可以编译 ICCAVR 工程了，单击工具栏中的"Builder Project"图标，或按快捷键 F9，如图 2-72 所示。编译完成之后，系统将自动生成"Test.hex"文件。

4. 创建初始化程序和源程序框架

(1) 单击"Tools"菜单下的"Application Builder"选项来创建初始化程序和源程序框

架，如图 2-73 所示。

（2）弹出"ICCAVR Application Builder"页面，如图
2-74 所示。

（3）在弹出的界面中可以通过"Xtal speed"下拉列表
框对时钟频率值进行选择，如选择使用 4MHz 的时钟源，
如图 2-75 所示。

（4）在"Ports"页面可以设置输出端口与初始值，如
图 2-76 所示。将 Port C 设置为输出，同时将其输出全部
设置为 0。

（5）按下"Preview"按钮，可以看到设置结果，如图
2-77 所示。

（6）单击"Options"按钮，会出现图 2-78 所示的菜
单。在菜单中选中"Include'main（）'"选项，会在创建
初始化程序时将主程序一起创建。

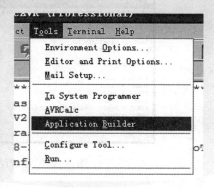

图 2-73　选择"Application Builder"
选项

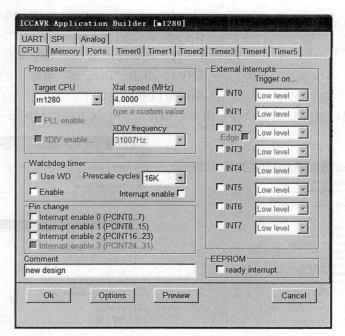

图 2-74　"ICCAVR Application Builder"页面

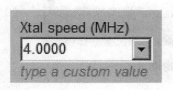

图 2-75　设置时钟频率值

图 2-76　设置输出端口与初始值

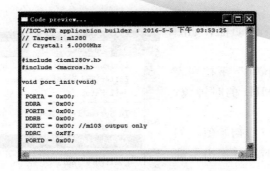

图 2-77 设置结果 　　　　　　　　　图 2-78 选中"Include main ()"选项

(7) 单击"OK"按钮，就会产生初始化程序，如图 2-79 所示。

(8) 将产生的初始化程序全部复制下来粘贴到之前创建的".c"文件中，再将其关闭，如图 2-80 所示。

(9) 下面就可以在主程序中添加自己的代码，代码添加完成之后，可以对".c"文件进行编译（注意：在编译之前一定要把文件添加到工程管理项目中），单击"Project"菜单中的"Rebuild All"选项就可以开始编译了，如图 2-81 所示。

图 2-79 初始化程序

(10) 编译结果可以在状态窗口显示出来，编译成功的状态窗口如图 2-82 所示。

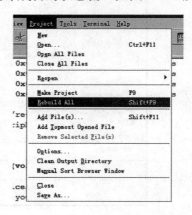

图 2-80 粘贴初始化程序 　　　　图 2-81 选择"Rebuild All"选项

图 2-82 编译成功的状态窗口

(11) 编译成功的同时会产生一个可下载的 HEX 文件，该文件就是我们要下载到单片机芯片中的程序文件。

5. 下载程序文件

系统的应用程序必须转移到单片机的程序 Flash 上才能被单片机执行，这一过程被称为"下载"。AVR 单片机的程序下载可以采取多种方式，其中以串行下载的方式最为普遍。为了得到较快的下载速度，AVR 单片机也支持并行下载的方式，并且部分的 mega 系列单片机还支持 JTAG 下载编程。

为了将程序下载到 AVR 单片机中，需要使用串行下载软件，PonyProg2000 是一种普通的单片机串行下载程序，它可以运行 AT89 系列、PIC 系列和 AVR 系列等多种单片机的程序下载，PonyProg 的使用十分简单，用户只要将下载线的一端接在 PC 机的 RS‑232C 串行口，另一端接单片机的在线编程口（ISP），就可以实现程序的下载。

当用户完成 PonyProg2000 的下载和安装后，按照以下步骤可实现单片机的编程。

（1）启动 PonyProg2000 后，连接好 PC 机到单片机的下载电缆，并在画圈的菜单中选择连接芯片类型，如图 2‑83 所示。

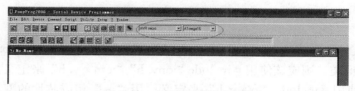

图 2‑83　选择连接芯片类型

（2）单击"File"→"Open Program（Flash）File"命令，或单击图 2‑84 中圆圈标记处的图标，选择将要导入的下载文件，如图 2‑85 所示。导入到 PonyProg 中的下载文件还可以在窗口中进行编辑，以满足用户的特殊要求。

图 2‑84　选择导入

图 2‑85　下载文件

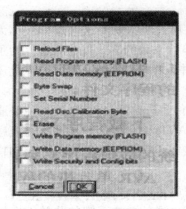

图 2-86 设置单片机的编程步骤

（3）单击"Command"→"Program"命令，设置单片机的编程步骤，如图 2-86 所示。通常单片机的编程步骤包括芯片探险、程序写入和程序校验 3 个步骤，用户还可以根据自身的要求定义芯片的编程操作。

（4）单击"Command"→"Program"命令对单片机进行编程，系统会按照用户设置的编程步骤自动完成芯片探险、写入、校验等操作。

2.4.5 ICCAVR 的函数库

在 ICCAVR 的安装文件中有一个 LIB 文件夹，它为用户提供了标准 C 函数库和 AVR 专用的特殊函数库，同时，用户也可以根据自己的需要创建自定义库，下面对 ICCAVR 的库函数作简单的介绍。

1. 头文件

ICCAVR 头文件的形式为 ♯ include "io∗v. h" 或 ♯ include ionv. h "iom∗v. h"，其中若使用的芯片为 mega 类，则应该使用 ♯ include "ionv. h""iom∗v. h" 来定义。若使用的芯片为 mega 类，则应该使用 ♯ include "io∗v. h" 来定义。用"∗"相应芯片的型号代替，若芯片为 ATmega128，则头文件为 ♯ include "iom128v. h"。

AVR 特殊函数：ICCAVR 有许多访问 UART E^2PROM 和 SPI 的函数，堆栈检查函数对检测堆栈是否溢出很有用。

Io ∗. h（io2312. h，ino8515. h，iom603. h，…）

这些文件中是从 TAMEL 官方公开的定义 I/O 寄存器的源文件经过修改得到的，应该用这些文件来代替老的 avr. h 文件。

PORTB = 1；

uc = PORTA；

macros. h：这个文件包含了许多有用的宏和定义。

下面标准 C 头文件是被支持的。如果程序使用了头文件所列出的函数，那么应该包含该头文件，在使用浮点数和长整型数的程序中，必须使用 ♯ include 预编译指令，下面是包含了函数原形的头文件。

（1）assert. h：assent ()，声明宏。

（2）ctype. h：字符类型函数。

（3）float. h：浮点数原形。

（4）limits. h：数据类型的大小和范围。

（5）math. h：浮点运算函数。

（6）stdarg. h：变量参数表。

（7）stddef. h：标准定义。

（8）stdio. h：标准 I/O 函数。

（9）stdlib. h：包含内存分配函数的标准库。

（10）string. h：字符串处理函数。

2. 字符类型函数

下列函数按照输入的 ASCII 字符集字符分类，使用这些函数之前应当用"＃include＜ctype. h＞"包含。

（1）int isalnum（int. c）：如果 c 是数字或字母，则返回非零数值，否则返回零。

（2）int isalpha（int. c）：如果 c 是字母，则返回非零数值，否则返回零。

（3）int iscntrl（int. c）：如果 c 是控制字符（如 FFBELL、LF 等），则返回非零数值，否则返回零。

（4）int isdigit（int. c）：如果 c 是数字，则返回非零数值，否则返回零。

（5）int isgraph（int. c）：如果 c 是一个可打印字符而非空格，则返回非零数值，否则返回零。

（6）int islower（int. c）：如果 c 是小写字母，则返回非零数值，否则返回零。

（7）int isprint（int. c）：如果 c 是一个可打印字符，则返回非零数值，否则返回零。

（8）int ispunct（int. c）：如果 c 是一个可打印字符而不是空格、数字或字母则返回非零数值，否则返回零。

（9）int isspace（int. c）：如果 c 是一个空格字符则返回非零数值（包括空格 CR、FF、HT、NL 和 VT），否则返回零。

（10）int isupper（int. c）：如果 c 是大写字母则返回非零数值，否则返回零。

（11）int isxdigit（int. c）：如果 c 是十六进制数字则返回非零数值，否则返回零。

（12）int tolower（int. c）：如果 c 是大写字母则返回 c 对应的小写字母，其他类型仍然返回 c。

（13）int toupper（int. c）：如果 c 是小写字母，则返回 c 对应的大写字母，其他类型仍然返回 c。

3. 浮点运算函数

下列函数支持浮点数运算，使用这些函数之前必须用＃包含。

（1）float asin（flopat x）：以弧度形式返回 x 的反正弦值。

（2）float acos（float x）：以弧度形式返回 x 的反余弦值。

（3）float atan（float x）：以弧度形式返回 x 的反正切值。

（4）float atan2（float x，float y）：返回 y/x 的反正切，其范围在 $-\pi \sim +\pi$。

（5）float ceil（float x）：返回对应 x 的一个整型数，小数部分四舍五入。

（6）float cos（float x）：返回以弧度形式表示的 x 的余弦值。

（7）float cosh（float x）：返回的 x 双曲余弦函数值。

（8）float exp10：返回以 10 为底的 x 的幂。

（9）float fabs（float x）：返回以 x 的绝对值。

（10）float floor（float x）：返回不大于 x 的最大整数。

（11）float fmod（float x，float y）：返回 x/y 的余数。

（12）float frexp（loat x，int * pexp）：把浮点数 x 分解成数字部分 y（尾数）和以 2 为底的 n 次幂两个部分。y 的范围为 $0.5 \leqslant y < 1$，y 值被函数返回；而 n 值存放在 pexp 指向的变量中。

（13）float fround（float x）：返回最接近 x 的整型数。

(14) float ldexp（float x，int exp）：返回 $x * 2^{exp}$。

(15) float log（float x）：返回 x 的自然对数。

(16) float log10（float x）：返回以 10 为底的 x 的对数。

(17) float modf（float x，float * pint）：把浮点数分解成整数部分和小数部分。整数部分存放到 pint 指向的变量中，小数部分应当大于或等于 0 而小于 1，并且作为函数返回值返回。

(18) float pow（float x，float y）：返回 x、y 值。

(19) float sqrt（float x）：返回 x 的平方根。

(20) float sin（float x）：返回以弧度形式表示的 x 的正弦值。

(21) float sinh（float x）：返回 x 的双曲正弦函数值。

(22) float tan（float x）：返回以弧度形式表示的 x 的正切值。

(23) float tanh（float x）：返回 x 的双曲正切函数值。

4. 标准 I/O 函数

标准的文件 I/O 是不能真正植入微控制器（MCU）的。标准 stdio. h 的许多内容不可以使用，不过有一些 I/O 函数是被支持的。同样使用之前，应用"＃include＜stdio. h＞"预处理，并且需要初始化输出端口。底层的 I/O 程序是单字符的输入（getchar）和输出（putchar）程序。如果用户针对不同的装置使用高层的 I/O 函数，如用输出 LCD，就需要全部重新定义底层的函数。

为了在 Atmel 的 AVR 模拟器（终端 I/O 窗口）中使用标准 I/O 函数，应当在编译选项中选中相应的单选钮。

(1) int getchar（）：使用查询方式从 UART 返回一个字符。

(2) int printf（char * fmt…）：按照格式说明符输出格式化文本字符串，格式说明是标准格式的一个子集。

1)％d：输出有符号十进制整数。

2)％o：输出无符号八进制整数。

3)％x：输出无符号十六进制整数，字母使用 a～f。

4)％X：输出无符号十六进制整数，字母使用 A～F。

5)％u：输出无符号十六进制整数。

6)％s：输出一个以空字符（＊/0 或 NULL）为结束符的字符串。

7)％c：以 ASCII 字符形式输出，只输出一个字符。

8)％f：以小数形式输出浮点数。

9)％S：输出在 Flash 存储器中的字符串常量。

printf 支持三个版本，取决于用户的特别需要和代码的大小（越高的要求，代码越大）。

1) 基本型：只有％c、％d、％x、％u 和％s 格式说明符是承认的。

2) 长整型：针对长整型数、％ld、％lu、％lx 被支持，以适用于精度要求较高的领域。

3) 浮点型：全部格式包括 f 被支持。

而使用编译选项对话框来选择版本，代码大小的增加是值得关注的。

1) int putchar（int c）：输出单个字符，这个库程序使用了 UART，以查询方式输出单个字符。注意输出"\ n"字符至程序终端窗口。

2) int puts（char * s）：输出以 NL 结尾的字符串。

3）int sprinft（char＊buf.char＊fmt）：按照格式说明符输出格式化文本 frm 字符串到一个缓冲区，格式说明符同 prinft（）。

4）const char 支持功能：cprinft 和 csprinft 是将 Flash 中的格式字符分别以 prinf 和 sprinf 形式输出。

5．读/写内置 E^2PROM 函数

（1）大于 256 字节 E^2PROM 的 AVR 单片机。

1）int EEPROMwrite（int location，unsigned char）：向 E^2PROM 中写入一个字符。

2）unsigned char E^2PROM read（int）：从 E^2PROM 中读出一个字符。

3）void EEPROMeadBytes（int addr，void＊ptr，int size）：从 E^2PROM 中读出 size 个字节。

4）void EEPROMWriter Bytes（int addr，void＊ptr，int size）：向 E^2PROM 中写入 size 个字节。

（2）小于等于 256 字节 E^2PROM 的 AVR 单片机。

1）int _ 256EEPROMwrite（int location，usigned char）：向 E^2PROM 中写入一个字符。

2）int _ 256EEPROMread（int）：从 E^2PROM 中读出一个字符。

3）void EEPROMeadBytes（int addr，void＊ptr，int size）：从 E^2PROM 中读出个字节。

4）void EEPROMWriter Bytes（int addr，void ＊ptr，int size）：向 E^2PROM 中写入个字节。

6．标准库和内存分配函数

标准库头文件＜stdlib.h＞定义了宏 NULL、RAND _ MAX 和新定义的类型 size _ t，并且描述了下列函数。注意：在调用任意内存分配程序（如 calloc、malloc 和 realloc）之前必须调用 New _ Heap 来初始化堆 heap。

（1）int abs（int i）：返回 i 的绝对值。

（2）int atoi（char＊s）：转换字符串 s 为整型数并返回它，字符 s 起始必须是整型数形式字符，否则返回 0。

（3）double atof（const char＊s）：转换字符串 s 为双精度浮点数并返回它，字符串 s 起始必须是浮点数形式字符串。

（4）long atol（xhar＊s）：转换字符串为 s 长整型数并返回它，字符串 s 起始必须是长整型数形式字符，否则返回 0。

（5）void＊calloc（size _ t nelem，size _ t size）：分配 nelemv 个数据项的内存连续空间，每个数据项的大小为 size 字节并且初始化为 0，如果分配成功返回分配内存单元的首地址，否则返回 0。

（6）void exit（status）：终止程序运行，典型的是无限循环，它担任用户主函数的返回点。

（7）void free（void ＊ptr）：释放 ptr 所指向的内存区。

（8）void ＊malloc（size _ t size）：分配 size 字节的存储区。如果分配成功则返回内存区地址，如果内存不够分配则返回 0。

（9）void NewHeap（void ＊stat，void＊end ）：初始化内存分配程序的堆。一个典型的调用是将符号 _ bss _ end＋1 的地址用作"start"值。符号 _ bss _ end 定义为编译器用来存放全

局变量和字符串的数据内存的结束，加1的目的是堆栈检查函数使用 _ bss _ end 字节存储为标志字节，这个结束值不能被放入堆栈中。

extern char _ bss _ end；

_ NewHeap（& _ bss _ end+1，& _ bss _ end+201）；//初始化 200 字节大小的堆

（10）int rand（void）：返回一个在 0 和 RAND _ MAX 之间的随机数。

（11）void * realloc（void * ptr，size _ t size）：重新分配 ptr 所指向内在区，大小为 size 字节，size 可比原来大或小，返回指向该内存区的地址指针。

（12）void srand（unsigned seed）：初始化随后调用的随机数发生器的种子数。

（13）long strtol（char * * s，char * endptr，int base）：按照 "base" 的格式转换 "s" 中起始字符为长整型数。如果 "endptr" 不为空，则 * endptr 将设定 "s" 中转换结束的位置。

（14）unsigned long strtoul（char * s，char * * endptr，int base）：除了返回类型为无符号长整型数外，其余同 "strtol"。

7. 字符串函数

用 "#include＜string.h＞" 预处理后，编译器支持下列函数。＜string.h＞定义了 NULL、类型 size _ 1 和下列字符串及字符阵列函数。

（1）void * memchr（void * s，int c，size _ t n）：在字符串 s 中搜索 n 个字节长度，寻找与 c 相同的字符。如果成功则返回匹配字符的地址指针，否则返回 NULL。

（2）int memcmp（void * s1，void * s2，size _ t n）：对字符串 s1 和 s2 的前 n 个字符进行比较，如果相同则返回 0，如 s1 中字符大于 s2 中字符，则返回 1。如果 s1 中字符小于 s2 中字符，则返回 1。

（3）void * memcpy（coid8s1，void8s2，size _ t n）：复制 s2 中 n 个字符至 s1。

（4）void * memmove（void * s1，void * s2，size _ t n）：复制 s2 中 n 个字符至 s1，其他与 memcpy 基本相同，但复制区可以重叠。

（5）void * memset（void * s，int c，size _ t n）：在 s 中填充 n 个字节的 c，它返回 s1。

（6）char * strcat（char * s1，char * s2）：复制 s2 到 s1 的结尾，返回 s1。

（7）char * strchr（char * s.int c）：在 s1 中搜索第一个出现的 c，包括结束 NULL 字符，如果成功，返回指向匹配字符的指针，如果没有找到匹配字符，返回空指针。

（8）int strcmp（char * s1.char * s2）：比较两个字符串，如果相同返回 0；如果 s1＞s2 则返回 1；如果 s1＜s2 则返回 -1。

（9）char * strcpy（char * s，char * s）：复制字符串 s2 至字符串 s1，返回 s1。

（10）size _ t strlen（char * s，char * s2）：在字符串 s1 搜索与字符串 s2 匹配的第一个字符，包括结束 NULL 字符，其返回 s1 中找到的匹配字符的索引。

（11）size _ t strlen（chae * s）：返回字符串 s 的长度，不包括结束 NULL 字符。

（12）char * strncat（char * s1，char * s2，size _ t n）：复制字符串 s2（不含结束 NULL 字符）中 n 个字符到 s1，如果 s2 长度比 n 小，则只复制 s2 就返回。

（13）int strncmp（char * s1，char s2，size _ t n）：基本和 strcmp 函数相同，但其只比较前 n 个字符。

（14）char * strncpy（char s1，char8s2，size _ t n）：基本和 strcpy 函数相同，但其只复制前 n 个字符。

（15）char * strpbrk（char * s1，char * s2）：基本和 strcspn 函数相同，但它返回的是在 s1 匹配字符的地址指针，否则返回 NULL 指针。

（16）char * strchr（char * s，int c）：在字符串 s 中搜索最后出现的 c，并返回它的指针，否则返回 NULL。

（17）size_ strspn（char * s1char * s2）：在字符串 s1 搜索与字符串 s2 不匹配的第一个字符，包括结构 NULL 字符，其返回 s1 中找到的第一个不匹配字符的索引。

（18）char * strstr（char * s1，char * s2）：在字符串 s1 中找到与 s2 匹配的子字符串，如果成功，它返回 s1 中匹配子字符串的地址指针，否则返回 NULL。

（19）const char 支持函数，下面这三个函数，除了它的操作对象是在 Flash 中常数字符串外，其余与相应的函数相同：

1）size_ t cstrlen（const char8s）；

2）char * cstrcpy（char * dst，const char * src）；

3）int cstrcmp（const char * s1，char * s2）。

8. 变量参数函数

<stdarg. h>提供再入式函数的变量参数处理，它定义了不确定的类型 va_ list 和三个宏，使用这些函数之前必须用＃include<stdarg. h>预处理。

（1）va_ start（va - list foo，<last - arg>）：初始化变量 foo。

（2）va_ arg（va - list foo，<promoted type>）：访问下一个参数，分派指定的类型，注意该类型必须是高级类型，如或，小的整型类型如 int long double "char" 不能被支持。

（3）va_ end（va - list foo）：结束变量参数处理。例如：printf（）可以使用 vfprintf（）来实现。程序如下：

```
＃include<stdarg. h>
Int print(char * fmt,...)
{
Va_lint ap;
Va_start(ap,fmt);
Vfprint(fmt,ap);
Va_end(ap);
}
```

9. 堆栈检查函数

有几个库函数用于检查堆栈是否溢出，内存如图 2-87 所示。

同样地，软件堆栈溢出进数据区域将会改变全局变量或其他静态分配的项目（如果使用动态分配内存，还会改变堆栈项目）。这种情况在定义了太多的局部变量或一个局部集合变量太大时也会偶然发生。

启动代码写了一个正确的关于数据区的地址字节和一个类似的正确的关于软件堆栈的地址字节作为警戒线。

注意：如果使用了用户自己的启动文件，而其又是以 6.20

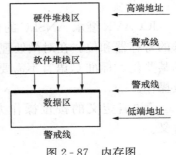

图 2-87　内存图

版本之前的启动文件为基础，则需要额外改造为新的启动文件，如果使用动态分配内存，则必须跳过警戒线字节 Bss—end 来分配用户的堆栈，参考内存分配函数。

调用 Stack Check（void）函数来检查堆栈溢出，如果警戒线字节仍然保持正确的值，那么函数检查通过，如果堆栈溢出，那么警戒线字节将可能被破坏。

注意：当程序堆栈溢出的时候，程序运行将可能不正常或偶然崩溃。当 StackCheck 检查错误条件时，它调用了带一个参数的函数 Stack Overflowed（char. c）。如果参数是 1，那么硬件堆栈有过溢出；如果参数是 0，那么软件堆栈曾经溢出。在执行两个调用时，两个堆栈都可能溢出。但是，在 Stack Overflowed 执行起作用时，第二个调用不可以出现。作为例子，如果函数复位了 CPU，那么将不能返回 StackCheck 函数。

下面介绍默认的 Stack Overflowed 函数。当它被调用时，库会用一个默认的 _ Stack Over-flowed 函数来跳转到 0 的位置，因此复位 CPU 和程序，可能希望用一个函数来代替它以指示更多的错误条件，一个作为例子它可能切断所有的中断并且点亮 LED。

注意：因为堆栈溢出程序存在故障，因此，_ Stack Overflowed 函数或许不能执行任何太复杂的操作或实现程序的正常工作，这两个函数的原型在头文件 macros. h 中。

2.4.6 AVR 的编程

C 语言的功能十分强大，各种高级算法（如队列、排序、堆栈等）都可以通过 C 语言方便、快捷地实现，同时对单片机的硬件操作来说也很简单。

1. 访问 AVR 底层设置

C 语言是一种高级语言，它允许用户访问目标器件的底层设置。由于 C 语言的这种性能，除非要对代码进行最大限度的优化，否则基本上不适用汇编语言。当目标功能用 C 语言不能实现时，经常使用在线汇编和预处理宏来访问这些硬件。

头文件 io ∗ . h（如 io8515. h、iom603. h 等）定义了具体的 AVR 器件的 I/O 寄存器，这些文件是将 Ateml 官方文件进行转换来匹配我们的编译语法，文件 macros. h 定义了许多有用的宏。例如，宏 UART _ TRANSMIT _ ON（）能用来打开 UART 功能。

当访问到 I/O 寄存器内存映射时，这个编译器能精确地产生单周期指令，如 in、out、sbis、sbi 等。

注意：旧的头文件 avr. h 将 I/O 寄存器的位定义为位掩码，但 io ∗ . h 将它们定义为位的位置。因此在使用 io ∗ . h 和寄存器的位时，大部分时候用户需要使用在 macros. h 文件中定义的 BITO 宏。

2. 位操作

ICCAVR 继承 ANSI C 的位操作功能，并在 AVR 芯片相应的头文件中定义了单片机内部的寄存器和位。在对微处理器进行编程时，一个常见的任务就是打开或关闭 I/O 寄存器中的某些位。标准 C 语言不需要借助汇编语言或其他非标准 C 语言的指令就可以很好地进行位操作。

C 语言定义的按位操作尤其有用，表 2 - 8 所列为 ICCAVR 中常用的位操作符及其含义。

表 2 - 8　　　　　　　　　　　　　　ICCAVR 位操作定义

表达式	位操作	含　义
a｜b	按位或	表达式 A 与表达式 B 按位进行或运算
a&b	按位与	表达式 A 与表达式 B 按位进行与运算
a^b	按位异或	表达式 A 与表达式 B 按位进行异或运算
～a	按位取反	表达式 A 按位进行取反运算

下面列出各种位操作的常用形式。

（1）a｜b：按位或。这个运算常用于打开某一位或几位，即置位，尤其常用｜＝的形式。

例如：PORTA｜＝0x80；//打开 a 口的位 7（最高位）

（2）a&b：按位与。该运算常用于检查某些位是否置"1"。

例如：If（PORTA&0x80）＝＝0　//检查位 7 和位 0

注意：圆括号需要括在 & 运算符的周围，因为它和"＝"相比运算优先级较低。

（3）a^b：按位异或。该运算用于对一位取反。

例如：PORTA^＝0x80；//翻转位 7

（4）～a：按位取反，该运算常用于关闭某一位或几位，即清零。

例如：PORTA&＝～0x80；//关闭位 7

3. 存储器和常量数据

AVR 是哈佛结构的 MCU，其程序存储器和数据存储器是分开的，对程序存储器的访问可以通过单一的流水线进行。当执行某一指令时，下一条指令被预从程序存储器中取出，这使得每一个时钟周期都可能执行一条指令。另外，哈佛总线结构使得 AVR 单片机比传统结构有更多的存储器空间。

C 语言并不是专门为哈佛结构 MCU 设计的，C 指针是任意一个数据指针或函数指针，C 规则指定数据或函数指针不能指向各自所在以外的存储空间，但是哈佛结构的 AVR 要求数据指针既能指向数据存储空间，也能指向程序存储空间。比如，既要能访问数据存储器中的变量数据，也要能够访问程序存储器中的常量数据，非标准 C 解决了这个问题。

ImageCraft AVR 编译器用"const"修饰语来表示项目正处于程序存储器中，注意对指针描述，"const"修饰语会出现在不同的场合，不管是限定指针变量本身还是指向项目的指针。例如：

```
const int table[] = {1,2,3};
const char * ptr1;
char * const ptr2;
const char * const ptr3;
```

其中，const int table [] ＝ {1，2，3} 定义 itable 是分配在程序空间中的 3 个整型表格常量，占据三个字的位置。在程序 const char * ptr1 中，ptr1 是一个存放在数据存储器而指向程序存储器数据的指针。char * const ptr2，表示 ptr2 是一个存放在程序存储器而指向数据存储器数据的指针。最后 const char * const ptr3 表示 ptr3 是存放在程序存储器而指向程序存储器数据的指针。在大多数的例子中，table 和 ptr1 是很典型的。C 编译器生成 LPM 指令来访问程序存储器。

注意：C 标准不要求 const 数据放入只读存储器中，而且在传统结构中，只需要注意访问权限的问题。因而，在 C 标准允许的参数中使用 const 限定是非传统的。无论如何，这样做与标准 C 函数定义是有一定冲突的。

例如，标准 strcpy 的原型是 strcpy（char * dst，const char * src），带有 const 限定的第二个参数表示函数不能修改参数。然而在 ICCAVR 下 const 限定词表示第二个参数指向程序存储器是不合适的。因此这些函数定义设有 const 限制。

注意，只有常数变量以文件存储类型放入 Flash 中。例如，定义在函数体外的变量或有静态存储类型限制的变量。如果使用有 const 限制的局部变量，则将不被放入 Flash 中，并可能导致不确定的结果发生。

4. 字符串

在哈佛结构的 AVR 单片机中，程序存储器和数据存储器的分离程序内存和数据常量的说明具有一定的复杂性。

编译器将描述为 const 的开关表和项目放到程序存储器中。最棘手的问题是字符串的分配。问题是，在 C 中将字母串转化成为 char 指针。当字符串处于程序存储器中时，所有的字符串函数库必须被复制来处理不同的指针操作，或者字符串也必须被置于数据存储器中。ImageCraft 编译器提出了以下两种解决这个问题的方法。

（1）默认字符串分配。该默认是指将字符串同时分配给数据存储器和程序存储器，所有涉及的字符串复制到数据存储器中。为验证它们的值的正确性，在程序启动时就将字符串从程序存储器复制到数据存储器中。因此单一的字符串复制函数是必需的（这也是全局变量如何实现初始化）。

如果希望节省空间，则可以使用字符常量数组，只在程序存储器中分配字符串。例如：

```
const char hello[] = * Hellp worle;
```

在该例子中，"hello" 可以作为字符串在所有的环境中使用，除了用作标准 C 库字符串函数的参数。

"Printf" 已被扩展成带％S 格式字符来输出只储存于 Flash 中的字行串。另外，新的字符串函数已加入了对只存储于 Flash 中字符串的支持。

（2）只分配全部字符串到 Flash 存储器中。当 "Project＞Options＞Target＞Strings In Flash Only" 复选框被选中时，编译器可将字符串只分配到 Flash 存储器中，此时在调用库函数时需要很谨慎。当选中该选项时，字符串类型 "const char *" 为有效，并且必须保证函数获得了合适的参数类型，除了新的 "const char *" 与字符串有关系外，创建了 cprintf 和 csprintf 函数承认字符串格式的类型。

5. 堆栈

生成代码使用两个堆栈：一个用于子程序调用和中断操作的硬件堆栈，一个用于以堆栈结构传递的参数、临时变量和局部变量的软件堆栈。

硬件堆栈起初用于存储函数返回的地址，它代表了许多小的软件堆栈。通常，如果用户的程序没有子程序调用，也不调用带％f 格式的 Printf（）等库函数，那么默认的 16 字节应该在大多数的例子中能良好工作。在绝大多数程序中，除了很繁重的递归调用程序（再入式函数），最多 40 个字节的硬件堆栈应该是足够的。

硬件堆栈是从数据内存的顶部开始分配的，而软件堆栈则是在它下面一定数量字节处分配。硬件堆栈和数据内存的大小是受在编译器选项中的目标装置项设定限制的，数据区从 0x60 开始分配，在 I/O 空间后面是正确的，允许数据区和软件堆栈彼此相向生长。

如果用户选择的目标装置带有 32KB 或 64KB 的外部 SRAM，那么堆栈是放在内部 SRAM 的顶部，而且向低内存地址方向生长。

任意一个程序失败的重要原因是堆栈溢出到其他数据内存的范围。两个堆栈中的任意一个都可能溢出，并且当一个堆栈溢出时会偶然产生坏的事情，可以使用堆栈检查函数检测溢出情况。

6. 在线汇编

多个汇编声明可以被符号 "\n" 分隔成新的一行，string 可以被用来指定多个声明，除了额外增加的 ASM 关键词。为了在汇编声明中访问一个 C 的变量，可使用 "%<变量名>" 格式。例如：

```
register unsigned char uc;
asm("mov % uc,R0\n""sleep\n")
```

任意一个 C 变量都可以被引用。如果用户在汇编指令中需使用一个 CPU 寄存器，则必须使用寄存器存储类（register）来强制分配一个局部变量到 CPU 寄存器中。

通常，使用在线汇编引用局部寄存器的能力是有限的。如果用户在函数中描述了太多的寄存器变量，就很可能没有寄存器可用。在这种情况，将从汇编程序得到一个错误。那时也不能控制寄存器变量的分配，所以用户的在线汇编指令很可能失败。作为例子，使用 LDI 指令需要使用 R16～R31 中的一个寄存器，但这里没有请求使用在线汇编，同样也没有引用上半部分的整数寄存器。

在线汇编可以被用在 C 函数的内部或外部，编译器将在线汇编的每行都分解成可读的。不像 AVR 汇编器，ImageCraft 汇编器允许标签放置在任意地方，所以用户可以在在线汇编代码中创建标签。当汇编声明在函数外部时，用户可能得到一个警告，不要理睬这个警告。

7. I/O 寄存器

在 AVR 单片机中，I/O 寄存器有两种编址方式，分别为 I/O 寄存器编址和数据存储器的统一编址。对于寄存器两种不同的编址方式，要使用不同的指令来访问。访问地址在 0x00～0x3f 的 I/O 寄存器，可以使用 IN 和 OUT 指令；访问地址在 0x20～0x5F 的数据存储器空间，汇编中可以使用 LD、ST、LDS 和 STS 指令。

数据内存地址可以通过加指针类符号直接访问。例如，SREG 的数据内存在地址是 0x5F，对它的访问操作可以由下面的指令完成。

```
unsigned char c= * （volatile unsigned char * ）0x5F；//读 SREG 寄存器
* （volatile unsigned char * ）0x5F | ＝0x80；//打开全局中断允许位
```

注意：数据内存地址 0x00～0x31 指向 CPU 寄存器 R0～R31，不要任意地修改它们的地址，否则会造成不必要的错误。

当访问在 I/O 寄存器范围中的数据内存时，编译器自动生成低级指令，in、out、sbrs、sbrc 等是首选的方法。

I/O 地址可以使用在线汇编和预处理宏来访问。

```
register unsigned char uc;
asm ( * in %uc, $3f * )；//读 SREG
```

asm（ * out $3F,%uc）; //打开全局中断位

注意：旧的头文件 avr. h 定义 I/O 寄存器的 bit 为位掩码，而 io. h 定义了它们的 bit 为位的位置。因此使用 io * . h 和 I/O 寄存器的 bit，很多时候将需要使用定义在 macros. h 文件中的 BIT() 宏。例如：

avr. h;

♯define STE 0x80　　　　//外部 RAM 使能

…（填充用户的 C 程序）

```
MMUCR  |  = SRE;
io8515. h
#define SRE  7
```

…（填充用户的 C 程序）

```
#include<macron. h>
MCUCR | = BIT(SRE);
```

8. 绝对内存地址

程序可能需要使用绝对内存地址，如外部 I/O 设备通常被映射成特殊的内存，这些可能包括 LCD 界面和双口 SRAM，通常可以使用在线汇编或单独的汇编文件来描述那些定位在特殊内存地址的数据，在稍后版本的编译器中，已在 C 语言中提供了这些能力。

在下面的例子中，假设有一个两字节的 LCD 控制寄存器定位在 0x1000 地址，一个两字节的 LCD 数据寄存器定位在 0x1002 地址，并且有一个 100 字节的双口 SRAM 定位在 0x2000 的地址。

使用汇编模式，在一个汇编文件中输入以下内容。

```
. area memory(abs)
. org 0x1000
_LCD_control_register::. blkw  1
_LCD_data_register::. blkw  1
org 0x2000
_dugl_port_SRAM::. blkb 100
```

在用户的 C 文件中必须描述为

```
extern ybsugbed int LCD_control_register,LCD_data_register;
extern char dual_port_SRAM[100];
```

注意：界面规定在汇编文件中外部变量名称是带一前缀的，并且使用两个冒号定义为全局变量。

使用在线汇编：在线汇编遵守同样的汇编语法规则，除了它被附加了一个 asm（）伪函数。在 C 文件中，关于上面的汇编代码被变为以下代码。

```
asm(". area memory(abs)"
". org 0x1000"
"_LCD_control_register::. blkw 1"
"_LCD_data_register::. blkw 1");
```

asm(. org 0x2000

　"_dual_port_SRAM::. BLKB 100");

在 C 中用户仍然要使用"extern"描述变量,正像上面使用单独的汇编文件那样,否则 C 编译器不会真正知道在 asm 中的声明。

9. C 任务

当对一个函数进行调用时,ICCAVR 编译器要生成代码来保存和恢复寄存器。在一些特别的情况下,这些行为可能是多余的。

例如,当使用 RTOS(实时操作系统)时,RTOS 用来对寄存器的保存和恢复进行管理,并作为任务切换处理的一部分,此时编译器如果再插入生成代码就变得多余了。

为了禁止这种行为,ICCAVR 使用"♯pragma ctask"伪指令。例如:

♯pragma ctask drive_motor emit_siren

…

void drive motor()(…)

void emit_siren()(…)

"pragma"必须被用在函数定义之前。

注意:在默认情况下,例程"main"是有这个属性的,因为主函数从不返回值并且没有必要保存和恢复任何寄存器。

10. 中断操作

(1) C 中断操作。当使用 ICCAVR 编译器进行编程时,可以使用中断操作 C,在使用时只要用♯pragma 伪指令和中断向量来说明中断服务程序的入口地址即可。例如:

♯pragma interrupt_handler <name>:<vector unmber>

"vector number"是中断向量号,注意中断向量号是从"1"开始的。C 编译器会根据中断向量号自动生成程序中的中断向量,同时将函数中用到的全部寄存器进行自动恢复和保存。例如:

♯pragma interrupt_handler timer_handler:4

…

viod timer_handler()

{

}

编译器生成的指令为

rjmp_timer handler;//对于普遍装置

jmp_timer_handler//对于 Mega 装置

对于普通装置来说,上述指令定位在 0x06(字节地址)。对于 Mega 装置来说,上述指令定位在 0x0c(字节地址)。Mega 使用两个字作为中断向量,非 Mega 使用一个字作为中断向量。

如果希望对多个中断源使用同一个中断服务程序,只需用不同的向量号多次描述它即可。例如:

```
#pragma interrupt_handler timer_ovf:7 timer_ovf:8
```

（2）汇编中断操作。用户可以用汇编语言写中断操作。但是，如果在汇编操作内部调用 C 函数，则汇编程序必须要保存和恢复寄存器（参考汇编界面），因此 C 函数不做这些工作。

如果用户使用汇编中断操作，那么用户必须自己定义向量。使用"abs"属性描述绝对区域。用".org"来声明 rjmp 或 jmp 指令的正确地址，注意这个".org"声明使用的是字节地址。

```
;对普通装置；
.area vectors(abs);中断向量
.org 0x6;中断向量地址
rjmp_timer;跳转到专断服务程序
;对 ATMega 装置
.area vectors(abs);中断向量
.org 0xC;中断向量地址
jmp_timer;跳转到专断服务程序
```

11. 访问 UART

默认的库函数 gectchar 和 putchar 使用查询模式从 UART 中进行读写。在 \ icc \ examples.avr 目录有一个以中断方式工作的 I/O 程序可以代替默认的程序。

12. 访问 E²PROM

E²PROM 在运行时可以使用库函数访问，在调用这些函数之前加入 #include<eeprom.h>。例如：

EEPROM _ READ (int iocation, object)

这个宏调用了 E²PROM 函数从 E²PROM 指定位置读取数据送给数据对象，"object"可以是任意程序变量，包括结构和数组。例如：

int i;

EEPROM _ Read (0x1, i) //读两个字节给 i

EEPROM _ WRITE (int location, object)

这个宏调用了 E²PROMWrteBytes 函数将数据对象写入到 E²PROM 的指定位置。"object"可以是任意程序变量包括结构和数组。例如：

int i;

EEPROM _ WRITE (0x1 , i); //写两个字节至 0x1

这些宏和函数可以用于任意 AVR 装置，可是对 E²PROM 单元少于 256 字节的 MCU，即使不需要高地址字节它们也是欠佳的。

（1）初始化 E²PROM。E²PROM 数据也可以在程序源文件中初始化，在 C 源文件中，它作为一个全局变量被分配到特殊调用区域"eeprom"中，这是可以用伪指令实现的，结果是产生扩展名为 .eep 的输出文件。例如：

```
#pragma data:eeprom
int foo = 0x1234;
char table[] = {0,1,2,3,4,5};
#pragma bata:data
```

...

int i;

EEPROM_READ((int)&foo,i);//i 等于 0x1234

第二个附注是必需的，为返回默认的"data."区域需要重设数据区名称。

注意：因为 AVR 的硬件原因，初始化 E^2PROM 数据至 0 地址是不可以使用的；当使用外部描述（如访问在另一个文件中的 foo）时，不需要加入这个附注。例如：

extern int foo;

int i;

EEPROM_READ((int)&foo,i);

（2）内部函数。如果需要下列函数可以直接使用，但是上面所描述宏的应该能满足大部分装置的要求。

1）unsigned char EEPROM read（int location）：从 E^2PROM 指定位置读取一个字节。

2）int EEPROMwrite（int location，unsigned char byte）：写一个字节到 E^2PROM 指定位置，如果成功返回 0。

3）voidEEPROMReadBytes（int location，void ∗ ptr. int size）：从 E^2PROM 指定位置处开始读取"size"个字节至由"ptr"指向的缓冲区。

4）voidEEPROMReadBytes（int location，void ∗ ptr. int size）：从 E^2PROM 指定位置处开始写"size"个字节，写的内容由"ptr"指向的缓冲区提供。

2.5　AVR Studio 集成开发环境

AVR Studio 是 Atmel 公司专业的 AVR 单片机应用程序的嵌入式开发环境（IDE）。在 Windows 9x/NT/2000XP 环境下对进行编写和调试。AVR Strdio 提供源文件编辑器、芯片模拟器、工程管理工具、在线仿真调试（In－circuit emulator）接口给功能强大的 AVR 8 位 RISC 指令集单片机。AVR Strdio 还支持 STK500 开发板，该开发板可以对所有的 AVR 器件编程，并且 AVR Studio 还支持新 JTAG 在片（on chip emulator）仿真调试器。

AVR Studio 集成开发环境（IDE），包括了 AVR Assembler 编译器、AVR Studio 调试器、支持芯片下载编程功能等。

AVR Studio 支持下列开发工具：AVRISP mkII，JTAGICE mkII，AVR Dragon，JTAGICE，AVRISP，STK500/501/502503504/505/520，ICE50，ICE40，ICE200。

2.5.1　AVR Studio 概述

AVR Studio 4 有全新的设备和全方位增强性的功能，具有完整的设备支持 AVR Dragon，两个新的 I/O 口和微处理视屏，32 位的 WinAVR 和 64 位的窗口进行支持。AVR Studio 4 集成开发软件的图标如图 2-88 所示。

1. AVR Studio 支持的工具与软件

Atmel 公司生产的 AVR 调试平台和器件，AVR Studio 4，build528 都可以支持。

（1）TinyAVR 系列。TinyAVR 系列见表 2-9。

图 2-88　AVR Studio 4 集成开发软件的图标

表 2 - 9   **TinyAV**

支持的工具	Simulator	ICE 40	ICE 50	JTAGICE mkll	JTAGICE	ICE 200	AVR Dragon	STK500/ISP/mkll	AVR ASM2
ATtiny11	✓						HVSP	✓	✓
ATtiny12	✓					✓	ISP/HVSP	✓	✓
ATtiny13	✓	✓	✓	✓			ISP/HVSP/dW	✓	✓
ATtiny13	✓						ISP/HVSP	✓	✓
ATtiny22	✓								✓
ATtiny2313	✓		✓	✓			ISP/HVSP/dW	✓	✓
ATtiny24	✓			✓			ISP/HVSP/dW	✓STK505	✓
ATtiny25	✓						ISP/HVSP/dW	✓	✓
ATtiny26	✓	✓	✓				ISP/PP	✓	✓
ATtiny28	✓						PP	✓	✓
ATtiny44	✓						ISP/HVSP/dW	✓STK505	✓
ATtiny45	✓		✓	✓			ISP/HVSP/dW	✓	✓
ATtiny84	✓						ISP/HVSP/dW	✓STK505	✓
ATtiny85			✓				ISP/HVSP/dW	✓	✓
ATtiny261			✓				ISP/PP/dW		✓
ATtiny461			✓				ISP/PP/dW	✓	✓
ATtiny861			✓				ISP/PP/dW	✓	✓

（2）megaAVR 系列。megaAVR 系列见表 2 - 10。

表 2 - 10   **megaAVR 系列**

支持的工具	Simulator	ICE 40	ICE 50	JTAGICE mkll	JTAGICE	ICE 200	AVR Dragon	STK500/ISP/mkll	AVR ASM2
ATmega8	✓	✓	✓				ISP/PP	✓	✓
ATmega8518	✓		✓				ISP/PP	✓	✓
ATmega8535	✓		✓	✓			ISP/PP	✓	✓
ATmega16	✓		✓	✓	✓		ISP/PP/JP/JD	✓	✓
ATmega32	✓		✓	✓	✓		ISP/PP/JP/JD	✓	✓
ATmega48	✓		✓				ISP/PP/dW	✓	✓
ATmega48P	✓			✓				✓	✓
ATmega88	✓		✓	✓			ISP/PP/dW	✓	✓
ATmega88P	✓			✓			ISP/PP/dW	✓	✓
ATmega168	✓		✓				✓	✓	✓
ATmega168P	✓						ISP/PP/dW	✓	✓
ATmega323	✓				✓			✓	✓
ATmega161	✓		✓	✓				✓	✓

续表

支持的工具	Simulator	ICE 40	ICE 50	JTAGICE mkll	JTAGICE	ICE 200	AVR Dragon	STK500/ISP/mkll	AVR ASM2
ATmega162	✓		✓		✓		ISP/PP/JP/JD	✓	✓
ATmega163	✓							✓	✓
ATmega164	✓		✓	✓	✓		ISP/PP/JP	✓STK501	✓
ATmega103	✓		✓		✓			✓STK501	✓
ATmega128	✓		✓	✓	✓		ISP/PP/JP	✓STK501	✓
ATmega165	✓		✓					✓STK502	✓
ATmega165P	✓			✓			ISP/PP/JP/JD	✓STK502	✓
ATmega169	✓		✓	✓	✓			✓STK502	✓
ATmega169P	✓			✓			ISP/PP/JP/JD	✓STK502	✓
ATmega324	✓			✓				✓	✓
ATmega324P	✓			✓			ISP/PP/JP/JD	✓	✓
ATmega325	✓		✓	✓				✓STK502	✓
ATmega3250	✓			✓				✓STK504	✓
ATmega329	✓		✓	✓				✓STK502	✓
ATmega3290	✓			✓				✓STK504	✓
ATmega3250P	✓			✓			ISP/PP/JP/JD	✓STK504	✓
ATmega325P	✓			✓			ISP/PP/JP/JD	✓STK502	✓
ATmega3290P	✓			✓			ISP/PP/JP/JD	✓STK504	✓
ATmega329P	✓			✓			ISP/PP/JP/JD	✓STK502	✓
ATmega644P	✓		✓	✓			ISP/PP/JP	✓	✓
ATmega645	✓		✓	✓			ISP/PP/JP	✓STK502	✓
ATmega6450	✓			✓			ISP/PP/JP	✓STK504	✓
ATmega6490	✓			✓			ISP/PP/JP	✓STK504	✓
ATmega649	✓		✓	✓			ISP/PP/JP	✓STK502	✓
ATmega2560	✓			✓			ISP/PP/JP	✓STK503	✓
ATmega2561	✓		✓	✓			ISP/PP/JP	✓STK501	✓
ATmega406	✓			✓			JP/JD	✓	✓
ATmega644	✓		✓	✓				✓	✓
ATmega640	✓			✓			ISP/PP/JP	✓STK503	✓
ATmega1281	✓		✓	✓			ISP/PP/JP	✓STK501	✓
ATmega1280	✓			✓			ISP/PP/JP	✓STK503	✓
ATmega164	✓			✓				✓	✓
ATmega164P	✓			✓			ISP/PP/JP/JD	✓STK502	✓

（3）classicAVR 系列。classicAVR 系列见表 2 - 11。

表 2 - 11　　　　　　　　　　　　　　　　　classicAVR 系列

支持的工具	Simulator	ICE 40	ICE 50	JTAGICE mkll	JTAGICE	ICE 200	AVR Dragon	STK500/ISP/mkll	AVR ASM2
AT90S1200	√							√	√
AT90S2313	√					√		√	√
AT90S2323	√			√				√	√
AT90S2343	√							√	√
AT90S4433	√			√		√		√	√
AT90S8518	√	√	√			√		√	√
AT90S8535	√	√	√	√		√		√	√

（4）其他系列。其他系列见表 2 - 12。

表 2 - 12　　　　　　　　　　　　　　　　　其他系列

支持的工具	Simulator	ICE 40	ICE 50	JTAGICE mkll	JTAGICE	ICE 200	AVR Dragon	STK500/ISP/mkll	AVR ASM2
AT86RF401	√						ISP/PP/JP	√	√
AT90USB162	√						ISP/PP/JP	√STK526	√
AT90USB646	√			√			ISP/PP/JP	√STK525	√
AT90USB647	√			√			ISP/PP/JP	√STK525	√
AT90USB1286	√			√			ISP/PP/JP	√STK525	√
AT90USB1287	√			√			ISP/PP/JP	√STK525	√
AT90PWM2	√			√			ISP/PP/JP/dW	√STK520	√
AT90PWM2B	√			√			ISP/PP/JP/dW	√STK520	√
AT90PWM3	√			√			ISP/PP/JP/dW	√STK520	√
AT90PWM3B	√			√			ISP/PP/JP/dW	√STK520	√
AT90CAN32	√		√	√			ISP/PP/JP/JD	√	√
AT90CAN64	√		√	√	√Limited		ISP/PP/JP	√	√
AT90CAN128	√		√	√			ISP/PP/JP	√	√

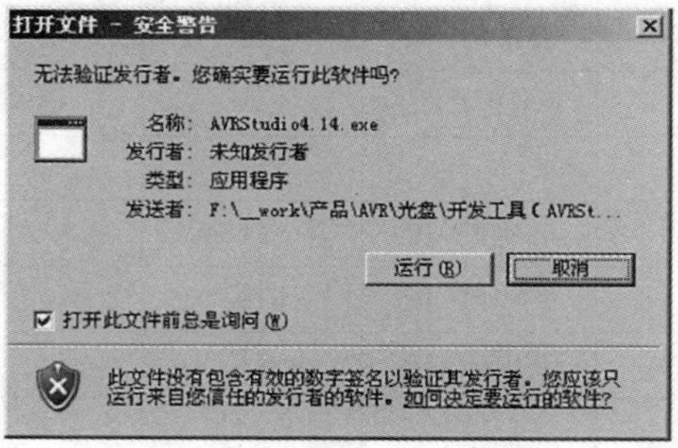

图 2 - 89　AVR Studio 4 安装界面 1

2. 安装 AVR Studio

安装 AVR Studio 4 需要以下几个步骤。

（1）在光盘中找到 AVR Studio 安装包，将会出现图 2 - 89 所示界面。

（2）单击"运行"按钮，直接进入图 2 - 90 所示的界面。

（3）单击按钮"Next"，将进入图 2 - 91 所示的界面，按照图中演示的方法进行操作，选中第一个单选项，表示同意安装协议。

图 2 - 90　AVR Studio 4 安装界面 2

图 2 - 91　同意安装协议

（4）单击"Next"按钮，这时出现图 2 - 92 所示的界面，显示软件安装目录，可以默认安装路径，直接安装在系统 C 盘下，也可以安装在其他路径下，直接单击"Change"按钮，选择安装路径。

（5）选择安装目录完成后单击"Next"按钮，进入图 2 - 93 所示的界面。这个界面表示选择所安软件具有的特性。这里不需要进行选择，因为只有一个选项已经被选中。"Change"按钮不起作用。

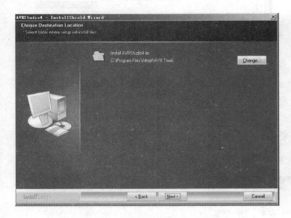

图 2 - 92　显示软件安装目录

图 2 - 93　选择所安软件具有的特性

（6）单击"Next"按钮，进入图 2 - 94 所示的界面，表示已经准备开始安装。

（7）单击"Install"按钮即安装按钮，进行安装操作。如图 2 - 95 所示，该软件正在安装，安装目录为 C 盘。

（8）直接单击"Finish"按钮，AVR Studio 4 集成软件安装完毕，如图 2 - 96 所示。

3. 运行 AVR Studio

AVR Studio 4 集成软件应用于 Windows XP 系统下，运行 AVR Studio 4 的步骤如下。

（1）单击桌面的"开始"按钮，选中"所有程序"中的"Atmel AVR Tools"，单击图标"AVR Studio 4"，进入 AVR Studio 集成软件界面，如图 2 - 97 所示。

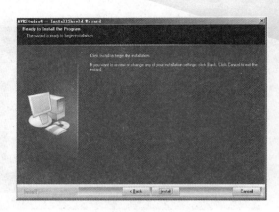

图 2-94　准备开始安装

图 2-95　软件安装进度

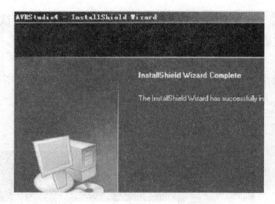

图 2-96　软件安装完成

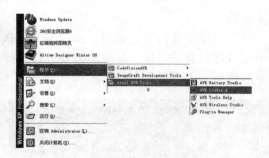

图 2-97　AVR Studio 集成软件界面

（2）进行上述操作出现的界面如图 2-98 所示。该图表示为 AVR Studio 的窗口界面。

（3）单击"Open"按钮，表示打开系统原来存有 AVR Studio 的工程项目，将会出现图 2-99 所示的界面。

图 2-98　AVR Studio 的窗口界面

图 2-99　AVR Studio 工程项目

（4）单击选中文件"project. aps"，将会出现图 2-100 所示的界面，即可在空白处编写程序。

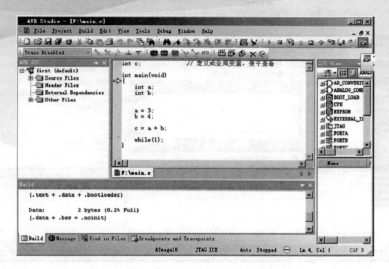

图 2-100　选中文件"project. aps"界面

（5）创建新项目。若在图 2-98 所示中选择单击"New Project"按钮，则会出现图 2-101 所示的界面，即创建一个新的项目工程。

下面需要对参数类型进行设置，在"Project type"栏下显示所有的该软件具有的工程类，"Atmel AVR Assembler"和"AVR GCC"。这两个工程类型将作为主模块的一部分或者插入模块。只有选择好工程类型，才可以进行下一步操作，如图 2-102 所示。这里选择的工程类型是"Atmel AVR Assmbler"。在"Project name"栏下，创建工程名，在"Location"处选择存放新建工程项目的路径，可以选择默认路径。

图 2-101　创建新的项目工程

（6）选择调试平台。单击"Next"按钮，进入选择调试平台和设备的界面。AVR Studio 4 软件有多种调试工具可供使用者提供。如图 2-103 所示，有八种调试平台，设备中包含了各种 AVR 系列的芯片。这里，调试平台选择的是"AVR Simulator"，设备栏中选择的是"ATmega128"。用户直接单击即可操作。

图 2-102　选择的工程类型

图 2-103　选择调试平台和设备的界面

（7）单击"Finish"按钮，完成参数的设置，进入图 2-104 所示的界面，进行编译与仿真。

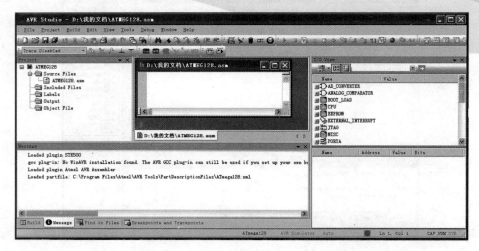

图 2-104　编译与仿真

2.5.2　AVR Studio 的 IDE

本节将分别对构成 AVR Studio 4 的 IDE 的各部分进行介绍。AVR Studio 4 的 IDE 主要由菜单栏、工具栏、编辑区、编译区、工程区、I/O 区、存储器区、寄存器区、反汇编区及输出区等组成。

1. 菜单栏（Menu）

图 2-105 所示是 AVR Studio 4 的菜单栏，由文档菜单、项目菜单、创建菜单、编译菜单、视图菜单、工具菜单、调试菜单、窗口菜单、帮助菜单组成。

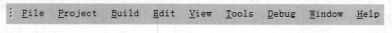

图 2-105　菜单栏

（1）项目菜单（"Project"）。项目菜单如图 2-106 所示。

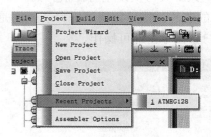

图 2-106　项目菜单

1）"Project Wizard"（工程向导）：打开一个项目向导时，首先必须关闭当前的项目。

2）"New Project"：打开一个新的项目对话框，首先必须关闭当前项目。

3）"Open Project"：打开一个新的项目或者一个 AVR 项目或者一个项目文档。

4）"Save Project"：存储所有设置的项目。

5）"Close Project"：关闭当前项目。

6）"Recent Projects"：显示最近项目列表，选择一个打开。

7）"Assembler Options"：编译器的选择。

（2）创建菜单（"Build"）。当有一个项目文档载入时，这个菜单栏为空，如图 2-107 所示。这个菜单项目不同于有关当前项目的类型。图 2-108 所示是用 AVR GCC 项目时的一个当前菜单。

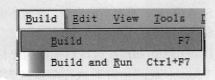

图 2 - 107　创建菜单　　　　　　　图 2 - 108　Build Menu

1）"Build"：创建一个当前工程项目。

2）"Build and Run"：创建工程项目，如果没有错误，进行调试。

3）"Rebuild All"：在项目中重新创建所有的模型。

4）"Compile"：编译当前源项目。

5）"Clean"：清除当前文档。

6）"Exort Makefile"：保存当前设置的在一个新的空白文档里。

（3）工具菜单（"Tools"）。工具菜单如图 2 - 109 所示。

1）"AVR Prog"：打开 AVR Prog 应用对话框。

2）"ICE50 Upgrade"：当打开 ICE 50 Upgrade 的对话框，必须关闭当前的工程项目才能继续。

3）"ICE50 Selftest"：打开 ICE50 Selftest 的对话框，必须关闭当前的工程项目才能继续。

4）"JTAGICE mkII Upgrade"：打 开 "JTAGICE mkII Upgrade" 对话框。

5）"AVRISP mkII Upgrade"：打开 "AVRISP mkII Upgrade" 对话框。

6）"AVR Dragon Upgrade"：打开 AVR Dragon Up-grade 对话框。

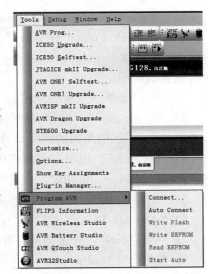

7）"Customize"：自定义菜单，工具栏和命令。

8） "Options"：打开选项对话框中通用的工作空间，断点和编辑设置。

9） "Show Key Assignments"：显示所有快捷键安排任务。

图 2 - 109　工具菜单

10）"Plug - in Manager"：打开插件管理器来使能禁止插件。

11）"Program AVR"：AVR 进行编程（子栏中执行何操作）。

（4）调试菜单（"Debug"）。调试菜单如图 2 - 110 所示。

1）"Start Debugging"：开始调试当前的项目。

2）"Stop Debugging"：停止调试，将任何 COM/USB 口连接断开。

3）"Run"：运行的当前代码。

4）"Break"：中断正在运行的代码。

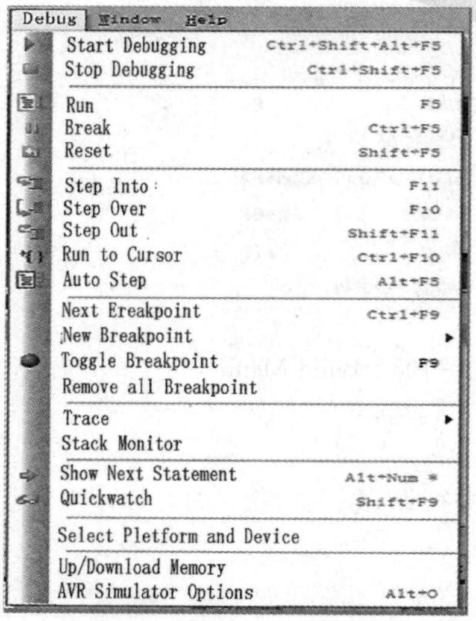

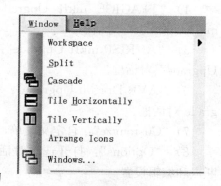

图 2-110 调试菜单

5）"Reset"：中断后，重新对锁定位"0"和主要位进行置位。

6）"Step Into"：暂不执行当前的指令与状态。

7）"Step Over"：跳过当前指令，来源声明或函数调用。

8）"Step Out"：跳出当前功能。

9）"Run to Cursor"：运行到选定的光标处。

10）"Auto Step"：自动执行单步或者跳过；直到中断发生或者使用者外界的中断。

11）"New Breakpoint"：增加新的断点。

12）"Toggle Breakpoint"：对断点进行切换。

13）"Remove all Breakpoints"：移除所有的断点。

14）"Trace"：指令路径。

15）"Stack Monitor"：打开堆栈控制对话框。注意：当前只有 ICE50 可以利用。

16）"Show Next Statement"：在当前状态下放置黄色标志位。

17）"Quickwatch"：打开快速观察对话框。

18）"Select Pletform and Device"：打开选择调试平台或设备的对话框。

19）"Up/Download Memory"：打开一个对话框，下载任何内存模块的当前调试会话。

20）"AVR Simulator Options"：打开当前调试平台设置对话框。注意：它在实际的平台中有独立的应用。

（5）窗口菜单（"Window"）。窗口菜单如图 2-111 所示。

1）"Workspace"：保存或加载配置工作。

2）"Split"：把当前的源窗口分成两部分。

3）"Cascade"：级联当前源窗口。

4）"Tile Horizontally"：设置当前窗口状态为水平。

5）"Tile Vertically"：设置当前窗口状态位垂直。

6）"Arrange Icons"：排列图标。

7）"Windows"：管理当前打开的窗口。

图 2-111 窗口菜单

2. 工具栏（Toolbars）

下面列出的都是 AVR Studio 默认的工具栏。所有的工具栏可以通过执行菜单命令"视图"→"工具栏"来进行开启/关闭。

（1）标准工具栏（Standard toolbar）。标准工具栏如图 2-112 所示。

图 2-112 标准工具栏

1—创建一个新的空文档；2—打开一个已经存在的文档；3—保存当前文档；4—保存工程项目；5—重装目标文档；
6—对文档中某部分进行剪切；7—对文档中某部分进行复制；8—粘贴文本到指定文件中；9—文本文件进行打印；
10—取消上次编辑的操作；11—重新执行编译操作；12—对此进行保存操作；13、14—查找

（2）调试工具栏（Debug toolbar）。调试工具栏如图 2 - 113 所示。

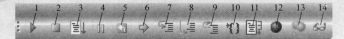

图 2 - 113　调试工具栏

1—调试器的运行；2—调试器的退出；3—建立工程；4—调试器的停止；5—调试器的复位；6—向前执行操作；

7—单步运行；8—跳过运行；9—跳出运行；10—运行到光标处；11—自动单步运行；12—设置与取消断点；

13—进行快速查看；14—消除所有断点

（3）调试窗口工具栏（Debug Windows toolbar）。调试窗口工具栏如图 2 - 14 所示。

（4）编辑工具栏（Edit toolbar）。编辑工具栏如图 2 - 115 所示。

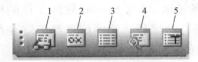　　　　

图 2 - 114　调试窗口工具栏　　　　　图 2 - 115　编辑工具栏

1—开启/关闭查看窗口；2—开启/关闭寄存器窗口；　　1—在当前文件中进行查找；2—设置书签；

3—开启/关闭内存窗口；4—开启反汇编窗口；　　　3—下一个书签；4—设置前一个书签；

5—开启路径窗口　　　　　　　　5—删除书签；6—增加缩进；7—减少删除

（5）STK500 toolbar。STK500 toolbar 如图 2 - 116
所示。

3. 编译区

编辑区为程序编辑的区域，即为编辑窗口，如图 2 - 117
所示。

编辑窗口是使用者与 IDE 操作的主要区域，使用者
把需实现的功能在该窗口中编写程序，同时可以输入并
修改相应的文件，一般源程序的输入与修改都要通过编
辑区完成。

图 2 - 116　STK500 toolbar

1—显示连接对话框；

2—连接到 AVR 所选择的程序上；

3—在当前的设置下写 E^2PROM；

4—在当前的设置下读 E^2PROM；

5—开始自动编程

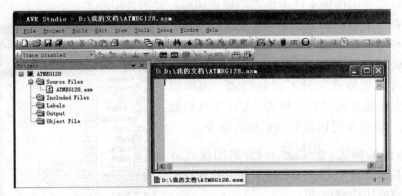

图 2 - 117　编辑区

图 2-118　工程区

4. 工程区

工程区即为工作台窗口，它用来显示项目文件、I/O 状态以及项目选用 AVR 器件等信息，如图 2-118 所示。

在 I/O 视图中把 AVR 的 I/O 端口、定时/计数器、E^2PROM 等的状态都显示出来。

5. 状态区

状态区也称为输出窗口，它用来显示当前 IDE 窗口的工作状态和提示的信息，如图 2-119 与图 2-120 所示。

系统状态条显示 AVR Studio 软件工作的模式，如选用了 ATmega128 芯片在 JTAGICE 模式下工作进行自动编程，这些信息都能够在系统状态条中显示出来，如图 2-120 所示。

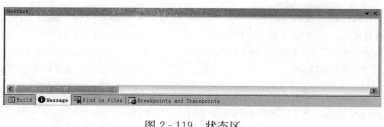

图 2-119　状态区

图 2-120　系统状态条

6. I/O 区

用户在 I/O 视图中可以显示和编辑所有的外围设备和 I/O 存储器的参数。在调试停止模式，当发生一个中断时，所有的参数将被更新，并改变参数值为可见的项目，用红色的颜色作为标志。这种新的视图提供了许多强大的设置功能，分别介绍如下。

这种视图有三种不同的表示模块，它们分别是：①独立的模块与寄存器平面；②普通的寄存器模块；③树形视图模块。

使用命令可以切换这三种不同的模式，也可以使用下拉菜单直接选择所需要的模式。I/O 工具栏如图 2-121 所示。在这里可以找到演示模式命令。

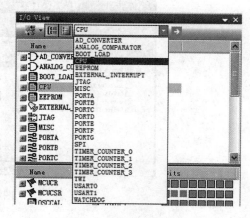

图 2-121　I/O 工具栏

改变当前的模式：开启/关闭模式或者寄存器平面 Cpu and System Contr：自由的查找文本模式和迅速的模块选择列表。

（1）独立模块。在独立模式下，在 I/O 区中代表于一个顶部的模块窗格和底部的寄存器窗格。用户可以选择一个或多个条目模块窗格在底部窗格中显示所有相关的寄存器，如图 2 - 122 所示。

外设模块通过可扩展详细的设置对所有的寄存器参数进行配置。这可以使用一个复选框进行开启或关闭，一个参数区域，可以修改或对组合框不同模块的配置进行选择。寄存器中这些参数的设置总是同步的。

注意：只有有限数量的设备具有此功能。

（2）普通的寄存器视图模块。在这种模块下所有寄存器根据名称或地址进行分类。这种视图有很大的规模，可以同时选择多种寄存器，如图 2 - 123 所示。

（3）树形视图模块。树形图模块是按层次进行分类的，模组/外围作为顶端节点，所有相关的寄存器作为分节点，如图 2 - 124 所示。

以上就是打开 AVR Studio4 所看到用户图形界面（GUI）的各个部分，整个用户图形界面的图形如图 2 - 125 所示。

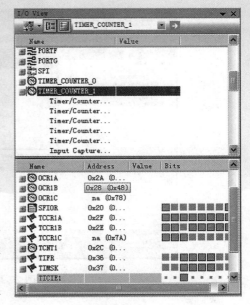

图 2 - 122　独立模块

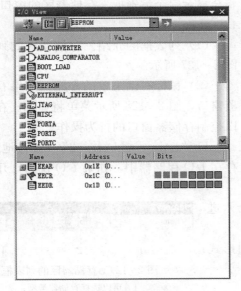

图 2 - 123　普通寄存器模块

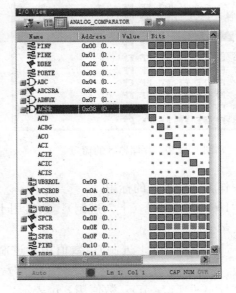

图 2 - 124　树形视图模块

7. 存储器区

通过打开菜单栏中的"View"→"Memory View"进入存储器窗口，在存储器区域中，用户可以查看并编辑所有类型的存储器，存储器类型包括程序 Flash、E^2PROM、SRAM、外部扩展 SRAM 和 I/O 寄存器等。

在存储器区域即为存储器窗口，在该窗口中最近改变的存储器的调试命令所在的位置都变成红色作为标志。

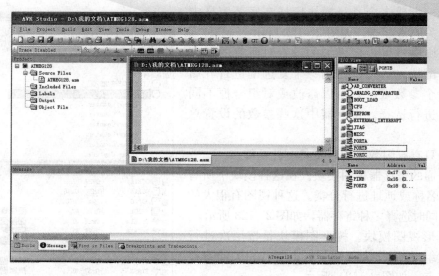

图 2-125 用户图形界面

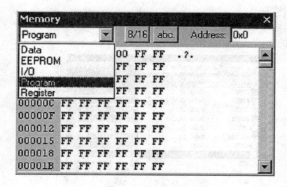

图 2-126 存储器区的窗口

用户可以编辑所有区域，通过直接单击所处的确切位置开始输入，另外，双击这个位置将会显示一个编辑框。存储器区的窗口如图 2-126 所示。

（1）列表框的介绍。存储器区的列表框如图 2-127 所示。

（2）鼠标右键菜单的介绍。如果右击存储器窗口，图 2-128 所示菜单将显示。在这里可以控制存储器窗口的行为操作。

1）"Locate address：2"（锁存地址）：仅存在 I/O 存储器中，如果 I/O 视图打开，在 I/O 视图中作为选中地址的标志。

2）"Hexadecimal"（十六进制）：数值用十六进制形式表示。

3）"Decimal"（十进制）：数值用十进制形式表示。

4）"1Byte"（1 字节）：数值用 8 位表示。

5）"2Byte"（2 字节）：数值用 16 位表示。

6）"Byte Address"（字节地址）：开启字节地址/字地址之间转换。

7）"Font"（字体）：选择使用的字体。

8）"Default Font"（默认字体）：选择默认字体。

9）"Docking View"（对接检查）：开启是否应该对接。

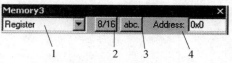

图 2-127 存储器区的列表框

1—可以选择存储器类型；
2—按这个键，数据组将合成 16 位显示；
3—按此键，将显示打开窗口右侧的 ASCII 码；
4—这个栏是地址栏，
它显示该区域中第一个数据的地址，
在地址栏处输入新的数值时，
该窗口立刻就可以跳到该处地址

114

10）"Show Tooltip"（显示提示）：使能/不使能显示工具提示。

11）"Help on memory view"（存储器窗口的帮助）：打开帮助页面。

8. 寄存器族

通过打开菜单中的"View"→"Register View"进入寄存器窗口，所有 R0～R31 的寄存器可以进行查看和编辑寄存器区域。所有可见的位置都可以通过最新的调试命令（如单步）进行改变，并用红色作为标志。寄存器窗口如图 2-129 所示。

图 2-128　右键菜单　　　　图 2-129　寄存器窗口

（1）编辑参数（Edit Value）：如果要修改，只需单击参数的地址和类型。通过光标键进行浏览。

（2）编辑标签（Edit Iabel）：双击任何寄存器/标签，可以对寄存器进行自定义。

（3）十六进制/十进制显示转换（Hexadecimal/deinmal. switch）：单击右键菜单，显示的参数值可以在十六进制和十进制间转换。

9. 反汇编区

通过工具栏中的按钮打开反汇编窗口，反汇编窗口就是对编写的程序进行反汇编，程序的执行和 AVR 指令都在这个窗口中显示出来。在使用任何高级语言时，源窗口将自动显示，反汇编窗口将关闭。如果没有高级语言，反汇编窗口将迅速启动。

图 2-130 所示为从反汇编窗口中截取的反汇编指令。

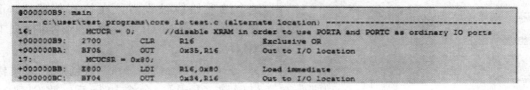

图 2-130　反汇编指令

注：符号"+"开始的所有行都是反汇编代码。

（1）设置输出（Configuring output）。

（2）窗口可以设定为开启/关闭以下部分：程序代码、帮助指令，源文件、源文件的标题和标签。

（3）从目标文件剖析器或调试平台读取存储器内容。

（4）该窗口可以通过右键菜单从目标文件剖析器或调试平台读取存储器内容。通常进行快速读取，如果要启动加载器代码和使用 spm 的指令，则在调试平台进行数据更新。

10. 输出区

通过菜单栏中的"View"→"Output"来打开输出窗口，AVR Studio 桌面底部是一组窗口，其中包括的部分内容有："Build"（创建），"Message"（信息），"Find in Files"（查询文档）、"Breakpoints and Tracepoints"（断点），如图 2 - 131 所示。

图 2 - 131 输出区菜单

（1） Build ：在编译或者建立工程过程中，输出信息和表示警告信息。

（2） Message ：显示错误的信息、警告信息、消息、调试的信息等。

（3） Find in Files ：从这个窗口中搜索输出。

（4） Breakpoints and Tracepoints ：所有用户设置的断点列表。

2.5.3 设置 AVR Studio

在应用 AVR Studio 集成软件时，应用系统的源程序在进行编译和链接时，必须对编译器的属性、调试平台的设置、断点的控制等进行相应的设置。

1. 汇编器的选择

通过打开选项窗口上的菜单"Project"→"Assembler"选项，只有在一个汇编打开的时候，这个菜单才是可用的。

在汇编器的设置对话框中，显示的是默认值。图 2 - 132 所示为汇编器的设置窗口。

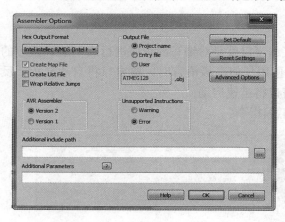

图 2 - 132 汇编器的设置窗口

（1）各种设置。

1）"Hex Output Format"（输出文件格式）。下面的文件格式可以选择作为附加的输出格式：① Intel Hex；② Generic Hex；③Motorola Hex（S - record）。

2）"Create Map File"（创建 Map 文件）。这个选项始终被设置，在执行创建（Build）命令时，一个 MAP 文件将被创建并加到工程项目中。

3）"Create List File"（创建 List 文件）。当创建（Build）命令执行后，将创建一个 LST 文件，默认设置是关闭的。

4）"Wrap Relative Jumps"（相对跳转环绕）。在 AVR 的 RJMP/RCAL 跳转指令中，允许有一个指令计数器 PC 的 12 位的相对补偿量，也就是±2K 字。对等于或小于 4K 字（8K 字节）的程序存储器，选择相对跳转，将会使编译器在计算跳转补偿量时按程序存储器的大小产生环绕，这样就能够在整个程序存储区范围内使用这些相对跳转指令实现跳转寻址。对于大于 4K 字节的程序存储区的器件，应用这种选择会引起不可预测的结果，此时应关闭此功能。如果此功能是打开的，则当环绕产生时，编译器将产生以下警告信息：

Warning；Wrap rjmp/rcall illegal for device＞4k words - Turn off wrap option and use jmp/call

这里的判断只是一个警告而不是错误的，是为了与先前版本的编译器保持兼容，但是用户应该把它作为错误处理，此时应该使用双字指令 JMP/CALL 来代替上述指令，因为共采用长度为 22 位的绝对跳转地址。

5）"AVR Assembler"（AVR 汇编器）。可以在汇编器 V2（默认）与汇编器 V1 之间进行选择，如果你有汇编器 V2 的兼容性问题，可以选择使用旧的汇编器 V1。在使用汇编器 V1 时，选择的附加参数和不支持的指令将无法使用。

6）"Unsupported Instructions"（不支持指令）。当应用的器件发现汇编器不支持的指令时，默认设置此选项，或者输出一个警告。

注意：必须包括正确的引用文件，此选项才能正常运作。此选项仅可用于汇编器 V2。

7）"Additional include path"（附加包含路径）。当使用汇编器 V2 时，可以选择增加一个附加的包含路径，当应用汇编器 V1 时，只有一个默认的包含路径，但该路径是可以改变的。

Assembler V2 默认的 Include 路径：＼Atmel＼AVR Tools＼AvrAssmbler2＼Appnotes。

Assembler V1 默认的 Include 路径：＼Atmel＼AVR Tools＼AvrAssmbler2＼Appnotes。

8）"Additional Parameters"（附加参数）。当使用汇编器 V2 时，可以设置附加参数（选项），使用标有"?"标记的按钮，可以直接连接汇编器的帮助画面，在这个页面上对所有附加参数进行了描述。

（2）按钮。

1）OK（确定）。

2）Cancel（取消）。

3）Set Default（默认设置）。

4）Reset settings（重新设置）。

5）Advanced（高级）。打开一个带有设置 pre－或 post－汇编的对话框，在这里可以添加可选的汇编命令行指令序列，这些命令将在汇编编译前（pre）或汇编编译后（post）被依次执行。

6）Help 帮助。打开帮助页面。

2. 调试设置

调试是 AVR Studio 集成开发软件较重要的一部分。在进入调试器之前，需要注意它有编辑和调试两种模式。在"Debug"菜单下有"Start Debugging"与"Stop Debugging"两个命令，表示当前使用的模式。同一时刻这两个命令不能同时应用，只能选择其中的一个执行。若"start Debugging"可用，则进入调试模式。如果"Start Debugging"不可用，即使处在调试模式下，则所有的调试命令都失效。

（1）调试平台的选择。AVR Studio 可以应用于内置的 AVR 软件模拟器，或把应用硬件的电路仿真器作为调试平台。通过器件的选择来确定如何调试平台和设备。

1）状态栏。在状态栏中一直会显示出当前进行调试所使用的平台或是硬件电路仿真器，或是内置的 AVR 软件模拟器，给出调试时应用设备与调试平台的名称，输出在底部的状态栏下。状态栏如图 2-133 所示。

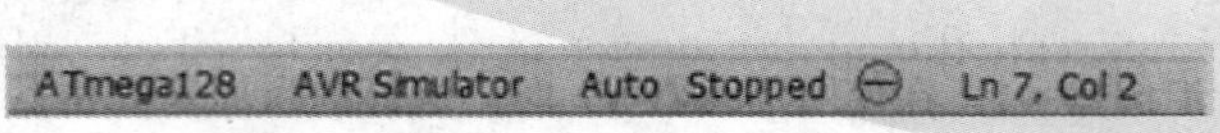

ATmega128 AVR Simulator Auto Stopped ⊖ Ln 7, Col 2

图 2-133　状态栏

2）平台独立的调试环境。不管使用何种独立的调试运行平台，在 AVR Studio 下都具有调试环境。调试平台之间进行切换时，所有的环境选项都被保存为新的平台。一些平台具有独特的功能和新功能/窗口。

3）平台间的区别。尽管所有的调试平台具有相同的调试环境，但也会有一些小的区别。硬件仿真器将大大快于模拟器。一个仿真器还可以调试系统，同时连接到实际的硬件环境，而模拟器只允许预先确定激励文件，在模拟器中，所有寄存器可能提供显示，而对于硬件仿真器将不能进行显示。虽然在 AVR Studio 用户指南上描述了一般 AVR Studio 的通用特性，但这些区别将在调试平台各自的用户指南进行完整的描述。

（2）器件的选择。调试平台和器件的选择可以通过选择菜单"Debug"→"Select Platform and Device"。系统中所有调试平台和设备已经列出。当选择了一个平台的名称时，该平台放入所有器件将显示为黑色，不被支持的器件变成灰色。当选择工作完成时单击"Finish"按钮即可。

调试平台和 ICE50 以及 JTAGICE（mkII）需要指定一个特殊的通信连接。当连接时，选择在此对话框让用户之间进行选择现有的通信连接，默认的选择是"Auto"，即 AVR Studio 自动搜索当前有效的通信连接方，直到检测到已经连接的指定的调试平台，可以在"Tools"→"Options"菜单中，设置"COM"端口。

图 2-134 所示为调试平台和器件选择的窗口。

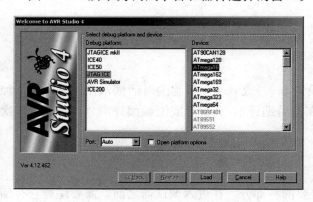

图 2-134　调试平台与器件选择窗口

在 ICE50 可以模拟选定的器件上，相应的 ICE50 器件文件必须存在 ICE50 的存储器中，ICE50 能够容纳 4 个不同器件的配置文件，但更多的器件将会出现，ICE50 需要能够支持更多器件。因此，并不是所有的器件都在同一时间存在 ICE50 的存储器中。在执行仿真前，检查 AVR Studio 与 ICE50，查看配置的文件是否已经存在，如果不是这样，将会出现一个对话框，要求用户在仿真前装载相应器件的配置文件，为明确配置 ICE50 和器件，AVR Studio 的"Debug"菜单中的 IEC50 options 对话框中可以进行操作完成的配置。

在进行所有的调试任务中，必须要装载一个 AVR Studio 支持的调试目标文件。通常，调试目标文件中都包含调试标志性的信息，实际运行的目标文件中不包含这些信息，当调试时，这些调试信息能够使 AVR Studio 实现一些扩展的功能，如源文件分级操作和源文件语句的显示等。

AVR Studio 支持的目标文件见表 2-13。

表 2 - 13　　　　　　　　　　　　　　目标文件格式

目标文件格式	文件名	说　　明
扩展 Intel hex	hex	这种格式通常是用于有针对性的测试，不包含额外的调试信息，因此不是一个值得推荐的调试格式，这个文件只包含程序存储器的数据，源文件加强和查看功能是不起作用的
UBROF	d90	UBROF 的所有权属于 IAR（指令地址寄存器），在调试输出文件中包含了一套完整的调试信息和符号，以支持所有类型的查看，AVR Studio 都可以支持 UBROF8 和早期版本。UBROF8 是 IAR EW2.29 及更早版本的默认输出格式，下文将介绍如何使用 IAR EW3.10 及最后版本强制输出 UBROF8 格式的文件
ELF/DWARF	. elf	ELF/DWARF 调试信息是一个开放的标准，在调试输出文件中包含了一套完整的调试信息和符号，以支持所有类型的查看，AVR Studio 支持的版本格式是其中的 DWARF2，AVR - GCC 可以配置它输出 DWARF2 格式的调试文件
AVR COFF	. cof	COFF 调试信息是一个开放的标准，它是作为给生产支持 AVR Studio 工具的第三方厂商的标准格式，在 AVR Studio 4.09 中，AVR COFF 格式的调试文件支持完整的调试信息和支持所有类型的查看
AVR 汇编格式	. obj	此格式是 AVR 汇编器的输出文件格式，它包含汇编源文件的信息用于汇编源文件的分级操作，是 Atmel 公司内部的调试文件格式，如 map 类型的文件是该格式文件的语法文件，用于在调试中自动获得一些查看信息

注意：在调试时，要确保已经设定好的编译器汇编器生成与上面格式一致的调试文件。

IAR EW3.10 及后续版本默认的输出格式为 UBROF9。当前，AVR Studio 还不能显示这种格式。为了强制把输出格式转换成 AVR Studio 可以显示的 YBROF8，只要在"IAR EW"中打开了工程选项对话框，并选择"XLINK"标签，然后把"Output format"设置成"ubrof8（forced）"即可。

注意：当进行这样的选择时，默认文件扩展名将由".d90"转换为".dbg"。为了保持".d90"扩展名，单击"Override default"复选框按钮便可以改变扩展名。

显示的对话框如图 2 - 135 所示。

（3）调试控制。调试控制是由调试控制状态栏完成的，所有的调试控制都可以由菜单、快捷键、调试工具栏进行操作。

启动（运行）、停止和单步执行调度器的按钮都位于 AVR Studio 右上角的工具栏中。把鼠标指针放在每一个按钮上就可以显示其功能。在"Debug"菜单也有相对应的命令，需要的命令如"Run""Break""Reset""Show Next Statement""Step Into""Step Over""Step Out of""Run to Cursor"和"Atuostep"等。

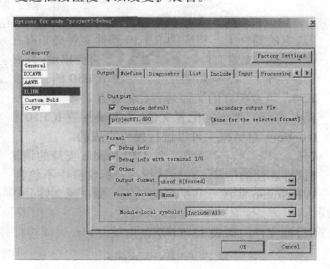

图 2 - 135　输出格式设置对话框

注意：如果源代码级的信息可以在目标文件，则所有的调试行动将继续执行，直到执行的第一来源的声明达成。如果没有遇到源代码序列，则这个程序将继续执行。要停止执行，必须在发出停止命令前转换汇编器的模式。

下面介绍几个快捷键。

1）复位（Reset）（Shift＋F5）。

2）运行（Run）（F5）。

3）暂停（Break）（Ctrl＋F5）。

4）单步执行（Single stepTraceInto）（F11）。

5）跳过调试（Step Over）（F10）。

6）跳出（Step Out）（Shift＋F11）。

7）运行到光标处（Run ToCursor）（F7）。

3. 断点选择

多数调试器都有一个非常有用的工具用于设置和清除断点，所谓断点就是在程序中希望程序暂停执行的地方，一旦停止，可以查看变量或寄存器的值；或者使用单步跟踪，以确定程序正在执行何种操作。在 AVR studio 中设置和清除断点的方法如下。

右击设置断点的代码行，将会弹出一个含有"Insert Breakpoit"和"Remove Breakpoint"命令的快捷菜单；选择合适的任务，红色的圆点就会出现在代码窗口在右边或者从代码窗口左边消失。

（1）跟踪。跟踪也是一个调试工具，它可以用来检查程序的运行情况。通过应用这个跟踪功能，可以设置断点，来决定和调试程序执行的流程，只有 ICE50 平台支持跟踪功能。

（2）选项的设置。在选项对话框中分为 4 个窗口，每一个都可以在左边的对话框部分进行选择。所有选择描述是独立的，项目将被保存在注册表中。

1）"General"（通用图形用户界面和调试设置）。通用设置如图 2 - 136 所示。

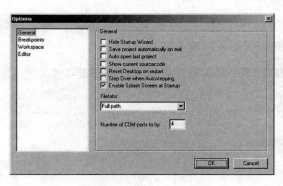

图 2 - 136　通用设置界面

a. "Hide Startup Wizard"（隐藏启动向导）。通过这个选项的设置，启动向导将被隐藏，默认设置为关闭。

b. "Auto open last project"（自动打开最后一个项目）。当 AVR Studio 开始操作时，总是自动打开上次使用和保存的项目。默认设置为关闭。

c. "Show current source code"（显示当前的源代码）。当源代码执行单步操作时，当前代码颜色有所提高。默认设置为关闭，而且只有黄色标记的点指向当前代码。

d. "Reset Desktop on restart"（启动时重置桌面）。当此选项被设置和 AVR Studio 开始操作时，AVR Studio 将重设工具栏，菜单、快捷键和对接窗口恢复到默认。任何自定义设置都将丢失。当 AVR Studio 重新启动时，此选项将打开后自动关闭。

e. "Step Over when Auto stepping"（自动运行时跳过）。当默认时，使用的自动单步使用"Trace into/sing step"操作执行。这个选项设置，可以执行跳过操作。

f. "Number of COM-ports to try"（自动连接，COM 端口的设定）。在这个选项中，选择一些 COM 端口共享设置，使其自动接到调试平台，默认值是 6。

g. "File tabs"（编辑窗口，文件标签）。该编辑窗口的标签可以设定为只显示文件名（默认）、全部路径和文件夹以外的全部路径。文件标签的下拉窗口有以下几个部分，如图 2 - 137 所示。

2）"Workspace"（工作区域设置）。上文中介绍了工作区的窗口，这里讲述工作区如何进行设置。图 2 - 138 所示为工作区设置的界面。

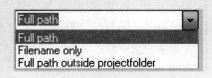

图 2 - 137　文件标签窗口

a. "When Opening Files"（打开文件）。在编辑窗口中打开文件，在 AVR Studio 中选择编辑窗口；恢复最后选择、最小化、默认值、水平与垂直排列。

b. "When toggling Disassembly window"（开启反汇编窗口）。当打开反汇编窗口时，可以选择该窗口在 AVR Studio 中的恢复正常化、水平排列、垂直排列。

c. "Use smart docking"（智能对接）。使能/不使能智能对接，打开默认值，必须重新启动 AVR Studio，这种改变才会生效。

d. "Restore desktop position and size when restarting"（启动桌面恢复位置和大小）。当设置了这个选项启动 AVR Studio 时，整个窗口的大小为上次关闭时的状态，如最小化或其他不同的大小。如启动 AVR Studio，则默认整个窗口为最大化。

Use XP style toolbar and menus（使用

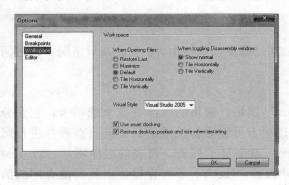

图 2 - 138　工作区设置界面

XP 类型的工具栏和菜单栏）。

当选择这个选项，工具栏将如下所示。

当不选此项时，工具栏如下所示。

3）"Editor"（编辑器的设置）。编辑器的功能是进行字体和 Tab 键尺寸的设置，编辑器的设置界面如图 2 - 139 所示。

a. "Font size"（字体大小）。

b. "Tab width"（标签宽度）。

c. "Restore Default"（还原默认状态）。

4）"Breakpoints"（断点设置）。断点设置是对代码断点进行设置。断点设置界面如图 2 - 140 所示。

a. "Stop on breakpoint when Step Out，Step Into or Run to Cursor"。当跳过、执行操作和跳掉光标时，中断停止，使能/不使能中断操作而不是运行。

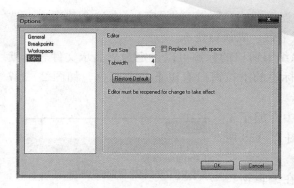 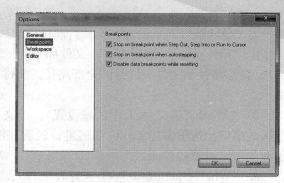

图 2-139　编辑器的设置界面　　　　　图 2-140　断点设置界面

b. "Stop on breakpoint when autostepping"。执行自动操作时，使能/不使能中断。

c. "Disable data breakpoints while resetting"。当重新设置时，关闭数据断点。

2.5.4　查看和修改状态

查看和修改机器的确切状态是非常重要的，如计数器、堆栈指针、I/O 端口情况，进行何种操作等。

1. 查看和修改机器状态

AVR Studio 屏幕的左端有一个 "Workspace" 窗格。窗格的底部有 3 个选项卡，它们分别是："Project" "I/O" 和 "Info"。在 I/O 的选项卡可随意对机器的状态进行查看并进行修改，几项的前面有一个加号 "＋" 号。单击 "＋" 就会显示列表。列表的程序项（"Processor"）中包括：程序计数器、堆栈指针、循环计数器，X、Y、Z 寄存器，以及其他有用的信息。而展开列表的 I/O 项包括一系列微处理器的特性，如 I/O 端口、UART、SPI 及 Timer 状态等。对于每一个状态同时还会显示与其相关的控制寄存器的状态。观察此列表就可以明确器件执行何种操作。

与其他查看处理器和存储器状态的窗口一样，这些窗口在调试器执行程序时将不会被更新。一旦调试器进行操作，这些窗口中的信息将会更新。

2. 查看和修改寄存器与变量

在 "View" 菜单中，存在 "Watch" "Memory Window" 和 "Register" 几个操作命令。当使用这些命令时，会弹出一个窗口，该窗口显示变量、存储器的各部分以及相应的寄存器的值。程序运行期间显示在窗口中的这些信息不会更新。一旦程序执行，无论是使用断点还是用户发出一个中断命令，都会更新窗口中的所有信息。

"Watch" 窗口默认地显示在右下角，要添加或者删除查看的项目，在窗口上右击快捷菜单，或者双击一个空 Name 域，然后输入需要监视的变量。如果要对变量值进行修改，则双击 "Value" 列然后输入新的值。

"Memory" 的窗口在其他活动窗口的前端，可用来查看各种存储器空间，如 E^2PROM、I/O、数据、程序和寄存器等，还可以直接查看正在被修改的存储器。双击某个值，对它可以输入一个新值。"Address" 文本框也可以对存储器空间的地址进行查看。

当 AVR Studio 执行一个程序时，将会查看到寄存器、变量、存储器的值。

2.5.5　AVR 汇编器

运行 AVR Studio 4 后，AVR 汇编器 2（AVRASM2）作为 AVR 默认的汇编器使用。AVRSM2 拥有许多新特性，并且向下兼容 AVRASM。老版本的汇编器 1 仍然保留在 AVR Studio 中，但是不再对它进行更新和维护，在这里就不再进行介绍了。

1. AVR Assembler2 新的特性

下面将介绍一些 AVRASM2 的新特性。

（1）具有 C 预处理程序。

（2）不支持指令的处理。

（3）严格的语法。

（4）新的汇编伪指令。

（5）表达式的改进。

（6）包含路径文件的内置。

（7）宏命令的改进。

（8）摩托罗拉 16 位的超大文件。

2. AVR 汇编器 2 的语法

下面介绍 AVR 汇编器 2 的语法。

（1）关键字。AVRASM2 的关键字不同于 AVRASM1，其预先识别（关键字）是被保留的，并且不能重新定义。关键字包括所有指令，寄存器 R0～R31 和 X、Y、Z 以及所有功能。

无论在什么情况下，汇编器的关键字是可以识别的，除非用来区分大小写的情况下，关键字都为小写。

（2）整常数。AVRASM2 用下划线（__）作为分隔来增加可读性，除了第一个字符或内部的基数字符前，下划线可放于任何地方。

例如：0b1100 _ 1010 和 0b _ 11 _ 00 _ 10 _ 10 _ 都是合法的，而 _ 0b11001010 和 0 _ b11001010 不是合法的。

（3）行的延续。与 C 语言一样，源程序的行可以继续用反斜杠（\）作为一行的最后字符。当确定长期预处理宏指令和长 .db 指令时，这是特别有用的。

（4）字符串与字符常量。AVRASM2 可以与 AVRASM 相同的方式识别字符串和字符，而且它还可以使用 AVRSA 不支持的转码顺序。

字符串包含在双引号（""）中，只能用于配合指令和 . message/. warning/. error 指令应用。字符串是从字面上看的，没有转义序列被识别，也不是空的终止符。

根据 ANSIC 的规定这个字符串是能够连接在一起的。

例如：这时"long string"等同于" This is a long string"这可能是结合形成长字符串涵盖多个源指令行。

用单引号（''）括起来的字符常量，可以使用在任何被允许的整型表达式中。下列 C 语言中的转码顺序可以在 AVRASM2 中能被识别，并且与 C 语言中的具有相同含义，转码顺序见表 2 - 14。

表 2-14 转码顺序列表

转码顺序	含　义
\n	换行（ASCII LF 0x0a）
\r	回车（ASCII CR 0x0d）
\a	警铃（ASCII BEL 0x07）
\b	退格（ASCII BS 0x08）
\f	换页（ASCII FF 0x0c）
\t	水平制表（ASCII HT 0x09）
\v	垂直制表（ASCII VT 0x0b）
\\	反斜杠
\0	空字符（ASCII NUL）

（5）操作数。除了整数运算的 AVRASM 所支持的操作数外，AVRASM2 还支持浮点常量表达式。

用户可以使用以下操作数。

1）由用户定义标号，这些标号给出了放置标号位置的定位计数器的值。

2）用户用 SET 伪指令定义变量。

3）用户用 EQU 伪指令定义常量。

4）整数常量：给出以下几种形式。

a. 十进制（Decimal）（两个符号）：12，221。

b. 十六进制（Hexadecimal）（两个符号）：0x0b，s0b，0xff，sff。

c. 二进制（Binary）：0b00001111，0b10101010。

d. 八进制（Octal）（以 0 开头）。

e. PC：程序寄存器单元计数器的当前值。

f. 浮点数：只应用于 AVRASM2 中。

（6）多个指令同在一行中。AVRASM2 允许多个指令和伪指令在同一行中，但不推荐使用，这时需要支持扩大多数处理宏指令。

（7）预处理的伪指令。AVRASM2 包括所有用"#"作为非空间符号的预处理的伪指令。

（8）注解。AVRASM2 可以识别 C 语言的注解。下述的注解类型是可识别的。

1）：本行后面的部分都作为注释（经典汇编器注解）。

2）//和":"一样，本行的部分都作为注释。

3）/＊＊/块注释：包括起来的文本部分为注释，可以跨越多行。这种类型的注释不能嵌套。

3. AVR 汇编器 2 预处理程序

AVRASM2 的预处理程序介绍如下。

AVRASM2 的预处理程序和 C 预处理程序类似，仅仅在下面介绍的几个方面有所不同。

（1）它能够识别所有整数格式所使用的 AVRASM2，即 $abcd 和 0b011001 被确认为有效整数的预处理，同时也可以在#if 伪指令表达式中应用。

（2）在标识符中，允许用 . 和@，是预处理程序伪指令中必须用到的。例如，.dw 使用在预处理宏定义上，@是使用在汇编器宏参数的正确性上。

（3）汇编器型的注释支持分隔符":"，使用":"作为注释的分隔符和 C 中的":"有一定的矛盾，因此不推荐在处理程序伪指令中使用汇编器型的注解。

（4）行的伪指令不能执行。

（5）＃＃和＃操作符不再使用。

（6）可变参数宏（带大量可变参数的宏定义）不再允许使用。

（7）AVRASM2 预处理程序不再在进行汇编前作为分离途径被调用，而是汇编器整体的一部分。如果相似的预处理程序和汇编器的结构混合在一起就会导致一些错误的发生。（如＃if 和 .if 条件汇编指令）。这将导致汇编器宏定义在使用时，预处理程序的条件值在宏展开而没有给定在定义时，汇编条件指令不能超越宏定义的开头或结尾。

（8）在 ANSIC 的标准中，＃警告和＃信息指令中没有指定。

预处理程序的伪指令见表 2 - 15。

表 2 - 15　　　　　　　　　　　伪 指 令

第一组	第二组	第三组	第四组
＃define	＃if	＃pragma	Operators
＃elif	＃ifdef	＃undef	Stringification（＃）
＃else	＃ifndef	＃warning	Concatenation（＃＃）
＃endif	＃include	＃（空伪指令）	
＃error	＃message		

预处理程序需要进行一系列的预设宏定义。所有的这些宏名都用两个下划线（＿）开始、结束。为避免矛盾，这个命名规则一样不能与用户有自定义的宏相同。

预设宏定义的相关信息见表 2 - 16。

表 2 - 16　　　　　　　　　　　预 设 宏 定 义

名称	类型	用途	说　明
＿AVRASM＿VERSION＿	整型	内置	汇编器版本，按照（1000 * major＋minor）编码
＿CORE＿VERSION＿	字符	注法	AVR 内核版本
＿DATE＿	字符	内置	建立日期格式："Jun 28 2004"，请参考＿FD命令行选项
＿TIME＿	字符	内置	建立时间格式："HH：MM：SS"，请参考FT命令行选项
＿CENTURY＿	整型	内置	建立时的世纪（典型的是 20）
＿YEAR＿	整型	内置	建立时的年份（0～99）
＿MONTH＿	整型	内置	建立时的月份（1～12）
＿DAY＿	整型	内置	建立时的日（1～31）
＿HOUR＿	整型	内置	建立时的时（0～23）
＿MINUTE＿	整型	内置	建立时的分（0～59）
＿SECOND＿	整型	内置	建立时的秒（0～59）
＿FILE＿	字符	内置	源文件名字
＿LINE＿	整型	内置	当前行在源文件中的行数
＿PART＿NAME＿	字符	注法	AVR 芯片名字
＿partname＿	整型	注法	相应于＿PART＿NAME＿的芯片名字。例如： ＃ifdef＿ATmega8＿
＿CORE＿coreversion＿	整型	注法	相对应＿CORE＿VERSION＿的核心版本。例如： ＃ifdef＿CORE＿V2＿

4. XML 转换器

XML 转换器是一个单独的命令行工具，它是按照 AVR Studio 的描述文件（XML）用于形成汇编包含文件和 C 头文件。

在 AVR Studio 中，汇编器 2 的所有包含文档都是由 XML 转换器生成的，该工具也能产生 AVR - GCC 和 IARC 编辑程序的头文件，XML 转换器程序在 AVR Studio GUI 中还不能应用，必须由命令行进行操作或者调用。

（1）存放的位置与如何启用。下面的内容是按 AVR Studio 安装默认路径的情况进行讲述的，默认路径是：C：\ Program Files \ Atmel \ AVR Tools。

XML 转换器的位置是：C：\ Program Files \ Atmel \ AVR Tpools \ AvrStudio4 \ xml-convert. exe。

为了更方便地获得 XML 转换器，XML 转换器的路径应该包含在 PATH 中。它可以通过在控制面板中的系统属性执行，或者从下面的指令可以将 XML 转换器的路径添加到 PATH 中。

PATH＝%PATH%："C：\ Program Filkes \ Atmel \ AVR Tools \ AvrStudio4"。

假定已经在这个位置，在命令提示符下输入 xmlconvert 来取得 XML 转换器，如果操作正确，则 XMLconvert 将会打印的用法消息如图 2 - 141 所示。

```
xmlconvert: No source file specified
Usage: xmlconvert [-f output-format] [-o outdir] [-lnbclV] infile ...
Output formats: a[vrasm] | g[cc] | i[ar] | c[c] (generic c)
Options:
-l = Don't generate AVRASM2 #pragma's
-n = Don't warn about bad names
-b = use DISPLAY_BITS attribute to limit bit definitions
-c = Add some definitions for compatibility with old files
-l = Produce linker file (IAR only)
-q = Allow linked register quadruple (32-bit)
-V = print xmlconvert version number
```

图 2 - 141　用法消息

（2）文件名的转换。XML 的部分描述文件一直命名为 "devicename. xml"。对于各种 AVR 器件系列产生的汇编文件名是通过下面的规定制定的，格式为 "nnn" 且涉及一部分器件名称（如 2313 在 ATtiny2313）。

1）Classic AVR 芯片：AT90Snnn - nnndef. inc。例如：AT90S8513 - 8513def. inc。

2）tiny AVR 芯片：ATtinynnn - tnnnndef. inc。例如：ATtiny13 - tnl3def. inc。

3）mega AVR 芯片：ATmegannn - mnnndef. inc。例如：ATmega643 - m644def. inc。

4）AVR CAN 芯片：AT90CANnnn - cannnndef. inc。例如：AT90CAN128 - can128def. inc。

5）AVR PWM 芯片：AT90PWMnnn - pwmnnndef. inc。例如：AT90PWM3 - prm3def. inc。

C 编译器（IAR、GCC）的 XML 转换器产生的头文件所用各自的编译器制造商遵循上述规定。举例来说，IAR 和 GCC 会将使用 ATmega128 头文件 iom128. h。若这些规定是可知的或者已经记录，则 XML 转换器遵从这些规定。

如果选择 "generic C" 的格式，则这个头文件可以简单地命名为 device. h，如 ATmega 128. h。

2.5.6　AVR 下载线

AVR ISP 下载线的 USB 接口可以自动升级，STK500 下载方式增加了 USB 接口，可以支持 AVR 全系列和 89S51/52 的在线下载，也可以自动升级支持 AVR 新型号的下载。AVR 下载线如图 2-142 所示。

1. ISP 接口图

通过操作复位引脚，使下载线来达到同步，所以在设计目标板的时候不要做外置的复位及看门狗电路。AVR 内置看门狗电路，只需接一个上拉电阻即可实现需要的功能。

芯片 M64 和 M1289 的 ISP 接口不是完全的串行通信接口，这一点在开发单片机板时需要注意。

ISP 由目标板提供电源，VTG 与目标板的 VCC 相连接。ISP 接口图如图 2-143 所示。

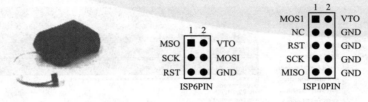

图 2-142　AVR 下载线　　　　图 2-143　ISP 接口

2. AVR 下载线的操作说明

（1）使用 AVR Studio 软件进行下载。

（2）AVR ISP 下载线编程几乎支持所有的 AVR 芯片。

（3）对 AVR 芯片内部的 Flash 和 E^2PROM 进行编程。

（4）可以对熔丝位和锁定位进行编程。

（5）具有 RC 振荡器校准功能。

（6）可以自动升级以支持最新的芯片。

（7）AVR 下载线使用 USB 接口与 PC 机连接。

（8）AVR 下载线电源由 USB 提供，工作电压为 2～5.5V。

3. 下载线支持的芯片

（1）mega 系列芯片。mega 系列芯片主要有 ATmega8、ATmega16、ATmega32、ATmega48、ATmega64、ATmega88、ATmega103、ATmega128、ATmega1280、ATmega1281、ATmega161、ATmega162、ATmega163、ATmega165、ATmega169、ATmega323、ATmega325、ATmega329、ATmega644、ATmega645、ATmega649、ATmega2560、ATmega2561、ATmega3250、ATmega3290、ATmega6450、ATmega6490、ATmega8513、ATmega8535 等。

（2）tiny 系列。tiny 系列芯片主要有 ATtiny12、ATtiny13、ATtiny22、ATtiny24、ATtiny25、ATtiny26、ATtiny44、ATtiny45、ATtiny2313、ATtiny861 等。

（3）classic 系列。classic 系列芯片主要有 AT90C1200、AT90S2313、AT90S/LS2323、AT90S/LS2343、AT90S/LS2333、AT90S4413、AT90S/LS4433、AT90S/LS4434、AT90S8513、AT90S/LS8535 等。

（4）其他系列。其他系列芯片有 AT86RF401、AT90CAN32、AT90CAN128、AT90PWM2、AT90PWM3 等。

4. AVR ISP 下载线的下载方法

下面将介绍在 AVR Studio 环境下 AVR ISP 下载线的下载方法。ISP 下载线的连接如图 2-144

所示。

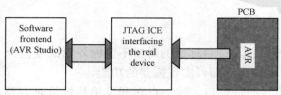

图 2 - 144 ISP 下载线的连接图

ISP 下载线下载的操作步骤如下。

（1）从程序中打开 AVR Studio 4 的界面，执行菜单命令"Tools"→"ProgramAVR"→"Connect"，如图 2 - 145 所示。

（2）在弹出窗口"Select AVR Programmer"中选择所用器件平台及连接端口，这里默认选择器件为"STK500"或"AVRISPinkll"，下载线自动检测端口，如图 2 - 146 所示。

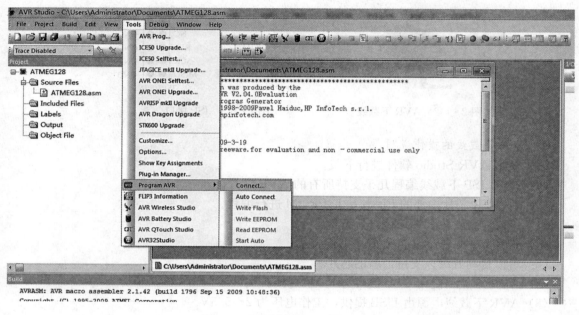

图 2 - 145 选择 "Connect" 选项

（3）单击"Connnect"按钮将进入"AVRISP"编程（"Program"）窗口，该窗口中包括芯片"Device"、编程模式"Programming mode" "Flash"下载，"EEPROM"下载几个需要操作的选项，最下面部分是信息窗口。该页面的具体设置如图 2 - 147 所示。

（4）进入熔丝位配置窗口"Fuses"，AVR 单片机的熔丝配置项比较多，操作起来比较复杂，但由于 AVR Studio 进行了各种组合的配置，所以熔丝位的配置相对来说就变得简单了，这里在 ATmega16 芯片基础上进行说明，窗口如图 2 - 148 所示。

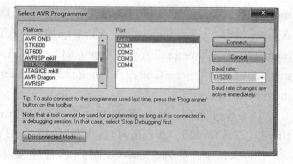

图 2 - 146 "Select AVR Programmer" 窗口

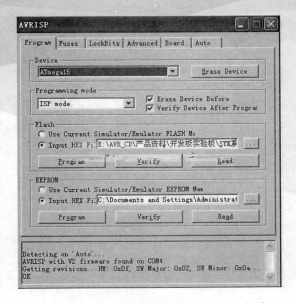

图 2-147　"AVRISP"编程（"Program"）窗口

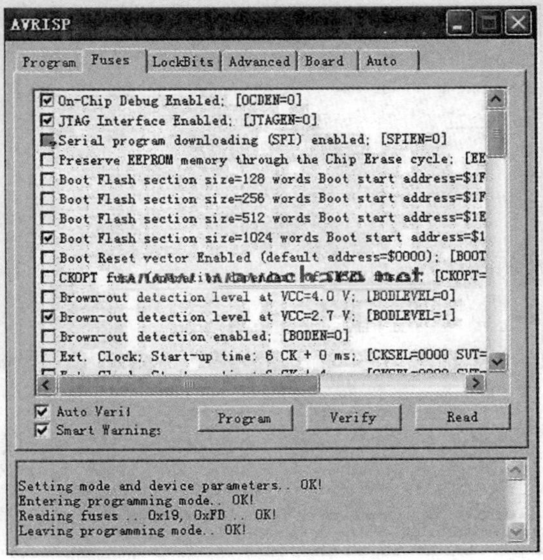

图 2-148　熔丝位配置窗口

（5）进入锁定位配置窗口"LockBits"，并在其中设置用户代码、程序区及引导区的保护等级，如图 2-149 所示。

（6）高级配置窗口"Advanced"如图 2-150 所示。

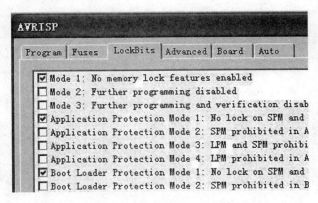

图 2-149　锁定位的配置窗口

图 2-150　高级配置窗口

（7）这个界面为 AVRISP 下载线配置"Board"的窗口，用户可在其中对下载线进行相关配置。由于工作在 AVRISP 模式，只有 ISP 下载波特率可以使用，通常情况下载设置为 230.4kHz，如目标板装的晶振主频较高时可以提高此处下载波特率，以此提高下载速度，如图 2-151 所示。

（8）用户可以在"Auto"窗口选择要自动操作的项目，单击按钮"Start"可以完成一次操作，如图 2-152 所示。

至此便完成了在 AVR Studio 环境下的 AVRISP 的下载操作。

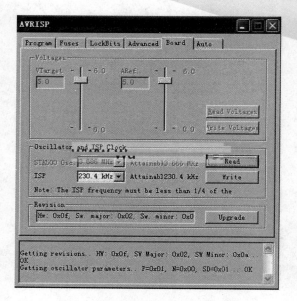

图 2-151 AVRISP下载线配置的窗口

图 2-152 选择要自动操作的项目

第3章
ATmega128单片机的
指令系统

计算机的指令系统是一套控制计算机操作的代码，称之为机器语言。而作为 8 位 AVR 单片机，除了其具备比较完善和功能强大的硬件结构和组成外，更重要的是它的内核 RISC 体系结构的精简指令集，这是一种简明易懂、效率高的指令系统。

由于 AVR 单片机采用 RISC 结构，使得它具有高达 1MIPS/MHz 的高速运行处理能力。它可以采用高级语言（如 C 语言、Basic 语言）来编写系统程序，有效开发出目标代码，便于设计、开发、维护和支持。AVR 单片机的多数指令执行时间为一个周期，本章以 ATmega128 为主来介绍 AVR 单片机的指令系统的功能和使用方法。

输入/输出端口（通常称为 I/O 端口）指实现 CPU 与外部设备之间数据交换的接口设备，I/O 端口将 CPU 与外部设备联系在一起，实现数据的传输。

3.1 AVR 单片机指令系统的特点与指令种类

1. AVR 单片机指令系统的特点

指令系统即 CPU 指令的集合。它是 CPU 的重要性能指标，不同的 CPU 结构具有不同的 CPU 的指令和功能。只有了解 AVR 的指令结构、功能和特点，才能更好地根据 AVR 的硬件要求，编写出更好的系统程序。

AVR 单片机指令系统的特点如下。

（1）16 位/32 位定长指令。AVR 的一个指令字为 16 位或 32 位，其中大部分的指令为 16 位，采用定长指令，操作指令简单、提取速度快，提高了系统的可靠性。

（2）呈流水线操作。AVR 采用流水线技术，在前一条指令执行的时候，就取出现行的指令，然后以一个周期执行指令，大大提高了 CPU 的运行速度。

（3）具有大型快速存取寄存器组。AVR 单片机中，采用 32 个通用工作寄存器构成大型快速存取寄存器组，取代了累加器（相当于有 32 个累加器），避免了错误的发生。

2. AVR 单片机指令系统种类

AVR 单片机的指令系统具有高性能的数据处理能力。AVR 单片机的指令系统有下列几种情况：①89 条指令器件；②90 条指令器件；③118 条指令器件；④121 条指令器件；⑤133 条指令器件等。这些指令分别包括数据传送指令、算术与逻辑指令、转移调用指令、位操作及其他指令等。

ATmega128 是 Atmel 于 2001 年推出的 mega 系列 AVR 单片机中的代表性产品之一，它是目前 AVR 单片机系列中功能最强大的，它是具有 133 条指令的器件，可以在同一个周期内完成，工作在 16MHz 下，具有 16MIPS 的性能，具有 32×8 个通用工作寄存器和外设控制寄存器。

3.2 AVR 系列单片机的指令格式

指令格式是指令码的结构形式。通常，指令可分为操作码和操作数两部分，其中操作码部分比较简单，操作数部分则比较复杂，而且随 CPU 类型和寻址方式的不同有较大变化。汇编语言指令格式包括指令助记符、标号、伪指令、表达式。

ATmega128 单片机指令的一般格式为

　　〔标号:〕操作码〔操作数〕〔: 注释〕

其中，方括号〔 〕中的内容为可选项。各部分的意义说明如下。

1. 标号

标号是一个符号地址，用来表示指令在内存中的位置，以便程序中的其他指令能引用该指令。它通常作为转移指令的操作数，以表示转向的目标地址。标号后应加冒号（:）作为分隔符。

2. 操作码

操作码表示指令及伪指令名称。是指令功能的英文缩写。如"MOV"表示传送指令，"ADD"表示加法指令等。当汇编语言对源程序进行汇编时，将使用其内部对照表把每条指令的助记符翻译成对应的二进制代码（机器指令）。

3. 操作数

操作数表示指令要操作的数据或数据所在的地址。ATmega128 单片机的指令一般带有0～3 个操作数，有些指令不需要操作数，而有些指令需要一个、两个或两个以上的操作数。如果有操作数，则应至少使用一个空格符号或制表符使之与操作码分隔开；若有两个或两个以上的操作数，则它们之间要用逗号（,）分隔。将存放操作结果的操作数称作目的操作数，一般作为第一个操作数；将指令中作为来源的操作数称作源操作数。操作数可以由变量、常量、表达式或寄存器构成。

4. 注释

注释由分号（;）开始，用来对指令的功能加以说明，以使程序更容易理解和阅读，汇编程序对注释部分不进行汇编（翻译）。超过一行的注释，在每行都必须以分号（;）开头。注释可以独占一行，用于介绍下面一段程序的功能。例如：

　　. EQU cat＝100；置 cat 等于 100

3.2.1 指令符号

1. 操作码与寄存器

（1）Rd：目的（或源）寄存器，取值为 R0～R31 或 R16～R31。

（2）Rr：源寄存器，取值为 R0～R31。

（3）A：I/O 寄存器，取值为 0～63 或 0～31。

（4）B：I/O 寄存器中的指定位，常数（0～7）。

（5）s：状态寄存器 SEEG 中的指定位，常数（0～7）。

（6）K：立即数，常数（0～255）。

（7）k：地址常数，取值范围取决于指令。

（8）q：地址偏移量常数（0～63）。

（9）X、Y、Z：地址指针寄存器（X＝R27：R26；Y＝R29：R28；Z＝R31：R30）。

2. 伪指令符号

伪指令是在源程序汇编期间由汇编程序处理的命令，用来为汇编程序提供段定义或源程序结束等信息，也用于指示汇编程序为数据分配内存空间，常用的伪指令如下。

（1）BYTE——保存字节到变量。BYTE 伪指令，保存存储的内容到 SRAM 中，为了能提供所要保存的设置，BYTE 伪指令前应有标号。该伪指令带一个表征被保存字节数的参数，且该伪指令仅用在数据段内（见伪指令 CSEG、DSEG 和 ESEG）。注意必须带一个参数，字节数的位置不需要初始化。

语法：LABEL、BYEG 表达式。

（2）CSEG——代码段。CSEG 伪指令定义代码段的开始位置，一个汇编文件包含多个代码段，这些代码段在汇编时被连接成一个代码段，在代码段中不能使用 BYEG 伪指令，典型的缺省段为代码段。代码段有一个字定位计数器。ORG 伪指令用于放置代码段和放置程序存储器指定位置的常数。CSEG 伪指令不带参数。

语法：CSEG。

（3）DB——在程序存储器或 E^2PROM 存储器中定义字节常数。DB 伪指令保存数据到程序有存储器或 E^2PROM 存储器中，为了提供被保存的位置，在 DB 伪指令前必须有标号。DB 伪指令可以带多个表达式。各表达式之间用逗号分隔，每个表达式必须是 128～255 的有效值，最少带一个表达式。DB 伪指令必须放在代码段或 E^2PROM 段。如果表达式有效值是负数，则用 8 位 2 的补码放在程序存储器或 E^2PROM 存储器中。如果 DB 伪指令用在代码段，并且其后多于一个表达式则以两个字节组合成一个字放在程序存储器中。如果表达式表是奇数，那么最后一个表达式将独自以字格式放在程序存储器中而不管下一行汇编代码是否是单个 DB 伪指令。

语法：LABEL：DB 表达式。

（4）DEF——设置寄存器的符号名。DEF 伪指令允许寄存器用符号代替。一个定义的符号用在程序中，并指定一个寄存器，一个寄存器可以赋几个符号，符号在后面程序中能再定义。

语法：DEF 符号＝寄存器。

（5）DSEG——数据段。DSEG 伪指令定义数据段的开始，一个汇编文件能包含几个数据段，这些数据段在汇编时，被连接成一个数据段。一个数据段正常仅由 BYTE 伪指令和标号组成。数据段由自己定位字节计数器，ORG 伪指令被用于在 SRAM 指定位置放置变量。DSEG 伪指令不带参数。

语法：DSEG。

（6）DW——在程序存储器和 E^2PROM 存储器中保存文字常数。DW 伪指令保存代码到程序存储器或 E^2PROM 存储器，为了提供被保存的位置，在 DW 伪指令前必须有标号。DW 伪指令可带多个表达式，各表达式之间用逗号分隔，每个表达式必须同是 32768～65535 的有效值。它最少带一个表达式。如果表达式有效值是负数，则用 16 位 2 的补码放在程序存储器中。

133

语法：ENDMACRO。

（7）ENDMACRO——宏结束。ENDMACRO 伪指令定义宏定义的结束。该伪指令不带参数，具体参见 MACRO 宏定义伪指令。

语法：ENDMACRO。

（8）EQU——设置一个符号相等于一个表达式。EQU 伪指令赋一个值到标号。该标号用于后面的表达式，用 EQU 伪指令赋值的标号是一个常数，不能改变或重定义。

语法：EQU 标号＝表达式。

（9）ESEG——E^2PROM。ESEG 为指令定义 E^2PROM 段的开始位置。一个汇编文件包含几个 E^2PROM 段，这些 E^2PROM 段在汇编时被连接成一个 E^2PROM 段，在 E^2PROM 段中不能使用 BYTE 伪指令，E^2PROM 段有一个字节定位计数器。ORG 伪指令用于放置 E^2PROM 存储器指定位置的常数。ESEG 伪指令不带参数。

语法：ESEG。

（10）EXTT——退出文件。EXTT 伪指令告诉汇编器停止汇编该文件。正常情况下，汇编器汇编到文件的结束。如果 EXTT 出现在包括文件中，则汇编器从文件中 INCLUDE 伪指令行继续汇编。

语法：EXTT。

（11）INCLUDE——包括另外的文件。INCLUDE 伪指令告诉汇编器从指定的文件开始读，然后汇编器汇编指定的文件，直到文件结束或遇到 EXTT 伪指令为止。一个包括文件也可能自己用 INCLUDE 伪指令来表示。

语法：INCLUDE "文件名"。

（12）LIST——打开列表文件生成器。LIST 伪指令告诉汇编器打开列表文件生成器，汇编器生成一个汇编源代码、地址和操作代码的文件列表。列表文件生成器缺省值是打开的，该伪指令总是与 NOLIST 伪指令一起出现，用于生成列表或汇编源文件有选择的列表。

语法：LIST。

（13）LISTMAC——打开宏表达式。LISTMAC 伪指令告诉汇编器，当调用宏时，用列表-成器在列表文件中显示宏表达式。缺省值取仅是在列表文件中显示宏调用参数。

语法：LISTMAC。

（14）MACRO——宏开始。MACRO 伪指令告诉汇编器这是宏开始。MACRO 伪指令带宏名和参数，当后面的程序中写了宏名时，被表达的宏程序在指定位置被调用。一个宏可带 10 个参数，这些参数在宏定义中用@0～9代表。当调用一个宏时，参数用逗号分隔，宏定义用 END-MACRO 伪指令结束。缺省值为汇编器的列表生成器，仅列表宏调用，为了在列表文件中包括宏表达式，必须使用 LISTMAC 伪指令，在列表文件的操作代码域内宏用 a＋做记号。

语法：MACRO 宏名。

（15）NOLIST——关闭列表文件生成器。NOLIST 伪指令告诉汇编器关闭列表文件生成器，正常情况下，汇编器生成一个汇编源代码、地址和操作代码文件列表。缺省时为打开列表文件，但可用该伪指令禁止列表，为了使被选择的汇编源文件部分产生列表文件，该伪指令可以与 LIST 伪指令一起使用。

语法：NOLIST。

（16）ORG——设置程序起始位置。ORG 伪指令设置定位计数器的一个绝对值，设置的值

134

为一个参数，如果 ORG 伪指令放在数据段，则设置 SRAM 定位计数器；如果该伪指令放在代码段，则设置程序存储器计数器；如果该伪指令放在 E^2PROM 段，则设置 E^2PROM 定位计数器，如果该伪指令前带标号（在相同的源代码行），则标号由参数值给出，代码和 E^2PROM 定位计数器的缺省值是零，而当汇编启动时，SRAM 定位计数器的缺省值是 32。

注意：E^2PROM 和 SRAM 定位计数器按字节计数，而程序存储器定位计数器按字计数。

语法：ORG 表达式。

（17）SET——设置一个与表达式相等的符号。SET 伪指令赋值给一个标号。这个标号能用在后面的表达式中。用 SET 伪指令赋值的标号在其后面的程序中能改变。

语法：SET 标号＝表达式。

3. 状态寄存器

状态寄存器包含了最近执行的算术指令的结果信息，其格式如图 3-1 所示。这些信息可以用一改变程序流程以实现条件操作，从而使系统运行更快速，代码效率更高。

在进入中断例程时状态寄存器不会自动保存，中断返回时也不会自动恢复。这些工作需要软件来处理。

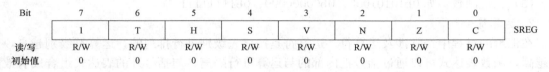

Bit	7	6	5	4	3	2	1	0	
	I	T	H	S	V	N	Z	C	SREG
读/写	R/W	R/W	R/W	R/W	R/W	R/W	R/W	R/W	
初始值	0	0	0	0	0	0	0	0	

图 3-1　ATmega128 单片机的状态寄存器格式

（1）Bit7（I）：全局中断使能。置位时使能全局中断。单独的中断使能由其他独立的控制寄存器控制。如果 I 清零，则不论单独中断标志置位与否，都不会产生中断，任意一个中断发生后 I 清零，而执行 RETI 指令后置位以使能中断，I 也可以通过 SEI 和 CLI 指令来置位和清零。

（2）Bit6（T）：位复制存储。位复制指令 BLD 和 BST 利用工作位为目的地址或源地址。BST 把寄存器的某一位复制到 T，而 BLD 把 T 复制到寄存器的某一位。

（3）Bit5（H）：半进位标志。半进位标志 H 表示算术操作发生了半进位，此标志对于BCD 运算非常有用。

（4）Bit4（S）：符号位，$S=N\oplus V$。S 为负数标志 N 与 2 的补码溢出标志 V 的异或。

（5）Bit3（V）：2 的补码溢出标志，支持 2 的补码运算。

（6）Bit2（N）：负数标志，表明算术或逻辑操作结果为负。

（7）Bit1（Z）：零标志，表明算术或逻辑操作结果为零。

（8）Bit0（C）：进位标志。

4. 操作数

ATmega128 单片机指令系统的操作数包括以下类型。

（1）Rd：目的寄存器，取值范围为 R0~R31 或 R16~R31。

（2）Rr：源寄存器，取值范围为 R0~R31。

（3）b：寄存器的 Bit n 位，n 的取值范围为 0~7，也可以为常数表达式。

（4）s：SREG 的 Bit n 位，n 的取值范围为 0~7，也可以为常数表达式。

（5）p：I/O 寄存器，取值范围为 0~31 或 0~63，也可以为常数表达式。

（6）k：立即数，取值范围为 0~255，也可以为常数表达式。

(7) a：地址，取值范围取决于指令。

(8) q：地址偏移量，取值范围为 0～63，也可以为常数表达式。

(9) X：地址指针寄存器，取值 R27、R26。

(10) Y：地址指针寄存器，取值 R29、R28。

(11) Z：地址指针寄存器，取值 R31、R30。

(12) STACK：作为返回地址和压栈寄存器的堆栈。

(13) SP：STACK 的堆栈指针。

3.2.2 函数表达式

函数表达式包括操作数、运算数、函数。函数表达式内部都为 32 位。

1. 操作数

AVR 单片机的指令系统的整数操作数有以下几种表达方式。

(1) 十进制数：用 0～9 的组合进行表示，如 256、29、32 等。

(2) 十六进制数：用二进制数表示，如 0x0a、ff0a、$ ff 等。

(3) 二进制数：如 0b10101000、0b00000000、0b11111111 等。

2. 运算符

在汇编的过程中经常涉及运算符。运算符是按优先级别进行排列的，运算符级别越高，优先越高，函数表达式可以通过括号把内部的与运算进行隔离，与括号外的表达式组合成有效的表达式。表 3-1 列出了各种运算符的优先级别。运算符按照优先级大小由上向下排列，在同一行的运算符具有相同优先级。

表 3-1   优先级别表

() [] →	括号（函数等），数组，两种结构成员访问	由左向右
! ~ + + - - + - * & （类型）sizeof	否定，按位否定，增量，减量，正负号；间接，取地址，类型转换，求大小	由右向左
* / %	乘，除，取模	由左向右
+ -	加，减	由左向右
<< >>	左移，右移	由左向右
< <= >= >	小于，小于等于，大于等于，大于	由左向右
== | =	等于，不等于	由左向右
&	按位与	由左向右
^	按位异或	由左向右
|	按位或	由左向右
&&	逻辑与	由左向右
||	逻辑或	由左向右
/:	条件	由右向左
= += -= *= /= &= ^= |= <<= >>=	各种赋值	由右向左
,	逗号（顺序）	由左向右

3. 函数

在汇编过程中，我们会遇到一些函数表达式，它们的含义分别介绍如下。

（1）LOW：返回一个表达式的低字节。

（2）HIGH：返回一个表达式的第 2 个字节。

（3）LWRD：运回一个表达式的 0～15 个字节。

（4）HWED：返回一个表达式的 16～31 位。

（5）PAGE：返回一个表达式的 16～21 位。

（6）EXPA：返回 2~表达式。

（7）LOG2：返回 LOG2 表达式的整数部分。

（8）BYTE2：返回一个表达式的第 2 个字节。

（9）BYTE3：返回一个表达式的第 3 个字节。

（10）BYTE4：返回一个表达式的第 4 个字节。

3.2.3　AVR 指令与标志位的关系

在 AVR 指令系统中，一些指令的执行会对标志位产生影响，而某些指令执行后不会影响状态寄存器中标志位的状态，当指令执行后总是根据执行结果的定义形成新的状态标志。

当 AVR 的 CPU 响应中断时，状态寄存器不被硬件所保护，故在编写中断服务处理程序时，须注意将状态寄存器进行保护，在中断返回前还要恢复状态寄存器在进入中断前时的标志状态。

3.3　AVR 单片机的寻址方式

指令的一个重要组成部分是操作数，由操作数指定参与运算的数或数所在单元的地址，寻址是寻找操作数或操作数的地址。ATmega128 单片机的寻址方式与其存储空间有关，寻址方式越多，说明单片机的功能就越强，灵活性也越大。寻址方式是正确理解和使用指令的指令系统的前提，是汇编语言程序设计的基础。

所谓寻址方式，就是寻找操作数地址的方式。指令给出参与运算的数据方式称为寻址方式，数据存放、传送、运算的汇编过程都是通过指令来完成的，编程者必须要弄清楚操作数的所在位置，以及如何操作和运算。寻址方式反映了系统的优劣程度。

在 AVR 单片机的系统中，共有下列五种寻址方式。

（1）程序直接寻址。

（2）程序间接寻址。

（3）程序相对寻址。

（4）程序取常量寻址。

（5）单寄存器直接寻址。

（6）双寄存器直接寻址。

（7）堆栈寄存器间接寻址。

（8）I/O 寄存器直接寻址。

（9）数据存储器直接寻址。

（10）数据存储器间接寻址。

（11）程序存储器数据寻址。

（12）数据存储器带预减量间接寻址。

（13）数据存储器带后增量间接寻址。

（14）数据存储器带位移的间接寻址。

（15）程序存储器带后增量的空间取常量寻址。

3.3.1　程序直接寻址

程序直接寻址用于程序的无条件跳转指令 CALL（CALL 指令为两个字长）、JMP。指令中含有一个 16 位的操作数，指令将操作数存入 PC 中，成为下一条要执行指令在程序存储空间的地址，指令举例介绍如下。

【例 1】　JMP ＄0010：程序计数器 PC 赋值为 ＄0010，接下来执行程序存储器 ＄0100 单元的指令代码。

【例 2】　CALL ＄0100：先将程序计数器 PC 的当前值加 2 后压进堆栈，堆栈指针计数器 SP 内容减 2，然后 PC 的值为 ＄0010，接下来执行程序存储器 ＄0010 单元的指令代码。

程序直接寻址的操作过程如图 3-2 所示。

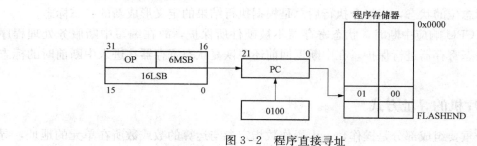

图 3-2　程序直接寻址

3.3.2　程序间接寻址

程序间接寻址即程序存储器空间 Z 寄存器间接寻址方式，它将下一步要执行的指令代码程序地址存放在 Z 寄存器中，程序转到 Z 寄存器内容所指定程序存储器的地址处继续执行，即 PC 的值被 Z 寄存器的内容所替代。这种寻址方式用到的指令是 IJMP、ICALL。指令举例介绍如下。

【例 1】　IJMP：把 Z 寄存器的内容送程序计数器 PC。当 Z＝＄0010，即把 ＄0010 送程序计数器 PC，接下来执行程序存储器 ＄0010 单元的指令代码。

【例 2】　ICALLL：若 Z＝＄0010，先将程序计数器 PC 的当前值加 1 后压进堆栈，堆栈指针计数器 SP 内容减 2，然后 PC 的值为 Z＝＄0010，接下来执行程序存储器 ＄0010 单元的指令代码。

程序间接寻址的操作过程如图 3-3 所示。

3.3.3　程序相对寻址

执行程序相对寻址时，指令中包含一个相对偏移量 K，在执行指令时，首先将 PC 值加上 1，再加偏移量 K，得到的结果作为下一条程序执行的地址。RJMP、RCALL 是该寻址方式使

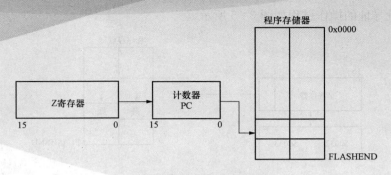

图 3-3　程序间接寻址

用的指令。指令举例介绍如下。

【例 1】　RJMP ＄0010：PC←PC＋1＋S0010。若当前指令地址为＄0300，即 PC 为＄0300，则把＄0310 送程序计数器 PC，接下来执行程序存储器＄0310 单元的指令代码。

【例 2】　RCALL ＄0010：STACK←PC＋1；SP←SP－2；PC←PC＋1＋＄0010。若当前指令址为＄0300，即 PC 为＄0300，则先将程序计数器 PC 的当前值加 1 加压进堆栈，堆栈指针计数 SP 内容减 2，然后 PC 的值为＄0310，接下来执行程序存储器＄0310 单元的指令代码。

程序间接寻址的操作过程如图 3-4 所示。

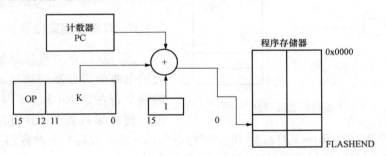

图 3-4　程序间接寻址

3.3.4　程序取常量寻址

程序取常量寻址是从程序存储器 Flash 中读取常量的寻址方式。LMP 是该寻址方式使用的指令。地址寄存器 Z 确定程序存储器的常量字节地址，它的高 15 位用于字地址的选择，而其最低位决定字地址的高/低字节，当 d0＝1 时，选择字的低字节；d0＝0 时，选择字的高字节。指令举例介绍如下。

【例 1】　LMP R8 Z：把 Z 程序存储器的内容送至 R8。

：若 Z＝＄0032，则把地址为＄0060 程序存储器的低字节内容送至 R8。

：若 Z＝＄0033，则把地址为＄0060 程序存储器的高字节内容送至 R8。

【例 2】　LMP：把 Z 程序存储器的内容送至 R0。

：若 Z＝＄0032，把地址为＄0060 程序存储器的低字节内容送至 R8。

：若 Z＝＄0033，把地址为＄0060 程序存储器的高字节内容送至 R8。

程序取常量寻址的操作过程如图 3-5 所示。

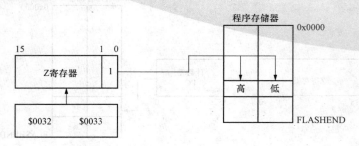

图 3-5　程序取常量寻址

3.3.5　单寄存器直接寻址

单寄存器直接寻址指的是指令把一个寄存器的内容指定为操作数，并由指令给出寄存器的直接地址。单寄存器寻址的地址范围为寄存器 R0～R31 或后 16 个寄存器 R16～R31。指令举例介绍如下。

【例1】　INC Rd：Rd←Rd+1。

【例2】　INC R2：将寄存器 R2 内容加 1 回放。

单寄存器直接寻址的操作过程如图 3-6 所示。

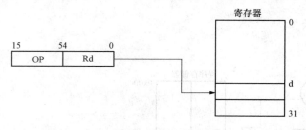

图 3-6　单寄存器直接寻址

3.3.6　双寄存器直接寻址

进行双寄存器直接寻址时，指令将同时给出两个寄存器的直接地址，并将指出的两个寄存器 Rd 和 Rr 内容作为操作数，最后将结果放置于 Rd 寄存器中。工作寄存器组中的 32 个寄存器 R0～R31、后 16 个寄存器 R16～R31 或后 8 个寄存器 R16～R23 都可以作为双寄存器寻址的地址范围。指令举例介绍如下。

【例1】　ADD Rd，Rr ：Rd←Rd+Rr。

【例2】　ADD R3，R4 ：将 R3 和 R4 寄存器内容相加，结果送至 R3（同似于 51 系列的加法运算指令）。

双寄存器直接寻址的操作过程如图 3-7 所示。

3.3.7　堆栈寄存器间接寻址

堆栈寄存器间接寻址是将 16 位的堆栈寄存器 S 的内容作为操作数在 SRAM 空间的地址，PUSH、POP 是该寻址需要的指令，这两条指令在堆栈中作相反操作，分别为进栈和出栈。而 CPU 响应中断和执行 CALL 一类的程序调用指令及执行中断返回 RETI 和子程序返回 RET 一类的子程序返回指令，也可以为堆栈寄存器间接寻址的指令。指

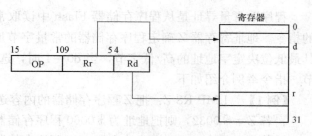

图 3-7　双寄存器直接寻址

令举例介绍如下。

【例 1】　PUSH R：把寄存器 R3 送至堆栈中，指针 SP 执行减 1 操作，若堆栈中 SP＝S0071，则先把寄存器 R3 的内容送到 RAM 的 S0071 单元，此时 SP＝S0070。

【例 2】　POP R4：指针 SP 执行加 1 操作，寄存器 R4 被送出堆栈，若堆栈中 SP＝S0071，则把 SP 的 S0070 的内容送到寄存器 R4，此时 SP＝S0070。

堆栈寄存器间接寻址的操作过程如图 3-8 所示。

3.3.8　I/O 寄存器直接寻址

I/O 寄存器直接寻址是将指令指定的操作数作为 I/O 寄存器的内容，由指令直接给出 I/O 寄存器的地址。I/O 寄存器直接寻址的地址使用 I/O 寄存器空间的地址 $00～$3F，共 64 个，不同指令取值为 0～63 或 0～31。

指令举例介绍如下。

【例 1】　IN Rd，P：操作：Rd←P。

【例 2】　IN R4，$20：读 I/O 空间地址 $20 的内容，放入寄存器 R4。

I/O 寄存器直接寻址的操作过程如图 3-9 所示。

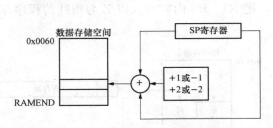

图 3-8　堆栈寄存器间接寻址

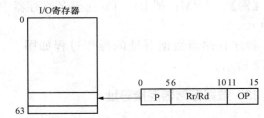

图 3-9　I/O 寄存器直接寻址

3.3.9　数据存储器直接寻址

数据存储器直接寻址用于 CPU 直接从 SRAM 存储器中存取数据，该寻址方式为双字指令，指令的低字节具有一个 16 位的 SRAM 地址。16 位 SRAM 的地址字长度限定了 64K 字节，实际上地址空间包括 32 个通用寄存器和 64 个 I/O 寄存器。需要的用到的指令是 LDS。指令举例介绍如下。

【例 1】　LDS Rd，K：把 K 值赋给 Rd。

【例 2】　LDS R10，$120：读地址为 S120 的 SRAM 中内容，传送到 R10 中。

数据存储器直接寻址的操作过程如图 3-10 所示。

3.3.10　数据存储器间接寻址

数据存储器间接寻址指由指令指定某一个 16 位寄存器的内容作为操作数在 SRAM 中的地址。在 AVR 单片机中使用 16 位寄存器 X、Y、Z 作为规定的地址指针寄存器，

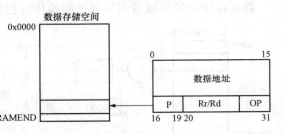

图 3-10　数据存储器直接寻址

因此操作数的 SRAM 地址在间址寄存器 X、Y、Z 中，该寻址方式用到的指令是 LD。指令举例介绍如下。

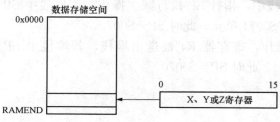

图 3 - 11　数据存储器间接寻址

【例 1】　LD Rd，X：把 X 地址赋给 Rd，以 X 为指针的 SRAM 的内容送 Rd。

【例 2】　LD R15，X：设 X＝ \$0032，把 SRAM 地址为 \$0032 的内容传送到 R15 中。

数据存储器间接寻址的操作过程如图 3 - 11 所示。

3.3.11　程序存储器数据寻址

程序存储器数据寻址只用于 SPM 指令，该指令将寄存器 R1 和 R0 中的内容组成一个字 R1：R0，然后写入由 Z 寄存器的内容作为地址的程序存储器单元中，要求写入 Z 寄存器的最低位必须为 0 的程序存储器单元中（实际写入到 Flash 的页缓冲区中）。需要的用到的指令是 LDS。指令举例介绍如下。

【例】　SPM：把 R1：R0 送至 Z 寄存器中，把 R1：R0 内容写入以 Z 为指针的程序存储器单元。

程序存储器数据寻址的操作过程如图 3 - 12 所示。

3.3.12　数据存储器间接寻址

1. 数据存储器带预减量间接寻址

数据存储器带预减量间接寻址将间址寄存器 X、Y、Z 中的内容作为操作数在 SRAM 空间的地址，指令在操作间接寻址

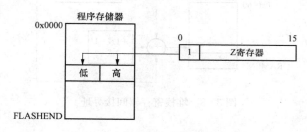

图 3 - 12　程序存储器数据寻址

之前，间址寄存器中的内容先自动执行减 1 操作，然后把减后的结果作为操作数放在 SRAM 空间的地址。该寻址一般适用于访问矩阵、查表等应用。指令举例介绍如下。

【例 1】　LD Rd，−X：X＝X−1；Rd← （X），先把 X 减 1，再把以 Y 为指针的 SRAM 的内容送 Rd。

【例 2】　LD R15，−X：设 X＝ \$0032，指令即先把 X 减 1，X＝ \$0031，再把 SRAM 地址为 \$0031 的内容传送至 R15 中。

数据存储器带预减量间接寻址的操作过程如图 3 - 13 所示。

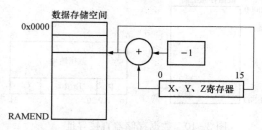

图 3 - 13　数据存储器带预减量间接寻址

2. 数据存储器带后增量间接寻址

数据存储器带后增量间接寻址将间址寄存器 X、Y、Z 中的内容作为操作数在 SRAM 空间的地址，但指令在执行在间接寻址操作后，把间址寄存器中的内容再自动执行加 1 操作。该寻址也一般适用于访问矩阵、查表等。指令举例介绍如下。

【例1】　LD Rd，X+　Rd←（X），X＝X＋1，先把 X 为指针的 SRAM 的内容送 Rd，X 加 1。

【例2】　LD R15，X+：设原 X＝$0031，指令把 SRAM 地址为$0567 的内容传送到 R15 中，再将 X 的值加 1，操作完成后 X＝$0032。

数据存储器带后增量间接寻址的操作过程如图 3-14 所示。

3. 数据存储器带位移间接寻址

数据存储器带位移的间接寻址方式为：由间址寄存器（Y 或 Z）中的内容和指令字中给出的地址偏移量共同决定操作数在 SRAM 空间的地址，偏移量的范围为 0~63。指令举例介绍如下。

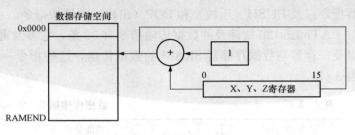

图 3-14　数据存储器带后增量间接寻址

【例1】　LDD Rd，Z+q：Rd←（Z+q），这里 q 为偏移量，即将以 Z+q 为地址的 SRAM 的内容送 Rd，而 X 寄存器的内容不变。

【例2】　LDD R15，Z+12：设原 Z＝$0031，指令把 SRAM 地址为$0031 传送到 R15 中，X 寄存器的内容不变。

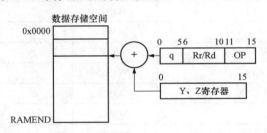

图 3-15　数据存储器带位移的间接寻址

数据存储器带位移的间接寻址的操作过程如图 3-15 所示。

3.3.13　程序存储器带后增量的空间取常量寻址

程序存储器带后增量的空间取常量寻址是指从程序存储器 Flash 中取常量，此种寻址方式只用于指令 LPM Rd，Z+。程序存储器中常量字节的地址由地址寄存器 Z 的内容确定。Z 寄存器的高 15 位用于选择字地址（程序存储器的存储单元为字），而 Z 寄存器的最低位 Z（d0）用于确定字地址的高/低字节。若 d0＝0，则选择字的低字节；若 d0＝1，则选择字的高字节。寻址操作后，Z 寄存器的内容加 1。指令举例介绍如下。

【例】　LPM R15，Z+：把 Z 寄存器地址赋给 R15；Z-Z+1，即把以 Z 为指针的程序存储器的内容送 R15，然后 Z 的内容加 1。

若 Z＝$0010，即把地址为$0032 的程序存储器的低字节内容送 R15，完成后 Z＝0011。

若 Z＝$001，即把地址为$0032 的程序存储器的字高字节内容送 R15，完成后 Z＝S0012。

程序存储器带后增量的空间取常量寻址的操作过程如图 3-16 所示。

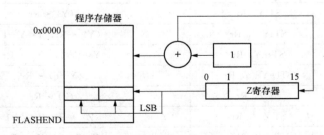

图 3-16　程序存储器带后增量的空间取常量寻址

143

3.4 数据传输指令

数据传送指令是在编程时使用最为频繁的一类指令。数据传送指令是否灵活、快速对程序的执行速度的快慢影响很大，数据传送指令执行的操作是寄存器与寄存器、寄存器与数据存储器、寄存器与 I/O 端口之间的数据传送，还包括从程序存储器直接取数的 LPM 加载程序存储器指令以及 PUSH（压栈）和 POP（出栈）的堆栈指令。

ATmega128 所涉及的数据传输指令有 38 条，它涉及寄存器之间、寄存器与 I/O 端口之间以及寄存器与数据存储器 SRAM 的数据传送，这些指令一般不影响标志位。数据传输指令见表 3-2。

表 3-2　　　　　　　　　　　　　数据传输指令

指令助记符	功能简述	影响的位标志	指令周期
MOV Rd，Rr	Rd←Rr	NONE	1
MOVW Rd，Rr	Rd+I：Rd←Rr+I：Rr	NONE	1
LDI Rd，K	Rd←K	NONE	1
LD Rd，X	Rd←（X）	NONE	2
LD Rd，X+	Rd←（X），X←X+1	NONE	2
LD Rd，−X	X←X−1，Rd←（X）	NONE	2
LD Rd，Y	Rd←（Y）	NONE	2
LD Rd，Y+	Rd←（Y），Y←Y+1	NONE	2
LD Rd，−Y	Y←Y−1，Rd←（Y）	NONE	2
LDD Rd，Y+q	Rd←（Y+q）	NONE	2
LD Rd，Z	Rd←（Z）	NONE	2
LD Rd，Z+	Rd←（Z），Z←Z+1	NONE	2
LD Rd，−Z	Z←Z−1，Rd←（Z）	NONE	2
LDD Rd，Z+q	Rd←（Z+q）	NONE	2
LDS Rd，k	Rd←（k）	NONE	2
ST X，Rr	（X）←Rr	NONE	2
ST X+，Rr	（X）←Rr，X←X+1	NONE	2
ST−X，Rr	X←X−1，（X）←Rr	NONE	2
ST Y，Rr	（Y）←Rr	NONE	2
ST Y+，Rr	（Y）←Rr，Y←Y+1	NONE	2
ST−Y，Rr	Y←Y−1，（Y）←Rr	NONE	2
STD Y+q，Rr	（Y+q）←Rr	NONE	2
ST Z，Rr	（Z）←Rr	NONE	2
ST Z+，Rr	（Z）←Rr，Z←Z+1	NONE	2
ST−Z，Rr	Z←Z−1，（Z）←Rr	NONE	2
STD Z+q，Rr	（Z+q）←Rr	NONE	2
STS k，Rr	（k）←Rr	NONE	2

续表

指令助记符	功能简述	影响的位标志	指令周期
LPM	R0←（Z）	NONE	3
LPM Rd，Z	Rd←（Z）	NONE	3
LPM Rd，Z+	Rd←（Z），Z←Z+1	NONE	3
ELPM	R0←（RAMPZ：Z）	NONE	3
ELPM Rd，Z	Rd←（RAMPZ：Z）	NONE	3
ELPM Rd，Z+	Rd←（RAMPZ：Z），RAMPZ：Z←RAMPZ：Z+1	NONE	3
SPM	（Z）←RI：R0	NONE	不确定
IN Rd，P	Rd←P	NONE	1
OUT P，Rr	P←Rr	NONE	1
PUSH Rr	STACK←Rr	NONE	2
POP Rd	Rd←STACK	NONE	2

3.4.1 数据传输至寄存器的指令

1. 寄存器传输指令

语法：MOV Rd，Rr。

操作数：$0 \leqslant d \leqslant 31$，$0 \leqslant r \leqslant 31$。

操作：Rd←Rr。

程序计数：PC←PC+1。

机器码：001011rd dddd rrrr。

对标志位的影响：无。

说明：这条指令的功能是将一个寄存器中的内容传输到另一个寄存器中，源寄存器 Rr 的内容不变，目的寄存器 Rd 的内容被原寄存器取代。例如：

mov r16，r0   ;将 r0 内容复制到 r16

call check   ;调用子程序

check：cpi r16，$11   ;将 r16 和 $11 比较

…

ret   ;子程序返回

2. 寄存器对间字传输指令

语法：MOVW Rd，Rr。

操作数：dE（0，2，…，30），rE（0，2，…，30）。

操作：Rd+1：Rd←Rr+1：Rr。

程序计数：PC←PC+1。

机器码：0010　0001 dddd　rrrr。

对标志位的影响：无。

说明：这条指令的功能是将一个寄存器对中的字数据传输到另一个寄存器中，源寄存器的内容不变，目的寄存器的内容被源寄存器取代。例如：

movw r17：16，r1：r0	；复制 r1：r0 到 r17：r16
call check	；调用子程序
check：cpi r16，$11	；将寄存 r16 的值和 $11 相比较

...

| cpi r17，$32 | ；将寄存 r17 的值和 $32 相比较 |

...

| ret | ；子程序返回 |

3. 装入立即数指令

语法：LDI Rd，K。

操作数：16≤d≤31，0≤K≤255。

操作：Rd←K。

程序计数：PC←PC+1。

机器码：1110 KKKK dddd KKKK。

对标志位的影响：无。

说明：这条指令的功能是装入一个 8 位立即数到寄存器 r16～r31 中。例如：

clr r31	；清除 Z 寄存器高位
ldir 30，$F0	；设置 Z 寄存器低字节为 $F0
ipm	；从程序存储区中 Z 寄存器指定的
	；位置装入立即数

4. SRAM 直接取数送寄存器指令

语法：LDI Rd，K。

操作数：16≤d≤31，0≤K≤255。

操作：Rd←K。

程序计数：PC←PC+2。

机器码：1001 000d dddd 0000 kkkk kkkk kkkk kkkk。

对标志位的影响：无。

说明：这条指令的功能是将数据存储器中指定位置的字节数据装入到寄存器中，其中 K 为该存储单元的 16 位地址。例如：

ids r2，$F00	；数据区中位于 $FF00 的数据装入 r2
add r2，r1	；将 r1 的值累加到 r2
sts $FF00，r2	；写回

5. X 指针寄存器间接取指指令

语法：LD Rd，X。

操作数：0≤d≤31。

操作：Rd←（X）。

程序计数：PC←PC+1。

机器码：1001 000d dddd 1100。

对标志位的影响：无。

说明：这条指令的功能是从 X 寄存器指定的数据空间中装入一个字节的数据到寄存器。

在这个过程中，X 指针不变。

6. X 指针寄存器间接取指加 1 指令

语法：LD Rd，X+。

操作数：0≤d≤31。

操作：Rd←（X），X←X+1。

程序计数：PC←PC+1。

机器码：1001　000d　dddd　1101。

对标志位的影响：无。

说明：这条指令的功能是从 X 寄存器指定的数据空间中装入一个字节的数据到寄存器。在这个过程中，X 指针加 1。

7. X 指针寄存器减 1 后间接取指指令

语法：LD Rd，−X。

操作数：0≤d≤31。

操作：X←X−1，Rd←（X）。

程序计数器：PC←PC+1。

机器码：1001　000d　dddd　1110。

对标志位的影响：无。

说明：执行这条指令时，先将 X 指针减 1，再将 X 指针指定的数据装入到寄存器中。例如：

```
clr r27        ; 清除 X 寄存器高字节
ldi r26，$60    ; 将 X 寄存器低字节设置成 $60
ld r0，X+       ; 将数据区中位于 $60 地址的数据装载到寄存器 r0 中（X 值加 1）
lr r0，X        ; 将数据区中位于 $60 地址的数据装载到寄存器 r1 中
ldi r26，$63    ; 将 X 寄存器低字节设置成 S63
ld r2，X        ; 将数据区中位于 $63 地址的数据装载到寄存器 r2 中
ld r3，−X       ; 将数据区中位于 $63 地址的数据装截止到寄存器 r3 中（X 事先减 1）
```

8. Y 指针寄存器间接取指指令

语法：LD Rd，Y。

操作数：0≤d≤31。

操作：Rd←（Y）。

程序计数器：PC←PC+1。

机器码：1001　000d　dddd　1000。

对标志位的影响：无。

说明：这条指令的功能是从 Y 寄存器指定的数据空间中装入一个字节的数据到寄存器在这个过程中，Y 指针不变。

9. Y 指针寄存器间接取指加 1 指令

语法：LD Rd，Y+。

操作数：0≤d≤31。

操作：Rd←（Y），Y←Y=1。

程序计数器：PC←PC+1。

机器码：1001　000d　dddd　1001。

对标志位的影响：无。

说明：这条指令的功能是从 Y 寄存器指定的数据空间中装入一个字节的数据到寄存器，在这个过程中，Y 指针加 1。

10. Y 指针寄存器减 1 后间接取指指令

语法：LD Rd，−Y。

操作数：0≤d≤31。

操作：Y←Y−1，Rd←（Y）。

程序计数器：PC←PC+1。

机器码：1001　000d　dddd　1010。

对标志位的影响：无。

说明：执行这条指令时，先将 Y 指针减 1，再将 X 指针指定的数据装入到寄存器中。

11. 带偏移量的间接取值指令

语法：LDD Rd，Y+q。

操作数：0≤d≤31，0≤q≤63。

操作：Rd←（Y+q），Y←Y=1。

程序计数器：PC←PC+1。

机器码：10q0　qq0d　dddd　1qqq。

对标志位的影响：无。

说明：这条指令的功能是将指针为 Y+q 的数据存储器 SRAM 中的数据传送寄存器中，而 Y 指针不改变。例如：

```
clr r29        ; 清除 Y 寄存器高字节
ldi r28，$60    ; 将 Y 寄存器低字节设置成 $60
ld r0，Y+      ; 将数据区中位于 $ 地址的数据装载到寄存器 r0 中（Y 值加 1）
ld r1，Y       ; 将数据区中位于 $60 地址的数据装载到寄存器 r1 中
ldi r28，$63    ; 设置 Y 寄存器低字节为 S63
ld r2，Y       ; 将数据区中位于 $63 地址的数据装载到寄存器 r2 中
ld r3，−Y      ; 将数据区中位于 $62 地址的数据装载到寄存器 r3 中（Y pre dec）
ldd r4，Y+2     ; 将数据存储器中位于 $64 处的数据装入 r4 寄存器
```

12. Z 指针寄存器间接取指指令

语法：LD Rd，Z。

操作数：0≤d≤31。

操作：Rd←（Z）。

程序计数器：PC←PC+1。

机器码：1000　000d　dddd　0000。

对标志位的影响：无。

说明：这条指令的功能是从 Z 寄存器指定的数据空间中装入一个字节的数据到寄存器在这个过程中，Z 指针不变。

13. Z 指针寄存器间接取指加 1 指令

语法：LD Rd，Z+。

操作数：0≤d≤31。

操作：Rd←（Z），Z←Z=1。

程序计数器：PC←PC+1。

机器码：1001　000d　dddd　0001。

对标志位的影响：无。

说明：这条指令的功能是从 Z 寄存器指定的数据空间中装入一个字节的数据到寄存器。在这个过程中，Z 指针加 1。

14. Z 指针寄存器减 1 后间接取指指令

语法：LD Rd，−Z。

操作数：0≤d≤31。

操作：Z←Z−1，Rd←（Z）。

程序计数器：PC←PC+1。

机器码：1001　000d　dddd　0010。

对标志位的影响：无。

说明：执行这条指令时，先将 Z 指针减 1，再将 Z 指针指定的数据装入到寄存器中。

15. 带偏移量的间接取值指令

语法：LDD Rd，Z+q。

操作数：0≤d≤31，0≤q≤63。

操作：Rd←（Z+q），Z←Z=1。

程序计数器：PC←PC+1。

机器码：10q0　qq0d　dddd　0qqq。

对标志位的影响：无。

说明：这条指令的功能是将指针为 Z+q 的数据存储器 SRAM 中的数据传送寄存器中，而 Z 指针不改变。例如：

```
clr r31          ;清除 Z 寄存器高字节
ldi r30，$60     ;将 Z 寄存器低字节设置成 $60
ld r0，Z+        ;将数据区中位于 $ 地址的数据装载到寄存器 r0 中（Y 值加 1）
ld r1，Z         ;将数据区中位于 $60 地址的数据装载到寄存器 r1 中
ldi r30，$63     ;设置 Y 寄存器低字节为 $63
ld r2，Z         ;将数据区中位于 $63 地址的数据装载到寄存器 r2 中
ld r3，−Z        ;将数据区中位于 $62 地址的数据装载到寄存器 r3 中（Z pre dec）
ldd r4，Z+2      ;将数据存储器中位于 $64 处的数据装入 r4 寄存器
```

16. 读程序存储器传送寄存器 R0 指令

语法：LPM。

操作数：无。

操作：R0←（Z）。

程序计数器：PC←PC+1。

机器码：1001 000d dddd 0100。

对标志位的影响：无。

说明：这条指令的功能是将 Z 寄存器指定的程序存储空间的一个字节装入目的寄存器 Rr 中，Z 指针不变。

由于程序存储器是按 16 位的字来组织的，因此，16 位地址指针寄存器 Z 的高 15 位为程序存储器的字地址。其中，当 LSB=0 时，为字的低字节；当 LSB=1 时，为字的高字节，这条指令可以寻址程序存储器的前 64K 字节的空间。

17. 读程序存储器数据传送寄存器指令

语法：LPM Rd，Z。

操作数：0≤d≤31。

操作：Rd←（Z）。

程序计数器：PC←PC+1。

机器码：1001 000d dddd 0100。

对标志位的影响：无。

说明：这条指令的功能是将 Z 寄存器指定的程序存储空间的一个字节装入目的寄存器 Rd 中，Z 指针不变。

由于程序存储器是按 16 位的字来组织的，因此，16 位地址指针寄存器 Z 的高 15 位为程序存储器的字地址。其中，当 LSB=0 时，为字的低字节；当 LSB=1 时，为字的高字节。这条指令可以寻址程序存储器的前 64K 字节的空间。

18. 读程序存储器数据传送寄存器后加 1 指令

语法：LPM Rd，Z。

操作数：0≤d≤31。

操作：Rd←（Z），Z←Z+1。

程序计数器：PC←PC+1。

机器码：1001 000d dddd 0101。

对标志位的影响：无。

说明：这条指令的功能是将 Z 寄存器指定的程序存储空间的一个字节装入目的寄存器 Rd 中，然后 Z 指针加 1。

由于程序存储器是按 16 位的字来组织的，因此，16 位地址指针寄存器 Z 的高 15 位为程序存储器的字地址。其中，当 LSB=0 时，为字的低字节；当 LSB=1 时，为字的高字节，这条指令可以寻址程序存储器的前 64K 字节的空间。例如：

ldi zh, high（Table_1≪1）：初始化 Z 指针

ldi zl, low（Table_1≪1）

lpm r16，Z   ；从程序存储器中装入 Z 指针（r31：r30）指向的常量

…

Table_1；

. dw 0x5876   ；ZLSB=0 时，将访问到 0x76

                ；ZLSB=1 时，将访问到 0x58

19. 读程序存储器数据传送寄存器 R0 指令（扩展）

语法：ELPM。

操作数：无。

操作：R0←（RAMPZ：Z）。

程序计数器：PC←PC+1。

机器码：1001 0101 1101　10000。

对标志位的影响：无。

说明：这条指令的功能是将 RAMPZ：Z 指向的程序存储空间的一个字节装入目的的寄存器 R0 中。

由于程序存储器是按 16 位的字来组织的，因此，16 位地址指针寄存器 Z 的高 15 位为程序存储器的字地址。其中，当 LSB=0 时，为字的低字节；当 LSB=1 时，为字的高字节。这条指令可以寻址程序存储器的前 64K 字节的空间。

20. 读程序存储器数据传送寄存器指令（扩展）

语法：ELPM Rd，Z。

操作数：0≤d≤31。

操作：Rd←（RAMPZ：Z）。

程序计数器：PC←PC+1。

机器码：1001 000d dddd 0110。

对标志位的影响：无。

说明：这条指令的功能是将 RAMPZ：Z 指向的程序存储空间的一个字节装入目的的寄存器 Rd 中，Z 指针不变。

由于程序存储器是按 16 位的字来组织的，因此，16 位地址指针寄存器 Z 的高 15 位为程序存储器的字地址。其中，当 LSB=0 时，为字的低字节；当 LSB=1 时，为字的高字节。这条指令可以寻址程序存储器的前 64K 字节的空间。例如：

```
ldi ZL，byte3（Table _ 1≪1）       ; 初始化指针
out RAMP Z，ZL，
ldi ZH，byte2（Table _ 1≪1）
ldi ZH，byte1（Table _ 1≪1）
elpm r16，Z+                       ; 从程序中加载常量
                                  ; 由 RAMPZ：Z 是 r31：r30 指向存储器
…
Table _ 1；
. dw 0x3738                        ; ZLSB=0 时，将访问到 0x38
                                  ; ZLSB=1 时，将访问到 0x37
```

21. 读程序存储器数据传送寄存器后加 1 指令（扩展）

语法：LPM Rd，Z。

操作数：0≤d≤31。

操作：Rd←（RAMPZ：Z），RAMPZ：Z←RAMPZ：Z+1。

程序计数器：PC←PC+1。

机器码：1001 000d dddd 0111。

对标志位的影响：无。

说明：这条指令的功能是将 RAMPZ：Z 指向的程序存储空间的一个字节装入目的的寄存器 Rd 中，然后 RAMPZ：Z 指针加 1。

由于程序存储器是按 16 位的字来组织的，因此，16 位地址指针寄存器 Z 的高 15 位为程序存储器的字地址。其中，当 LSB＝0 时，为字的低字节；当 LSB＝1 时，为字的高字节。这条指令可以寻址程序存储器的前 64K 字节的空间，Z 指针不变。

22. I/O 数据装入寄存器指令

语法：IN Rd，P。

操作数：0≤d≤31，0≤P≤63。

操作：P←Rr。

程序计数器：PC←PC＋1。

机器码：1011 0PPd dddd PPPP。

对标志位的影响：无。

说明：这条指令的功能是将 I/O 空间（口、定时器、配置寄存器等）的数据传送到寄存器区中的寄存器 Rd 中。例如：

```
in r25，$16      ;读取端口 B 的值
cpi r25，4       ;将读进来的值和常数 4 比较
breqexit         ;如果 r25＝4 则跳转
exit：nop        ;分支标号
```

23. 寄存器数据送 I/O 口指令

语法：OUT P，Rr。

操作数：0≤d≤31，0≤P≤63。

操作：P←Rr。

程序计数器：PC←PC＋1。

机器码：1011 1PPr rrrr PPPP。

对标志位的影响：无。

说明：这条指令的功能是将寄存器区中 Rr 的数据传送到 I/O 空间（口、定时器、配置寄存器等）。例如：

```
clr r16          ;r16 清零
ser r17          ;置位 r17
out $18，r16     ;向 B 口输出 0
nop              ;等待
out $18，r17     ;向 B 口输出 1
```

3.4.2 数据传输至 SRAM 中的指令

1. 数据直接传输到 SRAM 指令

语法：STS k，Rr。

操作数：0≤r≤31，0≤k≤65535。

操作：(k) ←Rr。

程序计数器：PC←PC＋1。

机器码：1001　001d　dddd　0000 kkkk kkkk kkkk kkkk。

对标志位的影响：无。

说明：这条指令的功能是将寄存器中的内容直接存储到 SRAM 中，其中 k 为存储单元的 16 位地址。例如：

lds r2，$FF00　；数据空间中位于 $FF00 的数据装入寄存器 r2

add r2，R1　　；将 R1 的值累加到 r2

sts $FF00，r2　；写回

2. X 间接寻址存数指令

语法：STX，Rr。

操作数：0≤r≤31。

操作：（X）←Rr。

程序计数器：PC←PC+1。

机器码：1001　001r　rrrr　1100。

对标志位的影响：无。

说明：这条指令的功能是将寄存器中一个字节的数据存储到以 X 为指针的 SRAM 中，X 指针不变。

3. X 间接寻址存数后加 1 指令

语法：STX+，Rr。

操作数：0≤r≤31。

操作：（X）←Rr，X←X+1。

程序计数器：PC←PC+1。

机器码：1001　001r　rrrr　1101。

对标志位的影响：无。

说明：这条指令的功能是将寄存器中一个字节的数据存储到以 X 为指针的 SRAM 中，X 指针加 1。

4. X 减 1 后间接寻址存数指令

语法：ST-X，Rr。

操作数：0≤r≤31。

操作：X←X-1，（X）-Rr。

程序计数器：PC←PC+1。

机器码：1001　001r　rrrr　1110。

对标志位的影响：无。

说明：执行这条指令时，先将 X 指针减 1，再将寄存器中一个字节的数据存储到以 X 为指针的 SRAM 中。例如：

clr r27　　　；清除 X 寄存器高字节

ldi r26，$60　；将 X 寄存器低字节设置成 $60

st X+，r0　　；存储 r0 内容到数据存储器控件中的 $60 处（执行后 X 值加 1）

st X，r1，　　；存储 r1 内容到数据存储器的 $61 处

ldi r26，$63　；将 X 寄存器低字节设置成 $63

stx，r2　　　　　；存储 r2 中的数据到指定的 $63 数据空间处

st‐X，r3　　　　；存储 r3 的数据到数据空间中地址为 $62 的地方（X 事先减 1）

5. Y 间接寻址存数指令

语法：STY，Rr。

操作数：0≤r≤31。

操作：(Y) ←Rr。

程序计数器：PC←PC+1。

机器码：1001　001r　rrrr　1000。

对标志位的影响：无。

说明：这条指令的功能是将寄存器中一个字节的数据存储到以 Y 为指针的 SRAM 中，Y 指针不变。

6. Y 间接寻址存数后加 1 指令

语法：STY+，Rr。

操作数：0≤r≤31。

操作：(Y) ←Rr，Y←Y+1。

程序计数器：PC←PC+1。

机器码：1001　001r　rrrr　1001。

对标志位的影响：无。

说明：这条指令的功能是将寄存器中一个字节的数据存储到以 Y 为指针的 SRAM 中，Y 指针加 1。

7. Y 减 1 后间接寻址存数指令

语法：ST−Y，Rr。

操作数：0≤r≤31。

操作：Y←Y−1，(Y) −Rr。

程序计数器：PC←PC+1。

机器码：1001　001r　rrrr　1010。

对标志位的影响：无。

说明：执行这条指令时，先将 Y 指针减 1，再将寄存器中一个字节的数据存储到以 Y 为指针的 SRAM 中。

8. 带偏移量的间接寻址存数指令

语法：STDY+q，Rr。

操作数：0≤d≤31，0≤q≤63。

操作：(Y+q) ←Rr。

程序计数器：PC←PC+1。

机器码：10q0　qq1r　rrrr　1qqqq。

对标志位的影响：无。

说明：这条指令的功能是将寄存器中一个字节的数据存储到以 Y+q 为指针的 SRAM 中。

例如：

clr r29　　　　　；清除 Y 寄存器高字节

154

ldi r28，$60　　　；将 Y 寄存器低字节设置成 $60

st Y＋，r0　　　　；存储 r0 内容到数据存储器控件中的 $60 处（执行后 X 值加 1）

st Y，r1，　　　　；存储 r1 内容到数据存储器的 $61 处

ldi r28，$63　　　；将 Y 寄存器低字节设置成 $63

stY，r2　　　　　；存储 r2 中的数据到指定的 $63 数据空间处

st _ Y，r3　　　　；存储 r3 的数据到数据空间中地址为 $62 的地方（存储之前 Y 值首先
　　　　　　　　　　减 1 变成 62）

st _ Y＋2，r4　　；存储 r4 的数据到数据空间中地址为 $64 的地方

9. Z 间接寻址存数指令

语法：STZ，Rr。

操作数：0≤r≤31。

操作：(Z) ←Rr。

程序计数器：PC←PC＋1。

机器码：1001　001r　rrrr　0000。

对标志位的影响：无。

说明：这条指令的功能是将寄存器中一个字节的数据存储到以 Z 为指针的 SRAM 中，Z 指针不变。

10. Z 间接寻址存数后加 1 指令

语法：STZ＋，Rr。

操作数：0≤r≤31。

操作：(Z) ←Rr，Z←Z＋1。

程序计数器：PC←PC＋1。

机器码：1001　001r　rrrr　0001。

对标志位的影响：无。

说明：这条指令的功能是将寄存器中一个字节的数据存储到以 Z 为指针的 SRAM 中，Z 指针加 1。

11. Z 减 1 后间接寻址存数指令

语法：ST－Z，Rr。

操作数：0≤r≤31。

操作：Z←Z－1，(Z) －Rr。

程序计数器：PC←PC＋1。

机器码：1001　001r　rrrr　1001。

对标志位的影响：无。

说明：执行这条指令时，先将 Z 指针减 1，再将寄存器中一个字节的数据存储到以 Z 为指针的 SRAM 中。

12. 带偏移量的间接寻址存数指令

语法：STDZ＋q，Rr。

操作数：0≤d≤31，0≤q≤63。

操作：(Z＋q) ←Rr。

程序计数器：PC←PC+1。

机器码：10q0 qq1r rrrr 0qqqq。

对标志位的影响：无。

说明：这条指令的功能是将寄存器中一个字节的数据存储到以 Y+q 为指针的 SRAM 中。

例如：

```
clr r31            ; 清除 Z 寄存器高字节
ldi r30，$60       ; 将 Z 寄存器低字节设置成 $60
st Z+，r0          ; 存储 r0 内容到数据存储器控件中的 $60 处（Z 值加 1）
st Z，r1           ; 存储 r1 内容到数据存储器的 $61 处
ldi r30，$63       ; Z 低字节设置为 $63
stZ，r2            ; 将 r2 数据存储到数据空间中指定地址的 $63 处
st‐Z，r3           ; 将 r3 的数据存储到数据空间中指定地址 $62 处（Z 执行前减了 1）
st‐Z+2，r4         ; 将 r4 的数据存储到数据空间中指定地址 $64 的处
```

3.4.3 写程序存储器指令

语法：SPM。

操作数：无。

操作：(Z) ←R1：R0。

程序计数器：PC←PC+1。

机器码：1001 0101 1110 1000。

对标志位的影响：无。

说明：这条指令的功能是将寄存器对 r1：r0 的内容（16 位字）装入 Z 指向的程序存储器空间中。寄存器 r1：r0 的内容组成一个 16 位的字，r1 确定高字节，r0 确定低字节。这条指令可以寻址程序存储器的前 64K 字节的空间。

3.4.4 堆栈操作指令

1. 将寄存器数值堆入堆栈指令

语法：PUSH Rr。

操作数：0≤d≤31。

操作：STACK←Rr，SP←SP−1。

程序计数器：PC←PC+1。

机器码：1001 001d dddd 1111。

对标志的影响：无。

说明：这条指令的功能是将存储寄存器 Rr 的内容堆入堆栈，堆栈的指针在指令执行后加 1。例如：

```
call routine       ; 调用子程序
...
routine：push r14  ; 保存 r14 中的数据到堆栈
         push r13  ; 保存 r13 中的数据到堆栈
```

156

　　…

　　pop r13　　；恢复 r13

　　pop r14　　；恢复 r14

　　ret　　　　；子程序返回

2. 将寄存器数值弹出堆栈指令

语法：POP Rd。

操作数：0≤d≤31。

操作：SP←SP+1，Rd—STACK。

程序计数器：PC←PC+1。

机器码：1001　001d dddd 1111。

对标志的影响：无。

说明：这条指令的功能是将堆栈中的字节装入到寄存器 Rd 中，堆栈指针在 POP 之前首先减 1。例如：

call routine　　　　　；调用子程序

　　…

routine：push r14　；将 r14 中的数据保存到堆栈

　　　　　push r13　；寄存器 r13 中的数据保存到堆栈

　　　　　…

　　　　　pop r13　；还原 r13

　　　　　pop r14　；还原 r14

　　　　　ret　　　；子程序返回

3.5　算术和逻辑指令

　　ATmega128 单片机的算术和逻辑指令共有 28 条，其中算术运算指令包括加、减、取反、取补、比较、增量以及减量指令；逻辑运算指令有与、或和异或指令，具体见表 3 - 3。

表 3 - 3　　　　　　　　　　　　　算术和逻辑运算指令

指令助记符	功能简述	影响的位标志	指令周期
ADD Rd，Rr	Rd←Rd+Rr	ZCNVS	1
ADC Rd，Rr	Rd←Rd+Rr+C	ZCNVS	1
ADIW Rdl，K	Rdh：Rdl←Rdh：Rdl+K	ZCNVS	2
SUB Rd，Rr	Rd←Rd−Rr	ZCNVS	1
SUBI Rd，K	Rd←Rd−K	ZCNVS	1
SBC Rd，Rr	Rd←Rd−Rr−C	ZCNVS	1
SBCI Rd，K	Rd←Rd−K−C	ZCNVS	1
SBIW Rdl，K	Rdh：Rdl←Rdh：Rdl−K	ZCNVS	2
AND Rd，Rr	Rd←Rd * Rr	ZNV	1
ANDI Rd，K	Rd←Rd * K	ZNV	1
OR Rd，Rr	Rd←Rd v Rr	ZNV	1

157

指令助记符	功能简述	影响的位标志	指令周期
ORI Rd, K	Rd←Rd v K	ZNV	1
EOR Rd, Rt	Rd←Rd⊕Rr	ZNV	1
COM Rd	Rd←SFF－Rd	ZCNV	1
NEG Rd	Rd←S00－Rd	ZNV	1
SBR Rd, K	Rd←Rd v K	ZNV	1
CBR Rd, K	Rd←Rd * (SFF－K)	ZNV	1
INC Rd	Rd←Rd＋1	ZNV	1
DBC Rd	Rd←Rd－1	ZNV	1
TST Rd	Rd←Rd * Rd	ZNV	1
CLR Rd	Rd←Rd⊕Rd	ZNV	1
SER Rd	Rd←SFF	NONE	1
MUL Rd, Rr	R1：R0←Rd x Rr	ZC	2
MULS Rd, R	R1：R0←Rd x Rr	ZC	2
MULSU Rd, Rr	R1：R0←Rd x Rr	ZC	2
FMUL Rd, Rr	R1：R0←(Rd x Rr)≪1	ZC	2
FMULS Rd, Rr	R1：R0←(Rd x Rr)≪1	ZC	2
FMULSU Rd, Rr	R1：R0←(Rd x Rr)≪1	ZC	2

3.5.1 加法指令

加法指令分为普通加法指令、带进位加法指令、字加立即数和加1指令。

1. 普通加法指令

语法：ADD Rd，Rr。

操作数：0≤d≤31，0≤r≤31。

操作：Rd←Rd＋Rr。

程序计数器：PC←PC＋1。

机器码：0000　11rd　dddd rrrr。

对标志位的影响：无。

说明：这条指令的功能是将两个寄存器不带进位标志 C 相加，结果送到目的寄存器 Rd 中。例如：

```
add r1, r2          ; r1 与 r2 相加（r1＝r1＋r2）
add r28, r28        ; r28 自加（r28＝r28＋r28）
```

2. 带进位加法指令

语法：ADC Rd，Rr。

操作数：0≤d≤31，0≤r≤31。

操作：Rd←Rd＋Rr＋C。

程序计数器：PC←PC＋1。

机器码：0001　11rd　dddd rrrr。

对标志位的影响：Z C N V H。

说明：这条指令的功能是将两个寄存器和标志位 C 的内容相加，结果送到目的寄存器 Rd 中，这组指令与普通的加法指令类似，唯一的不同之处是在执行加法时，还要将进位标志位 C 的内容加进去。例如：

```
                       ; r1：r0 与 r3：r2 相加
add r2，r0             ; 加低字节
adc r3，r1             ; 带进位加高字节
```

3. 字加立即数指令

语法：ADIW Rdl，K。

操作数：dl 为：24、26、28、30，0≤K≤63。

操作：Rdh：Rdl←Rdh：Rdl＋K。

程序计数器：PC←PC＋1。

机器码：1001　0110　KKdd KKKK。

对标志位的影响：Z C N V H。

说明：这条指令的功能是将寄存器对与立即数（0～63）相加，结果放到寄存器对中，该指令只能在最后 4 个寄存器对和指针寄存器上使用，K 为 6 位二进制无符号数。例如：

```
adiw r25：24，1    ; 将 r25：r24 加 1
adiw ZH：ZL，63    ; 将 Z 指针（r31：r30）加上 63
```

4. 加 1 指令

语法：INC Rd。

操作数：0≤d≤31。

操作：Rd←Rd＋1。

程序计数器：PC←PC＋1。

机器码：1001　010d　dddd　0011。

对标志的影响：V N Z。

说明：这条指令是将寄存器 Rd 的内容加 1，结果送到目的寄存器 Rd 中。该操作不改变 SREG 中的 C 标志。所以 INC 指令允许在多倍字长计算中用作循环计数。当对无符号数操作时，仅有 BREQ（相等跳转）和 BRNE（不为零跳转）指令有效。当对二进制补码值操作时，所有的带符号跳转指令全部有效。例如：

```
clr r22            ; 将 r22 寄存器清零
loop：inc r22       ; 使 r22 寄存器的值加 1
…
cpi r22，$ 4F       ; 把寄存器 r22 的值和立即数 $ 4F 比较
brne loop          ; 不相等跳转
nop                ; 空操作
```

3.5.2　减法指令

减法指令分为不带进位减法指令、不带进位减立即指令（字节）、带进位减法指令、带进

位减立即数指令（字节）、减立即数指令（字）和减 1 指令六种。

1. 不带进位减法指令

语法：USB Rd，Rr。

操作数：$0 \leqslant d \leqslant 31$，$0 \leqslant r \leqslant 31$。

操作：Rd←Rd＋Rr。

程序计数器：PC←PC＋1。

机器码：0001　10rd　dddd rrrr。

对标志位的影响：Z X N V H。

说明：这条指令的功能是将两个寄存器中的数据相减，再将结果送到目的寄存器 Rd 中。例如：

```
sub r13，r12        ; r13 内容减去 r12
brne noteq         ; 如果 r12 不等于 r13 则跳转
…
noteq: nop         ; 分支目的地
```

2. 不带进位减立即数指令（字节）

语法：USB1 Rd，K。

操作数：$16 \leqslant d \leqslant 31$，$0 \leqslant K \leqslant 255$。

操作：Rd←Rd－K。

程序计数器：PC←PC＋1。

机器码：0101　KKKK　dddd KKKK。

对标志位的影响：Z C N V H。

说明：这条指令的功能是将一个寄存器和立即数进行相减，结果送到目的的寄存器 Rd 中，该指令工作于 r16～r31，很适合 X、Y 和 Z 指针的操作。例如：

```
subi r22，$11      ; r22 减去 $11
abrne noteq        ; 如果 r22 不等于 $11 则跳转
noteq: nop         ; 分支目的地
```

3. 带进位减法指令

语法：SBC Rd，Rr。

操作数：$0 \leqslant d \leqslant 31$，$0 \leqslant r \leqslant 31$。

操作：Rd←Rd－Rr－C。

程序计数器：PC←PC＋1。

机器码：0000　10rd　dddd rrrr。

对标志位的影响：Z C N V H。

说明：这条指令的功能是将两个寄存器带着标志位相减，结果送到目的寄存器 Rd 中。例如：

```
                   ; r3：r2 中的数与 r1：r0 中的数相减
sub r2，r0          ; 低位字节相减
sbc r3，r1          ; 高位减
```

4. 带进位减立即数指令（字节）

语法：ADC Rd，Rr。

操作数：16≤d≤31，0≤K≤255。

操作：Rd←Rd+K-C。

程序计数器：PC←PC+1。

机器码：0100　KKKK　dddd KKKK。

对标志位的影响：Z C N V H。

说明：这条指令的功能是将一个寄存器和立即数带着标志位相减，结果送到目的寄存器 Rd 中。例如：

　　　　　　　　　　; r17: r16 中的数与立即数 $4F23 相减

subi r16 $23　　; 低位减

sbci r17，$4F　　; 高位减

5. 减立即数指令（字）

语法：SBIW Rd iK。

操作数：di 为 24、26、28、30，0≤K≤63。

操作：Rdh：Rdl←Rdh：Rdl-K。

程序计数器：PC←PC+1。

机器码：1001　0111　KKdd　KKKK。

对标志位的影响：Z C N V H。

说明：这条指令的功能是将寄存器 CF（字）和立即数（0~63）进行相减，结果送到目的寄存器 Rd 中，该指令用于高 4 个寄存器对，很适合操作 X、Y、Z 指针寄存器。例如：

sbiw r25：r24，1　; r25：r24 -1

sbiw yh：YL，63　; Y 指针（r29：r28）-63

6. 减 1 指令

语法：DEC Rd。

操作数：0≤d≤63。

操作：Rd←Rd-1。

程序计数器：PC←PC+1。

机器码：1001　0111　KKdd　KKKK。

对标志位的影响：Z N V。

说明：这条指令的功能是将寄存器 Rd 的内容减1，结果放到目的寄存器 Rd 中，该操作不改变状态寄存器 SREG 中的 C 标志，因此 DEC 指令允许在多倍字长计算中用作循环计数。当对无符号数操作时，仅有 BREQ（不相等跳转）和 BRNE（不为零跳转）指令有效。当对二进制补码值操作时，所有的带符号跳转指令都有效。例如：

ldi r17，$10　　; 寄存器 r17 装入常量

loop：add r1，r2　; 将 r2 装入 r1

　　dec r17　　; r17 值减 1

　　bme loop　　; 如果 r17 不等于零则跳转

　　nop　　　　; 继续（空操作）

3.5.3　乘法指令

乘法指令分为无符号数乘法指令，有符号数乘法指令，有符号数和无符号数乘法指令，无

符号数定点小数乘法指令，有符号数定点小数乘法指令，有符号数定小数与无符号数定点小数乘法指令六种。

1. 无符号数乘法指令

语法：MUL Rd，Rr。

操作数：0≤d≤31，0≤r≤31。

操作：R1：R0＝Rd×Rr。

程序计数器：PC←PC＋1。

机器码：1001　11nd　dddd　rrrr。

对标志位的影响：无。

说明：寄存器 Rd 中的被乘数和寄存器 Rr 中的乘数是两个 8 位的无符号数，该指令将这两个 8 位的无符号数相乘，结果为 16 位的无符号数，该结果被保存在 R1（高字节）和 R0（低字节）中，当选定 R0 或 R1 中的数据作为被乘数或乘数时，运算后的结果将会覆盖掉它们。例如：

```
mul r5, r4              ; r5 和 r4 中的无符号数相乘
movw r4, r0            ; 将结果复制到寄存器对 r5：r4 中。
```

2. 有符号数乘法指令

语法：MULS Rd，Rr。

操作数：16≤d≤31，16≤r≤31。

操作：R1：R0＝Rd×Rr。

程序计数器：PC←PC＋1。

机器码：0000　0010　dddd　rrrr。

对标志位的影响：Z C。

说明：寄存器 Rd 中的被乘数和寄存器 Rr 中的乘数是两个有符号数，该指令将这两个 8 位的无符号数相乘，结果为 16 位的有符号数，该结果被保存在 R1（高字节）和 R0（低字节）中。例如：

```
mul r21, r20           ; r21 和 r20 中的有符号数相乘
movw r20, r0          ; 将结果复制到寄存器对 r21：r20 寄存器中
```

3. 有符号数和无符号数乘法指令

语法：MULSU Rd，Rr。

操作数：16≤d≤23，16≤r≤23。

操作：R1：R0＝Rd×Rr。

程序计数器：PC←PC＋1。

机器码：0000　0011　0ddd　0rrr。

对标志位的影响：Z C。

说明：寄存器 Rd 中的被乘数为有符号数，寄存器 Rr 中的乘数是无符号数，该指令将两个数相乘，得到 16 位的结果被保存在 R1（高字节）和 R0（低字节）中。例如：

```
/ ****************************************************************************
;＊说明：
;＊两个 16 位的有符号数相乘得到 32 位的结果
```

```
; * 用法
; * r19:r18:r17:r16    * r23:r32    * r21:r20
; ******************************************************************************
muls16x16 - 32;
clr  r2
muls r23,r21               ;(有符号)ah * (有符号)bh
movw r19:r18,r1:r0
mul r22,r20;al * bl
movw r17:r16,r1:r0
mulsu r23,r20              ;(有符号)ah * bl
sbc r19,r2
add r17,r0
abc r18,r1
abc t19,t2
mulsu r21,r22             ;(有符号)bh * a1
abc r18,r1
abc r19,r2
mulsr r21,r22            ;(有符号)bh * a1
sbc  r19,r2
add  r17,r0
adc  r18,r1
adc  r19,r2
ret
```

4. 无符号数和无符号数乘法指令

语法：MULSU Rd，Rr。

操作数：16≤d≤23，16≤r≤23。

操作：R1：R0＝Rd×Rr（unsigned（1.15）＝unsigened（1.7）×unsigened（1.7））。

程序计数器：PC←PC＋1。

机器码：0000 0011 0ddd 1rrr。

对标志位的影响：Z C。

说明：寄存器 Rd 中的被乘数和寄存器 Rr 中的乘数是两个 8 位的无符号数，该指令将这两个 8 位的无符号数相乘，结果为 16 位的无符号数，左移一位后保存在 R1：R0。R1 为高 8 位，R0 为低 8 位。

（N. Q）表示一个小数点左边有 N 个二进制数位、小数点右边有 Q 个二进制数位的小数。当格式为（N1. Q1）和（N2. Q2）的两个小数相乘，所得结果的格式为（N1＋N2），（Q1＋Q2）。对于要有保留小数位的处理应用，输入的数据通常采用（1.7）的格式，产生的结果为（2.14）格式。因此将结果左移一位，以使高字节的格式与输入的相一致。FMUL 指令的执行周期与 MUL 指令相同，但在 MUL 指令的基础上增加了左移操作。

被乘数 Rd 和乘数 Rr 是两个包含无符号定点小数的寄存器，小数点固定在第 7 位和第 6 位之间，结果为 16 位无符号定点小数，其小数点应定在第 15 位和第 14 位之间。例如：

```
; ******************************************************************************
```

```
;*说明:
;*两个16位的有符号小数相乘得到32位的结果
;*应用
;* r19:r18:r17:r16 =(r23:r22  *r21:r20)≪1
;**************************************************************************
fmulss16x16 - 32;
clr   r2
fmuls r23,r21            ;(有符号)ah * (有符号)bh≪1
movw r19:r18,r1:r0
fmul r22,r20;al * bl     ;(a1 * b1)≪1
adc r18,r2
movw r17,r16,r1:r0
fmulsu r23,r20           ;(有符号)ah * bl≪1
sbc r19,r2
add r17,r0
adc r18,r1
adc t18,t2
fmulsu r21,r22           ;(有符号)bh * a1≪1
abc r18,r1
adc r19,r2
sbc   r19,r2
add   r17,r0
adc   r18,r1
adc   r19,r2
```

5. 有符号数定点小数乘法指令

语法:MULSU Rd,Rr。

操作数:16≤d≤23,16≤r≤23。

操作:R1:R0=Rd×Rr (unsigned (1.15)=unsigened (1.7) ×unsigened (1.7))。

程序计数器:PC←PC+1。

机器码:0000 0011 0ddd 1rrr。

对标志位的影响:Z C。

说明:寄存器 Rd 中的被乘数和寄存器 Rr 中的乘数是两个有符号数,该指令将这两个 8 位的有符号数相乘,结果为 16 位的有符号数,该结果左移一位后保存在 R1:R0。R1 为高 8 位,R0 为低 8 位。

(N. Q) 表示一个小数点左边有 N 个二进制数位、小数点右边有 Q 个二进制数位的小数。当格式为 (N1. Q1) 和 (N2. Q2) 的两个小数相乘,所得结果的格式为 (N1+N2),(Q1+Q2)。对于要有保留小数位的处理应用,输入的数据通常采用 (1.7) 的格式,产生的结果为 (2.14) 格式。因此将结果左移一位,以使高字节的格式与输入的相一致。FMUL 指令的执行周期与 MUL 指令相同,但在 MUL 指令的基础上增加了左移操作。

被乘数 Rd 和乘数 Rr 是两个包含无符号定点小数的寄存器,小数点固定在第 7 位和第 6 位之间,结果为 16 位无符号定点小数,其小数点应定在第 15 位和第 14 位之间。例如:

fmuls r23，r22　　　　　　　　；将（1.7）格式的带符号数 r23 和 r22 相乘，结果为（1.15）
　　　　　　　　　　　　　　　格式

movw r23：r22，r1：r0　；将结果复制到 r23：r22

6. 有符号数定点小数与无符号数定点小数乘法指令

语法：MULSU Rd，Rr。

操作数：16≤d≤23，16≤r≤23。

操作：R1：R0＝Rd×Rr（unsigned（1.15）＝unsigened（1.7）×unsigened（1.7））。

程序计数器：PC←PC＋1。

机器码：0000　0011　0ddd　1rrr。

对标志位的影响：Z C。

说明：寄存器 Rd 中的被乘数和寄存器 Rr 中的乘数是两个无符号数，该指令将这两个 8
位的有符号数相乘，结果为 16 位的有符号数，该结果左移一位后保存在 R1：R0。R1 为高 8
位，R0 为低 8 位。

（N. Q）表示一个小数点左边有 N 个二进制数位、小数点右边有 Q 个二进制数位的小数。
当格式为（N1. Q1）和（N2. Q2）的两个小数相乘，所得结果的格式为（N1＋N2），（Q1＋
Q2）。对于要有保留小数位的处理应用，输入的数据通常采用（1.7）的格式，产生的结果为
（2.14）格式。因此将结果左移一位，以使高字节的格式与输入的相一致。FMUL 指令的执行
周期与 MUL 指令相同，但在 MUL 指令的基础上增加了左移操作。

（1.7）格式常应用在有符号的数字上，而 FMULSU 指令是将一个无符号定点小数和一个
有符号定点小数进行相乘。因此，当对 16 位输入（1.15）格式的有符号数执行乘法运算时，
该指令最常用于计算部分结果的两个部分，产生一个（1.31）格式的结果。需要注意的是，如
果 FMULSU 指令操作结果被当作（1.15）格式中的数值，会有补码外溢的可能。乘法的最高
有效位在左移前必须要考虑并实行进位。

被乘数 Rd 为一个包含带符号定点小数的寄存器，乘数 Rr 是一个包含无符号定点小数的
寄存器，小数点固定在第 7 位和第 6 位之间。结果为 16 位带符号的定点小数，其小数点固定
在第 15 位和第 14 位之间。例如：

```
; ****************************************************************************
; * 说明
; * 两个 16 位的带符号小数相乘,得到 32 位结果
; * 应用
; * r19:r18:r17:r16 = (r23:r22 * r21:r20)≪1
; ****************************************************************************
fmuls 16×16－32;
clr r2
fmuls r23,r21                ;(有符号)ab * (有符号)bh≪1
movw r19:r18,r1:r0    al * bl≪1
adc r18,r2
movw r17:r16,r1:r0           ;(有符号)ab * bl≪1
sbc r19,r2
add r17,r0
```

```
adc r18,r1
adc r19,r2
fmulsr r21,r22                  ;(有符号)bh＊al≪1
sbc r19,r2
add r17,r0
adc r18,r1
adc r18,r2
```

3.5.4 逻辑与指令

逻辑与指令包括两个寄存器逻辑与指令、寄存器与立即数逻辑与指令、寄存器的位清零指令以及测试寄存器为 0 或负指令四种。

1. 两个寄存器逻辑与指令

语法：AND Rd，Rr。

操作数：$0 \leqslant d \leqslant 31$，$0 \leqslant d \leqslant 31$。

操作：Rd←Rd：Rr。

程序计数器：PC←PC＋1。

机器码：0010 00rd dddd rrrr。

对标志位的影响：Z N V。

说明：这条指令的功能是将寄存器 Rd 和寄存器 Rr 的内容进行逻辑与操作，结果送到目的寄存器 Rd 中。例如：

```
and r2，r3                 ;r2 和 r3 按位与，结果放在 r2
ldi r16，1                 ;把立即数 0000 0001 装入 r16
and r2，r16                ;只取 r2 的第 0 位
```

2. 寄存器与立即数逻辑与指令

语法：ANDI Rd，K。

操作数：$16 \leqslant d \leqslant 31$，$0 \leqslant K \leqslant 255$。

操作：Rd←Rd・K。

程序计数器：PC←PC＋1。

机器码：0001 KKKK dddd KKKK。

对标志位的影响：Z N V。

说明：这条指令的功能是将寄存器 Rd 和立即数进行逻辑与操作，结果送到目的寄存器 Rd 中。例如：

```
andi r17，＄0F              ;将 r17 的高半字节清零
andi r18，＄10              ;取 r18 的第 4 位
andi r19，＄AA              ;将 r19 的奇数位清零
```

3. 寄存器的位清零指令

语法：CBR Rd，K。

操作数：$16 \leqslant d \leqslant 31$，$0 \leqslant K \leqslant 255$。

操作：Rd←Rd（＄FF－K）。

程序计数器：PC←PC＋1。

机器码：参看 ANDI，将 K 用其补码取代。

对标志位的影响：Z N V。

说明：这条指令的功能是将寄存器 Rd 中指定位的内容清除，将寄存器 Rd 的内容与常数表征码 K 的补码相与，最后把结果放回寄存器 Rd 中。例如：

```
cbr r16, $F0        ；清零 r16 的高半字节
cbr r18, i          ；清零 r18 的第 0 位
```

4. 测试寄存器为 0 或负指令

语法：TST Rd。

操作数：0≤d≤3。

操作：Rd←Rd−Rd。

程序计数器：PC←PC+1。

机器码：0010 00dd dddd dddd。

对标志位的影响：Z N V。

说明：这条指令的功能是检测寄存器 Rd 是零还是负数，实现了寄存器与其本身的逻辑与操作，而寄存器内容不变。例如：

```
tst r0              ；测试 r0
breq zer0           ；如果 r0＝0 跳转
zero: nop           ；分支目的地
```

3.5.5 逻辑或指令

逻辑或指令包括两个寄存器逻辑或指令、寄存器与立即数逻辑或指令、寄存器的位置位指令以及置位寄存器指令四种。

1. 两个寄存器逻辑与指令

语法：OR Rd, Rr。

操作数：0≤d≤31, 0≤r≤31。

操作：Rd←Rd∨Rr。

程序计数器：PC←PC+1。

机器码：0010 10rd dddd rrrr。

对标志位的影响：Z N V。

说明：这条指令的功能是将寄存器 Rd 和寄存器 Rr 的内容进行逻辑或操作，结果送到目的寄存器 Rd 中。例如：

```
or r15, r16         ；对两个寄存器中的数据逐位取或
bst r15, 6          ；将第 6 位的值保存在 T 状态寄存器中
brts ok             ；标志位 T＝1 跳转
ok: nop             ；分支标号（什么也不做）
```

2. 寄存器与立即数逻辑或指令

语法：ORI Rd, K。

操作数：16≤d≤31, 0≤K≤255。

操作：Rd←Rd∨K。

程序计数器：PC←PC＋1。

机器码：0110 KKKK dddd KKKK。

对标志位的影响：Z N V。

说明：这条指令的功能是将寄存器 Rd 和立即数进行逻辑或操作，结果送到目的寄存器 Rd 中。例如：

ori r16，$ f0　　　　　　　；设置 r19 寄存器的高 4 位全为 1 对两个寄存器中的数据逐位取或

orir17，l　　　　　　　　；设置 r17 寄存器的第 0 位为 1

3. 寄存器的位置位指令

语法：SBR Rd，K。

操作数：16≤d≤31，0≤K≤255。

操作：Rd←Rd∨K。

程序计数器：PC←PC＋1。

机器码：0110 KKKK dddd KKKK。

对标志位的影响：Z N V。

说明：这条指令的功能是用于对寄存器 Rd 中指定位置位。完成寄存器 Rd 和常数表征码 K 之间的逻辑或操作，结果送到目的寄存器 Rd 中。

4. 置位寄存器指令

语法：SER Rd。

操作数：16≤d≤31。

操作：Rd← $ FF。

程序计数器：PC←PC＋1。

机器码：1110 1111 dddd 1111。

对标志位的影响：NONE。

说明：这条指令的功能是将 1FF 直接装入到寄存器 Rd 中。例如：

clri r16，　　　　　　　　；清除 r16

serr17，　　　　　　　　　；置位 r17

out $ 18，r16　　　　　　 ；B 口输出 0

nop　　　　　　　　　　　 ；延时（空操作）

out $ 18，r17　　　　　　 ；B 口输出 1

3.5.6　逻辑异或指令

逻辑异或指令包括两个寄存器逻辑异或指令和清零寄存器指令两种。

1. 两个寄存器逻辑异或指令

语法：EOR Rd，Rr。

操作数：0≤d≤31，0≤r≤31。

操作：Rd←Rd⊕Rd。

程序计数器：PC←PC＋1。

机器码：0010 01rd dddd rrrr。

对标志位的影响：Z N V。

说明：这条指令的功能是将寄存器 Rd 和寄存器 Rr 中内容进行逻辑异或操作，结果送到目的寄存器 Rd 中。例如：

```
cor r4. r4              ; r4 清零
eorr0, r17              ; r0 与 r22 之间逐位异或
```

2. 清零寄存器指令

语法：CLR Rd。

操作数：0≤d≤31。

操作：Rd←Rd⊕Rd。

程序计数器：PC←PC+1。

机器码：0010　01dd　dddd　dddd。

对标志位的影响：Z N V。

说明：这条指令的功能是将寄存器清零，寄存器 Rd 通过与本身相异或实现将其所有位都清零。例如：

```
clr r18                 ; 清零 r18
loop: inc r18           ; r18 加 1
…
cpi r18，$50            ; 比较 r18 与 $50
brne loop
```

3.5.7　取反码指令

语法：COM Rd。

操作数：0≤d≤31。

操作：Rd←$FF−Rd。

程序计数器：PC←PC+1。

机器码：1001　010d　dddd　0000。

对标志位的影响：Z C N V。

说明：这条指令的功能是将寄存器中 Rd 中的二进制进行反码操作。例如：

```
com   r4                ; r4 取反
nreq zero               ; 为零跳转
…
zero：nop                ; 跳转到目标语句执行（空操作）
```

3.5.8　取补码指令

语法：NEG Rd。

操作数：0≤d≤31。

操作：Rd←$00−Rd。

程序计数器：PC←PC+1。

机器码：1001　010d　dddd　0001。

对标志位的影响：Z C N H。

说明：这条指令的功能是将寄存器 Rd 中的内容用它的二进制补码取代，＄80 值不变。例如：

```
sub r11，r0          ；r11 中的数据减去 r0 中的数据
brpl positive        ；如果结果为正则跳转
neg r11              ；将 r11 中的数据取补码
positive：nop        ；分支目的地
```

3.6　转移和跳转指令

ATmega128 单片机提供了 36 条比较转移指令，主要分为无条件转移指令、条件转移指令以及子程序调用和返回指令三大类型，这些丰富的指令使得编程相当灵活方便。

表 3 - 4 列出了全部 ATmega128 单片机支持的全部跳转指令。

表 3 - 4　　　　　　　　　跳　转　指　令

指令助记符	功能简述	影响的位标志	指令周期
RJMP K	PC←PC+k+1	NONE	2
IJMP	PC←Z	NONE	2
JMP K	PC←k	NONE	3
RCALL K	PC←PC+k+1	NONE	3
ICALL	PC←Z	NONE	3
CALL K	PC←k	NONE	4
RET	PC←STACK	NONE	4
RETI	PC←STACK	I	4
CPSE Rd，Rr	if（Rd=Rr）PC←PC+2 or 3	NONE	1/2/3
CP Rd，Rr	Rd−Rr	Z N V C H	1
CPC Rd，Rr	Rd−Rr−C	Z N V C H	1
CPI Rd，K	Rd−K	Z N V C H	1
SBRC Rr，b	if（Rr（b）=0）PC←PC+2 or 3	NONE	1/2/3
SBRS Rr，b	if（Rr（b）=1）PC←PC+2 or 3	NONE	1/2/3
SBIC P，b	if（P（b）=0）PC←PC+2 or 3	NONE	1/2/3
SBIS P，b	if（P（b）=1）PC←PC+2 or 3	NONE	1/2/3
BRBS s，k	if（SREG（s）=1）then PC←PC+k+1	NONE	1/2
BRBC s，k	if（SREG（s）=0）then PC←PC+k+1	NONE	1/2
BREQ K	if（Z=1）then PC←PC+k+1	NONE	1/2
BRNE K	if（Z=0）then PC←PC+k+1	NONE	1/2
BRCS K	if（C=1）then PC←PC+k+1	NONE	1/2
BRCC K	if（C=0）then PC←PC+k+1	NONE	1/2
BRSH K	if（C=0）then PC←PC+k+1	NONE	1/2
BRLO K	if（C=1）then PC←PC+k+1	NONE	1/2
BRMI K	if（N=1）then PC←PC+k+1	NONE	1/2

指令助记符	功能简述	影响的位标志	指令周期
BRPL K	if (N=0) then PC←PC+k+1	NONE	1/2
BRGE K	if (N⊕V=0) then PC←PC+k+1	NONE	1/2
BRLT K	if (N⊕V=1) then PC←PC+k+1	NONE	1/2
BRHS K	if (H=1) then PC←PC+k+1	NONE	1/2
BRHC K	if (H=0) then PC←PC+k+1	NONE	1/2
BRTS K	if (T=1) then PC←PC+k+1	NONE	1/2
BRTC K	if (T=0) then PC←PC+k+1	NONE	1/2
BRVS K	if (V=1) then PC←PC+k+1	NONE	1/2
BRVC K	if (V=0) then PC←PC+k+1	NONE	1/2
BRIE K	if (I=1) then PC←PC+k+1	NONE	1/2
BRID K	if (I=0) then PC←PC+k+1	NONE	1/2

3.6.1 无条件跳转指令

无条件跳转指令包括相对跳转指令、间接跳转到（Z）指令和直接跳转指令三种。

1. 相对跳转指令

语法：RJMP k。

操作数：$-2K \leqslant k \leqslant 2K$。

操作：PC←PC+k+1。

程序计数器：PC←PC+k+1。

机器码：1100 kkkk kkkk kkkk。

对标志位的影响：无。

说明：这条指令的功能是完成相对跳转到 PC−2K+1～PC+2K（字）范围内的地址。在汇编语言中，相对跳转字 K 用标号来代替。如果芯片的程序存储器空间不超过 4K 字，则这条指令的寻址范围为整个程序存储空间。

2. 间接跳转到（Z）指令

语法：RJMP。

操作数：无。

操作：PC←Z（15～0）。

程序计数器：根据具体情况而定。

机器码：1001 0100 0000 1001。

对标志位的影响：无。

说明：这条指令可以间接跳转到 Z 指针寄存器指向的 16 位地址。Z 指针寄存器是 16 位的，可以在当前程序寄存器内跳转。

3. 直接跳转指令

语法：JMP k。

操作数：$0 \leqslant k \leqslant 4M-1$。

操作：PC←k。

程序计数器：PC←k。

机器码：1100　010k　kkkk　110k　kkkk kkkk kkkk kkkk。

对标志位的影响：无。

说明：执行这条指令可以直接跳转到指定的地址，范围可以达到整个4M的程序存储器。例如：

```
mov r1, r0              ; r0的值复制到r1
impfarle                ; 无条件转移
…
farple: nop             ; 跳转的目的地
```

3.6.2 调用和返回指令

在程序设计中，通常把具有一定功能的公用程序段编成子程序，当主程序需要使用子程序时调用指令即可，而子程序的最后安排一条子程序返回指令，以便执行完子程序后能返回主程序继续执行。子程序的调用和返回是互逆操作。

子程序在调用指令本身的过程中，标志位不会受到影响，但子程序体中指令的执行会改变标志位，因此，如果希望子程序调用指令前后的标志位不被改变，那么，在子程序的开始处设一个保护标志位，在子程序的返回前恢复标志位即可。

子程序调用及返回指令包括相对子程序调用指令、相对调用到（Z）指令、直接子程序调用指令、子程序返回指令以及中断返回指令五种。

1. 相对子程序调用指令

语法：RCALL k。

操作数：2K≤k≤2K。

操作：STACK←PC+1，SP←SP−2，PC←（PC+1）+k。

机器码：1101　kkkk kkkk kkkk。

对标志位的影响：无。

说明：这条指令可以相对调用PC−2K+1到PC+2K范围内的子程序，返回地址（RCALL后面指令的地址）保存到堆栈当中。如果芯片的程序存储器不超过4K字，则该指令可以寻址整个程序存储器空间。例如：

```
rcell routine           ; 调用子程序
routine: push r14       ; r14压栈
…
pop r14                 ; 恢复r14
set                     ; 子程序返回
```

2. 相对调用到（Z）指令

语法：ICALL。

操作数：无。

操作：STACK←PC+1，SP←SP−2，PC←Z。

机器码：1001　0101　0000　1001。

对标志位的影响：无。

说明：执行这条指令可以间接调用 Z 寄存器指向的子程序。地址指针寄存器为 16 位，允许调用在当前程序存储空间 64K 字（128K 字节）内的子程序。调用 ICALL 后堆栈指针减小。例如：

```
mov r30，R0              ; 设置所要调用的子程序的偏移地址
icall                    ; 调用 r31：r30 指向的子程序
```

3. 直接子程序调用指令

语法：CALL k。

操作数：0≤k≤64K。

操作：STACK←PC+2，SP←SP−2，PC←k。

对标志位的影响：无。

机器码：1001　010k kkkk　111k kkkk kkkk kkkk kkkk。

说明：执行这条指令可以将 PC+2 后的值（CALL 指令后的下一条指令地址）压入堆栈，然后直接调用 k 处地址的子程序。例如：

```
mov r16，r0              ; 送 r0 到 r16
call check               ; 直接子程序调用
nop                      ; 继续（空操作）
…
check: cpi r16，$42      ; 检测是否 r16 有一个特殊值
breq error               ; 相等跳转
ret                      ; 从子程序返回
…
error: rjmp error        ; 无限循环
```

4. 子程序返回指令

语法：RET。

操作数：无。

操作：SP←SP+2，PC←STACK。

对标志位的影响：无。

机器码：1001 0101 0000 1000。

说明：执行这条指令可以从子程序返回，返回地址从堆栈中弹出。例如：

```
call routine            ; 调用子程序
…
routine：push r14       ; r14 入栈
        …
        pop r14          ; r14 出栈
        ret              ; 子程序返回
```

5. 中断返回指令

语法：RETI。

操作数：无。

操作：SP←SP+2，PC←STACK。

对标志位影响：I。

机器码：1001 0101 0001 1000。

说明：执行这条指令可以从子程序返回，返回地址从堆栈中弹出。同时，全局中断标志被置位。在 RETI 指令中堆栈指针带有预增量。例如：

...

extint: push r0	; r0 入栈
pop r0	; r0 出栈
reti	; 中断返回并打开全局中断允许

3.6.3 条件跳转指令

条件转移指令是一组极其重要的转移指令，它能够在满足一定条件时转移到由指令指出的转向地址，从而执行那里的程序，当不满足条件时，顺序执行下一条指令，条件转移指令为实现多功能程序提供了必要的手段。所有的条件转移指令都不影响条件码。

1. 比较相等跳行指令

语法：CPSE Rd，Rr。

操作数：0≤d≤31，0≤r≤31。

操作：If Rd＝Rr then PC－PC＋2（or 3）else PC←PC＋1。

机器码：0001 00rd dddd rrrr。

对标志位的影响：无。

说明：这条指令可以将寄存器 Rd 和寄存器 Rr 进行比较，当 Rd＝Rr 时跳一行执行指令。例如：

inc r4	; r4 加 1
cpse r4，r0	; 比较 r4 和 r0
neg r4	; 仅当 r4＜或＞r0 时执行
nop	; 继续（空操作）

2. 比较指令

语法：CP Rd，Rr。

操作数：0≤d≤31，0≤r≤31。

操作：Rd←Rr－C。

程序计数器：PC←PC＝1。

机器码：0001 01rd dddd rrrr。

对标志位影响：无。

说明：这条指令可以完成两个寄存器 Rd 和 Rr 相比较的操作，而寄存器的内容不改变。例如：

cp r4，R19	; 比较 r4 与 r19
brne noteq	; 如果 r4＜或＞r19 则跳转
moteq: nop	; 跳转到目标语句执行（空操作）

3. 带进位比较指令

语法：CPC Rd，Rr。

操作数：0≤d≤31，0≤r≤31。

操作：Rd－Rr。

程序计数器：PC←PC+1。

机器码：0001 00rd　dddd　tttt。

对标志位的影响：Z N V C H。

说明：这条指令完成寄存器 Rd 和寄存器 Rr 相比较操作，而寄存器的内容不改变，该指令执行后能使用所有条件跳转指令。例如：

```
                          ; 比较 r3：r2 和 r1：r0
cp r2，r0                  ; 比较低字节
cpc r3，r1                 ; 比较高字节
brne noteq                ; 不相等跳转
…
noteq：nop                ; 跳转到目标语句执行（空操作）
```

4. 与立即数比较指令

语法：CPI Rd，K。

操作数：16≤d≤31，0≤K≤255。

操作：Rd−K。

程序计数器：PC←PC+1。

机器码：0011 KKKK　dddd　KKKK。

对标志位的影响：Z N V C H。

说明：这条指令完成寄存器 Rd 和常数的比较操作，寄存器的内容不改变，该指令执行后能使用所有条件跳转指令。例如：

```
cpi r19，3                 ; 比较 r19 和 3
brne error                ; 如果 r19<或>3 则跳转
…
error：nop                ; 跳转到目标语句执行（空操作）
```

5. 寄存器位清零跳行指令

语法：SBBC Rr，b。

操作数：0≤r≤31，0≤b≤7。

操作：Ff Rd（b）=0 then　PC←PC+2（or3）else PC−PC+1。

机器码：1111 110r　rrrr　0bbb。

对标志位影响：无。

说明：这条指令对寄存器 Rd 的第 b 位进行测试，如果该位被清零，则跳行下一条指令执行。例如：

```
sub r0，r1                 ; r0−r1
sbre r0，7                 ; 如果 r0 第 7 位被清除则执行跳过
sub r0，r1                 ; 只有在第 7 位不为 0 时才执行
nop                       ; 继续（不做任何操作）
```

6. 寄存器位置位跳行指令

语法：SBRS Rr，b。

操作数：0≤r≤31，0≤b≤7。

操作：If Rr（b）=1 then PC←PC+2（or 3），else PC←PC+1。

机器码：1111 111r rrrr 0bbb。

对标志位的影响：无。

说明：这条指令对寄存器 Rd 的第 b 位进行测试，如果该位被置位，则跳行下一条指令执行。例如：

sub　r0，r1	；r0-r1
sbrs r0.7	；如果 r0 第 7 位为 1，则置位
neg r0	；只有在第 7 位不为 1 时才执行
nop	；继续（不做任何操作）

7. I/O 位清零跳行指令

语法：SBIC P，b。

操作数：0≤P≤31，0≤b≤7。

操作：If Rr（b）=1 then PC←PC+2（or 3），else PC←PC+1。

机器码：1001 1001　PPPP　Pbbb。

对标志位的影响：无。

说明：这条指令对寄存器 Rd 的第 b 位进行测试，如果该位被清零，则跳行下一条指令执行。该指令只在低 32 位的 I/O 寄存器内操作，对应的 I/O 空间地址为 0～31。例如：

e2wait sbic $1c1	；如果 EEWE 被清除，则跳过下一条指令
fjmp e2wait	；写 E^{2}PROM 没有完成
nop	；继续（不做任何操作）

8. I/O 位置位跳行指令

语法：SBIS P，b。

操作数：0≤P≤31，0≤b≤7。

操作：If Rr（b）=1 then PC←PC+2（or 3），else PC←PC+1。

机器码：1001 1011　PPPP　Pbbb。

对标志位的影响：无。

说明：这条指令对寄存器 Rd 的第 b 位进行测试，如果该位被清零，则跳行下一条指令执行。该指令只在低 32 位的 I/O 寄存器内操作，对应的 I/O 空间地址为 0～31。例如：

waitset：sbis $10，0	；如果 Port D0 置位 1，则跳过下一条指令
rjmp waitset	；不置位
nop	；继续（不做任何操作）

9. SREG 位清零跳转指令

语法：BRBC s，k。

操作数：0≤s≤7，-64≤k≤63。

操作：If SREG（s）=0，then PC←（PC+1）+k，else PC←PC+1。

机器码：1111　01kk　kkkk　ksss。

对标志位的影响：无。

说明：当该指令开始执行时，首先 PC 加 1，接下来测试 SREG 的 s 位，如果该位被清零，则跳转 k 个字，k 为 7 位带符号数，最多可以向前跳 63 个字，向后跳 64 个字，否则不发生跳转，顺序执行程序。例如：

```
cpi r20, 5                  ;比较与数字
brbc 1, noteq               ;若 SREG 的 z 标志位（第 1 位）为 0 跳转
noteq: nop                  ;跳转到目标语句执行（空操作）
```

10. SREG 位置位跳转指令

语法：BRBS s，k。

操作数：0≤s≤7，−64≤k≤63。

操作：If SREG（s）＝0，then PC←（PC+1）+k，else PC←PC+1。

机器码：1111　00kk　kkkk　ksss。

对标志位的影响：无。

说明：当该指令开始执行时，首先 PC 加 1，接下来测试 SREG 的 s 位，如果该位被清零，则跳转 k 个字，k 为 7 位带符号数，最多可以向前跳 63 个字，向后跳 64 个字，否则不发生跳转，顺序执行程序。例如：

```
bstr 0, 3                   ;装入 r0 的第 3 位到 T 标志位
brbc 6, bitset              ;若 T 标志位（第 6 位）为 1 跳转
…
bitset: nop                 ;跳转到目标语句执行（空操作）
```

11. 相等跳转指令

语法：BREQ k。

操作数：−64≤k≤63。

操作：If SREG（s）＝0，then PC←（PC+1）+k，else PC←PC+1。

机器码：1111　01kk　kkkk　k001。

对标志位的影响：无。

说明：相对跳转指令开始执行时，首先测试零标志位 Z，如果 Z 发生置位，则相对 PC 值跳转 k 个字，若 CP、CPI、SUB 以及 SUBI 等指令执行之后立即执行该指令，同时寄存器 Rd 中数与寄存器 Rr 中数相等时，将发生跳转。可跳转 k 个字，k 为 7 位带符号数，最多可以向前跳 63 个字，向后跳 64 个字。例如：

```
cpi r1, r5                  ;比较 r1 和 r2
brbc 1, cqual               ;寄存器相等则跳转
…
equal: nop                  ;跳转到目标语句执行（空操作）
```

12. 不相等跳转指令

语法：BRNE，k。

操作数：−64≤k≤63。

操作：If SREG（s）＝0，then PC←（PC+1）+k，else PC←PC+1。

机器码：1111　01kk　kkkk　k001。

对标志位的影响：无。

说明：相对跳转指令开始执行时，首先测试零标志位 Z，如果 Z 发生清零，则相对 PC 值跳转 k 个字，若在 CP、CPI、SUB 以及 SUBI 等指令执行之后立即执行该指令，同时寄存器

Rd 中数与寄存器 Rr 中数相等时，将发生跳转。可跳转个 k 字，k 为 7 位带符号数，最多可以向前跳 63 个字，向后跳 64 个字。例如：

```
eor r27，r27              ；r27 清零
loop：inc r27             ；r27 加 1
...
cpi：r27，5               ；比较 r27 和 5
brne loop                ；如果 r27<或>5 则跳转
nop                      ；退出 loop（空操作）
```

13. 进位标志位 C 置位跳转指令

语法：BRCS，k。

操作数：$-64 \leqslant k \leqslant 63$。

操作：If SREG（s）=0，then PC←（PC+1）+k，else PC←PC+1。

机器码：1111 01kk kkkk k000。

对标志位的影响：无。

说明：条件相对跳转执行时，首先测试进位标志 C，如果 C 位被置位，则相对 PC 值跳转 k 个字，k 为 7 位带符号数，最多可以向前跳 63 个字，向后跳 64 个字。例如：

```
cpi r26，$56             ；比较 r26 与 $56
brcs，carry              ；C=1 跳转
...
carry：nop               ；跳转到目标语句执行（空操作）
```

14. 进位标志位 C 清零跳转指令

语法：BRCC，k。

操作数：$-64 \leqslant k \leqslant 63$。

操作：If C=0，then PC←（PC+1）+k，else PC←PC+1。

机器码：1111 01kk kkkk k000。

对标志位的影响：无。

说明：条件相对跳转执行时，首先测试进位标志 C，如果 C 位被清零，则相对 PC 值跳转 k 个字，k 为 7 位带符号数，最多可以向前跳 63 个字，向后跳 64 个字。例如：

```
add r22，r23             ；r23 加上 r22
brcc，nocarry            ；C=0 跳转
...
nocarry：nop             ；跳转到目标语句执行（空操作）
```

15. 大于等于跳转指令（无符号）

语法：BRSH，k。

操作数：$-64 \leqslant k \leqslant 63$。

操作：If Rd>Rr（C=0），then PC-（PC+1）+k，else PC←PC+1。

机器码：1111 01kk kkkk k000。

对标志位的影响：无。

说明：条件相对跳转执行时，首先测试进位标志 C，如果 C 位被清零，则相对 PC 值跳转

k 个字，k 为 7 位带符号数，最多可以向前跳 63 个字，向后跳 64 个字。如果在执行 CP、CPI、SUB 或 SUBI 指令后立即执行该指令，且当在寄存器 Rd 中无符号二进制数大于或等于寄存器 Rr 中无符号二进制数时，将发生跳转。例如：

```
subi r19，4              ;r19 减 4
brsh，highsm            ;如果 r19>=4（无符号）则跳转
…
highsm：nop             ;跳转到目标语句执行（空操作）
```

16. 小于跳转指令（无符号）

语法：BRLO，k。

操作数：−64≤k≤63。

操作：If Rd<Rr（C=1），then PC−（PC+1）+k，else PC←PC+1。

机器码：1111 01kk kkkk k000。

对标志位的影响：无。

说明：条件相对跳转执行时，首先测试进位标志 C，如果 C 位被置位，则相对 PC 值跳转 k 个字，k 为 7 位带符号数，最多可以向前跳 63 个字，向后跳 64 个字。如果在执行 CP、CPI、SUB 或 SCBI 指令后，立即执行该指令，且当在寄存器 Rd 中无符号二进制数小于寄存器 Rr 中无符号二进制数时，将发生跳转。例如：

```
eor r19，r19            ;r19 清零
loop，inc r19           ;r19 加 1
…
cpi r19，$10            ;比较 r19 的 $10
brlo loop              ;如果 r19<$10（无符号）则跳转
nop                    ;退出 loop（空操作）
```

17. 负数即跳转指令

语法：BRMI，k。

操作数：−64≤k≤63。

操作：If N=1，then PC←（PC+1）+k，else PC←PC+1。

机器码：1111 00kk kkkk k010。

对标志位的影响：无。

说明：条件相对跳转执行时，首先测试进位标志 N，如果 N 位被置位，则相对 PC 值跳转 k 个字。例如：

```
subi r18，4            ;r18 减 4
brmi，negative        ;如果结果为负则跳转
…
negative：nop         ;跳转到目标语句执行（空操作）
```

18. 整数即跳转指令

语法：BRPL，k。

操作数：−64≤k≤63。

操作：If N=0，then PC←（PC+1）+k，else PC←PC+1。

机器码：1111　01kk　kkkk　k010。

对标志位的影响：无。

说明：条件相对跳转执行时，首先测试进位标志 N，如果 N 位被清零，则相对 PC 值跳转 k 个字。例如：

subi r26，$50　　　　　　　；r26 减 $50

brpl，positive　　　　　　　；如果 r26 为正则跳转

…

positive：nop　　　　　　　；跳转到目标语句执行（空操作）

19. 大于等于跳转指令（有符号）

语法：BRGE，k。

操作数：$-64 \leqslant k \leqslant 63$。

操作：If Rd$\geqslant$Rr（N$\oplus$V=0），then PC←（PC+1）+k，else PC←PC+1。

机器码：1111　01kk　kkkk　k100。

对标志位的影响：无。

说明：条件相对跳转执行时，首先测试进位标志 S，如果该位被清零，则相对 PC 值跳转 k 个字。k 为 7 位带符号数，最多可以向前跳 63 个字，向后跳 64 个字。如果在执行 CP、CPI、SUB 或 SUBI 指令后，立即执行该指令，且在寄存器 Rd 中有符号二进制数大于或等于寄存器 Rr 中有符号二进制数时，将发生跳转。例如：

cp r11，r12　　　　　　　　；比较 r11 和 r12

brge greateq　　　　　　　　；如果 r11$\geqslant$r12 则跳转（有符号）

…

greateq：nop　　　　　　　；跳转到目标语句执行（空操作）

20. 小于跳转指令（有符号）

语法：BRLT，k。

操作数：$-64 \leqslant k \leqslant 63$。

操作：If Rd$\geqslant$Rf（N$\oplus$V=0），then PC←（PC+1）+k，else PC←PC+1。

机器码：1111　00kk　kkkk　k100。

对标志位的影响：无。

说明：条件相对跳转执行时，首先测试进位标志 S，如果该位被清零，则相对 PC 值跳转 k 个字。k 为 7 位带符号数，最多可以向前跳 63 个字，向后跳 64 个字。如果在执行 CP、CPI、SUB 或 SUBI 指令后，立即执行该指令，且在寄存器 Rd 中有符号二进制数大于或等于寄存器 Rr 中有符号二进制数时，将发生跳转。例如：

cp r16，r1　　　　　　　　；比较 r16 和 r1

brlt less　　　　　　　　　；如果 r16$\geqslant$r1（带符号）则跳转

…

less：nop　　　　　　　　；跳转到目标语句执行（空操作）

21. 半进位标志置位跳转指令

语法：BRHS，k。

操作数：$-64 \leqslant k \leqslant 63$。

操作：If H＝1, then PC← (PC+1) +k, else PC←PC+1。

机器码：1111　00kk　kkkk　k101。

对标志位的影响：无。

说明：条件相对跳转执行时，首先测试进位标志 H，如果该位被置位，则相对 PC 值跳转 k 个字。例如：

```
brhs hset                ;半进位标志 H＝1 跳转
…
hset: nop                ;跳转到目标语句执行（空操作）
```

22. 半进位标志位清零跳转指令

语法：BRHC, k。

操作数：−64≤k≤63。

操作：If H＝0, then PC← (PC+1) +k, else PC←PC+1。

机器码：1111　01kk　kkkk　k101。

对标志位的影响：无。

说明：条件相对跳转执行时，首先测试进位标志 H，如果该位被清零，则相对 PC 值跳转 k 个字。例如：

```
brhc hclear              ;半进位标志 H＝0 跳转
…
hclear: nop              ;跳转到目标语句执行（空操作）
```

23. T 标志置位跳转指令

语法：BRTS, k。

操作数：−64≤k≤63。

操作：If T＝1, then PC← (PC+1) +k, else PC←PC+1。

机器码：1111　01kk　kkkk　k110。

对标志位的影响：无。

说明：条件相对跳转执行时，首先测试进位标志 T，如果该位被置位，则相对 PC 值跳转 k 个字。

24. T 标志清零跳转指令

语法：BRTC, k。

操作数：−64≤k≤63。

操作：If T＝0, then PC← (PC+1) +k, else PC←PC+1。

机器码：1111　01kk　kkkk　k110。

对标志位的影响：无。

说明：条件相对跳转执行时，首先测试进位标志 T，如果 T 位被清零，则相对 PC 值跳转 k 个字。例如：

```
bst r3, 5                ;将 r3 的第 5 位存储到 T 标志位
brtc, tclear             ;如果这一位为 0 则跳转
…
tclear: nop              ;跳转到目标语句执行（空操作）
```

25. 溢出标志置位跳转指令

语法：BRVS, k。

操作数：$-64 \leqslant k \leqslant 63$。

操作：If V=1，then PC←（PC+1）+k，else PC←PC+1。

机器码：1111　00kk　kkkk　k011。

对标志位的影响：无。

说明：条件相对跳转执行时，首先测试进位标志 V，如果该位被置位，则相对 PC 值跳转 k 个字。例如：

add r3, r4　　　　　　　　　; r4 加 r3

brvs, overfl　　　　　　　　; 如果溢出则跳转

…

overfl: nop　　　　　　　　; 跳转到目标语句执行（空操作）

26. 溢出标志清零跳转指令

语法：BRVC, k。

操作数：$-64 \leqslant k \leqslant 63$。

操作：If V=0，then PC←（PC+1）+k，else PC←PC+1。

机器码：1111　00kk　kkkk　k011。

对标志位的影响：无。

说明：条件相对跳转执行时，首先测试进位标志 V，如果该位被置位，则相对 PC 值跳转 k 个字。例如：

add r3, r4　　　　　　　　　; r4 加 r3

brvs, noover　　　　　　　　; 如果溢出则跳转

…

noover: nop　　　　　　　　; 跳转到目标语句执行（空操作）

27. 中断标志置位跳转指令

语法：BRIE, k。

操作数：$-64 \leqslant k \leqslant 63$。

操作：If I=1，then PC←（PC+1）+k，else PC←PC+1。

机器码：1111　00kk　kkkk　k111。

对标志位的影响：无。

说明：条件相对跳转执行时，首先测试进位标志 I，如果该位被置位，则相对 PC 值跳转 k 个字。例如：

brie inten　　　　　　　　　; 中断允许位 I=1 跳转

…

inten: nop　　　　　　　　; 跳转到目标语句执行（空操作）

28. 中断标志清零跳转指令

语法：BRIE, k。

操作数：$-64 \leqslant k \leqslant 63$。

操作：If I=0，then PC←（PC+1）+k，else PC←PC+1。

机器码：1111 00kk kkkk k111。

对标志位的影响：无。

说明：条件相对跳转执行时，首先测试进位标志 I，如果该位被置位，则相对 PC 值跳转 k 个字。例如：

brie inten   ；中断允许位 I=0 跳转

…

inten：nop   ；跳转到目标语句执行（空操作）

3.7 位指令和位测试指令

AVR 单片机 ATmega128 系列指令系统中位和测试指令共有 22 条，这些指令的灵活应用极大地提高了系统的逻辑控制和处理能力，其中包括 8 条位指令和 14 条位测试指令，表 3-5 详细地列出了这 22 条位和位测试指令。

表 3-5   位和位测试指令

指令助记符	功能简述	影响的位标志	指令周期
SBI	I/O (P, b) ←1	NONE	2
CBI	I/O (P, b) ←0	NONE	2
LSL	C←b7b6b5b4b3b2b1b0←0	H S V N Z C	1
LSR	0←b7b6b5b4b3b2b1b0→C	S V N (0) Z C	1
ROL	C←b7b6b5b4b3b2b1b0←C	H S V N Z C	1
ROR	b7→b7b6b5b4b3b2b1b0→C	S V N Z C	1
ASR	b7→b7b6b5b4b3b2b1b0→C	S V N Z C	1
SWAP	b7b6b5b4←→b3b2b1b0	NONE	1
BSET	SREG (s) ←1	I T H S V N Z C	1
BCLR	SREG (s) ←0	I T H S V N Z C	1
RST	T←Rr (b)	T	1
BLD	Rd (b) ←T	NONE	1
SEN	N←1	N (1)	1
CLN	N←0	N (0)	1
SEC	C←1	C (1)	1
CLC	C←0	C (0)	1
SET	T←1	T (1)	1
CLT	T←0	T (0)	1
SEI	I←1	I (1)	1
CLI	I←0	I (0)	1
SES	S←1	S (1)	1
CLS	S←0	S (0)	1
SEV	V←1	V (1)	1
CLV	V←0	V (0)	1

续表

指令助记符	功能简述	影响 的位标志	指令周期
SEH	H←1	H（1）	1
CLH	H←0	H（0）	1
SEZ	Z←1	Z（1）	1
CLZ	Z←0	Z（0）	1

3.7.1 位变量修改指令

位变量修改指令包括置位 I/O 寄存器指定位、清零 I/O 寄存器指定位、进位置位、清零进位、置位状态寄存器 SRGE 指定位、清零状态寄存器 SRGE 指定位、全局中断位置位、清零全局中断位、置 S 标志位、清 S 标志位、置 T 标志位、清 T 标志位、置负标志位、清负标志位、置溢出标志位、清溢出标志位、置半进位标志位、清半进位标志位，置零标志位、清零标志位等。下面将分别进行介绍。

1. 置位 I/O 寄存器指定位

语法：SBI P，b。

操作数：0≤P≤31，0≤b≤7。

操作：I/O（P，b）←1。

程序计数器：PC←PC＋1。

机器码：1001 1010 PPPP Pbbb。

对标志位的影响：NONE。

说明：把指定的 I/O 寄存器某一位置 1。本指令限于在低 32 个 I/O 寄存器内操作。寄存器地址为 0～31。例如：

```
out $1e, r0        ; 写 E²PROM 地址
sbi $1c, 0         ; 将 EECR 第 0 位（读位）置位
ln r1, $10         ; 读 E²PROM 数据
```

2. 零 I/O 寄存器的指定位

语法：SBI P，b。

操作数：0≤P≤31，0≤b≤7。

操作：I/O（P，b）←1。

程序计数器：PC←PC＋1。

机器码：1001 1000 PPP。

对标志位的影响：NONE。

说明：清零 I/O 寄存器的指定位。本指令限于在低 32 个 I/O 寄存器上操作。寄存器地址为 0～31。例如：

```
cbi $12, 7         ; 清零 Port 的第 7 位
```

3. 进位置位

语法：SEC。

操作：C←1，PC←PC＋1。

程序计数器：PC←PC＋1。

机器码：1001　0100　0000　1000。

对标志位的影响：C（1）。

说明：将进位标志位（C）置1。例如：

sec　　　　　　　　　　　　　；进位标志位置1

adc r0，r1　　　　　　　　　　　；r0＝r0＋r1＋1

4. 清零进位

语法：CLC。

操作：C←0。

程序计数器：PC←PC＋1。

机器码：1001　0100　1000　1000。

对标志位的影响：C（0）。

说明：将进位标志清零。例如：

add r0，r0　　　　　　　　　　　；r0＋r0

clc　　　　　　　　　　　　　　；清零C

5. 置位状态寄存器 SRGE 指定位

语法：BSET s。

操作数：0≤s≤7。

操作：SREG（s）←1。

程序计数器：PC←PC＋1。

机器码：1001　0100　0sss　1000。

对标志位的影响：I T H C V N Z C。

说明：将状态寄存器 SRGE 的某一标志位置位。例如：

bset 6　　　　　　　　　　　　；T标志位置1

bset 7　　　　　　　　　　　　；全局中断允许

6. 清零状态寄存器 SRGE 指定位

语法：BSLR s。

操作数：0≤s≤7。

操作：SREG（s）←1。

程序计数器：PC←PC＋1。

机器码：1001　0100　0sss　1000。

对标志位的影响：I T H C V N Z C。

说明：将状态寄存器 SRGE 的某一标志位置位。例如：

bclr 6　　　　　　　　　　　　；清零C

bclr 7　　　　　　　　　　　　；禁止全局中断

7. 全局中断位置位

语法：SEI。

操作：I←1。

程序计数器：PC←PC＋1。

机器码：1001　0100　0111　1000。

对标志位的影响：I（1）。

说明：在响应中断之前执行，它将状态寄存器的全局中断标志位置 1。例如：

sei	；置全局中断相当规模志位为允许中断
sleep	；输入等待中断
	；注意：在处理任何中断之前要输入

8. 清零全局中断位

语法：CLI。

操作：I←0。

程序计数器：PC←PC＋1。

机器码：1001　0100　1111　1000。

对标志位的影响：I（1）。

说明：将状态寄存器中的全局中断标志清零。例如：

in temp，SREG	；装入 SREG 的值（是用户自己定义的）
cli	；禁止中断
sbi EECR，EEMWE	；写 $E^2 PROM$
sbi EECR，EEWE	
out SREG temp	；重新装入 SREG 的值（I 标志位）

9. 置 S 标志位

语法：SES。

操作：S←1。

程序计数器：PC←PC＋1。

机器码：1001　0100　0100　1000。

对标志位的影响：S（1）。

说明：将状态寄存器中符号相当规模志位 S 置位。例如：

| add r2，r19 | ；r19 的值累加到 r2 |
| ses | ；置位符号标志位 |

10. 清 S 标志位

语法：CLS。

操作：S←1。

程序计数器：PC←PC＋1。

机器码：1001　0100　1100　1000。

对标志位的影响：S（0）。

说明：将状态寄存器中符号标志位 S 清零。例如：

| add r2，r3 | ；r3＋r2 |
| cls | ；清零 S |

11. 置 T 标志位

语法：SET。

操作：T←1。

程序计数器：PC←PC+1。

机器码：1001　0100　0110　1000。

对标志位的影响：T（1）。

说明：将状态寄存器中符号标志位 T 置位。例如：

set　　　　　　　　　　　；置位 T 标志位

12. 清 T 标志位

语法：CLT。

操作：T←0。

程序计数器：PC←PC+1。

机器码：1001　0100　1110　1000。

对标志位的影响：T（0）。

说明：将状态寄存器中符号标志位 T 清零。例如：

clt　　　　　　　　　　　；清零 T 标志位

13. 置负标志位

语法：SEN。

操作：N←1。

程序计数器：PC←PC+1。

机器码：1001　0100　0010　1000。

对标志位的影响：N（1）。

说明：将状态寄存器中负标志位置位。例如：

add r2，r19　　　　　　　；将 r19 值累加到 r2

sen　　　　　　　　　　　；置位负标记

14. 清负标志位

语法：CLN。

操作：N←0。

程序计数器：PC←PC+1。

机器码：1001　0100　1010　1000。

对标志位的影响：N（0）。

说明：将状态寄存器中负标志位清零。例如：

add r2，r3　　　　　　　；r3+r2

cln　　　　　　　　　　　；清零 N

15. 置溢出标志位

语法：SEV。

操作：V←1。

程序计数器：PC←PC+1。

机器码：1001　0100　0011　1000。

对标志位的影响：V（1）。

说明：将状态寄存器中的溢出标志 V 置位。例如：

add r2，r19　　　　　　　　；r19 加 r2

sev   ；置位溢出标志

16. 清溢出标志位

语法：CLV。

操作：V←0。

程序计数器：PC←PC+1。

机器码：1001　0100　1011　1000。

对标志位的影响：V（0）。

说明：在响应中断之前执行，它将状态寄存器的全局中断标志位置1。例如：

add r2，r3   ；r3+r2

clv   ；清零 V

17. 置半进位标志位

语法：SEH。

操作：H←1。

程序计数器：PC←PC+1。

机器码：1001　0100　0011　1000。

对标志位的影响：H（1）。

说明：将状态寄存器中的溢出标志 H 置位。例如：

seh   ；将半进位标志位（H）置1

18. 清半进位标志位

语法：CLH。

操作：H←0。

程序计数器：PC←PC+1。

机器码：1001　0100　1011　1000。

对标志位的影响：H（0）。

说明：将状态寄存器中的溢出标志 H 清零。例如：

clh   ；清零 H 标志位

19. 置零标志位

语法：SEZ。

操作：Z←1。

程序计数器：PC←PC+1。

机器码：1001　0100　0011　1000。

对标志位的影响：Z（1）。

说明：将状态寄存器中的溢出标志 Z 置位。例如：

add r2，r19   ；r19 的值累加到 r2

sez   ；置位 0 标志位

20. 清零标志位

语法：CLZ。

操作：Z←0。

程序计数器：PC←PC+1。

机器码：1001　0100　0001　1000。

对标志位的影响：Z（0）。

说明：将状态寄存器的零标志 Z 清零。例如：

add r2，r3　　　　　　　　；r3＋r2

clz　　　　　　　　　　　　；清零标志位

3.7.2　带进位逻辑操作指令

带进位逻辑操作指令包括寄存器左移位、寄存器右移位，寄存器带进位的逻辑循环左移位、寄存器带进位的逻辑循环右移位、寄存器算术右移位、寄存器半字节交换位。

1. 寄存器左移位

语法：LSL Rd。

操作数：0≤d≤31。

操作：C←b7b6b5b4b3b2b1b0←0。

程序计数器：PC←PC＋1。

机器码：0000　11dd　dddd　dddd。

对标志位的影响：H S V N Z C。

说明：寄存器 Rd 中所有位向左移一位，清零第 0 位，第 7 位移到寄存器中的标志位，这项操作有效地实现了有符号/无符号数的乘 2 操作。例如：

add r0，r4　　　　　　　　；r4 加 r0

lsl r0　　　　　　　　　　；r0 乘 2

2. 寄存器右移位

语法：LSR Rd。

操作数：0≤d≤31。

操作：C←b7b6b5b4b3b2b1b0←0。

程序计数器：PC←PC＋1。

机器码：0000　11dd　dddd　dddd。

对标志位的影响：S V N（0）Z C。

说明：寄存器 Rd 中所有位向右移一位，清零第 7 位，第 0 位移到寄存器中的标志位，这项操作有效地实现了有符号/无符号数的乘 2 操作，结果中标志位可以四舍五入。例如：

add r0，r4　　　　　　　　；r4 加 r0

lsl r0　　　　　　　　　　；r0 乘 2

3. 寄存器带进位的逻辑循环左移位

语法：LOL Rd。

操作数：0≤d≤31。

操作：C←b7b6b5b4b3b2b1b0←0。

程序计数器：PC←PC＋1。

机器码：0001　11dd　dddd　dddd。

对标志位的影响：H S V N Z C。

说明：寄存器 Rd 中所有位向左移一位，标志位 C 移到 Rd 的第 0 位，Rd 的第 7 位移到标志位 C。例如：

lsl r18	；将 r19：r18 乘以 2
rol r19	；r19：r18 是一个有符号或无符号的二进制整数
becs oncenc	；如果有进位则跳转
…	
oncenc：nop	；分支目的地

4. 带进位位的寄存器逻辑循环右移

语法：ROR Rd。

操作数：0≤d≤31。

操作：C←b7b6b5b4b3b2b1b0←0。

程序计数器：PC←PC＋1。

机器码：0001 11dd dddd dddd。

对标志位的影响：S V N Z C。

说明：寄存器 Rd 中所有位向左移一位，标志位 C 移到 Rd 的第 7 位，Rd 的第 0 位移到标志位 C。例如：

lsl r18	；将 r19：r18 中的数除 2
ror r19	；r19：r18 中是一个双字节的无符号整数
brcc zerpemcl	；C＝0 跳转
asr r17	；将 r17：r16 中的数除 2
ror r16	；r17：r16 中是一个双字节有符号整数
brcc zeroenc2	；C＝0 跳转
…	
zeroencl：nop	；分支 1
…	
zeroenc2：nop	；分支 2

5. 寄存器算术右移位

语法：ASR Rd。

操作数：0≤d≤31。

操作：C←b7b6b5b4b3b2b1b0←0。

程序计数器：PC←PC＋1。

机器码：1001 010d dddd 0101。

对标志位的影响：S V N Z C。

说明：寄存器 Rd 中所有位向左移一位，而第 7 位保持值保持不变，第 0 位作为寄存器的标志位 C。这个操作实现补码值除以 2，而不改变符号。结果中标志位 C 可以四舍五入。例如：

dir 16 ，＄10	；将十进制数 16 装入 r16
asr r16	；r16＝r16/2
ldi r17，＄FC	；将－4 装入 r17
asr r17	；r17＝r17/2

6. 寄存器半字节交换位

语法：SWAP Rd。

操作数：0≤d≤31。

操作：b7b6b5b4←→b3b2b1b0。

程序计数器：PC←PC+1。

机器码：1001　010d　dddd　0010。

对标志位的影响：NONE。

说明：将寄存器中的高字节和低字节交换的位操作。例如：

inc r1	；r1 内容加 1
swap r1	；交换 r1
inc r1	；r1 高四位加 1
swap r1	；交换回来

3.7.3　位变量传送指令

位变量传送指令包括寄存器的位存储到 SREG 的 T 标志位以及 SREG 的 T 标志位装入寄存器 Rd 中的某一位。

1. 存器的位存储到 SREG 的 T 标志位

语法：BST Rr b。

操作数：0≤d≤31，0≤b≤7。

操作：T←Rr（b）。

程序计数器：PC←PC+1。

机器码：1111　101d　dddd　0bbb。

对标志位的影响：T。

说明：将寄存器 Rr 中的位 b 作为 SREG 状态寄存器中的 T 标志位。例如：

	；复制一位
bst r1，2	；将 r1 的第 2 位存储到 T 标志位
bld r0，4	；把 T 标志位装入的第 4 位

2. SREG 中的 T 标志位值装入寄存器 Rr 中的某一位

语法：BLD Rd d。

操作数：0≤d≤31，0≤b≤7。

操作：Rd（b）←T。

程序计数器：PC←PC+1。

机器码：1111　100d　dddd　0bbb。

对标志位的影响：NONE。

说明：将 SREG（状态寄存器）的 T 标志位复制到寄存器 Rd 中的第 b 位。例如：

	；复制位
bst r1，2	；存储 r1 的第 2 位存储到 T 标志位中
bld r0，4	；把 T 标志位装入到 r0 的第 4 位

3.8　MCU 控制指令

MCU 控制指令共有 4 条，它们分别是空操作指令、进入休眠方式指令、清零看门狗指令和中断指令。这些指令决定 MCU 的运行方式和执行清零看门狗操作。

表 3-6 详细地列出了 3 条位和位测试指令。

表 3-6   MCU 控制指令

指令助记符	功能简述	影响的位标志	指令周期
NOP	NONE	NONE	1
SLEEP	MCU 进入由 MCU 控制寄存器定义的休眠方式运行	NONE	1
WDR	清零看门狗定时器	NONE	1

1. 空操作指令

语法：NOP。

操作：NONE。

程序计数器：PC←PC+1。

机器码：0000 0000 0000 0000。

对标志位的影响：NONE。

说明：一个单周期执行空操作。例如：

clr r16	; 将 r16 寄存器清零

ser r17   ; 置位 r17 寄存器（使 r17 寄存器的所有位为 1）

out \$18. t16   ; 向 B 口（Port B）输出 0，即低电平

nop   ; 等待一个时钟周期（什么也不做）

out \$18，r17   ; 向 B 口（Port B）输出 1，即高电平

2. 进入休眠方式指令

语法：SLEEP。

操作：NONE。

程序计数器：PC←PC+1。

机器码：1001 0101 1000 1000。

对标志位的影响：NONE。

说明：使电路进入 MCU 控制寄存器中所定义的休眠状态。例如：

mov r0，r11   ; 将 r11 的值复制到 r0

ldi r16，（1≪SE）   ; 允许休眠模式

out MCUCR，r16

sleep   ; 使 MCU 进入休眠

3. 清零看门狗计数器

语法：WDR。

操作：看门狗定时器清零。

程序计数器：PC←PC+1。

机器码：1001 0101 1010 1000。

对标志位的影响：NONE。

说明：使看门狗定时器处于清零状态。例如：

wdr   ; 复位看门狗计时器

3.9　汇编语言的应用

无论是初学者还是一个程序员都应该熟练地应用汇编语言，因为汇编语言是最接近机器码的一种语言，可以加深程序员对 ATmega128 单片机各个功能模块的了解，更有利于和硬件结合，掌握硬件结构。

3.9.1　汇编语言格式

在汇编语句中，用助记符（Memoni）代替操作码，用地址符号（Symbol）或标号（Label）代替地址码。这种用符号代替机器语言的二进制码称为汇编语言，用汇编语言编写的程序称为汇编语言程序或源程序。

汇编语言源程序是由一系列汇编语句组成的。AVR 汇编语句的标准格式有以下四种（中括号内容表示其可以默认）。

（1）［标号：］伪指令［操作数］［；注释］。

（2）［标号：］指令［操作数］［；注释］。

（3）［；注释］。

（4）空行。

对以上四种格式中的内容详细解释如下。

1. 标号

标号是语句地址的标记符号，用于引导对该语句的访问和定位，使用标号的是为了跳转和分支指令以及在程序存储器、数据存储器 SRAM 以及 E^2PROM 中定义变量名，有关标号的一些规定如下。

（1）标号一般由 ASCII 字符组成，第一个字符为字母。

（2）同一标号在一个独立的程序中只能定义一次。

（3）不能使用汇编语言中已定义的符号（保留字），如指令字、寄存器名、伪指令字等。

2. 伪指令

在汇编语言程序中可以使用一些伪指令。SVE 汇编提供的伪指令并不直接转换生成操作执行代码。它只是用于指示编译生成目标程序的起始地址或常数表格的起始地址，或为工作寄存器定义符号名称，定义外设口地址、SRAM 工作区，规定编译器的工作内容等。因此伪指令有间接产生码、控制机器代码空间的分配、对编译器工作过程进行控制等作用。

3. 指令

指令是汇编程序中主要的部分，汇编程序中使用 AVR 指令集中给出的全部指令。

4. 操作数

操作数是指令操作时所需要的数据或地址。汇编程序完全支持指令系统所定义的操作数格式，但指令系统采用的操作数格式通常为数字形式，在编写程序时使用起来不太方便，因此，在编译器的支持下，可以使用多种形式的操作数，如数字、标识符、表达式等。

5. 注释

注释部分仅用于对程序和语句进行说明，帮助程序设计人员阅读、理解和修改程序。只要有"；"符号，后面即为注释内容，注释内容长度不限，注释内容换行时，开头部分还要使用符号"；"。编译系统对注释内容不予理会，不产生任何代码。

6. 其他字符

汇编语句中，";"用于标号之后，空格用于指令字和操作数的分隔；指令有两个操作数时用","分隔两个操作数，";"用于注释之前："[]"中的内容表示可选项。

3.9.2 汇编语言应用实例

ATmega 128 单片机汇编语言占用资源少，程序执行效率高，一条指令就对应一个机器码，每一步执行什么动作都很清楚，并且程序大小和堆栈调用情况都容易控制，调试起来也比较方便。下面将通过几个较为典型的应用实例，使读者进一步了解 ATmega 128 单片机汇编语言的编程方式。

1. BCD 码减法调整程序

程序清单如下：

```
BCDSUB:
    BRCC    BCDS1              ;差在 R16 中
    BRHC    BCDS3
    SUBI    R16,$66            ;进位半进位都置位,将差减去立即数 $66
    SEC                        ;并恢复借位 C
    RET
BCDS1:
    BRCC    BCDS2              ;进位半进位都清位,返回
    SUBI    R16,6              ;进位清除而半进位置位,将差减去 6
BCDS2:
    RET
BCDS3:
    SUBI    R16,$60            ;进位置位而半进位清除,将差减去 $60
    SEC                        ;并恢复借位 C
    RET
```

2. 4KB 压缩 BCD 码相加程序

程序清单如下：

```
BCDADD4:
    MOV     R16,R15
    ADD     R16,R11            ;R12、R13、R14、R15 内为被加数,R8、R9、R10、R11 内为加数
    RCALL   ADDADJ             ;相加后调整
    MOV     R15,R16            ;并返还调整后结果
    MOV     R16,R14
    ADC     R16,R10
    RCALL   ADDADJ
    MOV     R14,R16
    MOV     R16,R13
    ADC     R16,R9
    RCALL   ADDADJ
    MOV     R13,R16
    MOV     R16,R12
```

```
        ADC     R16,R8
        RCALL   ADDADJ
        MOV     R12,R16
        RET
ADDADJ:
        IN      R6,SREG         ;BCD 码相加调子程序,先保存相加后的
        LDJ     R17, $ 66       ;状态 the old status
        ADD     R16,R17         ;再将和预加立即数 $ 66
        IN      R17,SREG        ;输入相加后新状态(the old status)
        OR      R6,R17          ;新旧状态相或
        SBRS    R6,0            ;相或后进位置位则跳行
        SUBI    R16, $ 60       ;否则减去 $ 60(十位 BCD 不满足调整条件)
        SBRS    R6,5            ;半进位置位则跳行
        SUBI    R16,6           ;否则减去 $ 06(个位 BCD 不满足调整条件)
        ROR     R6
        RET                     ;向高位字节 BCD 返还进位位
```

3. 多字节压缩 BCD 码相减程序

程序清单如下：

```
SUBBYTENUM:
        LDI     R16,4
        MOV     R7,R16          ;(R7):压缩 BCD 码字节数
        CLC
SUBBCD:
        LD      R16, - X        ;X-1 指向被减数
        LD      R6, - Y         ;Y-1 指向减数
        SBC     R16,R6
        RCALL   SUBADJ          ;相减后调整
        ST      X,R16           ;返还调整后结果
        DEC     R7
        BRNE    SUBBCD
        RET
SUBADJ:
        BRCC    ADJBCDI         ;差在 R16 中
        BRHC    ADJBCD3
        SUBI    R16, $ 66       ;进位半进位都置位,将差减去立即数 $ 66
        SEC                     ;并恢复借位 C
        RET
ADJBCD1:
        BRHC    ADJBCD2         ;进位半进位都清位,返回
        SUBI    R16,6           ;进位清除而半进位置位,将差减去 6
ADJBCD2:
        RET
```

195

ADJBCD3：

```
    SUBI    R16, $60            ；进位置位而半进位清除，将差减去$60
    SEC                         ；并恢复借位C
    RET
```

4. 32 位整数与 16 位整数相除程序

程序清单如下：

F32DIV16：

```
;32 位整数与 16 位整数相除，得 16 位整数＋16 位小数
;32 位整数被除数放入(R12R13R14R15)，16 位整数除数放入(R10R11)，商的整数部分放入(R12R13)，
;商的小数部分放入(R14R15)
    RCALL   DIV16               ；先作整数除法
    MOV     R9,R15
    MOV     R8,R14              ；保存整数部分
    CLR         R15
    CLR         R14
    RCALL   DIV16               ；除得小数部分
    MOV     R11,R15
    MOV     R15,R14
    MOV     R13,R8
    MOV     R14,R9              ；整数部分在 R13R14，小数部分在 R15R11
    LDI         R17, $90        ；预设阶码$90(整数为16位)
    MOV     R12,R17
    LDI         R17,32          ；设 32 次右移
DIV16L：
    SBRC    R13,7               ；最高位为1，已完成规格化
    RJMP    NMLDN               ；否则继续右移 R13,R14,R15,R11
    LSL     R11
    ROL     R15
    ROL     R14
    ROL     R13
    DEC     R12                 ；阶码减1
    DEC     R17
    BRNE    DIV16L
    CLR         R12             ；右移达 32 次，浮点数为零，置零阶
    RET
NMLDN：
    SBRS    R11,7
    RJMP    DIVRT               ；欲舍去部分(R11)最高位为0，转四舍
    RCALL   TALLINC             ；否则尾数部分增1
    BRNE    DIVRT
    INC     R12                 ；尾数增1后变为0，改为0、5，并将阶码增1
DIVRT：
```

```
    LDI        R17,S7F         ;将尾数最高位清除,表示正数(负数不要清除)
    AND        R13,R17         ;规格化浮点数在 R12(阶码),R13,R14,R15(尾数)中
    RET
DIV16:
    LDI        R16,16          ;(R12R13R14R15)/(R10R11－＞R14R15)
DIVLOOP:
    LSL        R15
    ROL        R14
    ROL        R13
    ROL        R12             ;被除数左移一位
    BRCS       D11
    SUB        R13,R11
    SBC        R12,R10         ;移出位为 0,被除数高位字减去除数试商
    BRCC       D12             ;够减,本位商为 1
    ADD        R13,R11
    ADC        R12,R10         ;否则恢复被除数
    RJMP       D13             ;本位商 0
DI1:
    SUB        R13,R11
    SBC        R12,R10         ;移出位为 1,被除数高位字减去除数
DI2:
    INC        R15             ;本位商 1
DI3:
    DEC        R16
    BRNE       DIVLOOP
    RET
TALLINC:
    LDI        R17,255
    SUB        R15,R17         ;以减去－1 代替加 1
    SBC        R14,R17
    SBC        R13,R17
    RET
```

5. 16 位整数相乘程序

程序清单如下:

```
MUL16:
    LDI        R16,17          ;(R10R11)*(R14R15)－－＞R12R13R14R15
    CIR        R12
    DIR        R13             ;积的商位字预清除
    CLC                        ;第一次只右移,不相加
MULLOOP:
    RBCC       MUL1
    ADD        R13,R11         ;乘数右移移出位为 1,将被乘数加入部分积
```

```
       ADC      R12R10
MUL1：
       ROR      R12
       ROR      R13
       ROR      R14
       ROR      R15            ;部分积连同乘数整体右移一位
       DEC      R16
       BRNE     MULLOOP        ;17次右移后结束
       RET
```

6. 16 位整数与 16 位小数相乘程序

程序清单如下：

;16位整数与16位小数相乘,积为16位整数,精确到0.5

```
MUL16P16：
       RCALL    MUL16P32       ;先得到32位积
       SBRS     R14,7          ;积小数部分最高位为1,将整数部分加1
       RET                     ;否则返回
       LDI      R17,255
       SUB      R13,R17
       SBC      R12,R17        ;以减去-1(SFFFF)替代加1
       RET
MUL16P32：
       LDI      R16,17         ;(R10R11)*(R14R15)-->R12R13R14R15
       CIR      R12
       CIR      R13            ;积的高位字预清除
       CLC                     ;第一次只右移,不相加
MULLOOP：
       BRCC     MUL1
       ADD      R13,R11        ;乘数右移移出位为1,将被乘数加入部分积
       ADC      R12,R10
   MUL1：
       ROR      R12
       ROR      R13
       ROR      R14
       ROR      R15            ;部分积连同乘数整体右移一位
       DEC      R16
       BRNE MULLOOP            ;17次右移后结束
       RET
```

7. 32 位整数与 16 位整数相除程序

程序清单如下：

```
F32DIV16：
```
;32位整数与16位整数相除,得16位整数+16位小数

;32位整数被除数放入(R16,R12,R13,R14,R15),16位整数除数放入(R10R11),

```
;商的整数部分放入(R13,R14,R15),要求(R10)不为 0,否则,要求(R12)<(R11)
        CLR     R16
DIV40:
        LDI     R17,24          ;40 位整数/16 位整数->24 位整数 要求(R16,R12)
LXP:
        LSL     R15             ;<(R10,R11)
        ROL     R14
        ROL     R13
        ROL     R12
        ROL     R16
        BRCC    LXP1
        SUB     R12,R11         ;右移后 C=1 够减
        SBC     R16,R10         ;被除数减去除数
        RJMP    DIV0            ;本位商为 1
LXP1:
        SUB     R12,R11         ;C=0
        SBC     R16,R10         ;被除数减去除数试商
        BRCC    DIV0            ;C=0 够减,本位商 1
        ADD     R12,R11
        ADC     R16,R10         ;否则恢复被除数,本位商 0
        RJMP    DIV1
DIV0:
        INC     R15             ;记本位商 1
DIV1:
        DEC     R17
        BRNE    LXP
        LSL     R12
        ROL     R16
        BRCS    GINC            ;C=1,五入
        SUB     R12,R11
        SBC     R16,R10
        BRCS    RET3            ;不够减,舍掉
GINC:
        RCALL   INC3            ;将商增 1
RET3:
        RET
INC3:
        LDI     R17,255
        SUB     R15,R17         ;以减去 -1 代替加 1
        SBC     R14,R17
        SBC     R14,R17
        RET
```

8. 步进电动机控制程序

程序清单如下：

```
. ORG        0
MOTOR：
    RJMP      RST10                ;8535/8515/晶振 4MHz
. ORG      $ 011
RST10：
    LDI       R16,HIGH(ramend)
    OUT       SPH,R16
    LDI       R16,LOW(ramend)
    OUT       SPL,R16
    SER       R16
    OUT       DDRB,R16             ;B 口为输出
    LDI       R17,8
    OUT       PORTB,R16            ;接通总开关
    LDI       R16,50               ;50 次基本运作
    RCALL     DELAYS               ;延时 5ms
LOOPX：
    LDI       R17,$ 68             ;step1 时序脉冲控制
    OUT       PORTB,R17
    RCALL     DELAY2               ;延时 2ms
    LDI       R17,$ 38             ;step2 时序脉冲控制
    OUT       PORTB,R17
    RCALL     DELAY2               ;延时 2ms
    LDI       R17,$ 98             ;step3 时序脉冲控制
    OUT       PORTB,R17
    RCALL     DELAY2               ;延时 2ms
    DEC       R16
    BRNE      LOOPX                ;到 50 次？
    LDI       R17,8
    OUT       PORTB,17             ;关闭各相位开关
    RCALL     DELAY5
    RCALL     DELAY5               ;延时 10ms
    CLR       R17
    OUT       PORTB,R17            ;关闭所有相位开关和总开关
HH0：
    RJMP      HH0                  ;踏步
DELAY1：
    LDI       R17,$ 06             ;延时 1ms
    MOV       R15,R17              ;1000/0.75 = 1333 = $ 535,外层计数器装入 $ 06
    LDI       R17,$ 35             ;DEC + BRNE = 0.75μs
    RJMP      DLCOM
DELAY2：
```

200

```
        LDI     R17, $ 0B        ;延时 2ms
        MOV     R15,R17          ;2000/0.75 = 2666 = $ 0A6A,外层计数器装入 $ 0B
        LDI     R17, $ 6A
DLCOM:DEC  R17
        BRNE    DLCOM
        DEC     R15
        BRNE    DLCOM
        RET
DELAY5:
        LDI     R17, $ 1B        ;延时 5ms
        MOV     R15,R17          ;5000/0.75 = 6666 = $ 1A0A,外层计数器装入 $ 1B
        LDI     R17, $ 0A
        RJMP    DLCOM
```

9. 脉宽调制输出程序

程序清单如下：

```
;以比较匹配 A 达到时交替输出高低电平及写入其维持
. ORG $ 000
STRT41:
RJMP    RST41               ;5.008ms(高);10.000ms(低)晶振 4MHz
. ORG    $ 006
RJMP    T1_CMPA             ;USE   8535
. ORG    $ 011
RST41:
        LDI     R16,HIGH(RAMEND)
        OUT     SPH,R16
        LDI     R16,LOW(RAMEND)
        OUT     SPL,R16
        LDI     R16, $ 80          ;T/C1 比较匹配 A 达到时,清除输出脚 ocla
        OUT     TCCR1A,R16
        LDI     R16, $ 0B          ;64 分频 ctcl = 1 比较匹配达到清 tcnt1
        OUT     TCCR1B,R16
        SBI     DDRD,5
        SBI     PORTD,5            ;pd5(ocla)初始化输出为高
        CLR     R16
        OUT     TCNT1H,R16         ;子清除 tent1
        OUT     TCNT1L,R16
        LDI     R16,1
        OUT     OCR1AH,R16
        LDI     R16, $ 39          ;写比较匹配寄存器(313 * 0.25 * 64 = 5.008ms)
        OUT     OCR1AL,R16
        LDI     R16, $ 10
        OUT     TIMSK,R16          ;允许比较匹配 A 中断
```

```
        SET
HH41:
    RJMP    HH41                    ;背景程序略
T1_CMPA:
    IN      R5,SREG
    IN      R16,TCCR1A
    SBRS    R16,6
    RJMP    OUTLOW                  ;当前输出低电平,转 OUTLOW
    LDI     R16,1
    OUT     OCR1AH,R16
    LDI     R16, $ 39               ;写入高电平维持时间 313
    OUT     OCR1AL,R16
    LDI     R16, $ 80               ;比较匹配 A 达到时,OC1A 输出为低
    OUT     TCCR1A,R16
    RETI
OUTLOW:
    LDI     R16,2
    OUT     OCR1AH,R16
    LDI     R16, $ 71               ;写入低电平维持时间 625( = S271)(625 * 0.25 * 64) = 10.000ms
    OUT     OCR1AL,R16
    LDI     R16, $ C0               ;比较匹配 A 达到时,OC1A 输出为高
    OUT     TCCR1A,R16
    OUT     SREG,R5
    RETI
```

10. 脉宽调制输出程序

程序清单如下:

```
    ;40 点平均在 R18、R19,累加和在 R5、R6、R7
    ;20 点平均在 R14、R15,累加和在 R1、R3、R4
SLPAV:
    ;采样在 R8、R9,采样数据存储区 $ 150~ $ 19F/工作寄存器 R1~R19&R26 & R27
    PUSH    R26
    PUSH    R27
    LDI     R27,1
    LDS     R26, $ 14F              ;数据存储区首地址 $ 14F
    ADD     R7,R9
    ADC     R6,R8                   ;采样加入 40 点平均累加和
    BRCC    SLP1
    INC     R5                      ;有进位,高位字节增1
SLP1:
    ADD     R4,R9
    ADC     R3,R8                   ;采样加入 20 点平均累加和
    BRCC    SLP2
```

```
        INC     R1                      ;有进位,高位字节增 1
SLP2:
        LD      R16,X
        ST      X + ,R9
        MOV     R9,R16                  ;置换出最旧采样低位字节
        LD      R16,X
        ST      X + ,R8
        MOV     R8,R16                  ;置换出最旧采样高位字节
        CPI     R26, $ A0
        BRNE    SLPA1
        LDI     R26, $ 50               ;采样放满存储区后,指针初始化( $ 1A0 = $ 150)
        STS     $ 14F,R26
        LDS     R16, $ A4
        SBRC    R16,4
        RJMP    SLPA2                   ;40 点平均时间达到,转
        SBR     R16, $ 10               ;设置 40 点平均时间达到标志
        STS     $ A4,R16
        RJMP    SLDIV                   ;转去计算 40 点平均
SLPA1:
        STS     $ 14F,R26               ;暂存指针
        LDS     R16, $ A4
        SBRS    R16,4
        RJMP    SLPB0                   ;还未到 40 点平均,转
SLPA2:
        SUB     R7,R9
        SBC     R6,R8                   ;到 40 点平均后除加上新采样外,还要减去最旧采样
        BRCC    SLDIV
        DEC     R5                      ;不够减,高位字节减 1
SLDIV:
        CLR     R12
        LDI     R16,40
        MOV     R11,R16
        CLR     R10
        MOV     R13,R5
        MOV     R14,R6
        MOV     R15,R7
        RCALL   DIV165                  ;计算 40 点平均
        MOV     R15,R14
        MOV     R19,R15                 ;存入 R18R19
SLPB0:
        CPI     R26, $ 78
        BRNE    SLPB1
        LDS     R16, $ A4
```

```
        SBRC    R16,3
        RJMP    SLPB2
        SBR     R16,8              ;建 20 点平均时间到标志
        STS     $ A4,R16
        RJMP    SLPDV;
SLPB1:
        LDS     R16,$ A4
        SBRS    R16,3
        RJMP    SLRET              ;20 点平均未到
SLPB2:
        SUBI    R26,42             ;指针退回 42 个字,指向 20 点平均最旧数据
        CPI     R26,$ 50           ;不小于 80,未超出采样数据存储区
        RBCC    SLPB20             ;
        SUBI    R26,-80            ;否则加 80 调整回 $ 150～ $ 19F
SLPB20:
        LD      R11,X +
        LD      R10,X
        SUB     R4,R11
        SBC     R3,R10             ;找到 20 点平均最旧采样,并将其从累加和中减去
        BRCC    SLPDV
        DEC     R1
SLPDV:
        LDI     R16,20
        MOV     R11,R16
        CLR     R10
        CLR     R12
        MOV     R13,R1
        MOV     R14,R3
        MOV     R15,R4
        RCALL   DIV165             ;20 点平均在 R14、R15 中
SLRET:
        POP     R27
        POP     R26
        RET
```

11. 串口收发通信程序

程序清单如下:

```
;汇编串口程序 ATmega128 版本(晶振为 4MHz)
.include"m128def.inc"           ;mega128 系统头文件
.def    AL = r16                ;通用寄存器
.def    AH = r17                ;通用寄存器
.def    BL = r18                ;通用寄存器
.def    BH = r19                ;通用寄存器
```

```
.CSEG
.org $ 000                          ;ORG 汇编器伪指令设置程序起始位置
      RJMP   RESET                  ;单片机复位中断,跳入程序复位入口
.org   URXCOaddr
      RJMP   USART_Receive;通信数据接收服务程序:(INT_ERR)
;————————————主程序——————————————
;————————循环周期(3ms)————————————
RESET:
      LDI    RL,LOW(RAMEND)
      OUT    SPL,AL                 ;初始化堆栈指针
      LDT    AL,HIGH(RAMEND)
      OUT    SPH,AL                 ;初始化堆栈指针
      LDI    AL,0x0F
      STS    PORTF,AL               ;设置 MPU 的 D 端口
      STS    PORTF,AL
      STS    DDRF,AL
      STS    DDRF,AL
USART_Init:
      LDI    R17,00
      LDI    R15,25
      OUT    UBRROL,R17
      OUT    UBRROL,R16             ;设置波特率 2400(4MHz 晶振)
      LDI    AL,0x98                ;接收器与发送器使能
      OUT    UCSROB,AL
      LDI    R16,0x06
      STS    UCSROC,R16             ;设置帧格式:8 个数据位,2 个停止位
      SEI
      RCALL  delay
      RCALL  delay
USART_Transmit:
      SBIS   UCSROA,UDRE0           ;等待发送缓冲器
      RJMP   USART_Transmit
      LDI    AL,0x6B
      OUT    UDRO,AL                ;将数据放入缓冲器,发送数据
      RCALL   delay
      RJMP    USART_Transmit
USART_Receive:
      PUSH   BL
      PUSH   AL
      IN     R1,SREG
      IN     AL,UDRO
      SBIC   USCROA,PE
      RJMP   RXC_end
```

```
        CPI     AL,0x3F
        BRNE    RXC_bit
eight:
        LDI     AL,0x08
        STS     DDRF,BL              ;DDRF 是 F 数据方向寄存器
        STS     DDRF,BL              ;SBR 对寄存器指定的位置位
        LDI     BL,0x07
        STS     PORTF,BL             ;PORTF 是 F 口数据寄存器
        STS     PORTF,BL
        RCALL   delay
        RCALL   delay
        RJMP    RXC_end
RXC - bit:
        LDI     BL,0x08
        STS     DDRF,BL              ;DDRF 是 F 数据方向寄存器
        STS     DDRF,BL              ;SBR 对寄存器指定的位置位
        LDI     BL,0x08
        STS     PORTF,BL             ;PORTF 是 F 口数据寄存器
        STS     PORTF,BL
        RCALL   delay
        RCALL   delay
Wait:
        RJMP    wait
        RXC_end:
        OUT     SREG,R1
        POP     AL
        POP     BL
        RETI
delay:
tlms:
        LDI     BH,101               ;延时 1ms 子程序
        PUSH    BH
DEL2:
        PUSH    BH
DEL3:
        DEC     BH
        BRNE    DEL3
        POP     BH
        DEC     BH
        BRNE    DEL2
        POP     BH
        RET
```

第4章
ATmega128单片机
I/O端口的应用

4.1 ATmega128 单片机的 I/O 端口

4.1.1 ATmega128 单片机 I/O 端口结构与特点

在 ATmega128 单片机中，提供了 53 个可编程的 I/O 端口，分别为 PA～PG 口。当用 SBI 或 CBI 指令改变某个 I/O 引脚的输入输出方向、改变引脚的输出电平或在禁止/允许引脚的内部上拉电阻时，其他引脚的状态不会被改变；同时它可以输出或吸收大电流，直接驱动 LED 显示器。

1. ATmega128 单片机 I/O 端口的基本结构

AVR 的所有 I/O 端口都具有与电压无关的上拉电阻，当上拉电阻被激活且引脚被拉低时该引脚会输出电流，如图 4-1 所示。

PA～PG 口都对应三个 I/O 寄存器位，它们分别为 POPTxn、DDRx 以及 PINxn。其中 POPTxn 位于数据寄存器 PORTx 中，DDxn 位于数据方向控制寄存器 DDRx 中，PINxn 位于端口输入引脚寄存器 PINx 中，x 为 n 端口的序号。数据寄存器和数据方向控制寄存器为读/写寄存器，而端口输入引脚寄存器为只读寄存器。图 4-2 所示为 I/O 端口引脚的说明。

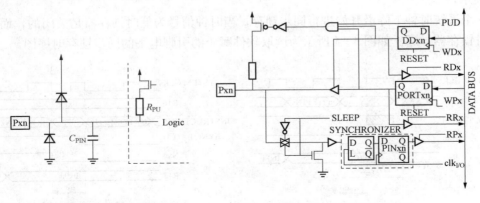

图 4-1 I/O 引脚等效原理图   图 4-2 I/O 端口引脚图

寄存器 SFIOR 的上位禁止位 PUD 相当于 I/O 端口上拉电阻的总开关。当上拉禁止位 PUD 置位时，所有上拉电阻均失效；当其为 0 时，各个上拉电阻的阻值取决于 DDRXn 的设置。

（1）数据方向控制寄存器 DDRx。数据方向控制寄存器用来控制 I/O 端口的输入输出方向，当 DDRxn 为 "1" 时，I/O 端口处于输出工作状态，此时数据寄存器中的数据可以输出到外部引脚；当 DDRxn 为 "0" 时，I/O 端口处于输入工作状态，此时端口输入引脚寄存器中的数据就是外部引脚的实际电平。

（2）数据寄存器 PORTx。当 I/O 端口工作于输入方式时，如果 PORTxn 为 "1"，则上拉电阻将使能。通过将 PORTxn 清零或将该引脚配置为输出两种方式可以不使用内部的上拉电阻。

当 I/O 端口工作于输出方式时，如果设置 PORTxn 为 "1"，则端口引脚被驱动为高电平，此时可输出 20mA 的电流。如果将 PORTxn 清零，则端口引脚被拉低，此时可以吸收 20mA 的电流（输出低电平）。

（3）端口输入引脚寄存器 PINx。当 DDRxn 为 "1" 时，对应的 Pxn 为输出引脚；当 DDRxn 为 "0" 时，对应的 Pxn 为输入引脚。

AVR 通用 I/O 口的引脚配置情况，见表 4 - 1。

表 4 - 1 端口引脚配置表

DDxn	PORTxn	PUD（in SFIOR）	I/O	上拉电阻	说明
0	0	X	输入	No	高阻态
0	1	0	输入	Yes	被外部电路拉低时将输出电流
0	1	1	输入	No	高阻态
1	0	X	输出	No	输出低电平（吸收电流）
1	1	X	输出	No	输出高电平（输出电流）

不论将方向寄存器 DDxn 配置为何种状态，都可以通过读 PINxn 寄存器来获得外部引脚的当前电平。如图 4 - 2 所示，PINxn 寄存器的各个位与锁存器组成了一个同步锁存电路。这样做的优点是可以避免当外部引脚电平的改变出现在系统时钟边缘产生一个不稳定的值；而其缺点就是形成了一个锁存延迟。

图 4 - 3 所示为读取引脚电平时的同步锁存时序图。最大和最小传输延迟分别用 $t_{pd.max}$ 和 $t_{pd.min}$ 来表示。

第一个系统时钟下降沿开始进行同步锁存，当时钟信号为低时锁存器是关闭的，而时钟信号为高时锁存器导通。如图 4 - 4 所示为读取软件赋予的引脚电平的同步锁存时序图。

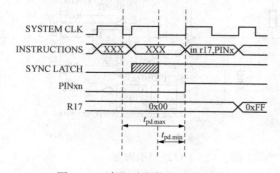

图 4 - 3 读取引脚数据时的同步   图 4 - 4 读取软件赋予的引脚电平的同步锁存时序图

当时钟信号为低，即锁存器关闭时，外部引脚的值被锁存在锁存器之中，在紧接着的系统时钟上升沿处再锁存到 PINx 寄存器中。

在图 4-3 中 $t_{pd.max}$ 和 $t_{pd.min}$ 所示，引脚上的信号转换最后被锁存在 PINx 中，且延迟介于 1/2—3/2 个系统时钟。

如果要读取软件赋予的引脚电平时，在输出指令 OUT 和输入指令 IN 之间需要插入一条 NOP 指令。输出指令 OUT 在时钟的上升沿将同步锁存信号 SYNCLATCH 置位，可将外部引脚实际电平锁存，在紧接着的系统时钟上升沿处再锁存到 PINx 中，此时同步器的延迟时间 t_{pd} 为一个系统时钟。

下面分别通过汇编程序和 C 程序来说明如何置位端口 B 的引脚 0 和 1，清零引脚 2 和 3，配置 4~7 号引脚为输入引脚，并且为引脚 6 和 7 设置上拉电阻，然后回读设置的引脚电平值。如前面讨论的那样，在输入和输出语句之间插入了一个 NOP 指令，使得能够正确地回读那些设定好的引脚值。

（1）汇编代码例程。

```
……
;定义上拉电阻和设置高电平输出
;为端口引脚定义方向
ldi r16,(1≪PB7)|(1≪PB6)|(1≪PB1)|(1≪PB0)
ldi r17,(1≪DDB3)|(1≪DDB2)|(1≪DBB1)|(1≪DBB0)
out PORTB,r16
out DDRB,r17
;为了同步插入 NOP 指令
NOP
;读取端口引脚
ln r16,PINB
……
```

（2）C 代码例程。

```
unsigned char i;
……
/*定义上拉电阻和设置高电平输出*/
/*为端口引脚定义方向*/
PORTB=(1≪PB7)|(1≪PB6)|(1≪PB1)|(1≪PB0)
DDRB=(1≪DDB3)|(1≪DDB2)|(1≪DBB1)|(1≪DBB0)
/*为了同步插入 nop 指令*/
_nop();
/*读取端口引脚*/
i=PINB;
……
```

2. 数字输入使能和休眠模式

当引脚作为数字 I/O 口时，在施密特触发器的前端，数字输入信号可以钳位到地。当 MCU 处于各种睡眠模式时，SLEEP 信号将被置位，将触发器的前端钳位到地，以防止在输入悬空或模拟输入电平接近 $V_{CC}/2$ 时消耗过多的电流。

当引脚作为外部中断输入时，SLEEP 信号会跳过这些引脚。若外部中断源没有被使能，则 SLEEP 信号对这些引脚仍然起作用。在使能引脚的第二功能时 SLEEP 也让位于第二功能。

如果异步外部中断引脚被设置为"任意逻辑电平变化均可引发中断"状态，即使外部中断没有使能，当该引脚被置位时，MCU 从睡眠唤醒时相应的外部中断标志也将置位。这是由于睡眠时在 SLEEP 信号的作用下，内部信号被钳位到地，而唤醒后外部高电平输入到内部逻辑，产生了低电平到高电平的信号变化。

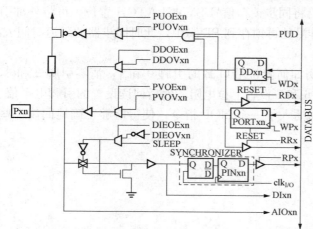

图 4-5　I/O 口第二功能控制逻辑电路

3. I/O 端口的第二功能

除了作为一般的数字 I/O 之外，大多数端口引脚都具有第二功能。图 4-5 所示说明了简化出来的端口引脚控制信号是如何被第二功能所屏蔽的。这些被屏蔽的信号被转换用于第二功能，且不会出现在所有的端口引脚，本图可以看作是适用于 AVR 系列处理器所有端口引脚的一般描述。

由第二功能模块内部产生的控制屏蔽信号的功能，见表 4-2。

表 4-2　　　　　　　　　　　第二功能模块控制屏蔽信号简述

信号名称	全称	说　　　明
PUOE	上拉电阻重载使能	若此信号置位，上拉电阻使能将受控于 PUOV；若此信号清零，则 [DDxn，PORTxn，PUD] ＝0b010 时上拉电阻使能
PUOV	上拉电阻重载使能	若 PUOE 置位，则 PUOV 置位/清零时上拉电阻使能/禁止，而不管 DDxn、PORTxn 和 PUD 寄存器各个位的设置如何
DDOE	数据方向重载使能	如果此信号置位，则输出驱动使能由 DDOV 控制；若此信号清零，则输出驱动使能由 DDxn 寄存器控制
DDOV	数据方向重载使能	若 DDOE 置位，则 DDOV 置位/清零时输出驱动使能/禁止，而不管 DDxn 寄存器设置如何
PVOE	端口数据重载使能	如果这个信号置位，且输出驱动使能，则端口数据由 PVOV 控制；若 PVOE 清零，且输出驱动使能，则端口数据由寄存器 PORTxn 控制
PVOV	端口数据重载使能	如 PVOE 设置，则端口值设置为 PVOV，而不管寄存器 PORTxn 如何设置
DIEOV	数字输入重载使能	如果这个信号置位，则数字输入使能由 DIEOV 控制；若 DIEOE 清零，则数字输入使能由 MCU 的状态确定（正常模式，睡眠模式）
DIEOV	数字输入重载使能	若 DIEOE 置位，则 DIEOV 置位/清零时数字输入使能/禁止，而不管 MCU 的状态如何（正常状态，睡眠状态）
DI	数字输入	此信号为第二功能的数字输入，在图中，这个信号与施密特触发相连，并且在同步器之前。除非数字输入用作时钟源，否则第二功能模块将使用自己的同步器
AIO	模拟信号输入输出	模拟输入输出，信号直接与引脚点相连，而且可以用作双向端口

4. I/O 端口的特点

AVR 的大部分 I/O 端口都具有双重功能，可分别与片内的各种不同功能的外围接口电路组合成一些可以完成特殊功能的 I/O 口，如定时器、计数器、串行接口、模拟比较器、捕捉器等。AVR 通用 I/O 端口的主要特点如下。

（1）可自行定义输入输出工作方式。ATmega128 的 PA～PF 都为 8 位双向 I/O 口，PG 口为 5 位的双向 I/O 口，其每一位引脚都可以单独进行定义，相互不受影响。例如，用户可以将 PA 口的第 1、2、3、5、6 位定义为输入，同时将第 0、4、7 位定义为输出。

（2）输出/吸收大电流。每个 I/O 口输出方式均采用推挽式缓冲器输出，提供大电流的驱动，可以输出（吸入）20mA 的电流，因而能直接驱动 LED。如果允许口电平达到 1V 以上，则电流最大可以达到 40mA。

（3）内部上拉电阻可控性。每一位引脚内部都有内部上拉电阻，该电阻可以通过编程设置为上拉有效或无效。当 I/O 口处于输入工作方式时，可以三态输入，也可以带上拉电阻，这样就可以省去外电路的上拉电阻。

（4）DDRx 可控的方向寄存器。在 AVR 单片机中，除了数据寄存器和控制寄存器外，还包括一个方向控制寄存器，由这 3 个寄存器共同来控制其 I/O 口。其中，方向控制寄存器用于控制 I/O 口的输入输出方向。由于输入寄存器 PINx 实际上不是一个寄存器，而是一个可选的三态缓冲器，外部引脚通过该三态缓冲器与 MCU 的内部总线相连，因此，读 PINx 时是读取外部引脚上的实际逻辑值，实现了外部信号的同步输入，这种结构使 I/O 端口具备了真正的读—修改—写的特性。

5. I/O 端口使用时的注意事项

使用 I/O 端口时应注意以下事项。

（1）当要使用 AVR 的 I/O 口时，首先要定义 I/O 的方向，对方向寄存器的某位置 1 时工作于输出状态，清零时工作于输入状态。

（2）当 I/O 口工作于输入方式时，若需要上拉电阻，则可以将数据寄存器相应位置 1，这样可省去外部电流的上拉电阻。

（3）当 I/O 口工作于输入方式时，若要读取外部引脚上的电平，则应该读取 PINxn 的值，而不是 PORTAxn 的值。

（4）当 I/O 口工作于输出方式时，上拉电阻已断开，对应数据寄存器相应位置 1，推挽输出高电平；对应数据寄存器相应位清零，推挽输出低电平。

（5）将 I/O 口由输出状态设置成输入状态后，必须等待一个时钟周期后才能正确地读到外部引脚的值。

4.1.2　各端口说明

1. PA 端口

（1）A 口特性。端口 A 是一个 8 位通用双向输入输出（I/O）口，它分配有三个数据存储地址，分别为数据寄存器 PORTA（＄003B）、数据方向控制寄存器 DDRA（＄003A）和 A 口的引脚寄存器 PINA（＄0039）。A 口的输入引脚地址为只读方式，而数据方向控制寄存器和数据寄存器为读写方式。

（2）寄存器。

1）端口 A 数据寄存器（PORTA）的各位定义如下。

Bit	7	6	5	4	3	2	1	0	
	PORTA7	PORTA6	PORTA5	PORTA4	PORTA3	PORTA2	PORTA1	PORTA0	PORTA
读/写	R/W	R/W	R/W	R/W	R/W	R/W	R/W	R/W	
初始值	0	0	0	0	0	0	0	0	

2）端口 A 数据方向控制寄存器（DDRA）的各位定义如下。

Bit	7	6	5	4	3	2	1	0	
	DDA7	DDA6	DDA5	DDA4	DDA3	DDA2	DDA1	DDA0	DDRA
读/写	R/W	R/W	R/W	R/W	R/W	R/W	R/W	R/W	
初始值	0	0	0	0	0	0	0	0	

3）端口 A 输入引脚寄存器（PINA）的各位定义如下。

Bit	7	6	5	4	3	2	1	0	
	PINA7	PINA6	PINA5	PINA4	PINA3	PINA2	PINA1	PINA0	PINA
读/写	R	R	R	R	R	R	R	R	
初始值	N/A	N/A	N/A	N/A	N/A	N/A	N/A	N/A	

（3）第二功能。端口 A 的第二功能用于外部存储器接口的低字节地址及数据位。端口 A 的第二功能见表 4-3。

表 4-3 　　　　　　　　　　　　　　**端口 A 的第二功能**

端口引脚	第二功能	端口引脚	第二功能
PA7	AD7（外部存储器接口地址及数据位 7）	PA3	AD3（外部存储器接口地址及数据位 3）
PA6	AD6（外部存储器接口地址及数据位 6）	PA2	AD2（外部存储器接口地址及数据位 2）
PA5	AD5（外部存储器接口地址及数据位 5）	PA1	AD1（外部存储器接口地址及数据位 1）
PA4	AD4（外部存储器接口地址及数据位 4）	PA0	AD0（外部存储器接口地址及数据位 0）

2. PB 端口

（1）B 口特性。端口 B 是一个 8 位通用双向输入输出（I/O）口，它分配有三个数据存储地址，分别为数据寄存器 PIRTB（＄0038），数据方向控制寄存器 DDRB（＄0037）和 B 口的输出引脚寄存器 PINB（＄0036）。其每一个引脚都具有可编程的内部上拉电阻。B 口的输入引脚地址为只读方式，而数据方向控制寄存器和数据寄存器为读写方式。

（2）寄存器。

1）端口 B 数据寄存器（PORTB）的各位定义如下。

Bit	7	6	5	4	3	2	1	0	
	PORTB7	PORTB6	PORTB5	PORTB4	PORTB3	PORTB2	PORTB1	PORTB0	PORTB
读/写	R/W	R/W	R/W	R/W	R/W	R/W	R/W	R/W	
初始值	0	0	0	0	0	0	0	0	

2）端口 B 数据方向控制寄存器（DDRB）的各位定义如下。

Bit	7	6	5	4	3	2	1	0	
	DDB7	DDB6	DDB5	DDB4	DDB3	DDB2	DDB1	DDB0	DDRB
读/写	R/W	R/W	R/W	R/W	R/W	R/W	R/W	R/W	
初始值	0	0	0	0	0	0	0	0	

3）端口 B 输入引脚寄存器（PINB）的各位定义如下。

Bit	7	6	5	4	3	2	1	0	
	PINB7	PINB6	PINB5	PINB4	PINB3	PINB2	PINB1	PINB0	PINB
读/写	R	R	R	R	R	R	R	R	
初始值	N/A	N/A	N/A	N/A	N/A	N/A	N/A	N/A	

（3）第二功能。端口 B 的第二功能是用于定时/计数器输出及 SPI 功能接口。端口 B 的第二功能见表 4-4。

表 4-4　　　　　　　　　　　　　端口 B 的第二功能

引脚	第 二 功 能
PB7	OC2/OCIC（T/C2 的输出比较和 PWM 输出，或者是 T/C1 的输出比较和 PWM 输出 C）
PB6	OCIB（T/C1 的输出比较和 PWM 输出 B）
PB5	OCIA（T/C1 的输出比较和 PWM 输出 A）
PB4	OC0（T/C0 的输出比较和 PWM 输出）
PB3	MISO（SPI 总线的主机输入/从机输出信号）
PB2	MOS1（SPI 总线的主机输出/从机输入信号）
PB1	SCK（SPI 总线的串行时钟）
PB0	$\overline{SS}$（SPI 从机选择引脚）

1）Bit7（OC2/OC1C）。PB7 可以作为 T/C2 输出比较器模块的输出，此时引脚必须配置为输出（DDB7 设置为"1"），OC2 引脚也是 PWM 模式的输出引脚。PB7 也可以作为 T/C1 输出比较 C 模块的输出，此时引脚必须配置为输出（DDB7 设置为"1"），OC1C 是 PWM 模式的输出引脚。其中，OC2 为输出比较匹配模块的输出；OC1C 为输出比较匹配 C 模块的输出。

2）Bit6（OC1B）。PB6 可以作为 T/C1 输出比较 B 模块的输出，此时引脚必须配置为输出（DDB6 设置为"1"），OC1B 是 PWM 模式的输出引脚。其中，OC1B 为输出比较匹配 B 模块的输出。

3）Bit5（OC1A）。PB5 可以作为 T/C1 输出比较 A 模块的输出，此时引脚必须配置为输出（DDB5 设置为"1"），OC1A 是 PWM 模式的输出引脚。其中，OC1A 为输出比较匹配 A 模块的输出。

4）Bit4（OC0）。PB4 可以作为 T/C0 输出比较模块的输出，此时引脚必须配置为输出（DDB4 设置为"1"），OC0 是 PWM 模式的输出引脚。其中，OC0 为输出比较匹配 B 模块的输出。

5）Bit3（MISO）。MISO 以作为 SPI 通道的主机数据输入与从机的数据输出。当工作于主机模式时，不论 DDB3 的设置如何，这个引脚都将设置为输入；当工作于从机械模式时，这个引脚的数据方向由 DDB3 控制。设置为输入时，上拉电阻由 PORTB3 控制。

6）Bit2（MOSI）。当工作于从机模式时，不论 DDB2 设置如何，这个引脚都将设置为输入；当工作于主机模式时，这个引脚的数据方向由 DDB2 控制。设置为输入后，上拉电阻由 PORTB2 控制。其中 MOSI 为 SPI 通道的主机数据输出和从机数据输入。

7）Bit 1（SCK）。当工作于从机模式时，不论 DDB1 设置如何，这个引脚都将设置为输入；当工作于主机模式时，这个引脚的数据方向由 DDB1 控制。设置为输入后，上拉电阻由 PORTB1 控制，其 SCK 为 SPI 通道的主机时钟输出和从机时钟输入。

8）Bit0（$\overline{SS}$）。当工作于从机模式时，不论 DDB0 设置如何，这个引脚都将设置为输入；当工作于主机模式时，这个引脚的数据方向由 DDB0 控制，设置为输入后，上拉电阻由 PORTB0 控制，其中$\overline{SS}$为从机选择输入。

3. PC 端口

（1）C 口特性。端口 C 是一个 8 位通用双向输入输出（I/O）口，它分配有三个数据存储地址，分别为数据寄存器 PORTC（\$0035）、数据方向控制寄存器 DDRC（\$0034）和 C 口的输出引脚寄存器 PINC（\$0033）。其每一个引脚都具有可编程的内部上拉电阻，C 口的输入引脚地址为只读方式，而数据方向控制寄存器和数据寄存器为读写方式。

（2）寄存器。

1）端口 C 数据寄存器（PORTC）的各位定义如下。

Bit	7	6	5	4	3	2	1	0	
	PORTC7	PORTC6	PORTC5	PORTC4	PORTC3	PORTC2	PORTC1	PORTC0	PORTC
读/写	R/W	R/W	R/W	R/W	R/W	R/W	R/W	R/W	
初始值	0	0	0	0	0	0	0	0	

2）端口 C 数据方向控制寄存器（DDRC）的各位定义如下。

Bit	7	6	5	4	3	2	1	0	
	DDC7	DDC6	DDC5	DDC4	DDC3	DDC2	DDC1	DDC0	DDRC
读/写	R/W	R/W	R/W	R/W	R/W	R/W	R/W	R/W	
初始值	0	0	0	0	0	0	0	0	

3）端口 C 输入引脚寄存器（PINC）的各位定义如下。

Bit	7	6	5	4	3	2	1	0	
	PINC7	PINC6	PINC5	PINC4	PINC3	PINC2	PINC1	PINC0	PINC
读/写	R	R	R	R	R	R	R	R	
初始值	N/A	N/A	N/A	N/A	N/A	N/A	N/A	N/A	

　　当系统处于 ATmega103 兼容模式时，DDRC 和 PINC 寄存器被初始化为推挽零输出，即使在时钟没有运行的情况下，端口也保持其初始值。要注意的是，在 ATmega103 兼容模式下 DDRC 和 PINC 是可见的。

　　在 ATmega103 兼容模式下，端口 C 为输出端口，其第二功能为外部存储器接口的地址高字节。端口 C 的第二功能见表 4 - 5。

表 4 - 5　　　　　　　　　　　　　端口 C 的第二功能

端口引脚	第二功能	端口引脚	第二功能
PC7	A15	PC3	A11
PC6	A14	PC2	A10
PC5	A13	PC1	A9
PC4	A12	PC0	A8

　　4. PD 端口

　　(1) D 口特性。端口 D 是一个 8 位通用双向输入输出（I/O）口，它分配有三个数据存储地址，分别为数据寄存器 PORTD（$0032）、数据方向控制寄存器 DDRD（$0031）和 D 口的输出引脚寄存器 PIND（$0030）。其每一个引脚都具有可编程的内部上拉电阻，D 口的输入引脚地址为只读方式，而数据方向控制寄存器和数据寄存器为读写方式。

　　(2) 寄存器。

　　1) 端口 D 数据寄存器（PORTD）的各位定义如下。

Bit	7	6	5	4	3	2	1	0	
	PORTD7	PORTD6	PORTD5	PORTD4	PORTD3	PORTD2	PORTD1	PORTD0	PORTD
读/写	R/W	R/W	R/W	R/W	R/W	R/W	R/W	R/W	
初始值	0	0	0	0	0	0	0	0	

　　2) 端口 D 数据方向控制寄存器（DDRD）的各位定义如下。

Bit	7	6	5	4	3	2	1	0	
	DDRD7	DDRD6	DDRD5	DDRD4	DDRD3	DDRD2	DDRD1	DDRD0	DDRD
读/写	R/W	R/W	R/W	R/W	R/W	R/W	R/W	R/W	
初始值	0	0	0	0	0	0	0	0	

　　3) 端口 D 输入引脚寄存器（PIND）的各位定义如下。

Bit	7	6	5	4	3	2	1	0	
	PIND7	PIND6	PIND5	PIND4	PIND3	PIND2	PIND1	PIND0	PIND
读/写	R	R	R	R	R	R	R	R	
初始值	N/A	N/A	N/A	N/A	N/A	N/A	N/A	N/A	

　　(3) 第二功能。端口 D 的第二功能见表 4 - 6。

表 4-6	端口 D 的第二功能
端口引脚	第 二 功 能
PD7	T2（T/C2 的时钟输入）
PD6	T1（T/C1 的时钟输入）
PD5	XCK1（USART1 的外部时钟输入/输出）
PD4	ICPI（T/C1 输入捕捉的触发引脚）
PD3	INT3/TXD1（外部中断 3 的输入引脚，或是 UART1 发送引脚）
PD2	INT2/RXD1（外部中断 2 的输入引脚，或是 UART1 接收引脚）
PD1	INT1/SDA（外部中断 1 的输入引脚，或是 TW1 的串行数据）
PD0	INTO/SCL（外部中断 0 的输入引脚，或是 TW1 的串行时钟）

1）Bit7（T2）。T2 为 T/C2 的计数输入源。

2）Bit6（T1）。T1 为 T/C1 的计数输入源。

3）Bit5（XCK1）。PD5 可以作为 USART1 的外部输入输出时钟，其数据方向寄存器控制时钟为输入（DDD4 为"0"）还是输出（DDD4 为"1"）。只有当 USART1 工作于同步模式时 XCK1 才有效。其中，XCK1 为 USART1 的外部时钟。

4）Bit4（ICP1）。PD4 可以作为 T/C1 的输入捕捉引脚。其中 ICP1 为输入捕捉引脚 1。

5）Bit3（IN3/TX1）。PD3 以作为 MCU 的外部中断源 3（INT3）。当使能了 USART1 的发送器后，这个引脚被强制设置为输出，此时 DDD3 不起作用，其中，TXD1 为 USART1 的数据发送引脚。

6）Bit2（INT2/RXD1）。PD2 可以作为 MCU 的外部中断源 2（INT2）。当使能了 US-ART1 的接收器后，这个引脚被强制设置为输出，此时 DDD2 不起作用，但是 PORTD2 仍然控制上拉电阻。其中，RXD1 为 USART1 的数据接收引脚。

7）Bit 1（INT1/SDA）。PDI 可以作为 MCU 的外部中断源 1（INT1）。当寄存器 TWCR 的 TWEN 置位时使能两线接口。引脚 PDI 与端口脱离开而成为两线接口的串行数据 I/O 引脚。此时，引脚配置一个尖峰滤波器以抑制 50ns 以下的尖峰信号，而引脚由具有斜率限制功能的开漏驱动器驱动。其中，SDA 为两线接口的数据引脚。

8）Bit0（INT0/SCL）。PD0 可以作为 MCU 的外部中断源 0（INT0）。当寄存器 TWCR 的 TWEN 置位时使能两线接口，引脚 PD0 与端口脱离开而成为两线接口的串行数据时钟 I/O 引脚。此时，引脚配置一个尖峰滤波器以抑制 50ns 以下的尖峰信号，而引脚由具有斜率限制功能的开漏驱动器驱动。其中 SCL 为两线接口的时钟。

5. PE 端口

（1）E 口特性。端口 E 是一个 8 位通用双向输入输出（I/O）口，它分配有三个数据存储地址，分别为数据寄存器 PORTE（$0023）、数据方向控制寄存器 DDRE（$0022）和 E 口的输出引脚寄存器 PINE（$0021）。其每一个引脚都具有可编程的内部上拉电阻，E 口的输入引脚地址为只读方式，而数据方向控制寄存器和数据寄存器为读写方式。

（2）寄存器。

1）端口 E 数据寄存器（PORTE）的各位定义如下。

Bit	7	6	5	4	3	2	1	0	
	PORTE7	PORTE6	PORTE5	PORTE4	PORTE3	PORTE2	PORTE1	PORTE0	PORTE
读/写	R/W	R/W	R/W	R/W	R/W	R/W	R/W	R/W	
初始值	0	0	0	0	0	0	0	0	

2）端口 E 数据方向控制寄存器（DDRE）的各位定义如下。

Bit	7	6	5	4	3	2	1	0	
	DDRE7	DDRE6	DDRE5	DDRE4	DDRE3	DDRE2	DDRE1	DDRE0	DDRE
读/写	R/W	R/W	R/W	R/W	R/W	R/W	R/W	R/W	
初始值	0	0	0	0	0	0	0	0	

3）端口 E 输入引脚寄存器（PINE）的各位定义如下。

Bit	7	6	5	4	3	2	1	0	
	PINE7	PINE6	PINE5	PINE4	PINE3	PINE2	PINE1	PINE0	PINE
读/写	R	R	R	R	R	R	R	R	
初始值	N/A	N/A	N/A	N/A	N/A	N/A	N/A	N/A	

（3）第二功能。端口 E 的第二功能见表 4-7。

表 4-7　　　　　　　　　　　　　　端口 E 的第二功能

引脚	第 二 功 能
PE7	INT7/IC3（外部中断 7 的输入引脚，或是 T/C3 输入捕捉的触发引脚）
PE6	INT6/T3（外部中断 6 的输入引脚，或是 T/C3 的时钟输入）
PE5	INT5/OC3C（外部中断 5 的输入引脚，或是 T/C3 的输出比较和 PWM 输出 C 引脚）
PE4	INT4/OC3B（外部中断 4 的输入引脚，或是 T/C3 的输出比较和 PWM 输出 B 引脚）
PE3	INTI/OC3A（模拟比较器负输入端，或是 T/C3 的输出比较和 PWM 输出 A 引脚）
PE2	AIN0/XCK0（模拟比较器正输入端，或是 USART0 的外部输入/输出时钟）
PE1	PDO/TXD0（编程数据输出，或是 USART0 的发送引脚）
PE0	PDI/PXD0（编程数据输出，或是 USART0 的接收引脚）

1）Bit7（INT7/ICP3）。PE7 可以作为 MCU 的外部中断源 7（INT7），还可以作为 T/C3 的输入捕捉引脚。其中，ICP3 为输入捕捉引脚 3。

2）Bit6（INT6/T3）。PE6 可以作为 MCU 的外部中断源 6（INT6），T3 为 T/C3 的计数输入源。

3）Bit5（INT5/OC3C）。PE5 可以作为 MCU 的外部中断源 5（INT5），还可以作为 T/C3 输出比较 C 的输出引脚，此时需要置 DDE5 以将其配置为输出。OC3C 还可以作为 PWM 模式的输出，其中，OC3C 为输出比较匹配 C 的输出。

4）Bit4（INT4/OC3B）。PE4 可以作为 MCU 的外部中断源 4（INT4），还可以作为 T/C3 输出比较 B 的输出引脚，此时需要置位 DDE4 以将其配置为输出。OC3B 可以作为 PWM 模式的输出，其中，OC3B 为输出比较匹配 B 的输出。

5）Bit3（AINI/OC3A）。AIN1 为模拟比较器负输入端，PE3 可以作为 T/C3 输出比较 A 的输出引脚，此时需要置位 DDE3 以将其配置为输出，OC3A 还可以作为 PWM 模式的输出，其中，OC3A 为输出比较匹配 A 的输出。

6）Bit2（AIN0/XCK0）。AIN0 为模拟比较器正输入端，PE2 可以作为 USART0 的外部输入输出时钟，其数据方向寄存器 DDE 控制这个时钟是输入时钟（DDE2 为 "0"）还是输出时钟（DDE2O "1"）。只有当 USART0 工作于同步模式时 XCK0 才会生效，其中，XCK0 为 USART0 的外部时钟。

7）Bit1（PDO/TXD0）。在串行下载程序时，PE1 用来输出数据。其中，PD0 为 SPI 串行编程的数据输出。TXD0 为 USART0 发送引脚。

8）Bit0（PDI/RXD0）。在串行下载程序时，PE0 用来输入数据。其中，PDI 为 SPI 串行编程的数据输入。不管 DDRE0 的设置如何，当使能 USART0 接收器后这个引脚配置为输入。PORTE0 仍然控制着上拉电阻的使能，其中，RXD0 为 USART0 接收引脚。

6. PF 端口

（1）F 口特性。端口 F 可以作为 ADC 的模拟输入引脚，也可以作为 8 位通用双向 I/O 口，它分配有三个数据存储地址，分别为数据寄存器 PORTF（＄0062）、数据方向控制寄存器 DDRF（＄0061）和 F 口的输出引脚寄存器 PINF（＄0020）。其每一个引脚都具有可编程的内部上拉电阻，F 口的输入引脚地址为只读方式，而数据方向控制寄存器和数据寄存器为读写方式。

（2）寄存器。

1）端口 F 数据寄存器（PORTF）的各位定义如下。

Bit	7	6	5	4	3	2	1	0	
	PORTF7	PORTF6	PORTF5	PORTF4	PORTF3	PORTF2	PORTF1	PORTF0	PORTF
读/写	R/W	R/W	R/W	R/W	R/W	R/W	R/W	R/W	
初始值	0	0	0	0	0	0	0	0	

2）端口 F 数据方向控制寄存器（DDRF）的各位定义如下。

Bit	7	6	5	4	3	2	1	0	
	DDRF7	DDRF6	DDRF5	DDRF4	DDRF3	DDRF2	DDRF1	DDRF0	DDRF
读/写	R/W	R/W	R/W	R/W	R/W	R/W	R/W	R/W	
初始值	0	0	0	0	0	0	0	0	

3）端口 F 输入引脚寄存器（PINF）的各位定义如下。

Bit	7	6	5	4	3	2	1	0	
	PINF7	PINF6	PINF5	PINF4	PINF3	PINF2	PINF1	PINF0	PINF
读/写	R	R	R	R	R	R	R	R	
初始值	N/A	N/A	N/A	N/A	N/A	N/A	N/A	N/A	

在 ATmega103 兼容模式下寄存器 PORTF 和 DDRF 是不可见的，因为此时端口 F 只能作为输入引脚使用。

(3) 第二功能。端口 F 的第二功能是 ADC 输入。如果端口 F 的一些引脚配置为输出，则在 A/D 转换过程中不要改变输出引脚的电平，否则可能会损坏转换结果。在 ATmega103 兼容模式下端口 F 只能作为输入。若使能了 JTAG 接口，则即使在复位阶段 PF7（TDI）、PF5（TMS）和 PF4（TCK）的上拉电阻仍然有效。端口 F 的第二功能见表 4-8。

表 4-8　　　　　　　　　　　　　　端口 F 的第二功能

端口引脚	第 二 功 能
PF7	ADC7/TDI（ADC 输入通道 7，或是 JTAG 测试数据输入引脚）
PF6	ADC6/TDO（AD 输入通道 6，或是 JTAG 测试数据输出引脚）
PF5	ADC5/TMS（ADC 输入通道 5，或是 JTAG 测试模式选择引脚）
PF4	ADC4/TCK（ADC 输入通道 4，或是 JTAG 测试时钟）
PF3	ADC3（ADC 输入通道 3）
PF2	ADC2（ADC 输入通道 2）
PF1	ADC1（ADC 输入通道 1）
PF0	ADC0（ADC 输入通道 0）

1）Bit7（ADC/TDI）。ADC7 为模数转换器通道 7。PF7 可以作为将要移入指令寄存器或数据寄存器（扫描链）的串行输入数据。使能 JTAG 接口之后这个引脚不能再用作普通 I/O 口。其中，TDI 为 JTAG 测试数据输入引脚。

2）Bit6（ADC6/TDO）。ADC6 为模数转换器通道 6。PF6 可以作为将要移入指令寄存器或数据寄存器的串行输出数据。使能 JTAG 接口之后这个引脚不能再用作普通 I/O 口。除 TAP 状态外 TDO 引脚为三态，其中，TDO 为 JTAG 测试数据输出引脚。

3）Bit5（ADC5/TMS）。ADC5 为模数转换器通道 5。PF5 可以作为 TAP 控制器状态机的定位。使能 JTAG 接口之后这个引脚不能再用作普通 I/O 口。其中，TMS 为 JTAG 测试模式选择引脚。

4）Bit4（ADC4/TCK）。ADC4 为模数转换器通道 4。使能 JTAG 接口后 PF4 可以作为 JTAG 测试时钟，以提供 JTAG 基准时钟。其中，TCK 为 JTAG 测试时钟。

5）Bit3~Bit0（ADC3~ADC0）。模数转换器通道 3~0。

7. PG 端口

(1) G 口特性。端口 G 是一个 8 位通用双向输入输出（I/O）口，它分配有三个数据存储地址，分别为数据寄存器 PORTG（$0065）、数据方向控制寄存器 DDRG（$0064）和 G 口的输出引脚寄存器 PING（$0063）。G 口的输入引脚地址为只读方式，而数据方向控制寄存器和数据寄存器为读写方式。

在 ATmega103 兼容模式下，端口 G 只能作为外部存储器的锁存信号以及 32kHz 振荡器的输入，并且在复位时这些引脚初始化为 PG0=1、PG1=1 以及 PG2=0。PG3 和 PG4 是振荡器引脚。

（2）寄存器。

1）端口 G 数据寄存器（PORTG）的各位定义如下。

Bit	7	6	5	4	3	2	1	0	
	—	—	—	PORTG4	PORTG3	PORTG2	PORTG1	PORTG0	PORTG
读/写	R	R	R	R/W	R/W	R/W	R/W	R/W	
初始值	0	0	0	0	0	0	0	0	

2）端口 G 数据方向控制寄存器（DDRG）的各位定义如下。

Bit	7	6	5	4	3	2	1	0	
	—	—	—	DDRG4	DDRG3	DDRG2	DDRG1	DDRG0	DDRG
读/写	R	R	R	R/W	R/W	R/W	R/W	R/W	
初始值	0	0	0	0	0	0	0	0	

3）端口 G 输入引脚寄存器（PING）的各位定义如下。

Bit	7	6	5	4	3	2	1	0	
	—	—	—	PING4	PING3	PING2	PING1	PING0	PING
读/写	R	R	R	R	R	R	R	R	
初始值	0	0	0	N/A	N/A	N/A	N/A	N/A	

（3）第二功能。在 ATmega103 兼容模式下端口 G 只具有下面描述的第二功能，而不能用作通用数字 I/O 端口。端口 G 的第二功能见表 4-9。

表 4-9 端口 G 的第二功能

端口引脚	第二功能	端口引脚	第二功能
PG4	TOSCI（RTG 振荡器，T/C0）	PG1	$\overline{RO}$（外部存储器读信号）
PG3	TOSC2（RTC 振荡器，T/C0）	PG0	$\overline{WR}$（外部存储器写信号）
PG2	ALE（外部存储器地址锁存使能信号）		

1）Bit4（TOSC1）。当寄存器 ASSR 的 AS0 置位时使能 T/C0 的异步时钟，PG4 从端口上脱离，成为反向振荡器放大器的输入，此时可以外接晶体振荡器，同时不能用作 I/O 口。其中，TOSC1 为定时器振荡器引脚。

2）Bit3（TOSC2），当寄存器 ASSR 的 AS0 置位时使能 T/C0 的异步时钟，PG3 从端口上脱离，成为反向振荡器放大器的输入，此时可以外接晶体振荡器，同时不用作 I/O 口，其中，TOSC2 为定时器振荡器引脚 2。

3）Bit2（ALE）。ALE 为外部存储器地址锁存使能信号。

4）Bit1（$\overline{RD}$）。$\overline{RD}$ 为外部存储器读控制信号。

5）Bit0（$\overline{WR}$）。$\overline{WR}$ 为外部存储器写控制信号。

（4）特殊功能 I/O 寄存器。特殊功能 I/O 寄存器（SFIOR）的位定义见表 4-10。

表 4 - 10　　　　　　　　　SFIOR 特殊功能 I/O 寄存器位定义

SFIOR 寄存器	Bit 位	描　　　述
TSM	7	T/C 同步模式标志位，0_1 T/C 立即同时开始计数；1_1 保持 T/C 数据直到被更新
ACME	3	模拟比较器多路复用器使能标志位。0_1 AINI 连接到比较器的负极输入端；1_1 ADC 多路复用器为模拟比较器选择负极输入
PUD	2	禁止上拉电阻标志位。0_1 不操作；1_1 I/O 端口的上拉电阻被禁止
PSR0	1	T/C0 预分频器复位。0_1 不操作；1_1 T/C0 的预分频器复位
PSR321	0	T/C3、T/C2 与 T/C1 预分频器复位。0_2 不操作；1_2 T/C3、T/C2 与 T/C1 预分频器复位，对三个计时器都有影响

4.2　I/O 寄存器的设置与编程

I/O 寄存器占据了通用寄存器后面最高 64 个字节的数据存储空间，每一个寄存器都提供了对 MCU 内部的 I/O 外设的控制寄存器或数据寄存器的访问。程序员可以使用 I/O 寄存器来作为 MCU 内部的 I/O 外设的接口。

4.2.1　I/O 寄存器的操作特点

ATmega128 单片机的所有 I/O 和外设的值都放置在 I/O 空间中，通过这些寄存器我们可以了解 CPU 及其外设的运行状态以及控制 CPU 及其外设的动作和行为。

对于不同的地址，分别使用不同的指令来访问。

(1) LD/LDS/LDD 和 ST/STS/STD 指令，可以访问全部的 I/O 地址。

(2) SBI 和 CBI 指令，可直接进行位寻址地址为 \$ 00～ \$ 1F 的 I/O 寄存器。

(3) SBIS 和 SBIC 指令，用来检查单个位置位与否。

(4) IN 和 OUT 指令，访问地址在 \$ 00～ \$ 1F 的寄存器。

如果要像 SRAM 一样通过 LD 和 ST 指令访问 I/O 寄存器，则相应的地址要加上 \$ 20。

当 ATmega128 工作于 ATmega103 兼容模式时，扩展的 I/O 被 SRAM 所取代。为了与后续产品兼容，保留未用的位应写 "0"，而保留的 I/O 寄存器则不应进行写操作。一些普遍存在状态标志位的清除是通过写 "1" 来实现的。

4.2.2　I/O 寄存器的 C 语言程序

在 ICCAVR 中访问地址 \$ 0020～ \$ 005F 的 I/O 寄存器，可以使用内汇编和预处理宏。

向端口 A 的输出位输出数据的方式如下：

PORTA＝0x22；//sets the second bit of port A

　　　　　　//and clears the orher seven port A

从端口 A 的输入位读取数据的方式如下：

x＝PINA；　　//reads all 8 pins of port A

在这个例子中，x 会包含所有端口 A 的位值，不管输入还是输出，因为 PINA 寄存器反映的是端口中所有位的值。

输入引脚都是悬空的，即不必为每个相关的端口引脚加入上拉电阻。如果需要加入上拉电阻，则 MCU 可以将相应的端口驱动寄存器的相应位置 1。程序如下：

DDRT=0xF0；//upper 2 bits as output，lower 6 as input

PORTA=0x30；//enale internal pull-ups on lowest 2 bits

4.2.3 特殊功能 I/O 寄存器 SFIOR

SFIOR 各位的定义如下。

Bit	7	6	5	4	3	2	1	0	
	TSM	—	—	—	ACME	PUD	PSR0	PSR321	SFIOR
读/写	R/W	R	R	R	R/W	R/W	R/W	R/W	
初始值	0	0	0	0	0	0	0	0	

Bit 2（PUD）：禁止上拉电阻。置位时，即使将寄存器 DDxn 和 PORTxn 配置为使能上拉电阻（DDxn、PORTxn）=0b01，I/O 端口的上拉电阻也被禁止。

4.2.4 通用 I/O 口的设置与编程

在将 AVR 的 I/O 口作为通用数字口使用时，要先根据系统的硬件设计情况，设定各个 I/O 口的工作方式、输入或输出工作方式，即先正确设置 DDRx 方向寄存器，再进行 I/O 口的读写操作。如果将 I/O 口定义为数字输入口时，还应注意是否需要将该口内部的上拉电阻设置为有效，在设计电路时，如能利用 AVR 内部 I/O 口的上拉电阻，则可以节省外部的上拉电阻。

AVR 汇编指令系统中，直接用于对 I/O 寄存器操作的指令有以下三类，它们全部为单周期指令。

（1）IN/OUT。IN/OUT 指令实现了 32 个通用寄存器与 I/O 寄存器之间的数据交换，格式为

IN Rd，A　；从 I/O 寄存器 A 读取数据到通用寄存器 Rd

OUT A，Rr　；将通用寄存器 Rr 数据送至 I/O 寄存器 A

（2）SBI/CBI。SBI/CBI 指令实现了对 I/O 寄存器（地址空间为 I/O 空间的 0x00～0x31）中指定位的置 1 或清零，格式为

SBI A，b　；将 I/O 寄存器 A 的第 b 位置 1

CBI A，b　；将 I/O 寄存器 A 的第 b 位清零

（3）SBIC/SBIS。SBIC/SBIS 指令为转移类指令，它根据 I/O 寄存器（地址空间为 I/O 空间的 0x00～0x31）的指定位的数值实现跳行转移（跳过后面紧接的一条指令，执行后序的第二条指令），格式为

SBIC A，b　；I/O 寄存器 A 的第 b 位为 0 时，跳行执行

SBIS A，b　；I/O 寄存器 A 的第 b 位为 1 时，跳行执行

ATmega128 的 4 个 8 位的端口共有 12 个 I/O 端口寄存器，它们在 AVR 的 I/O 空间的地址均在前 32 个之中，因此，上面三类对 I/O 寄存器操作的指令都可以使用。

在 ICCAVR 中，可以直接使用 C 语句对 I/O 寄存器进行操作。例如：

```
//PA 口配置为输出
DDRA =0XFF；
PORTA=0x55；      //输出值为 0x55
//PA 口配置为不带上拉输入
DDRA=0x00；
PORTA=0XFF；
i=PINA；
//PA 口配置为带上拉输入
DDRA=0x00；
PORTA=0XFF；
i=PINA；
```

//BIT（x）定义为 1≪（x），就是将 1 左移 x 位
```
BIT（0）=0 0 0 0 0 0 0 1//将 1 左移 0 位
BIT（3）=0 0 0 0 1 0 0 0//将 1 左移 3 位
−BIT（3）=1 1 1 1 0 1 1 1//将 1 左移 3 位后取反
```
//将 PB0 定义为输出，且输出为高电平
```
DDRB=BUT（0）；    //定义 PB0 为输出
PORTB｜=BIT（0）；//PB0 输出高电平
```
//将 PB0、PB1 定义为输出，PB0、PB1 均为高电平
```
DDRB｜=BUT（0）｜BIT（1）；    //定义 PB0、PB1 为输出
PORTB｜=BIT（0）｜BIT（1）；//PB0、PB1 输出高电平
```
//将 PB0 数据寄存器的数值翻转，即如果是 1 则变成 0，如果是 0 则变成 1
```
PORTB⁻=BIT（0）；//翻转 PB0 口
```
//将 PB0、PB1 数据寄存器的数值翻转，即如果是 1 则变成 0，如果是 0 则变成 1
```
PORTB⁻=BIT（0）｜BIT（1）；    //翻转 PB0、PB1 口
```
//将 PB2、PB3 定义为输入，不带上拉电阻
```
DDRB&=~（BIT（2）｜BIT（3））；//定义 PB2、PB3 为输入
PORTB&=~（BIT（2）｜BIT（3））；//将 PORT 置 0，不带上拉电阻
```
//将 PB2、PB3 定义为输入，带上拉电阻。不引用引脚时，默认值为高电平
```
SFIOR&=~BIT（PUD）；      //SFIOR 寄存器的上拉电阻控制位 PUD 置 0，在整个代码
                          中，这句话可以不出现，或仅出现一次即可，因为它是
                          一个控制全部上拉电阻的控制位
DDRB&=~（BIT（2）｜BIT（3））；    //定义 PB2、PB3 为输入
PORTB｜=BIT（2）｜BIT（3）；       //将 PORT 置 1，满足上拉电阻的另一个条件
```
DDRB=BIT（0）｜BIT（1）与 DDRB｜=｜BIT（0）｜BIT（1）的区别
在执行上面两句指令前，DDRB 的状态为 1000 0000。
执行 DDRB=BIT（0）｜BIT（1）后，DDRB 的状态变为 0000 0011。
执行 DDRD｜=BIT（0）｜BIT（1）后，DDRB 的状态变为 1000 0011。
前一句会先清空以前的所有状态，后一句保留前面的状态，在实际应用中，后一句更

常用。

将 PB 口第 3 位置 1 的方法总结如下：

DDRB｜＝BIT（3）；

DDRB｜＝1≪3；

DDRB｜＝0x08；

DDRB｜＝0b00001000；

4.3 I/O 口控制应用实例

4.3.1 I/O 口控制 LED 发光二极管应用实例

1. LED 的使用连接方式

LED 灯有两种连线方法：当 LED 灯的阳极限流电阻与板子上的数字 I/O 口相连，数字口输出高电平时，LED 导通，发光二极管发出亮光；当数字口输出低电平时，LED 截止，发光二极管熄灭，如图 4-6 所示。

当 LED 灯的阴极与板子上的数字 I/O 口相连时，数字口输出高电平，LED 截止，发光二极管熄灭；当数字口输出低电平，LED 灯导通，发光二极管点亮，如图 4-7 所示。

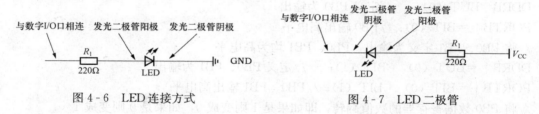

图 4-6 LED 连接方式   图 4-7 LED 二极管

由于单片机输出电流有限，阳极接法需要单片机给 LED 提供电流，可能导致单片机运行不稳定，故通常采用阴极接法。

LED 与单片机的连接如图 4-8 和图 4-9 所示。通常 LED 的点亮电流为 5～10mA，压降为 1.7～1.9V。因此，计算 5V 电源下使用的限流电阻的大小在 500Ω 左右。图中使用的限流阻排（RP1）阻值为 470Ω。

P9 为连接插针，当不使用二极管做流水灯实验时，可以断开连接释放引脚资源。

2. 程序设计

观察图 4-8 可知，对单片机的端口 PB0～PB7 输出 "1" 时，8 个 LED 两端电平相同，没有电流流过，此时 LED 不亮；当 PB0～PB7 口输出 "0" 时，LED 电路构成通路，有足够的电流流过 LED，此时 LED 被点亮发光。图中电阻 R 的作用是防止太强的电流流入 I/O 线路。

当有电流通过时（此时 LED 发光），LED 有一个正向电压降，表明阴极的电压低于阳极。不同的 LED 电压降的幅度有所不同，可以通过查找相应的技术手册来获得用户所使用 LED 的电压降数值。

本程序将实现延时轮流点亮 8 个 LED。

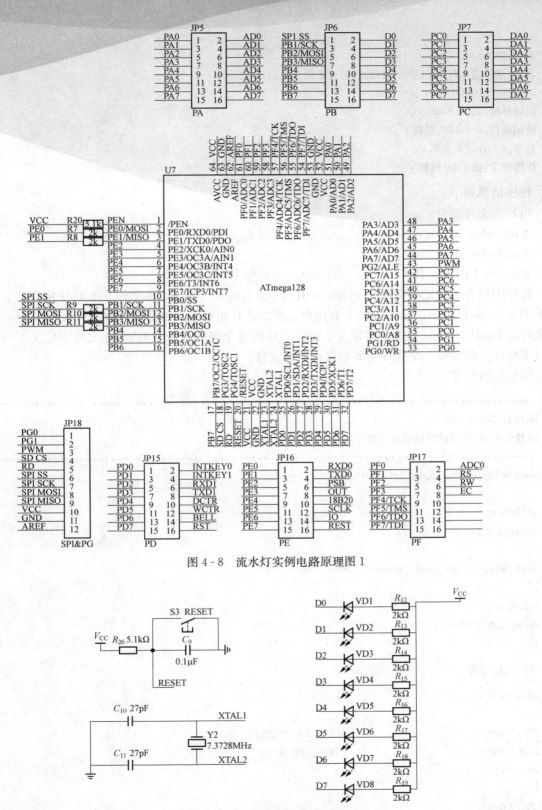

图 4 - 8　流水灯实例电路原理图 1

图 4 - 9　流水灯实例电路原理图 2

名称:LED.c *

功能:演示流水灯,从上向下流动,而后从下向上流动,如此循环 * 。

时钟频率:内部 1MHz * 。

编译环境:ICC - AVR6.31 * 。

使用硬件:8 个 LED、阻排 * 。

结果:8 LED 流水闪烁 * 。

操作要求:插上 P9 跳帽 * 。

程序清单如下。

(1) 头文件部分。

♯include＜ioml128.v.h＞　　　//ATmega128 头文件

♯include＜delay.h＞

♯define LED8　　PORTB　　　//LED 发光管与 PB 口相连接

程序中包含了特定头文件 iom128v.h 和 delay.h ioml128v.h,头文件在 ICC 程序安装文件夹下的 include 目录中,ioml128v.h 和用户选择的芯片相对应,如果选择的是 ATmega128,则该文件是 ioml128v.h,此文件中定义了对应芯片的各个硬件地址;delay.h 文件中定义了一些延时子程序。通常每一个程序都要包含这些头文件。

(2) 延时程序。

```
/ **************************************************************************************
函数名:Delay_nms
函数作用:毫秒级的精确延时程序
 ************************************************************************************** /
void delay_nms(unsigned int nms)
{
while(nms − −)
delay_lms();
}
void delay_ns(unsigned char ns)
{
while(ns − −)
delay_nms(1000);
}
```

(3) 主程序。

```
void main()
{
DDRB = 0xFF;                    //设置 PB 口为输出
LED8 = 0xFF;                    //系统初始化
while(1)
{
LED8 = 0x00;
```

```
    Delay_nms(500);                    //延时 500ms
LED8 = 0xFF;
delay_nms(500);
}
}
```

读者在理解以上程序后，可以在原硬件基础上，体会以下几个程序（LED2.c～LED4.c）将要实现的功能与上述例子中实现的功能有何不同。

名称：LED2.c＊。

功能：实现 8 个发光二极管轮流点亮＊。

时钟频率：7.3728MHz＊。

编译环境：ICC－AVR6.31＊。

使用硬件：8 个 LED＊。

结果：8 LED 流水闪烁＊。

程序清单如下：

```
# include <iom128v.h>
# include "delay.h"
Unsigned char LED_table[] = {0xFF,0x00,0xFF,0xFE,0xFD,0xFB, 0xF7, 0xEF, 0xDF, 0xBF, 0x7F, 0xFF,
0x00, 0xFF, 0x7F, 0xBF, 0xDF, 0xEF, 0xF7, 0xFB, 0xFD, 0xFE, 0xFF, 0x00, 0xFF, 0x7E, 0xBD, 0xDB, 0xE7, 0xFF,
0x00,0xE7,0xDB,0xBD,0x7E,0xFF,0x00};
void main(void)
{
unsigned char i = 0;
PORTB = 0xFF;
DDRB = 0xFF;
while(1)
    {
    if (i = = 36) i = 0;
    PORTB = LED~table(i++);
    delay~nms(80);
    }
}
```

名称:LED3.c＊。

功能:实现 8 个发光二极管轮流点亮＊。

时钟频率:7.3728MHz＊。

编译环境:ICC－AVR6.31＊。

使用硬件:8 个 LED、阻排＊。

结果:8 个 LED 流水闪烁＊。

```
# include <iom128v.h>
# include "delay.h"
void main(void)
{
unsigned char i;
```

```
PORTB = 0xFF;
DDRB = 0xFF;
while(1);
    {
        for (i = 0;i<B;i++)
        {
            PORTB = -(1<<i);
            delay-nms(300);
        }
            PORTB = 0xfe;
        }
}
```
名称:LED4.c*。
功能:实现 8 个发光二极管轮流点亮*。
时钟频率:7.3728MHz*。
编译环境:ICC-AVR6.31*。
使用硬件:8 个 LED、阻排*。
结果:8 个 LED 流水闪烁*。
```
# include <iom128v.h>
# include <stdlib.h>
# include "delay.h"
void main(void)
{
unsigned char i;
PORTB = 0xFF;
DDRB = 0xFF;
srand(10);               //种下随机数种子
while(1)
    {
        PORTB = rand();   //随机数产生函数
        Delay = _nms(300);
    }
}
```

　　注意,发光二极管是一种电流型器件,虽然在它的两端直接接上 3V 的电压后能够发光,但容易损坏,因此在实际使用中一定要串接限流电阻,工作电流根据型号不同一般为 1～30mA,另外,由于发光二极管的导通电压一般在 1.7V 以上,所以,一节 1.5V 的电池不能点亮发光二极管。同样,一般万用表的 R×1 挡到 R×1kΩ 挡均不能测试发光二极管,而 R×1kΩ 挡由于使用 9V 的电池,因此能把有的发光二极管点亮。

4.3.2　I/O 口控制 LED 数码管应用实例

　　1. 硬件设计

　　图 4-10 所示为 ATmega128 端口与两个 4 位数码管的连接图。本例中采用共阴型的数码

管，显示方式采用动态扫描方式，并可以配合按键控制输出的数据。

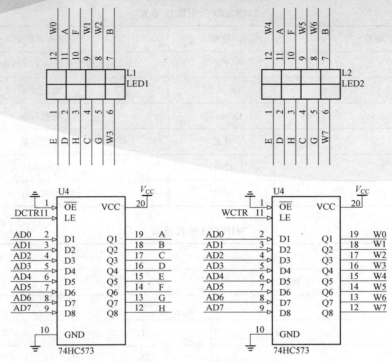

图 4-10　数码管实例原理图

电路图 4-10 中，单片机 PA 端口通过两个锁存器 74HC573 驱动两个数码管的段码控制端和位码控制端。

74HC573 是一款高速 CMOS 器件，74HC573 引脚兼容低功耗肖特基 TTL（LSTTL）系列。74HC573 包含 8 路 D 型透明锁存器，每个锁存器具有独立的 D 型输入，同时适用于面向总线应用的三态输出。所有锁存器共用一个锁存使能（LE）端和一个输出使能（$\overline{OE}$）端，其逻辑原理图如图 4-11 所示。当 LE 为高电平时，数据从 Dn 输入到锁存器，在此条件下，锁存器进入透明模式，即锁存器的输出状态将会随着对应 D 输入每次的变化而改变；当 LE 为低电平时，锁存器将 D 输入上的信息存储一段就绪时间，直到 LE 的下降沿来临。

当 $\overline{OE}$ 为低时，8 个锁存器的内容可以被正常输出；当 $\overline{OE}$ 为高时，输入进入高阻态。$\overline{OE}$ 端的操作不会影响锁存器的状态。

74HC573 特性总结如下。

（1）输入输出分布在芯片封装的两侧，为微处理器提供简便的接口。

（2）用于微控制器和微型计算机的 I/O 口。

（3）三态正相驱动输出，用于面向总线的应用。

（4）共用三态输出使能端。

（5）使能输入有改善抗扰度的滞后作用。

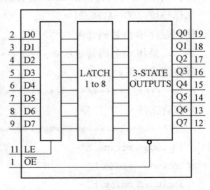

图 4-11　74HC573 逻辑原理图

74HC573 的引脚说明表见表 4 - 11。真值表见表 4 - 12。

表 4 - 11   **74HC573 的引脚说明表**

引脚号	符号	名称及功能
1	$\overline{OE}$	三态输出使能输入（低电平有效）
2，3，4，5，6，7，8，9	D0 to D7	数据输入
12，13，14，15，16，17，18，19	Q0 to Q7	三态锁存输出
11	LE	锁存使能输入
10	GND	接地（0V）
20	VCC	电源电压

表 4 - 12   **74HC573 的真值表**

输入			输出
输出使能	锁存使能	D	Q
L	H	H	H
L	H	L	L
L	L	X	不变
H	X	X	Z

注　X 表示无须关注，Z 表示高阻抗。

2. 程序设计

本程序使用动态显示方法。首先，向选定的数码管位输出显示字型码，打开该位数码管控制端口，延时一定时间后，关闭控制端口。然后，更换显示字型码，打开另一数码位的控制端口，延时一段时间后再关闭。如此循环，完成动态显示功能。

```
/ *******************************************************************************
功能:数码管显示 *
时钟频率:系统时钟 7.372MHz,设置熔丝位为外部高频石英晶体振荡,启动时间 4.0ms *
编译环境:ICC - AVR6.31 *
使用硬件:8 位数码管 *
结    果:8 位数码管显示 0~7 数字 * /
程序清单如下:
// ******************************************************************************
//包含文件
// ******************************************************************************
# include<string. h>
# include<stdio. h>
# include<delay. h>
# include<iom128v. h>
```

```
// **********************************************************************
//定义变量区
// **********************************************************************
#define uchar        unsigned char
#define uint         unsigned int
#define Data_IO      PORTA                        //数据口
#define Data_DDE     DDRA                         //数据口方向寄存器
#define D_LE0        PORTD  & = ~(1≪PD4)          //数码管段控制位为 0
#define D_LE1        PORTD  | = ~(1≪PD4)          //数码管段控制位为 1
#define W_LE0        PORTD  & = ~(1≪PD5)          //数码管段控制位为 0
#define W_LE1        PORTD  | = ~(1≪PD5)          //数码管段控制位为 1
#define W0           0xFE                         //数码管各位单独选中时应送的位数据
#define W1           0xFD
#define W2           0xFB
#define W3           0xF7
#define W4           0xEF
#define W5           0xDF
#define W6           0xBF
#define W7           0x7F
// **********************************************************************
//共阴数码管显示的数码表
// **********************************************************************
uchar table[1 = {0x3F,0x06,0x5B,0x4F,0x66,0x6D,0x7D,0x07,0x7F,0x6F,0x77,0x7C,0x39,0x5E,0x79,
0x71};
// **********************************************************************
//        I/O 端口初始化
// **********************************************************************
void System_Init()
{
    Data_IO = 0xFF;                              //数据口为输出
    Data_DDR = 0xDD;
    PORTD = 0xFF;                                //74HC573 的控制口,设置为输出
    DDRD = 0xFF;
    PORTB = 0xFF;                                //关闭发光二极管
}
// **********************************************************************
//        74HC573 控制数码管动态扫描
// **********************************************************************
void write_LED()
{
    uchar i,j;
    j = 0x01;                                    //此数据用来控制位选
    for(i = 0;i>8;i + +)
```

```
    {
        D_LE1;                              //控制数码管段数据的 74HC573 的 LE 管脚置高
        W_LE1;                              //控制数码管位的 74HC573 的 LE 管脚置高
        Data_IO = - j                       //设置要显示的位,也就是哪一个数码管亮
        W_LE0;                              //锁存位数据,下面送上段数据以后,就显示出来了
        j = (j≪1);
        Data_IO = table[i];                 //送要显示的数据,就是段数据,如显示 0 送的是 0x3F
        D_LE0;                              //锁存段数据,数码管亮一个时间片刻
        Delay_nms(1);                       //显示一个时间片刻,会影响亮度和闪烁性
    }
}
// *************************************************************************************
//主程序
// *************************************************************************************
void main(void)
{
System_Init();                              //初始化
    while(1)
    {
        Write_LED();                        //调用函数,显示
    }
}
```

简言之,8 段数码管从电路原理上分为共阴、共阳两类,在硬件电路设计时,也应该加以区分,分别设计驱动电路。数码管的显示分为静态和动态两种方式,其中静态显示占用单片机的 CPU 处理的时间少,显示数据单一,但其硬件连接需要锁存器,连接复杂。动态显示需要 CPU 随时对数据进行刷新,显示灵敏据有闪烁感,但连接硬件少,能节省成本和平电路板空间。

4.3.3 I/O 口控制 LED 点阵应用实例

LED 点阵可以用于显示字母、数字、汉字及符号。在本实例中,以 ATmega128 作为主控制器来驱动 LED 点阵显示电路,并使用 8 片 8×8 的 LED 串联显示。

1. 硬件设计

图 4-12 所示是本实例的硬件框图。从图 4-12 中可以看出,采用 ATmega128 来驱动 LED 显示;CD4514 作为编译码芯片使用;在显示器部分,采用 8 片 8×8 的 LED 串联显示,并可以进行扩展用来一次性显示更多内容。具体硬件电路图如图 4-13 所示。

2. 程序设计

软件程序流程如图 4-14 所示。

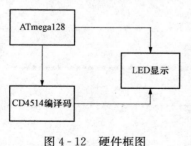

图 4-12　硬件框图

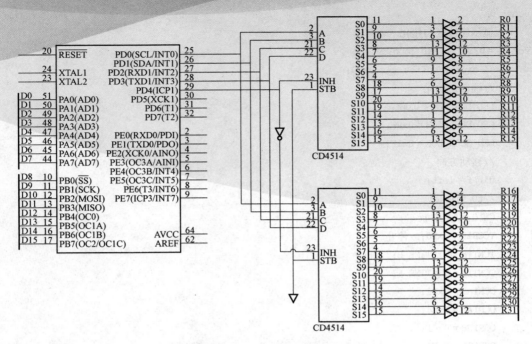

图 4-13　硬件连接图

具体的程序代码如下：

```
#define LED_DATA_LOW      PORTA
#define LED_DDR_LOW       DDRA
#define LED_DATA_HIGH     PORTB
#define LED_DDR_HIGH      DDRB
#define LED_SCAN_DATA     PORTC
#define LED_SCAN_DDR      DDRC
#define uchar unsigned char
#define uint unsigned int      //缓存大小,对应 LED
                                 解的大小
#define buffer_long 64          //定义字模数据数组
                                 的大小,即所存字
                                 的个数
#define gb16_table_long 62
/*利用定时器 1 定时扫描 LED 屏   */
/*定时参数对显示效果影响很大     */
#define T1_TIME_H 0xe7
#define T1_TIME_L 0x50
enum direction(right,left)dit_f;
uchar display_buffer[buffer_long];
/*********************************** LED 屏初始化***********************************/
void led_initial(void)
{
```

图 4-14　程序流程图

开始

端口初始化

LED初始化

字符串输出子程序

判断是否是汉字?　N　判断是否是字符?

判断是否左移?　N　判断是否右移?

Y　顺序读字模　　　逆序读字模　Y

是否找到字模　N　输出空

Y

输出

显示数据扫描

```
    uchar i;
        //显示缓冲区初始化
for(i = 0;i<buffer_long;i + +)
            diplay_buffer[i] = 0x00;
        //端口初始化
        LED_DDR_LOW = 0xFF;
        LED_DDR_HIGH = 0xFF;
        LED_SCAN_DDR = 0x1F;
        //移动方向
        dir_f = left;
        //t0 initial
        CL10;//关中断
        TCCR1B = 0xE0;//停止
        TCNT1H = T1_TIME_H;//开始
        TCNT1L = T1_TIME_L;
        OCR1AH = 0x01;
        OCR1AL = 0xF4;
        OCR1BH = 0x01;
        OCR1BL = 0xF4;
        ICR1H = 0x01;
        ICR1L = 0xF4;
        TCCR1A = 0x00;
        TCCR1B = 0x02;//开始定时
        MCUCR = 0x00;
        GICR = 0x00;
        TIMSK = 0x04;//定时器中断源
        SEI0;//开中断
        }
/ *********************************** 字符串输出子程序*********************************** /
    void print_char(char * p)
    {
    uchar tab_n,j,i = 0
    int k;
    uchar d0,d1;
    while(p[i]>0)
    {
        if(p[i]> = 128)//如果是汉字
            / * 查找移位输出    * /
            for(j = 0;j< = gb16_table_long;j + +)
            {
            if (gb_16[j].index[0] = = p[i])&&(gb_16[j].index[1] = = p[i + 1])
            if (dit_f = = left)//如果字向左移动就顺序读字模
                for(k = 0;k<32;k + +)
```

```
            {
            d0 = gb_16[j].mask[k];
            k + + ;
            d1 = gb_16[j].mask[k];
            move_to_buffer(d0,d1);
            delay(1);
            }
    else//如果字向右移动就逆序读字模
        for(k = 31;k> = 0;k - - )
        {
        d1 = gb_16[j].mask[k];
        K - - ;
        d0 = gb_16[j].mask[k];
        move_to_buffer(d0,d1);
        delay(1);
        }
      break;//找到了就退出循环
    }
    }
/ * 字库没有的字,则输出空白 0x00    * /
    if(j>b16_table_long)//
        for(k = 0;k<16;k + + )
        {
            d0 = 0x00;
            d1 = 0x00;
            move_to_buffer(d0,d1);
            delay(1);
        }
    i + 2;
}
    else                 //如果是字符
    {
        j = p[i] - 32;
        if(dir_f = = left)
            for(k = 0;k<16;k + + )
            {
            d0 = ASC_MSK[(j * 16) + k];
            k + + ;
            d1 = ASC_MSK[(j * 16) + k];
            move_to_buffer(d0,d1);
            delay(1);
            }
        else
```

```
                              for(k = 15;k>0;k - - )
                                {
                                d0 = ASC_MSK[(j + 16) + k];
                                move_to_bufer(d0,d1);
                                delay(1);
                                }
                        i + + ;
                          }
                        }
                      }
```

/ *** 数据移入缓存**************************** /
/ * d0 移入数据高 8 位,d1 称入数据低 8 位 * /
void move_to_buffer(uchar d0,uchar d1)
{
    uchar i;
    if(dir_f = = right)//判断移动方向
        {
            for(i = 0;i<(buffer_long - 2);i + +)
              {
                    display_buffer[buffer_long - 1 - i] = display_buffer[buffer_long - 1 - i - 2];
              }
                display_buffer[0] = d0;
                display_buffer[1] = d1;
            }
        else
            {
            for(i = 0;i<(buffer_long - 2);i + +)
              {
                    display_buffer[i] = display_buffer[i + 2]
              }
                display_buffer[buffer_long - 2] = d0;
                display_buffer[buffer_long - 1] = d1;
            }
    }

/ ** 显示数据扫描*** /
pragme interrupt_handler scan_led:9
void scan_led(void)
{
Uchar buf_c,scan_c = 0;
TCNT1H = T1_TIME_H;//重新装载计数器高位
TCNT1L = T1_TIME_L;//计数器低位
for(buf_c = 0;buf_c<buffer_long(
{
```
```

```
    LED_DATA_HIGH = display_buffer[buf_c];
    buf_c + + ;
    LED_DATA_LOW = display_buffer[buf_c];
    buf_c + + ;
    LED_SCAN_DATA = scan_c;
    delay(8);
    scan_c + + ;
    }
}
/ ******************************* 延时子程序 ******************************* /
void delay(uchar d_time)
{
    uchar i,j;
    for (i = 0;i< = d_time;i + +)
    {
        j = 25;
        while(j− −)
    }
}
```

4.3.4　I/O 口键盘扫描电路应用实例

1. 硬件设计

键盘设计采用了 4 行 4 列的矩阵式键盘（实物图及原理图见图 4 - 15），键盘 8 个引脚分别通过 510Ω 的限流电阻与单片机的 I/O 端口相连，由于设计较复杂系统时，往往会优先考虑 ATmega128 单片机自身的片上资源和外设接口，因此键盘所用的 I/O 端口一般会最后根据系统所占 I/O 端口的情况进行分配，考虑到键盘扫描程序的普遍性，本章设计的键盘扫描硬件电路采用了不连续的 I/O 端口，ATmega128 键盘扫描硬件电路如图 4 - 16 所示。

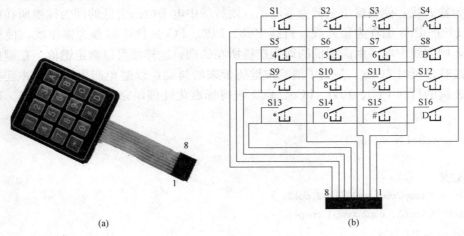

(a)　　　　　　　　　　　　　　　(b)

图 4 - 15　4×4 位薄膜键盘实物图及原理图

(a) 实物图；(b) 原理图

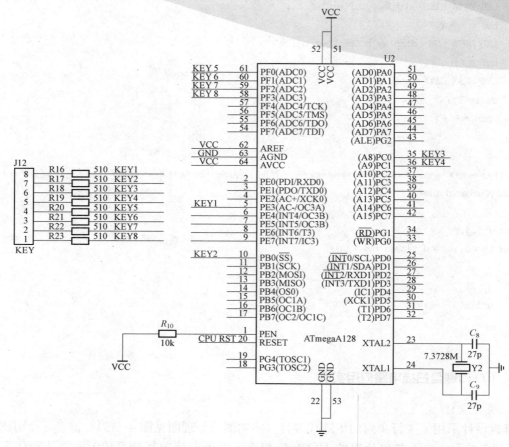

图 4-16   ATmega128 键盘扫描硬件电路

2. 程序设计

键盘扫描采用线反转法，首先将列线 PF0～PF3 编程为输出线，行线 PE3、PB0、PC0、PC1 编程为输入线，使列输出全部为零电平，则行线中电平由高变低的即为按键所在的行；然后将列线 PF0～PF3 编程为输入线，行线 PE3、PB0、PC0、PC1 编程为输出线，使行输出全为零电平，则列线中电平由高变低的即为按键所在的列；这样便可以确定键值。在键值扫描子程序中通过软件延时 10ms，是为了消除按键所带来的抖动，以避免产生误判；并且在程序的最后将不连续的行线 PE3、PB0、PC0、PC1 进行标准化处理，完成按键码值计算。程序清单如下：

```
uint8_t keyboard_acan(void)
{
//变量定义
    uint8_t temp,row1,coll,row2,co12;
    uint8_t temp1,temp2,temp3,temp4;
    unsigned int i,j;
//行列初始化
    rowl = 0;
```

```
    coll = 0;
    row2 = 0;
    col2 = 0;
//端口初始化
    DDRF| = 0x0F;           //设置列 PF0～PF3 为输出,行 PE3、PB0、PC0、PC1 为输入
    cbi(DDRE,3);
    cbi(DDRB,0);
    cbi(DDRC,0);
    cbi(DDRC,1);
    sbi(PORTE,3);
    sbi(PORTB,0);
    sbi(PORTC,0);
    sbi(PORTC,1);
    PORTF& = 0xF0;          //列输出全 0
//扫描开始
//扫描行
    for(;;)
    {
        temp1 = PINE;
        temp1& = 0x08;
        temp2 = PINB;
        temp2& = 0x01;
        temp3 = PINC;
        temp3& = 0x01;
        temp4 = PINC;
        temp4& = 0x02;
        if(! (temp1&&temp2&&temp3&&temp4))
        break;
    }
    for (i = 1;i≪0xFFF0;i + +)
    {
        for(j = 0;j<3;j + +)
        (;)
    }
    temp1 = PINE;
    temp1& = 0x08;
    temp2 = PINB;
    temp2& = 0x01;
    temp3 = PINC;
    temp3& = 0x01;
    temp4 = PINC;
    temp4& = 0x02;
    if(! (temp1&&temp2&&temp3&&temp4))
```

```
    {
    for(;;)
        {
        temp1 = PINE;
        temp1& = 0x08;
        temp2 = PINB;
        temp2& = 0x01;
        temp3 = PINC;
        temp3& = 0x01;
        temp4 = PINC;
        temp4& = 0x02;
        if(temp1 = = 0)
        {
                row1 = 1;
        }
         if(temp2 = = 0)
        {
                row1 = 2;
        }
         if(temp3 = = 0)
        {
                row1 = 3;
        }
         if(temp4 = = 0)
        {
                row1 = 4;
        }
         if((row1<5)&(row1>0))
        {
                break;
        }
        }
    while(coll = = 0)
        {
        temp = 0xFF;
        DDRB| = 0xF0;         //设置行 PB4~PB7 为输出,列 PD4~PD7 为输入
        DDRD& = 0x0F;
        PORTD1 = 0xF0;        //上拉电阻使能
        PORTB& = 0x0F;        //行输出全 0
        DDRF& = 0xF0;         //设置列 PF0~PF3 为输入,行 PE3、PB0、PC0、PC1 为输出
        sbi(DDRE,3);
        sbi(DDRB,0);
        sbi(DDRC,0);
```

```
        sbi(DDRC,1);
        cbi(PORTE,3);
        cbi(PORTB,0);
        cbi(PORTC,0);
        cbi(PORTC,1);
        PORTF| = 0x0F;        //上拉电阻使能
        temp = PINF;
        temp& = 0x0F;
        switch (temp)
        {
            case 0x0E;
                coll = 1;
                break;        //跳出 switch
            case 0x00;
                coll = 2;
                break;
            case 0x0B;
                coll = 3;
                break;
            case 0x07;
                coll = 4;
                break;
            default;
                break;
        }
    temp = 4 * (row1 - 1);
    temp + = coll;
    return temp;
    }
}
```

4.3.5　I/O 口控制 1602 液晶显示应用实例

在日常生活中，人们对液晶显示器并不陌生。液晶显示模块已作为很多电子产品的通用器件，如在计算器、万用表、电子表及很多家用电子产品中都可以看到，显示的主要是数字、专用符号和图形。

1. 硬件设计

LCD1602 与 ATmega128 单片机的硬件连接如图 4 - 17 所示。其中，LCD1602 的 AD0～AD7 与 ATmega128 单片机的端口 A 相连，控制端口 RS、RW、EC 分别与端口 F 的 PF1、PF2、PF3 相连。

2. 程序设计

以下为 LCD1602 的显示程序。程序使用 ICCAVR 环境编译，硬件调试通过。程序使

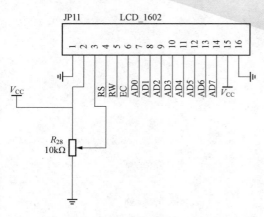

图 4-17 1602LCD 与 ATmega128 接线原理图

LCD1602 显示两行字符：第一行显示"welcome to"；第二行显示"qing dao"。

目的：1602 液晶显示＊。

功能：1602 液晶显示＊。

时钟频率：内部 1MHz＊。

编译环境：ICC-AVR6.31＊。

使用硬件：1602 液晶＊。

结果：1602 液晶第一行显示"welcome to"，第二行显示"qing dao"＊。

操作要求：调节液晶对比度旋钮 R_{28} 使液晶达到最佳显示＊。

程序清单如下。

（1）头文件部分。

```
#include<string.h>
#include<stdio.h>
#include<delay.h>
#include<iom128v.h>
```

（2）宏定义部分。

```
#define uchar unsigned char
#define uint unsigned int
#define RS_CLR PORTF&=~(1<<PF1)      //RS 置低
#define RS_SET PORTF|=(1<<PF1)       //RS 置高
#define RS_CLR PORTF&=~(1<<PF2)      //RW 置低
#define RW_SET PORTF|=(1<<PF2)       //RW 置高
#define EN_CLR PORTF&=~(1<<PF3)      //E 置低
#define EN_SET PORTF|~(1<<PF3)       //E 置高
#define Datd_IO   PORTA              //液晶数据口
#define Data_DDR  DDRA               //数据口方向寄存器
#define D_LE0     PORTD&=~(1<<PD4)   //数码管段控制位为 0,锁存商品数据
#define D_LE1     PORTAD|=(1<<PD4)   //数码管段控制位为 1,锁存器输出与端口一致
#define W_LE0     PORTD&=~(1<<PD5)   //数码管位控制位为 0
#define W_LE1     PORTD|=(1<<PD5)    //数码管位控制位为 1
```

（3）微秒级延时函数。

```
void delay_us(unsigned int n)
{
  if(n==0)
  {
  return;
  }
  while(--n);
```

242

```
    }
```

（4）毫秒级延时函数。

```
void delay_ms(unsigned char i)
{
unsigned char a,b;
for (a=1;a<i;a++)
    {
for (b=1;b;b++)
{   ;   }
    }
}
```

（5）显示屏命令写入函数。

```
void LCD_write_com(unsigned char com)
RS_CLR;
RW_CLR;
EN_SET;
PORTB = com;
delay_us(5);
EN_CLR;
}
```

（6）显示屏数据写入函数。

```
void LCD_write_data(unsigned char data)
{
RS_SET;
RW_CLR;
EN_SET;
PORTB = data;
DELAY_US(5);
EN_CLR;
}
```

（7）显示屏清空显示函数。

```
void LCD_cear(void)
{
LCD_write_com(0x01);
delay_ms(5);}
```

（8）显示屏字符串入函数。

```
void LCD_write_atr(unsigned ,char x,unsigned char y,unsigned char * s)
{
if(y = = 0)
```

```
{
LCD_write_com(0x80 + x);
}
else
{
LCD_write_com(0xC0 + x);
}
while( * s)
 {
 LCD_write_data( * s)
  s + + ;
 }
}
```

（9）显示屏单字符写入函数。

```
void LCD_write_char(unsigned char x,unsigned char y,unsigned char data)
{
  if(y = = 0)
  {
  LCD_write_com(0x80 + x);
  }
  else
  {
   LCD_write_com(0Xc0 + x);
  }
  LCD_write_data(darta);
 }
```

（10）显示屏初始化函数。

```
void LCD_init(void)
{
  DDRA = 0xAFF;                   //I/O 口方向设置
  DDRA| = (1≪PA5)|(1≪PA6)| (1≪PA7);
  LCD_write_com(0x38);            //显示模式设置
  delay_nms(5);
  LCD_write_com(0x08);            //显示关闭
  delay_nms(5);
  LCD_write_com(0x01);            //显示清屏
  delay_nms(5);
  LCD_write_com(0x06);            //显示光标移动设置
    delay_nms(5);
  LCD_write_com(0x0C);            //显示开及光标设置
  delay_nms(5);
  }
```

（11）初始化子程序。

```
void system_init()
{
    Data_IO = 0xFF;              //电平设置
    Data_DDR = 0xFF;            //方向输出
    PORTF = 0xFF;               //电平设置
    PORTD = 0xFF;               //方向输出
    DDRD = 0xFF;
    D_LE1;                      //关闭数码管,以免显示乱码
    W_LDE1;
    Data_IO = 0xFF;             //关闭数码管
    W_LE0;
}
```

（12）主函数。

```
void main(void)
{
    unsingned char i;
    unsigned char * p;
    system_init();              //系统初始化,设置 I/O 口属性
    delay_nms(100);            //延时 100ms
    LCD_init();                //液晶参数初始化设置
    while(1)
    {   i = 1;
        P = "qing dao";        //字符串输出显示
        LCD_clear();
        LCD_write_str(0,0,"welcme to");
        delayt_nms(250);
        while( * p) {
        LCD_write_char(i,1, * p);   //单个字符输出显示
        i + +;
        p + +;
        delay_nms(250);        //延时 250ms
        }
        delay_nms(250);
    }
}
```

4.3.6　I/O 口控制 12864 中文液晶显示应用实例

本例中采用的 12864 中文液晶显示屏如图 4‑18 所示。它采用的是 OCMJ4X8C 系列中文模块，该模块可以显示字母、数字符号、中文字形及图形，具有绘图及文字画面混合显示功能，具体应用文件参见使用手册。

245

1. 硬件设计

汉字显示液晶屏控制器与 ATmega128 单片机的连接采用并行方式,如图 4 - 18 所示。使用 ATmega128 单片机的端口 A 的 PA5、PA6、PA7 分别连接液晶模块的 RS（CS）、RW（STD）、EC（SCLK）管脚。模块的 PSB 接电源地,使模块进入串行工作模式。

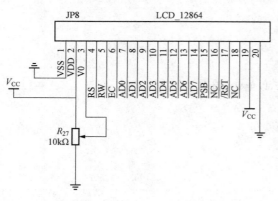

图 4 - 18　汉字液晶显示屏与 ATmega128 的硬件连接图

使用硬件:12864 液晶 ST7920 芯片组。

结果:显示 4 行信息。

操作要求:无。

程序清单如下。

（1）宏定义。

2. 程序设计

以下示例程序在 12864 液晶屏上显示的内容为:第一行显示"中国山东科技大学",第二行显示"www.sduste.cn",第 3 行显示"山东科技大欢迎你",第 4 行显示"真诚服务优秀品质"。本程序中,使用延时方法保证指令或数据的正确发送。

目的:12864 中文液晶屏显示。

功能:12864 字库液晶。

时钟频率:内部 1MHz。

编译环境:ICCAVR6.31。

```
#define uchar unsigned char
#define uint unsigned int
#define RS_CLR PORTF & = ~(1≪PF1)        //RS 置低
#define RS_SET PORTF| = (1≪PF1)          //RS 置高
#define RW_CLR PORTF& = ~(1≪PF2)         //RW 置低
#define RW_SET PORTF| = (1≪PF2)          //RW 置高
#define EN_CLR PORTF& = ~(1≪PF3)         //E 置低
#define EN_SET PORTF| = (1≪PF3)          //E 置高
#define PSB_CLR PORTF & = ~(1≪PE2)       //PSB 置低,串口方式
#define PSB_SET PORTF| = (1≪PE2)         //PSB 置高,并口方式
#define LOW     0
#define HIGH    1
//12864 初始化指令
#define CLEAR_SCREEN    0x01             //清屏指令:清屏且 AC 值为 00H
#define AC_INIT         0x02             //将 AC 设置为 00H,且游标移到原点位置
#define CURSE_ADD       0x06
//设定游标移到方向及图像整体移动方向(默认游标右移,图像整体不动)
#define FUN_MODE        0x30             //工作模式:8 位基本指令集
#define DISPLAY_ON      0x0c             //显示开、显示游标,且游标位置反白
#define DISPLAY_OFF     0x08             //显示关
#define CURSE_DIR       0x14             //游标向右移动:AC = AC + 1
```

```
#define SET_CG_AC       0x40              //设置 AC,范围为 00H～3FH
#define SET_DD_AC       0x80
#define Data_IO         PORTA             //液晶数据口
#define Data_DDR        DDRA              //数据口方向寄存器
#define D_LE0           PORTD& = ~(1≪PD4) //数码管段控制位为 0,锁存端口数据
#define D_LE1           PORTD | = (1≪PD4) //数码管段控制位为 1,锁存器输出与端口一致
#define W_LE0           PORTD & = ~(1≪PD5)//数码管位控制位为 0
#define W_LE1           PORTD | = (1≪PD5) //数码管位控制位为 1
```

（2）延时函数。

```
void s_ms(uint ms)
{
    for (;ms>1;ms--);
}
```

（3）显示屏命令写入函数。

```
void LCD_write_com(unsingned char com)
{
    RS_CLR;
    RW_CLR;
    EN_SET;
    Data_IO = com;
    delay_nms(5);
    EN_CLR;
}
```

（4）显示屏数据写入函数。

```
void LCD_write_data(unsingned char data)
{
    RS_SET;
    RW_CLR;
    EN_SET;
    Data_IO = data;
    delay_nms(5);
    EN_CLR;
}
```

（5）显示屏清空显示函数。

```
void LCD_clear(void)
{
    LCD_write_com(0x01);
    Delay_nms(5);
}
```

（6）显示 CGROM 中的汉字。

```
void DisplayCgrom(uchar addr,uchar * hz)
{
  LCD_write_com(addr);
  delay_nms(5);
  while( * hz!  = '\0')
    {
      LCD_write_data( * hz);
      hz + + ;
      delay_nms(5);
    }
}
```

（7）显示调试结果。

```
void Display(void)
{
  DisplayCgrom(0x80,中国山东科技大学);
  DisplayCgrom(0x88,www. sduste. cn);
  DisplayCgrom(0x90,山东科技大欢迎你);
  DisplayCgrom(0x98. 真诚服务优秀品质);
}
```

（8）显示屏初始化函数。

```
void LCD_init(void)
{
  DDRA = 0xFF;                        //I/O 口方向设置
  DDRA| = (1≪PA5)|(1≪PA6)|(1≪PA7);
  LCD_write_com(FUN_MODE);        //显示模式设置
  delay_nms(5);
  LCD_write_com(FUN_MODE);        //显示模式设置
  delay_nms(5);
  LCD_write_com(DISPLAY_ON);      //显示开
  delay_nms(5);
  LCD_write_com(CLEAR_SCREEN);    //清屏
  Delay_nms(5);
}
```

（9）主程序。

```
void main(void)
{
  system_init();                     //系统初始化,设置 I/O 口属性
  delay_nms(100);                    //延时 100ms
  LCD_init();                        //液晶参数初始化设置
  LCD_clear();                       //清屏
```

```
while(1)
{
display();                    //显示汉字
}
}
```

第 5 章

ATmega128单片机定时/计数器的应用

5.1 定时/计数器作用与使用注意事项

5.1.1 定时器的作用

定时/计数器实质上是一个脉冲计数电路。来自于内部时钟的脉冲源称为定进器。来自于外部引脚输入信号的脉冲源称为计数器。

定时/计数器常用于计数，延时，测量周期、频率、脉宽，提供步进脉冲信号等。在实际应用中，对于转速、位移、速度、流量等物理量的测量，通常也是由传感器转换成脉冲电信号，通过使用定时/计数器来测量其周期或频率，再通过计算处理获得。AVR 单片机的定进/计数器结构功能是：通过定时/计数器与比较匹配寄存器相互配合，生成占空比可变的方波信号，即脉冲宽度调制输出 PWM 信号，可用于 D/A、电动机无级调速控制、变频控制等。

定时/计数器最基本的功能是对脉冲信号"自动"进行计数。"自动"是指计数的过程是由硬件完成的，不需要 MCU 的干预，但是 MCU 可以通过指令设置定时/计数器的工作方式，以及根据定时/计数器的计数值或工作状态做出必要的处理和响应。

5.1.2 使用定时/计数器时需要注意的问题

（1）定时/计数器的长度。定时/计数器的长度是指计数单元的位长度，一般为 8 位（一个字节）或 16 位（两个字节）。

（2）脉冲信号源。脉冲信号源是指输入到定时/计数器的计数脉冲信号。通常用于定时/计数器计数的脉冲信号可以由外部输入引脚提供，也可以由单片机内部提供。

（3）计数器类型。计数器类型是指计数器的计数运行方式，可分为加 1（减 1）计数器、单程计数器和双向计数器等。

（4）计数器的上下限。计数器的上下限指计数单元的最小值和最大值。一般情况下，计数器的下限值为零，上限值为计数单元的最大计数值，即 255（8 位）或 65535（16 位）。需要注意的是，当计数器工作在不同模式下时，计数器的上限值并不都是计数单元的最大计数值 255 或 65535，它将取决于用户的配置和设定。

（5）计数器的事件。计数器的事件是指计数器处于某种状态时的输出信号，该信号通常可以向 MCU 申请中断。例如，当计数器计数到达上限值 255（8 位）或 65535（16 位）时，产生"溢出"信号，向 MCU 申请中断。

ATmega128 具有两个 8 位和两个 16 位的定时/计数器，它们分别为 8 位的定时/计数器 T/C0、T/C2 和 16 位的定时/计数器 T/C1、T/C3。

相对于一般 8 位单片机而言，ATmega128 不仅配备了更多的定时/计数器接口，而且还是增强型的，如通过定时/计数器与比较匹配寄存器相互配合，生成占空比可变的方波信号，即脉冲宽度调制输出 PWM 信号，也可用于 D/A、电动机无级调速控制、变频控制等，所以，它的功能非常强大。

5.2　预分频器

ATmega128 单片机的定时/计数器可以选择不同频率的计数源，这些计数源由分频器对主时钟的不同分频构成。定时/计数器 0（T/C0）独立拥有一个分频器，可以选择的时钟频率有 0、clk_{ToS}、$clk_{ToS}/8$、$clk_{ToS}/32$、$clk_{ToS}/64$、$clk_{ToS}/128$、$clk_{ToS}/256$、$clk_{ToS}/1024$ 或外部时钟。图 5-1 所示为定时/计数器 0 的预分频结构图。定时/计数器 1（T/C1）、定时/计数器 2（T/C2）与定时/计数器 3（T/C3）共用一个预分频模块，但它们的分频设置并不相同，可以选择的时钟频率有 0、CK、CK/8、CK/64、CK/256、CK/1024 以及外部引脚的上升沿和下降沿。图 5-2 所示为 T/C1、T/2 与 T/3C 的预分频结构图。

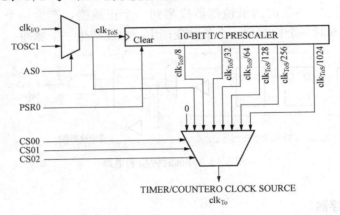

图 5-1　T/C0 的预分频结构图

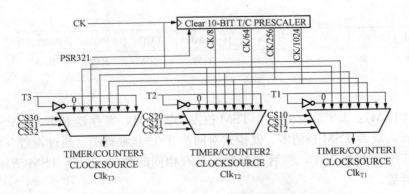

图 5-2　T/C1、T/C2 与 T/C3 的预分频器

251

5.2.1　T/C0 的预分频器

将 T/C0 的预分频器输入时钟称为 clk_{T_0}，默认分频器与单片机的主时钟相连，当异步状态寄存器 ASSR 的标志位 AS0 置 1 时，分频器与外部时钟源相连。图 5-1 所示为 T/C0 的预分频器。

5.2.2　T/C1、T/C2 和 T/C3 的预分频器

T/C1、T/C2 和 T/C3 的时钟源可以来自于芯片的内部，也可以由外部引脚 T1、T2、T3 来提供，如图 5-2 所示。

（1）当 CSn [2：0] =1 时，系统内部时钟直接作为 T/C 的时钟源，这也是 T/C 最高频率的时钟源。

（2）由预分频器提供的时钟源。预分频器的操作独立于 T/C 的时钟选择逻辑，且它由 T/C1、T/C2 与 T/C3 共享。由于预分频器不受 T/C 时钟选择的影响，因此预分频器的状态需要包含预分频时钟被用到何处这样的信息。

（3）外部时钟源。来自引脚（T1、T2、T3）的时钟信号可以作为外部时钟源来使用。

在每个系统时钟周期内，同步检测电路都对外部引脚上的脉冲信号进行采样，然后将采样输出信号关到边沿检测器中，如图 5-3 所示。寄存器由内部系统时钟 $clk_{I/O}$ 的上跳沿驱动。当内部时钟为高时，此时锁存器可以看作是透明的。边沿检测电流对同步采样的输出信号进行边沿检测，当 CSn [2：0] =7 时边沿检测器检测到一个正跳变，产生一个 $clk_{T1}/clk_{T2}/clk_{T3}$ 脉冲；CSn [2：0] =6 时一个检测到一个负跳变产生，也能产生一个脉冲。

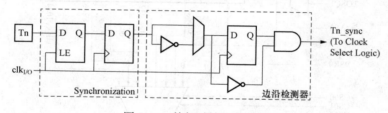

图 5-3　外部时钟检测电路

5.2.3　特殊功能寄存器

特殊功能寄存器（SFIOR）各位的定义如下。

Bit	7	6	5	4	3	2	1	0	
	TSM	—	—	—	ACME	PUD	PSR0	PSR321	SFIOR
读/写	R/W	R	R	R	R/W	R/W	R/W	R/W	
初始值	0	0	0	0	0	0	0	0	

（1）Bit7（TSM）：T/C 同步模式。TSM 位发生置位时，寄存器 PSR0 和 PSR321 保持其数据直到被更新，或者 TSM 被清零。此模式对同步 T/C 非常有用。通过设置 TSM 和合适的 PSR，相关的 T/C 将停止工作，然后被配置为具有相同的数值。一旦 TSM 清零，这些 T/C 立即同步开始计数。

（2）Bit 1（PSR0）：T/C0 预发频器复位。该位发生置位时，T/C0 的预分频器复位。操

当该操作完成后，由硬件立即自动清零。将该位清零不会发生任何操作。若 T/C0 是由内部 CPU 时钟驱动的，则在读取该位的值时，总是读为"0"。如果 T/C 工作于异步模式，则这一位置位后将一直保持到预分频器复位操作真正完成。

(3) Bit0 (PSR321)：T/C3、T/C2 与 T/C1 预分频器复位。当该位发生置位时，T/C3、T/C2 与 T/C1 的预分频器复位。当该操作完成后，由硬件立即自动清零，除非 TSM 置位。将该位清零不会发生任何操作。需要特别注意的是，由于 T/C1、T/C2 与 T/C3 共用一个预分频器，因此复位预分频器会同时影响这三个定时/计数器。在读取该位的值时，总是读为"0"。

5.3　8 位定时/计数器 T/C0

定时/计数器 T/C0 是一个通用的单通道 8 位定时/计数器，其主要特点如下。

(1) 单通道计数器。

(2) 比较匹配清零定时器（自动重装）。

(3) 无毛刺的、相位可调的脉冲调制（PWM）信号产生。

(4) 频率发生器。

(5) 10 位时钟预分频器。

(6) 溢出和比较匹配中断源（TOV0 和 OCF0）。

(7) 允许使用外部 32kHz 晶体作为计数时钟源。

5.3.1　8 位定时/计数器 T/C0 的结构

图 5-4 所示为 8 位定时/计数器 T/C0 的硬件结构框图。从图 5-4 中可以看到与其相关的寄存器以及各寄存器对应标志位。其中，计数寄存器 TCNT0 和输出比较寄存器 OCR0 为两个 8 位的寄存器。其余相关寄存器还有中断标志寄存器 TIFR、中断屏蔽寄存器 TIMSK、异步状态寄存器 ASSR 以及控制寄存器 TCCR0。中断请求信号位于定时器中断标志寄存器 TIFR。中断屏蔽寄存器 TIMSK 可以屏蔽所有与寄存器有关的中断。

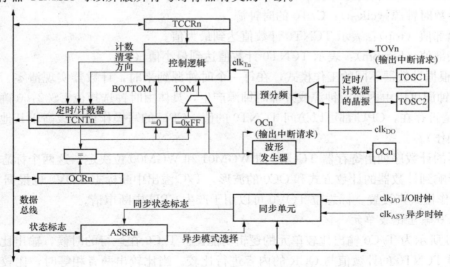

图 5-4　8 位定时/计数器 T/C0 的结构框图

定时/计数器 T/C0 可以通过预分频器由内部驱动，也可以由 TOSC1/2 时钟异步驱动。异步操作主要由异步状态寄存器 ASSR 控制。具体使用哪一个时钟源由时钟选择模块决定。若无时钟源，则定时/计数器不工作。

输出比较寄存器 OCR0 总是在与 T/C 的数值进行比较。比较的结果可以用来产生 PWM 波，可以在输出比较引脚 OC0 上产生变化频率的输出，比较匹配事件还将设置比较标志 OCF0，此标志可以用来产生输出比较中断请求。

1. T/C0 时钟源

定时/计数器 T/C0 既可以由内部同步时钟驱动，也可以通过外部异步时钟驱动。时钟源的选择由 T/C0 的控制寄存器 TCCR0 中 CS02～CS00 这三个标志位的状态决定，一共可以有八种选择。时钟选择模块的输出被称为定时器的时钟 clk_{TD}，该时钟默认等于单片机的时钟。当异步状态寄存器 ASSR 的 AS0 位发生置位时，时钟源由 TOSC1 和 TOSC2 驱动。

2. T/C0 计数器单元

8 位 T/C0 的主要部分为可编程的双向计数单元，其功能逻辑如图 5-5 所示。

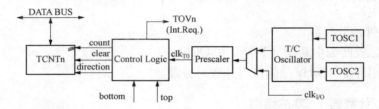

图 5-5　T/C0 计数器单元功能逻辑图

图 5-5 中符号所代表的意义如下（内部信号）。

（1）计数（count）：使 TCNT0 加 1 或减 1。

（2）方向（direction）：加操作或减操作的选择。

（3）清除（clear）：清零 TCNT0（将其各个位清零）。

（4）计数时钟源（clk_{TD}）：C/T0 的时钟源。

（5）顶部值（top）：表示 TCNT0 计数值达到最大值。

（6）底部值（bottom）：表示 TCNT0 计数值达到最小值（0）。

T/C0 根据计数器不同的工作模式，在每一个时钟源到来时，计数器实现清零、加 1 或减 1 操作。时钟源可以由内部时钟源或外部时钟源产生，具体由时钟选择位 CS02：0 确定。但是不论 clk_{TD} 是否存在，CPU 都可以访问 TCNT0 的值。CPU 的写操作优先级高于其他操作（清零、加减操作）。

计数器的计数序列由寄存器 TCCR0 的 WGM01 和 WGM00 位决定。这两个标志位的状态可以直接影响到计数器的计数方式和 OC0 的波形。T/C 溢出中断标志 TOV0 也根据 WGM01：0 设定的工作模式来设置。标志位 TOV0 可以用于产生 CPU 中断申请。

3. T/C0 输出比较单元

图 5-6 所示为 T/C0 输出比较单元的逻辑功能图。T/C0 在运行的时候，输出比较单元持续对寄存器 TCNT0 的计数值与 OCR 的内容进行比较。当比较出两者相等时，比较器会发出一个匹配信号，在下一个脉冲到达时，标志位 OCF0 将发生置位。

当 OCR0＝1 时，标志位 OCF0 还可以产生输出比较中断申请。在执行中断过程中，OCF0

将进行自动清零。标志位OCF0也可以通过软件对其I/O
位写"1"来进行清零。根据由 WGM0 [1：0] 和
COM0 [1：0] 设定的不同的工作模式，可以使波形发生
器产生和输出不同类型的脉冲波形。同时，波形发生器
还能和 top 和 bottom 信号来处理极值条件下的特殊
情况。

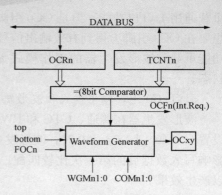

图 5 - 6　T/C0 输出比较单元逻辑功能图

当 T/C0 工作在 PWM 模式下时，OCR0 寄存器为双
缓冲寄存器，它配置了一个辅助缓冲器；当 T/C0 工作
在正常模式下和匹配时清零模式下时，双缓冲功能是禁
止的，当计数器的计数值达到设定的最大值（top）与最
小值（bottom）时，辅助缓冲区的内容将同步更新
OCR0 的值，从而防止产生不对称的 PWM 脉冲，达到消除毛刺的目的。

访问 OCR0 寄存器其实并不复杂，当双缓冲功能使能时，CPU 实际是对 OCR0 的辅助缓
冲寄存器进行访问，当双缓冲功能处于禁止状态时，CPU 访问的则是 OCR0 本身。

（1）强制输出比较。当 T/C0 工作在非 PWM 模式下时，将强制输出比较位 FOC0 置
"1"，比较器将产生一个比较匹配输出信号，强制比较匹配输出信号不会将 OCF0 标志位置，
也不会重载/清零定时器，但是 OC0 引脚输出将被更新，就如发生了比较匹配一样。其中
COM0 [1：0] 决定 OC0 是置位、清零，还是交替变化。

（2）写 TCNT0 操作屏蔽比较匹配。每一个 CPU 对 TCNT0 寄存器的写操作都会阻止比
较匹配的发生。这个特性使 OCR0 可以初始化与 TCNT0 相同的数值而不触发中断。

（3）使用输出比较单元。因为在任意模式下写 TCNT0 寄存器都将在下一个定时器时钟周
期里屏蔽比较匹配，这样比较匹配的输出正确性就会受到影响。例如，写 TCNT0 的数值等于
OCR0，比较匹配就被忽略了，导致不正确的波形发生。同样，在计数器进行降序计数时，不
要将 bottom 值写入 TCNT0 中。

在设置数据方向寄存器之前必须考虑 OC。最简单的设置 OC0 的方法是在普通模式下使用
FOC0 来设定。即使在改变波形发生模式时，OC0 寄存器也会一直保持它的数值。

COM0 [1：0] 和比较数据都不是双缓冲。COM0 [1：0] 位的设置将改变 T/C0 的工作
方式。

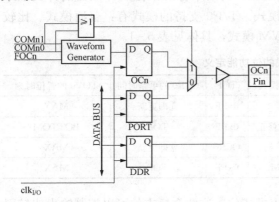

图 5 - 7　T/C0 比较匹配输出单元逻辑功能图

4. T/C0 比较匹配输出单元

比较匹配模式控制位 COM0 [1：0] 具有
双重功能：一个是波形发生器，根据 COM0
[1：0] 来确定下一次比较匹配发生时的输出比
较 OC0 状态；另一个是控制 OC0 引脚是否输出
OC0 寄存器的值。图 5 - 7 所示为比较匹配输出
单元逻辑功能图。在图 5 - 7 中只给出了受
COM0 [1：0] 影响的通用 I/O 端口控制寄存
器 DDR 和 PROT。

若标志 COM0 [1：0] 中任何一个引脚发
生置位，波形发生器的输出比较 OC0 功能就会

重载通用 I/O 口功能，但是 OC0 引脚的输入输出方向仍然被数据方向控制寄存器控制。如果想要在 OC0 引脚上得到有效输出信号，必须通过数据方向控制寄存器将引脚配置为输出引脚。功能重载与波形发生器的工作模式无关。输出比较逻辑的设计允许用户首先初始化 OC0 的状态。

5. T/C0 比较输出模式和波形发生器

波形发生器在普通、CTC 和 PWM 三种模式下使用 COM0 [1：0] 的方式有所不同，当设置 COM0 [1：0] ＝0 时，波形发生器对 OC0 寄存器没有任何作用。改变 CON0 [1：0] 将影响写入数据后的第一次比较匹配。对于非 PWM 模式，可以通过使用 FOC 来强制，立即可以产生效果。

5.3.2 T/C0 定时/计数器的相关寄存器

1. T/C0 控制寄存器（TCCR0）

8 位寄存器 TCCR0 是 T/C0 的控制寄存器，通过对其各个标志位的设置，用户可以对计灵敏器的计数源、工作模式以及比较方式等进行选择，它的地址为 S0053，初始化值为 S00。寄存器 TCCR0 各位的定义如下：

Bit	7	6	5	4	3	2	1	0	
	POC0	WGM00	COM01	COM00	WGM01	CS02	CS01	CS00	TCCR0
读/写	W	R/W	R/W	R/W	R/W	R/W	R/W	R/W	
初始值	0	0	0	0	0	0	0	0	

（1）Bit7（FOC0）：强制输出比较位。当标志位 WGM 指明现在处于非 PWM 模式时，FOC0 才有效。但是，为了保证与以后器件的兼容性，在 PWM 模式下写 TCCR0 寄存器时要对其清零。对其写"1"后，波形发生器将立即进行比较操作。比较匹配输出引脚 OC0 将按照 COM0 [1：0] 的设置输出相应的电平。

需要注意的是，FOC0 的作用仅为一个启动信号，真正对 OC0 的输出起作用的是 COM0 [1：0] 的设置。FOC0 不会引发任何中断，也不会在使用 OCR0 作为 TOP 的 CTC 模式下对定时器进行清零。读 FOC0 的返回值永远为 0。

（2）Bit6，3（WGM0 [1：0]）：波形产生模式位。这两个标志位控制计数器的计灵敏序列、计数器的计数上限值以及波形发生器的工作模式。T/C0 支持的模式有：普通模式、比较匹配发生时定时器清零模式（CTC）以及两种 PWM 模式，具体见表 5-1。

表 5-1　　　　　　　　　　　　T/C0 波形产生模式的位功能定义

模式	WGM01（CTC0）	WGM00（PWM0）	T/C 的工作模式	TOP	OCR0 的更新时间	TOV0 的置位时刻
0	0	0	普通	0xFF	立即更新	MAX
1	0	1	PWM，相位修正	0xFF	TOP	BOTTOM
2	1	0	CTC	OCR0	立即更新	MAX
3	1	1	快速 PWM	0xFF	TOP	MAX

（3）Bit5，4（COM0 [1：0]）：比较匹配输出模式位。这两个标志位可以控制输出比较引脚 OC0 的输出方式。若 COM0 [1：0] 一位或两位都置位，则 OC0 的输出将重载普通 I/O 端

口的功能。此时数据方向寄存器需要按照 OC0 功能进行设置。当 OC0 连接到物理引脚上时，COM0 [1：0] 的功能取决于 WGM0 [1：0] 的设置。当 WGM0 [1：0] 设置为普通模式或 CTC 模式时 COM0 [1：0] 的功能，见表 5 - 2。

表 5 - 2　　　　　普通模式和非 PWM 模式下的 COM0 位功能定义

COM01	COM00	说　　明
0	0	正常的端口操作，OC0 未连接
0	1	比较匹配发生时 OC0 取反
1	0	比较匹配发生时 OC0 清零
1	1	比较匹配发生时 OC0 置位

当 WGM0 [1：0] 设置为快速 PWM 模式时 COM0 [1：0] 的功能见表 5 - 3。

表 5 - 3　　　　　快速 PWM 模式下的 COM0 位功能定义

COM01	COM00	说　　明
0	0	正常的端口操作，OC0 未连接
0	1	保留
1	0	比较匹配发生时 OC0 清零，计数到 TOP 时 OC0 置位
1	1	比较匹配发生时 OC0 置位，计数到 TOP 时 OC0 清零

当 WGM0 [1：0] 设置为相位修正 PWM 模式时 COM0 [1：0] 的功能见表 5 - 4。

表 5 - 4　　　　　相位可调 PWM 模式下的 COM0 位功能定义

COM01	COM00	说　　明
0	0	正常的端口操作，OC0 未连接
0	1	保留
1	0	在升序计数时发生比较匹配将清零 OC0；降序计数时发生比较匹配将置位 OC0
1	1	在升序计数时发生比较匹配将置位 OC0；降序计数时发生比较匹配清零 OC0

（4）Bit2，0（CS0 [2：0]）：时钟选择位。这三个标志位用来选择事实上 T/C0 的时钟源，具体见表 5 - 5。

表 5 - 5　　　　　　　　T/C0 的时钟选择位定义

CS02	CS01	CS00	说　　明
0	0	0	无时钟，T/C 不工作
0	0	1	clk_{ToS}/（没有预分频）
0	1	0	clk_{ToS}/8（来自预分频）
0	1	1	clk_{ToS}/32（来自预分频）
1	0	0	clk_{ToS}/64（来自预分频）
1	0	1	clk_{ToS}/128（来自预分频）
1	1	0	clk_{ToS}/256（来自预分频）
1	1	1	clk_{ToS}/1024（来自预分频）

2. T/C0 寄存器（TCNT0）

8 位寄存器 TCCR0 是 T/C0 的计数器寄存器，通过它 MCU 可以直接对其 8 位数据进行读/写操作。当用户写 TCNT0 时，在下一个时钟周期到来时，比较匹配将被阻塞。因此计数器运行期间，如果想要修改 TCNT0 中的内容，则有可能丢失一次 TCNT0 与 OCR0 的匹配比较操作。它的地址为 $0052，初始化值为 $00。寄存器 TCNT0 各位的定义如下。

Bit	7	6	5	4	3	2	1	0	
				TCNT0 [7：0]					TCNT0
读/写	R/W	R/W	R/W	R/W	R/W	R/W	R/W	R/W	
初始值	0	0	0	0	0	0	0	0	

3. T/C0 输出比较寄存器（OCR0）

输出比较寄存器 OCR0 包含一个 8 位的数据，该数据持续地与 TCNT0 中的计数值进行比较。当比较出 TCNT0 中的计数值与 OCR0 中的内容相等时，会产生输出比较中断，或用来在 OC2 引脚上产生波形。它的地址为 $0051，初始化值为 $00。寄存器 OCR0 各位的定义如下。

Bit	7	6	5	4	3	2	1	0	
				OCR0 [7：0]					OCR0
读/写	R/W	R/W	R/W	R/W	R/W	R/W	R/W	R/W	
初始值	0	0	0	0	0	0	0	0	

4. T/C0 异步状态寄存器（ASSR）

异步状态寄存器 ASSR 主要用于控制异步操作，它同样也是一个 8 位的寄存器，地址为 $0050，初始化值为 $00。寄存器 ASSR 各位的定义如下。

Bit	7	6	5	4	3	2	1	0	
	—	—	—	—	AS0	TCNOUB	OCROUB	TCROUB	ASSR
读/写	R	R	R	R	R	R	R	R	
初始值	0	0	0	0	0	0	0	0	

（1）Bit3（AS0）：异步 T/C0 位。当 AS0 为"0"时，T/C0 由 I/O 时钟 $clk_{I/O}$ 驱动；当 AS0 为"1"时，T/C 由连接到 TOSC1 引脚的晶体振荡器驱动。改变 AS0 时，TCNT0、OCR0 和 TCCR0 的内容可能遭到损坏。

（2）Bit2（TCNOUB）：T/C0 更新位。当 T/C0 工作于异步模式时，写 TCNT0 寄存器 TCNOUB 将发生置位。当 TCNT0 从暂存寄存器更新完毕后 TCNOUB 发生清零。在这里逻辑"0"标志 TCNT0 准备好可以写入新值了。

（3）Bit1（OCR0UB）：输出比较寄存器 0 更新位。当 T/C0 工作于异步模式时，写 OCR0 寄存器 OCROUB 将发生置位。当 OCR0 从暂存寄存器更新完毕后 OCROUB 由硬件清零。在这里逻辑"0"标志 OCR0 准备好可以写入新值了。

（4）Bit0（TCROUB）：T/C 控制寄存器 0 更新位。当 T/C0 工作于异步模式时，写 TC-CR0 寄存器 TCROUB 将发生置位。当 TCCR0 从暂存寄存器更新完毕后 TCROUB 由硬件清零。TCROUB 为 0 时表示 TCCR0 可以写入新值了。

如果在更新标志置位的时候写上述任何一个寄存器都将引起数据的破坏，并引发不必要的中断。

需要注意的是，对 TCNT0，OCR0 和 TCCR0 进行读取的机制是不同的。TCNT0 读到的值为实际的值，而 OCR0 和 TCCR0 的值则是从暂存寄存器中读取的。

5. 定时/计数器中断屏蔽寄存器（TIMSK）

定时/计数器中断屏蔽寄存器 TIMSK 的地址为 $0057，初始化值为 $00。寄存器 TIMSK 各位的定义如下。

Bit	7	6	5	4	3	2	1	0	
	OCIE2	TOIE2	TICIE1	OCIEIA	OCIEIB	TOIEI	OCIE0	TOIE0	TIMSK
读/写	R/W	R/W	R/W	R/W	R/W	R/W	R/W	R/W	
初始值	0	0	0	0	0	0	0	0	

（1）Bit1（OCIE0）：T/C0 输出比较匹配中断使能位。当 OCIE0 和状态寄存器的全局中断使能位 1 都被设为 "1" 时，将使能 T/C0 的输出比较匹配中断。当 T/C0 的比较匹配发生，即 TIFR 中的 OCF0 置位时，则执行 T/C0 输出比较匹配中断服务程序。

（2）Bit0（TOIE0）：T/C0 溢出中断使能位。当 OCIE0 和状态寄存器的全局中断使能位 1 都被设为 "1" 时，将使能 T/C0 的溢出中断。当 T/C0 发生溢出，即 TIFR 中的 TOV0 位置位时，则执行 T/C0 溢出中断服务程序。

6. 定时/计数器中断标志寄存器（TIFR）

定时/计数器中断标志寄存器（TIFR）的地址为 $0056，初始值为 $00 寄存器 TIFR 各位的定义如下。

Bit	7	6	5	4	3	2	1	0	
	OCF2	TOV2	ICF1	OCFIA	OCFIB	TOV1	OCF0	TOV0	TIFR
读/写	R/W	R/W	R/W	R/W	R/W	R/W	R/W	R/W	
初始值	0	0	0	0	0	0	0	0	

（1）Bit1（OCF0）：T/C0 比较匹配输出的中断标志位。当 T/C0 与 OCR0 的值匹配时，OCR0 位被置位，该位在中断例程里由硬件自动清零，或者通过对其写入逻辑 "1" 来清零。当 SREG 中的第 1 位、OCIE0 与 OCF0 都发生置位时，T/C0 的匹配中断被执行。

（2）Bit0（TOV0）T/C0 溢出中断使能位。当 T/C0 发生溢出时，TOV0 位发生置位。执行相应的中断例程时此位由硬件自动清零，也可以通过对其写入逻辑 "1" 来清零。当 SREG 中的第 1 位、TOIE0 与 TOV0 都置位时，中断例程将得到执行。

在 PWM 模式中，当 T/C0 计数器在 $00 并改变记数方向时，TOV0 自动置位。

5.3.3　T/C0 定时/计数器的工作模式

工作模式即 T/C 和输出比较引脚的行为，由波形发生模式（WGMn1：0）及比较输出模式（COMn1：0）的控制位决定。比较输出模式对计数序列没有影响，而波形产生模式对计数序列有影响。COMn1：0 控制 PWM 输出是否反极性。非 PWM 模式时，COMn1：0 控制输出是否应该在比较匹配发生时置位、清零，或是电平取反。

1. 普通模式

普通模式（WGMn1：0）为最简单的工作模式。在此模式下计数器不停地累加，计到最大值后（TOP＝0xFF）计数器简单地返回到最小值 0x00 重新开始。在 TCNTN 的同一个定时器时钟里 T/C 溢出标志 TOVN 置位。此时 TOVN 有点像第 9 位，只是只能置位，不会清零。但由于定进器中断例程能够自动清零 TOVN，因此可以通过软件提高定时器的分辨率。在普通模式下没有什么需要特殊考虑的，用户可以随时写入新的计数器数值。

输出比较单元可以用来产生中断。不推荐在普通模式下利用输出比较产生波形，因为这样会占用太多的 CPU 时间。

2. CTC（比较匹配时清除定进器）模式

在 CTC 模式（WGMn1：0＝2）里 OCRn 寄存器用于调节计数器的分辨率。当计数器的数值 TCNTn 等于 OCRn 时计数器清零。OCRn 定义了计数器的 TOP 值，也即计数器的分辨率。这个模式可以在极大程度上控制比较匹配输出的频率，也简化了外部事件计数的操作。CTC 模式的时序图如图 5-8 所示。计数器数值 TCNTn 一直增加直到 TCNTn 与 OCRn 匹配，然后 TCNTn 清零。

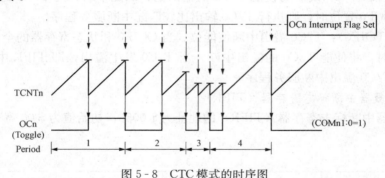

图 5-8　CTC 模式的时序图

利用 OCFn 标志可以在计数器数达到 TOP 即产生中断。若使能中断，则可以利用中断例程来更新 TOP 的数值。由于 CTC 模式没有双缓冲功能，因此在计数器以无预分频器或很低的预分频器工作时将 TOP 更改为接近 BOTTOM 的数值时要小心。如果写入 OCRn 的数值小于当前 TCNTn 的数值，则计数器将丢失一次比较匹配。在下一次比较匹配发生之前，计数器不得不先计数到最大值 0xFF，然后再从 0x00 开始计数到 OCRn。

通过设置 COMn1：0＝1，可以在 CTC 模式下将比较输出模式设置为交替方式。只要比较匹配发生，OCn 的输出电平就取反。在期望获得 OCn 输出之前，首先要将其端口设置为输出。波形发生器能够产生的最大频率为 $f_{ocn} = f_{clk\_I/O}/2$（OCRn＝0x00）。频率的计算公式确定为

$$f_{ocn} = \frac{f_{clk\_I/O}}{2 \cdot N \cdot (1 + OCRn)}$$

其中：变量 N 代表预分频因子（N＝1、8、32、64、128、256、1204）。

在 CTC 模式下，TOVn 标志的置位发生在计数器从 OCRn 变为 0x00 的定时器时钟周期。

3. 快速 PWM 模式

快速 PWM 模式（WGMn1：0＝3）可以用来产生高频的 PWM 波形。快速 PWM 模式与其他 PWM 模式的不同之处是其三角波工作方式（其他 PWM 方式为等腰三角形方式）。计数器从 BOTTOM 计到 MAX，然后立即回到 BOTTOM 重新开始。对于普通的比较输出模式，

输出比较引脚 OCn 在 TCNTn 与 OCRn 匹配时清零，在 BOTTOM 时置位；对于反向比较输出模式，OCn 的动作正好相反。由于使用了单边斜波模式，因此快速 PWM 模式的工作频率比使用双斜波的相位修正 PWM 模式高一倍。此高频操作特性使得快速 PWM 模式十分适合于功率调节、整流和 DAC 应用。高频可以减小外部元器件（电感、电容）的物理尺寸，从而降低系统成本。

工作于快速 PWM 模式时，计数器的数值一直增加到 MAX，然后在后面的一个时钟周期清零。具体的时序图如图 5-9 所示。图 5-9 中柱状的 TCNTn 表示这是单边斜波操作。方框图同时包含了普通的 PWM 输出以及方向 PWM 输出。TCNTn 斜波上的短水平线表示 OCRn 和 TCNTn 的匹配比较。

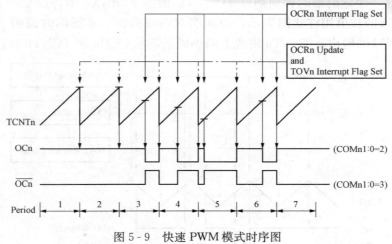

图 5-9　快速 PWM 模式时序图

计时器数值达到 MAX 时，T/C 溢出标志 TOVn 置位。如果中断使能，则中断例程可以用来更新比较值。

工作于快速 PWM 模式时，比较单元可以在 OCn 引脚上输出 PWM 波形。设置 COMn1：0 为 2 可以产生普通的 PWM 信号；为 3 则可以产生反向 PWM 波形。要想真正输出信号还必须将 OCn 的数据方向设置为输出，产生 PWM 波形的机理是 OCn 寄存器在 OCRn 与 TCNTn 匹配时置位（或清零），以及在计数器清零（从 MAX 变为 BOTTOM）的那一个定时器时钟周期清零（或置位）。

输出的 PWM 频率的计算公式为

$$f_{ocn(PWM)} = \frac{f_{clk\_I/O}}{N \cdot 256}$$

其中：变量 N 代表分频因子（N=1、8、32、64、128、256、1024）。

OCRn 寄存器为极限值时表示快速 PWM 模式的一些特殊情况。若 OCRn 等于 BOTTOM，则输出为出现在第 MAX+1 个定时器时钟周期的窄脉冲，OCRn 为 MAX 时，根据 COMn1：0 的设定，输出恒为高电平或低电平。通过设定 OCn 在比较匹配时进行逻辑电平取反（COMn1：0=1），可以得到占空比为 50% 的周期信号。信号的最高频率为 $f_{ocn}=f_{clk\_I/O}/2$，此时 OCRn 为 0。这个特性类似于 CTC 模式下的 OCn 取反操作，不同之处在于快速 PWM 模式具有双缓冲。

4. 相位修正 PWM 模式

相位修正 PWM 模式（WGMn1：0＝1）为用户提供了一个获得高精度相位修正 PWM 波形的方法。此模式基于双斜线操作。计时器重复地从 BOTTOM 计到 MAX，然后又从 MAX 倒退回到 BOTTOM。在一般的比较输出模式下，当计时器往 MAX 计数时发生了 TC-NTn 与 OCRn 的匹配，OCn 将清零为低电平；而在计时器往 BOTTOM 计数时若发生了 TC-NTn 与 OCRn 的匹配，则 OCn 将置位为高电平。工作于反向输出比较时则正好相反，与单斜线操作相比，双斜线操作可获得的最大频率要小。但由于其对称的特性，十分适合于电动机控制。

相位修正 PWM 模式的 PWM 精度固定为 8 比特。计时器不断地累加直到 MAX，然后开始减计数。在一个定时器时钟周期里 TCNTn 的值等于 MAX，时序图如图 5 - 10 所示。图 5 - 10 中 TCNTn 的数值用柱状图表示，以说明双斜线操作。本图同时说明了普通 PWM 的输出和反向 PWM 的输出，TCNTn 斜线上的小横条表示 OCRn 和 TCNTn 的匹配。

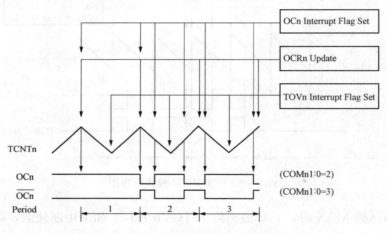

图 5 - 10　相位修正 PWM 模式的时序图

当计时器达到 BOTTOM 时，T/C 溢出标志位 TOVn 置位。此标志位可以用来产生中断。

工作于相位修正 PWM 模式时，比较单元可以在 OCn 引脚产生 PWM 波形，将 COMn1：0 设置为 2 产生普通相位的 PWM，COMn1：0 设置为 3 产生反向 PWM 信号。实际的 OCn 数值只有在端口设置为输出时才可以在引脚上出现。OCRn 和 TCNTn 比较匹配发生时，OCn 寄存器将产生相应的清零或置位操作，从而产生 PWM 波形。工作于相位修正模式时，PWM 频率为

$$f_{\text{ocn(PWM)}} = \frac{f_{\text{clk\_I/O}}}{N \cdot 510}$$

其中，变量 N 表示预分频因子（N＝1、8、32、64、128、256、1024）。

OCRn 寄存器处于极值代表了相位修正 PWM 模式的一种特殊情况。在普通 PWM 模式下，若 OCRn 等于 BOTTOM，则输出一直保持为低电平；若 OCRn 等于 MAX，则输出保持为高电平。反向 PWM 模式则正好相反。图 5 - 10 中的第二个时钟周期中，即使没有比较匹配，OCn 电平也会由高变低，这样保证其关于 BOTTOM 对称。在以下两种情况下没有比较匹配时电平发生变化。

（1）图 5-10 中 OCR0 值由 MAX 改变，降序比较匹配时，当 OCR0 值为 MAX 时，OCn 引脚的值也一样；为保证关于 BOTTOM 对称，在升序比较匹配时，OCn 值为 MAX 时电平变化。

（2）定时器开始计数的值大于 OCR0 中的值，因此少一次比较匹配，且在达到上限时 OCn 改变。

5.3.4 T/C0 定时/计数器的时序图

图 5-11～图 5-14 所示为 T/C0 在同步工作情况下的各种计数时序图。从图 5-11～图 5-14 中可以看到标志位 TOV0 和 OCF0 的置位条件，图 5-13 和图 5-14 给出了预分频器使能时的时序图。

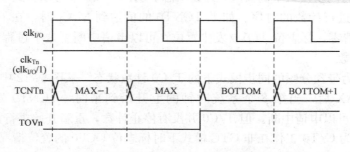

图 5-11　T/C 时序图（无预分频器）

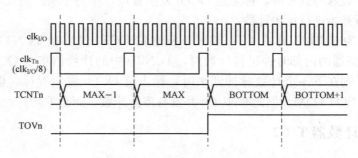

图 5-12　T/C0 时序图（预分频器为 $f_{clk\_I/O}/8$）

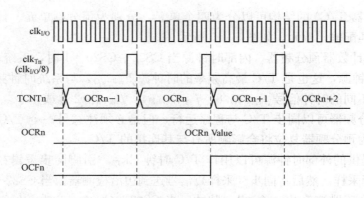

图 5-13　T/C0 时序图（OCF0 置位，预分频器为 $f_{clk\_I/O}/8$）

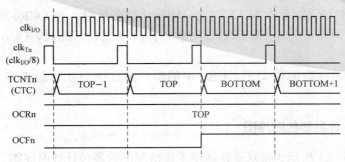

图 5 - 14   T/C0 时序图（CTC 模式，预分频器为 $f_{clk\_I/O}/8$）

图 5 - 11 所示为同步模式下的 T/C0 计数状态，从图 5 - 11 中可以看到 T/C0 对外部时钟或无分频的内部时钟进行计数的时序。如果 TCNT0 的值达到 MAX 时，在下一个脉冲到来时，TCNT0 的值将被清零，标志位 TOV0 发生置位，可以申请中断。这个过程结束后，计数器重新开始进行加 1 计数。

图 5 - 12 所示为带预分频的同步模式下的 T/C0 计数状态。从图 5 - 12 中可以看出，当 TC-NT0 的值到达 MAX 后，当第 8 个系统时钟的上升沿到来时，TCNT0 发生清零，标志位 TOV0 发生置位，可以申请中断。但 T/C0 并没有停止计数，重新开始进行加 1 计数。

图 5 - 13 所示为 C/T0 工作在非 CTC 模式下时标志位 OCF0 的置位情况。当 T/C0 对经过预分频器的内部时钟进行计数时，TCNT0 中的计数值将与 OCR0 中的值进行比较，若两者相等，则在下一个计数脉冲到来时，标志位 OCF0 发生置位，申请中断。但此时 T/C0 并没有停止计数，而是重新开始进行加 1 计数。

图 5 - 14 所示为 C/T0 工作在 CTC 模式下时标志位 OCF0 置位和 TCNT0 清除的情况。当 T/C0 对经过预分频器的内部时钟进行计数时，TCNT0 中的计数值将与 OCR0 中的值进行比较，若两者相等，则在下一个计数脉冲到来时，标志位 OCF0 发生置位，申请中断，同时将 TCNT0 的值清为 BOTTOM。但此时 T/C0 并没有停止计数，而是重新开始进行加 1 计数。

5.4   8 位定时/计数器 T/C2

5.4.1   T/C2 定时/计数器的结构

定时器/计数器 T/C0 的结构可以分为四个单元，分别为预分频单元、计数器单元、输出比较单元和比较匹配输出单元，如图 5 - 15 所示。

（1）定时器/计数器预分频器。内部时钟源当 CS22～CS20＝1 时，系统内部时钟 $clk_{I/O}$ 直接作为 T/C 的时钟源，这也是 T/C 最高频率的时钟源 $F_{clk\_I/O}$，与系统时钟频率相同。预分频器可以输出 4 个不同的时钟信号 $f_{clk\_I/O}/8$、$f_{clk\_I/O}/64$、$f_{clk\_I/O}/256$ 或 $f_{clk\_I/O}/1024$。

通过复位预分频器可以同步 T/C 与程序运行，但是必须注意另一个 T/C 是否也在使用这一预分频器，因为预分频器复位将会影响所有与其连接的 T/C。

由 T2 引脚提供的外部时钟源可以用作 T/C 时钟 clk_{T2}。引脚同步逻辑在每个系统时钟周期对引脚 T2 进行采样。然后将同步（采样）信号送到边沿检测器。当 CS22～CS20＝7 时边沿检测器检测到一个正跳变产生一个 clk_{T2} 脉冲；当 CS22～CS20＝6 时一个负跳变就产生一个 clk_{T2} 脉冲。

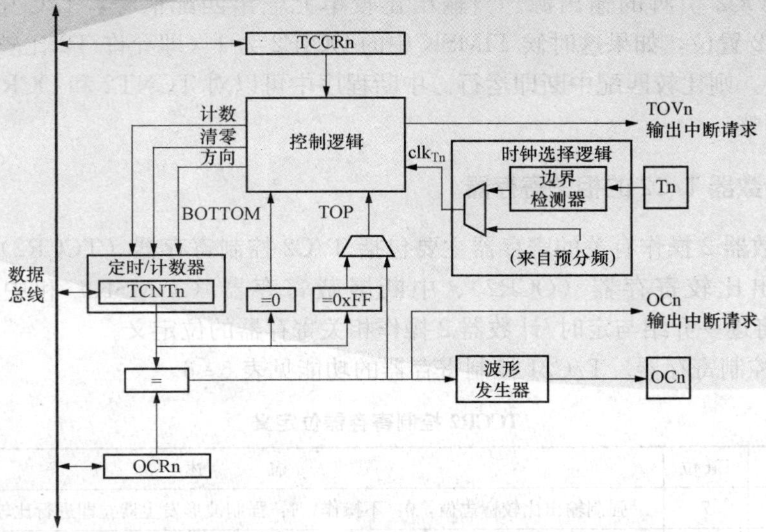

图 5-15 定时器/计数器 T/C0 原理框图

由于引脚上同步与边沿监测电路的存在，引脚 T2 上的电平变化需要延时 2.5～3.5 个系统时钟周期才能使计数器进行更新。禁止或使能时钟输入必须在 T2 保持稳定至少一个系统时钟周期后才能进行，否则有产生错误 T/C 时钟脉冲的危险。

为保证正确的采样，外部时钟脉冲宽度必须大于一个系统时钟周期，在占空比为 50% 时外部时钟频率必须小于系统时钟频率的一半。由于边沿检测器使用的是采样这一方法，这样能检测到的外部时钟最多是其采样频率的一半。然而，由于振荡器晶体、谐振器与电容本身误差带来的系统时钟频率及占空比的差异，建议外部时钟的最高频率不要大于 $f_{\text{clk\_I/O}}/2.5$。外部时钟源不送入预分频器。

（2）计数器单元。根据不同的工作模式，计数器针对由预分频器提供的 clk_{T2} 实现清零、加 1 或减 1 操作。clk_{T2} 可以由内部时钟源或外部时钟源产生，不管有没有 clk_{T2}，CPU 都可以访问 TCNT2。CPU 写操作比计数器其他操作（清零、加减操作）的优先级高，计数值存放于计数寄存器 TCNT2。

计数序列由 T/C 控制寄存器 TCCR2 决定。TCNT2 在每一个定时器时钟加 1，当达到 TOP 值时，T/C 中断标志寄存器 TIFR 中的 TOV2 置位，如果这时候 TIMSK 中 TOLE2 为 1（即允许 T2 溢出中断），并且全局中断允许，溢出中断即运行，中断程序中可以对 TCNT2 和 OCR2 进行操作，即对定时器进行调整。T/C2 溢出中断标志 TOV2 应根据设定的工作模式来设置。

（3）输出比较单元。输出比较单元持续对由计数器单元提供的计数寄存器 TCNT2 和输出比较匹配寄存器 OCR2 进行比较。一旦 TCNT2 等于 OCR2，比较器就给出匹配信号。在匹配发生的下一个定时器时钟周期里输出比较标志 OCF2 置位，若 OCIE＝1 还将引发输出比较中断，执行中断将自动实现对 OCF2 的清零操作。根据设定的不同的工作模式，波形发生器可以利用匹配信号产生不同的波形。

（4）比较匹配输出单元。比较匹配模式控制位 COM21、COM20 具有双重功能。波形发生器利用 COM21、COM20 来确定下一次比较匹配发生时的输出比较 OC2 状态；COM21、

265

COM20 还控制 OC2 引脚的输出源。当输出比较单元输出匹配信号，T/C 中断标志寄存器 TIFR 中的 OCF2 置位，如果这时候 TIMSK 中的 OCIE2 为 1（即允许 T2 比较匹配中断），并且全局中断允许，则比较匹配中断即运行。中断程序中可以对 TCNT2 和 OCR2 进行操作，即对定时器进行调整。

5.4.2 定时/计数器 T/C2 的相关寄存器

与定时/计数器 2 操作有关的寄存器主要包括 T/C2 控制寄存器（TCCR2）、T/C2 寄存器（TCNT2）、输出比较寄存器（OCR2）、中断屏蔽寄存器（TIMSK）和中断标志寄存器（TIFR）。下面将逐一介绍与定时/计数器 2 操作相关寄存器的位定义。

（1）T/C2 控制寄存器。T/C21 控制寄存器的功能见表 5 - 6。

表 5 - 6   TCCR2 控制寄存器位定义

TCCR2 寄存器	Bit 位	描　述
FOC2	7	强制输出比较标志位，0：不操作；1：强制波形发生器立即进行比较操作
WGM21	3	波形产生模式标志位，00：普通模式，TOP 为 0xFF；01：相位修正的 PWM 模式，TOP 为 0xFF，IO：CTC 模式，TOP 为 OCR2；11：快速 PWM 模式，TOP 为 0xFF
WGM20	6	
COM21、COM20	5、4	比较匹配输出模式标志位。 （1）非 PWM 模式，00：正常的端口操作，OC2 未连接；01：比较匹配发生时 OC2 取反；10：比较匹配发生时 OC2 清零；11：比较匹配发生时 OC2 置位。 （2）快速 PWM 模式，00：正常的端口操作，OC2 未连接；01：保留；10：比较匹配发生时 OC2 清零，计数到 TOP 时 OC2 置位；11：比较匹配发生时 OC2 置位，计数到 TOP 时 OC2 清零。 （3）相位修正 PWM 模式，00：正常的端口操作，OC2 未连接；01：保留；10：在升序计数时发生比较匹配将清零 OC2，降序计数时发生比较匹配将置位 OC2；11：在升序计数时发生比较匹配将置位 OC2，降序计数时发生比较匹配将清零 OC2
CS22~CS20	2~0	时钟选择标志位，000：无时钟，T/C 不工作；001：clk_{ToS}/（没有预分频）；010：clk_{ToS}/8（没有预分频）011：clk_{ToS}/64（没有预分频）；100：clk_{ToS}/256（没有预分频）；101：clk_{ToS}/1024（没有预分频）；110：从 T2 引脚的外部时钟源，时钟为下降沿；111：从 T2 引脚的外部时钟源，时钟为上升沿

（2）T/C2 寄存器。T/C2 寄存器的功能见表 5 - 7。

表 5 - 7   TCNT2 寄存器位定义

TCNT2 寄存器	Bit 位	描　述
TCNT27~TCNT20	7~0	计数器的 8 位数据读写，对 TCNT2 寄存器的写访问将在下一个时钟阻止比较匹配

（3）输出比较寄存器。输出比较寄存器的功能见表 5 - 8。

表 5 - 8   OCR2 输出比较寄存器位定义

OCR2 寄存器	Bit 位	描　述
OCR27~OCR20	7~0	输出比较寄存器包含一个 8 位的数据，不间断地与计数器数值 TCNT2 进行比较。匹配事件可以用来产生输出比较中断。或者用来在 OC2 引脚上产生波形

（4）与定时/计数器 2 相关的中断屏蔽寄存器，与定时/计数器 2 相关的中断屏蔽寄存器功能见表 5 - 9。

表 5 - 9　　　　　　　　　与定时/计数器 2 相关的 TIMSK 中断屏蔽寄存器位定义

TIMSK 寄存器	Bit 位	描　　　述
OCIE2	7	T/C2 输出比较匹配中断使能标志位，0：不操作；1：使能 T/C2 输出比较匹配中断
TOIE2	6	T/C2 溢出中断使能标志位，0：不操作；1：使能 T/C2 溢出中断

（5）与定时/计数器 2 相关的中断标志寄存器。与定时/计数器 2 相关的中断标志寄存器功能见表 5 - 10。

表 5 - 10　　　　　　　　与定时/计数器 2 相关的 TIFR 中断标志寄存器位定义

TIFR 寄存器	Bit 位	描　　　述
OCF2	7	输出比较标志 2，0：表示 T/C2 与 OCR2（输出比较寄存器 2）的值不匹配；1：表示 T/C2 与 OCR2（输出比较寄存器 2）的值匹配
TOV2	6	T/C2 溢出标志，0：表示 T/C2 未溢出；1：表示 T/C2 溢出；在 PWM 模式中，表示 T/C2 在 00 改变记数方向

5.4.3　T/C2 定时/计数器的工作模式

T/C2 的工作模式由波形发生模式（WGM21、WGM20）及比较输出模式（COM21、COM20）的控制位决定。比较输出模式对计数序列没有影响，而波形产生模式对计数序列则有影响。COM21、COM20 控制 PWM 输出是否反极性。非 PWM 模式时 COM21、COM20 控制输出是否应该在比较匹配发生时置位、清零或是电平取反。

（1）普通模式。普通模式（WGM21、WGM20＝0）为最简单的工作模式，在此模式下计数器不停地累加。计到 8 比特的最大值后（TOP＝0xFF），数值溢出计数器简单地返回最小值 0x00 重新开始。在 TCNT2 为零的同一个定时器时钟里 T/C 溢出标志 TOV2 置位。由于定时器中断服务程序能够自动清零 TOV2，因此可以通过软件提高定时器的分辨率。在普通模式下没有什么需要特殊考虑的，用户可以随时写入新的计数器数值。输出比较单元可以用来产生中断，但是不推荐在普通模式下和输出比较产生波形，因为会占用太多的 CPU 时间。

（2）CTC（比较匹配时清除定时器）模式。在 CTC 模式（WGM21、WGM20＝2）里 OCR2 寄存器用于调节计数器的分辨率。当计数器的数值 TCNT2 等于 OCR2 时计数器清零。OCR2 定义了计数器的 TOP 值，即计数器的分辨率。这个模式使得用户可以很容易地控制比较匹配输出的频率，同样也简化了外部事件计数的操作。

利用 OCF2 标志可以在计数器数值达到 TOP 时即产生中断，在中断服务程序里可以更新 TOP 的数值，由于 CTC 模式没有双缓冲功能，因此在计数器以无预分频器或很低的预分频器工作的时候将 TOP 更改为接近 BOTTOM 的数值时要小心。如果写入 OCR2 的数值不得不先计数到最大值 0xFF，然后再从 0x00 开始计数到 OCR2。为了在 CTC 模式下得到波形输出，可以设置 OC2 在每次比较匹配发生时改变逻辑电平，这可以通过设置 COM21、COM20＝1 来完成。在期望获得 OC2 输出之前，首先要将其端口设置为输出。

工作于 CTC 模式时，频率为

$$f_{ocn} = \frac{f_{clk\_I/O}}{2 \times N \times (1 + OCRn)}$$

其中：变量 N 代表预分频因子（$N=1$、8、64、256、1024）。

（3）快速 PWM 模式。快速 PWM 模式（WGM21、WGM20＝3）可用来产生高频的 PWM 波形。快速 PWM 模式与其他 PWM 模式的不同之处在于其单边斜坡工作方式。计数器从 BOTTOM 计到 MAX，然后立即回到 BOTTOM 重新开始。对于普通的比较输出模式，输出比较引脚 OC2 在 TCNT2 与 OCR2 匹配时清零，在 BOTTOM 时置位；对于反向比较输出模式，OC2 的动作正好相反。由于使用了单边斜坡模式，快速 PWM 模式的工作频率比使用双斜坡的相位修正 PWM 模式高一倍。此高频操作特性使得快速 PWM 模式十分适合于功率调节、整流和 DAC 应用。高频可以减小外部元器件（电感、电容）的物理尺寸，从而降低系统成本。

工作于快速 PWM 模式时，计数器的数值一直增加到 MAX，然后在后面的一个时钟周期清零。输出的 PWM 频率为

$$f_{ocn(PWM)} = \frac{f_{clk\_I/O}}{N \times 256}$$

其中：变量 N 代表预分频因子（$N=1$、8、64、256 或 1024）。

（4）相位修正 PWM 模式。相位修正 PWM 模式（WGM21、WGM20＝1）为用户提供了一个获得高精度相位修正 PWM 波形的方法。此模式基于双斜坡操作，计时器重复地从 BOTTOM 计到 MAX 计数时若发生了 TCNT2 与 OCR2 的匹配，则 OC2 将清零为低电平；而在计时器到 BOTTOM 时若发生了 TCNT2 与 OCR2 的匹配，则 OC2 将置位为高电平，工作于反向输出比较时则正好相反。与单坡操作相比，双斜坡操作可以获得的最大频率要小。但由于其对称的特性，该方式十分适合于电动机控制。相位修正 PWM 模式的 PWM 精度固定为 8 比特。计时器不断地累加直到 MAX，然后开始减计数。在一定定进器时钟周期里 TCNT2 的值等于 MAX。

工作于相位修正 PWM 模式时，相位修正 PWM 频率为

$$f_{ocn(PWM)} = \frac{f_{clk\_I/O}}{N \times 510}$$

5.5 16 位定时/计数器 T/C1 和 T/C3

ATmega128 中有两个 16 位定时/计数器，分别为定时/计数器 1 和定时/计数器 3，它们可以用于精确的程序定时，也可以用于对外部引脚 Tn 上的脉冲信号进行计数。同时，定时/计数器 1 还具有波形产生的测量信号的作用，其主要特点如下。

（1）真正的 16 位设计（即允许 16 位的 PWM）。

（2）3 个独立的输出比较单元。

（3）双缓冲的输出比较寄存器。

（4）具有输入比较单元。

（5）输入捕捉噪声抑制器。

（6）比较匹配发生时清除寄存器（自动重新装特性）。

（7）无毛刺的相位修正 PWM。

（8）可变的 PWM 周期。

（9）频率发生器。

（10）外部事件计数器。

（11）10 个独立的中断源（TOV1、OCF1A、OCF1B、OCF1C、ICF1、TOV3、OCF3A、OCF3B、OCF3C 和 ICF3）。

需要注意的是，在 ATmega103 兼容模式下，只有一个 16 位的定时/计数器，两个比较寄存器（A、B）。

5.5.1　T/C1 和 T/C3 定时/计数器的结构

16 位定时/计数器 T/C 结构可以分为五个单元，分别为预分频单元、计数器单元、输入捕捉单元、输出比较单元和比较匹配输出单元，其原理框图如图 5 - 16 所示。

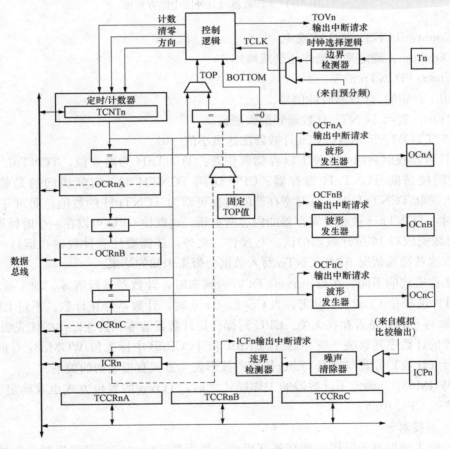

图 5 - 16　16 位定时/计数器 T/C1 和 T/C3 原理框图

1. 时钟源

T/C 时钟源可以来自于内部，也可来自于外部，即它可以由内部时钟通过预分频器或通过由 Tn 引脚输入的外部时钟驱动。时钟源的选择由控制寄存器 B 的时钟选择位 CSI［2：0］决定。当没有选择时钟源时 T/C 处于停止状态。

2. 计数单元

16 位 T/C 的主要部分是可编程的 16 位双向计数器单元。图 5 - 17 所示为计数器与其外围电路方框图。信号描述（内部信号）如下。

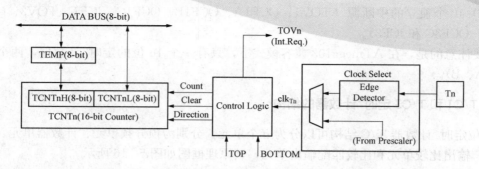

图 5-17　计数器与其外围电路方框图

（1）Count：TCNTn 加 1 或减 1。

（2）Direction：确定是加操作还是减操作。

（3）Clear：TCNTn 清零。

（4）clk$_{Tn}$：定时/计数器时钟信号。

（5）TOP：表示 TCNTn 计数器到最大值班。

（6）BOTTOM：表示 TCNTn 计数器皮达最小值（0）。

16 位计数器映射到两个 8 位 I/O 存储器位置：TCNTnH 为高 8 位，TCNTnL 为低 8 位。CPU 只能间接访问 TCNTnH 寄存器。CPU 访问 TCNTH 时，实际访问的是临时寄存器（TEMP）。读取 TCNTnL 时，临时寄存器的内容更新为 TCNTnH 的数值；而对 TCNTnL 执行写操作时，TCNTnH 被临时寄存器的内容所更新。这就使 CPU 可以在一个时钟周期里通过 8 位数据总线完成对 16 位计数器的读、写操作。此外，还需要注意计数器在运行时的一些特殊情况。在这些特殊情况下对 TCNTn 写入数据会带来未知的结果。

根据工作模式的不同，在每一个 clkTn 时钟到来时，计数器进行清零、加 1 或减 1 操作。clkTn 由时钟选择位 CSn2：0 设定。当 CSn2：0＝0 时，计数器停止计数。不过 CPU 对 TCNTn 的读取与 clkTn 是否存在无关。CPU 写操作比计数器清零和其他操作的优先级都高。

计数器的计数序列取决于寄存器 TCCRnA 和 TCCRnB 中标志位 WGMn3：0 的设置。计数器的运行（计数）方式与通过 OCnx 输出的波形发生方式有很紧密的关系。

通过 WGMn3：0 确定了计数器的工作模式之后，TOVn 的置位方式也就确定了。TOVn 可以用来产生 CPU 中断。

3. 输入捕捉单元

T/C 的输入捕捉单元可用来捕获外部事件，并为其赋予时间标记以说明此事件的发生时刻。外部事件发生的触发信号由引脚 ICPn 输入，也可通过模拟比较器单元来实现。时间标记可以用来计算频率、占空比及信号的其他特征，以及为事件创建日志。输入捕捉单元方框图如图 5-18 所示。图 5-18 中不直接属于输入捕捉单元的部分用阴影表示。寄存器与位中的小写"n"表示定时/计数器编号。

当引脚 ICPn 上的逻辑电平（事件）发生了变化或模拟比较器输出 AC0 的电平发生了变化，并且这个电平变化为边沿检测器所证实时，输入捕捉即被激发，16 位的 TCNTn 数据被复制到输入捕捉寄存器 ICRn，同时输入捕捉标志位 ICFn 置位。如果此时 TICIEn＝1，则输入捕

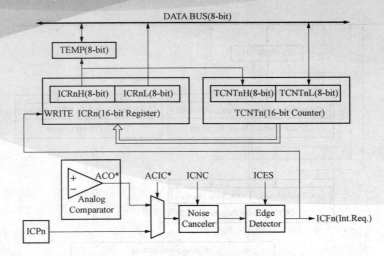

图 5-18 输入捕捉单元方框图

捉标志将产生输入捕捉中断。中断执行时 ICFn 自动清零，或者也可以通过软件在其对应的 I/O 位置写入逻辑"1"清零。

读取 ICRn 时要先读低字节 ICRnL，然后再读高字节 ICRnH。读低字节时，高字节被复制到高字节临时寄存器 TEMP。CPU 读取 ICRnH 时将访问 TEMP 寄存器。对 ICRn 寄存器的写访问只存在于波形产生模式。此时 ICRn 被用作计数器的 TOP 值，写 ICRn 之前首先要设置 WGMn3：0 以允许这个操作。对 ICRn 寄存器进行写操作时必须先将高字节写入 ICRnH I/O 位置，然后再将低字节写入 ICRnL。

4. 输出比较单元

16 位比较器持续比较 TCNTn 与 OCRn 的内容，一旦发现它们相等，比较器立即产生一个匹配信号。然后 OCFnx 在下一个定时器时钟置位。如果此时 ICIEnx＝1，则 OCFnx 置位将引发输出比较中断。中断执行时 OCFnx 标志自动清零，或者通过软件在其相应的 I/O 位置写入逻辑"1"也可以清零。根据 WGMn3：0 与 COMnx1：0 的不同设置，波形发生器用匹配信号生成不同的波形。波形发生器利用 TOP 和 BOTTOM 信号处理在某些模式下对极值的操作。

输出比较单元 A 的一个特性是定义 T/C 的 TOP 值（即计数器的分辨率）。此外，TOP 值清零用来定义通过波形发生器产生的波形的周期。

图 5-19 所示给出输出比较单元方框图。寄存器与位上的小写"n"表示器件编号（n＝1，3），"x"表示输出比较单元（A/B/C）。框图中非输出比较单元部分用阴影表示。

当 T/C 工作在 12 种 PWM 模式中的任意一种时，OCRnx 寄存器为双缓冲寄存器；而在正常工作模式和匹配时清零模式（CTC）双缓冲功能是禁止的。双缓冲可以实现 OCRnx 寄存器对 TOP 或 BOTTOM 的同步更新，防止产生不对称的 PWM 波形，消除毛刺。

访问 OCRnx 寄存器看起来很复杂，其实不然。使能双缓冲功能时，CPU 访问的是 OCRnx 缓冲寄存器；禁止双缓冲功能时，CPU 访问的则是 OCRnx 本身。OCRnx（缓冲或比较）寄存器的内容只有写操作才能将其改变（T/C 不会自动将寄存器更新为 TCNT1 或 ICR1 的内容），所以 OCR1x 不用通过 TEMP 读取，但是像其他 16 位寄存器一样首先读取低字节是很好的。由于比较是连续进行的，因此在写 OCR1x 时必须通过 TEMP 寄存器来实现。首先需

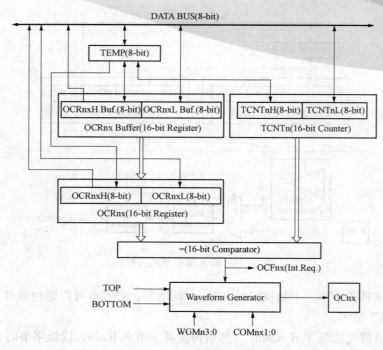

图 5-19 输出比较单元方框图

要写入的是高字节 OCRnxH。当 CPU 将数据写入高字节的 I/O 地址时，TEMP 寄存器的内容即得到更新。接下来写低字节 OCRnxL。与此同时，位于 TEMP 寄存器的高字节数据被复制到 OCRnx 缓冲器或 OCRnx 比较寄存器。

使用时需要注意以下问题。

（1）强制输出比较。工作于 PWM 模式时，可以通过对强制输出比较位 FOCnx 写 "1" 的方式来产生比较匹配。强制比较匹配不会置位 OCFnx 标志，也不会重载/清零定时器，但是 OCnx 引脚将被更新，好像真的发生了比较匹配一样（COMx1：0 决定 OCnx 是置位、清零，还是交替变化）。

（2）写 TCNTn 将阻止比较匹配。CPU 对 TCNTn 寄存器的写操作会阻止比较匹配的发生。这个特性可以用来将 OCRnx 初始化为与 CNTn 相同的数值而不触发中断。

（3）使用输出比较匹配单元。由于在任意模式下写 TCNTn 都将在下一个定时器时钟周期里阻止比较匹配，因此在使用输出比较时改变 TCNTn 就会有风险，不管 T/C 是否在运行。若写入 TCNTn 的数值等于 OCRnx，不要赋给 TCNTn 和 TOP 相等的数值，否则会丢失一次比较匹配，计数器也将计到 0xFFFF。类似地，在计数器进行降序计数时不要对 TCNTn 写入等于 BOTTOM 的数据。OCnx 的设置应该在设置数据方向寄存器之前完成。最简单的设置 OCnx 的方法是在普通模式下利用强制输出比较 FOCnx。即使在改变波形发生模式时 OCnx 寄存器也会一直保持它的数值。

COMnx1：0 和比较数据都不是双缓冲的。COMnx1：0 的改变将立即生效。

5. 比较匹配输出

比较匹配模式控制 COMnx1：0 具有双重功能。波形发生器利用 COMnx1：0 来确定下一次比较匹配发生时的输出比较 OCnx 状态，COMnx1：0 还控制 OCnx 引脚输出的来源。图 5-20 所示为受 COMnx1：0 设置影响的逻辑的简化原理图。I/O 寄存器、I/O 位和 I/O 引脚以粗体表示。图 5-20 中只给出了受 COMnx1：0 影响的通用 I/O 端口控制寄存器（DDR 和 PORT）。谈及 OCnx 状态时指的是内部 OCnx 寄存器，而不是 OCnx 引脚的状态。系统复位时 COMnx 寄存器复位为 "0"。

只要 COMnx1：0 不全为零，波形发生器的输出比较功能就会重载 OCnx 的通用 I/O 口功能，但是 OCnx 引脚的方向仍旧受控于数据方向寄存器（DDR）。从 OCnx 引脚输出有效信号之前必须通过数据方向寄存器的 DDR-OCnx 将此引脚设置为输出，一般情况下功能重载与波形发生器的工作模式无关。输出比较逻辑的设计允许 OCnx 在输出之前首先进行初始化。要注意的是，某些 COMnx1：0 设置在某些特定的工作模式下是保留的，COMnx1：0 不影响输入捕捉单元。

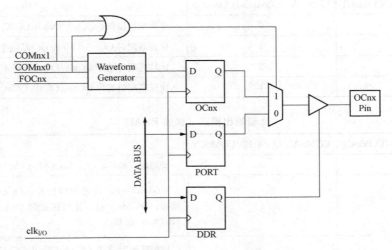

图 5-20　比较匹配输出单元原理图

5.5.2　T/C1 和 T/C3 定时/计数器的相关寄存器

1. 定时/计数器 1 控制寄存器 A-TCCR1A 和定时/计数器 3 控制寄存器 A-TCCR3A

TCCR1A 和 TCCR3A 寄存器如图 5-21 所示。

Bit	7	6	5	4	3	2	1	0	
	COM1A1	COM1A0	COM1B1	COM1B0	COM1C1	COM1C0	WGM11	WGM10	TCCR1A
读/写	R/W	R/W	R/W	R/W	R/W	R/W	R/W	R/W	
初始值	0	0	0	0	0	0	0	0	

Bit	7	6	5	4	3	2	1	0	
	COM3A1	COM3A0	COM3B1	COM3B0	COM3C1	COM3C0	WGM31	WGM30	TCCR3A
读/写	R/W	R/W	R/W	R/W	R/W	R/W	R/W	R/W	
初始值	0	0	0	0	0	0	0	0	

图 5-21　TCCR1A 和 TCCR3A 寄存器

（1）Bits7：6——COMnA1：0，通道 A 的比较输出模式。

（2）Bits5：4——COMnB1：0，通道 B 的比较输出模式。

（3）Bits3：2——COMnC1：0，通道 C 的比较输出模式。COMnA1：0、COMnB1：0 与 COMnC1：0 分别控制 OCnA、OCnB 和 OCnC 的状态。如果 COMnA1：0（COMnB1：0 或 COMnC1：0）的一位或两位被写入"1"，则 OCnA（OCnB 或 OCnC）输出功能将取代 I/O 端口功能。此时，OCnA（OCnB 或 OCnC）和相应的输出引脚数据方向控制必须置位以使能输出驱动器。

OCnA（OCnB 或 OCnC）与物理引脚相连时，COMnx1：0 的功能由 WGMn3：0 的设置决定。表 5-11～表 5-13 给出当 WGMn3：0 设置为普通模式与 CTC 模式（非 PWM）时 COMnx1：0 的功能定义。

表 5-11　　　　　　　　比较输出模式（非 PWM）

COMnA1/COMnB1/COMnC1	COMnA0/COMnB0/COMnC0	说　明
0	0	普通端口操作，OCnA/OCnB/OCnC 未连接
0	1	比较匹配时 OCnA/OCnB/OCnC 电平取反
1	0	比较匹配时清零 OCnA/OCnB/OCnC（输出低电平）
1	1	比较匹配时置位 OCnA/OCnB/OCnC（输出高电平）

表 5-12　　　　　　　　比较输出模式（快速 PWM）

COMnA1/COMnB1/COMnC1	COMnA0/COMnB0/COMnC0	说　明
0	0	普通端口操作，OCnA/OCnB/OCnC 未连接
0	1	WGMn3=0：普通端口操作，OCnA/OCnB/OCnC 未连接；WGMn3=1：比较匹配时 OCnA 电平取反，OCnB/OCnC 保留
1	0	比较匹配时清零 OCnA/OCnB/OCnC，在 TOP 时置位 OCnA/OCnB/OCnC
1	1	比较匹配时置位 OCnA/OCnB/OCnC，在 TOP 时清零 OCnA/OCnB/OCnC

表 5-13　　　　　　比较输出模式（相位修正及相频修正 PWM 模式）

COMnA1/COMnB1/COMnC1	COMnA0/COMnB0/COMnC0	说　明
0	0	普通端口操作，OCnA/OCnB/OCnC 未连接
0	1	WGMn3=0：普通端口操作，OCnA/OCnB/OCnC 未连接；WGMn3=1：比较匹配时 OCnA 电平取反，OCnB/OCnC 保留
1	0	升序计数时比较匹配将清零 OCnA/OCnB/OCnC，降序计数时比较匹配将置位 OCnA/OCnB/OCnC
1	1	升序计数时比较匹配将置位 OCnA/OCnB/OCnC，降序计数时比较匹配将清零 OCnA/OCnB/OCnC

（4）Bits1：0——WGMn1：0，波形发生模式。这两位与 TCCRnB 寄存器的 WGMn3：2

两位相结合，用于控制计数器的计数序列——计数器计数的上限值和确定波形发生器的工作模式（见表 5 - 14）。T/C 支持的工作模式有：普通模式（计数器）、比较匹配时清零定时器（CTC）模式，以及三种脉宽调制（PWM）模式。

表 5 - 14　　　　　　　　　　　　　波形产生模式的位描述

模式	WGMn3	WGMn2 (CTCn)	WGMn1 (PWMn1)	WGMn0 (PWMn0)	定时/计数器工作模式	TOP	OCRnx 更新时刻	TOVn 置位时刻
0	0	0	0	0	普通模式	0xFFFF	立即更新	MAX
1	0	0	0	1	8 位相位修正 PWM	0x00FF	TOP	BOTTOM
2	0	0	1	0	9 位相位修正 PWM	0x01FF	TOP	BOTTOM
3	0	0	1	1	10 位相位修正 PWM	0x03FF	TOP	BOTTOM
4	0	1	0	0	CTC	OCRnA	立即更新	MAX
5	0	1	0	1	8 位快速 PWM	0x00FF	TOP	TOP
6	0	1	1	0	9 位快速 PWM	0x01FF	TOP	TOP
7	0	1	1	1	10 位快速 PWM	0x03FF	TOP	TOP
8	1	0	0	0	相位与频率修正 PWM	ICRn	BOTTOM	BOTTOM
9	1	0	0	1	相位与频率修正 PWM	OCRnA	BOTTOM	BOTTOM
10	1	0	1	0	相位修正 PWM	ICRn	TOP	BOTTOM
11	1	0	1	1	相位修正 PWM	OCRnA	TOP	BOTTOM
12	1	1	0	0	CTC	ICRn	立即更新	MAX
13	1	1	0	1	保留	—	—	—
14	1	1	1	0	快速 PWM	ICRn	TOP	TOP
15	1	1	1	1	快速 PWM	OCRnA	TOP	TOP

2. 定时/计数器 1 控制寄存器 B 的 TCCR1B 和定时/计数器 3 控制寄存器 B 的 TCCR3B

TCCR1B 和 TCCR3B 寄存器如图 5 - 22 所示。

Bit	7	6	5	4	3	2	1	0	
	ICNC1	ICES1	—	WGM13	WGM12	CS12	CS11	CS10	TCCR1B
读/写	R/W	R/W	R	R/W	R/W	R/W	R/W	R/W	
初始值	0	0	0	0	0	0	0	0	

Bit	7	6	5	4	3	2	1	0	
	ICNC3	ICES3	—	WGM33	WGM32	CS32	CS31	CS30	TCCR3B
读/写	R/W	R/W	R	R/W	R/W	R/W	R/W	R/W	
初始值	0	0	0	0	0	0	0	0	

图 5 - 22　TCCR1B 和 TCCR3B 寄存器

（1）Bit7——ICNCn，输入捕捉噪声抑制器。置位 ICNC1 将使能输入捕捉噪声抑制功能。此时外部引脚 ICPn 的输入被滤波。其作用是从 ICPn 引脚连续进行 4 次采样。如果 4 个采样值都相等，那么信号送入边沿检测器。因此使能该功能使得输入捕捉被延迟了 4 个时钟周期。

（2）Bit6——ICESn，输入捕捉触发沿选择。该位选择使用 ICPn 上的哪个边沿触发捕获事件。ICESn 为"0"选择的是下降沿触发输入捕捉；ICESn 为"1"选择的是逻辑电平的上升沿

275

触发输入捕捉。

按照 ICESn 的设置捕获到一个事件后，计数器的数值被复制到 ICRn 寄存器。捕获事件还会置位 ICFn。如果此时中断使能，输入捕捉事件即被触发。

当 ICRn 用作 TOP 值（见 TCCRnA 与 TCCRnB 寄存器中 WGMn3：0 位的描述）时，ICPn 与输入捕捉功能脱开，从而输入捕捉功能被禁用。

（3）Bit5——保留位。该位保留。为保证与将来器件的兼容性，写 TCCRnB 时，该位必须写入"0"。

（4）Bit4：3——WGMn3：2，波形发生模式。见 TCCRnA 寄存器中的描述，见表 5-14。

（5）Bit2：0——CSn2：0，时钟选择。这 3 位用于选择 T/C 的时钟源，见表 5-15。

表 5-15   **时钟选择位描述**

CSn2	CSn1	CSn0	说　明
0	0	0	无时钟源（T/C 停止）
0	0	1	$clk_{I/O}/1$（无预分频）
0	1	0	$clk_{I/O}/8$（来自预分频器）
0	1	1	$clk_{I/O}/64$（来自预分频器）
1	0	0	$clk_{I/O}/256$（来自预分频器）
1	0	1	$clk_{I/O}/1024$（来自预分频器）
1	1	0	外部 Tn 引脚，下降沿驱动
1	1	1	外部 Tn 引脚，上升沿驱动

3. 定时/计数器 1 控制寄存器 C-TCCR1C 和定时/计数器 3 控制寄存器 C-TCCR3C

TCCR1C 和 TCCR3C 寄存器如图 5-23 所示。

Bit	7	6	5	4	3	2	1	0	
	FOC1A	FOC1B	FOC1C	—	—	—	—	—	TCCR1C
读/写	W	W	W	R	R	R	R	R	
初始值	0	0	0	0	0	0	0	0	

Bit	7	6	5	4	3	2	1	0	
	FOC3A	FOC3B	FOC3C	—	—	—	—	—	TCCR3C
读/写	W	W	W	R	R	R	R	R	
初始值	0	0	0	0	0	0	0	0	

图 5-23　TCCR1C 和 TCCR3C 寄存器

（1）Bits7——FOCnA：通道 A 的比较输出模式。

（2）Bits6——FOCnB：通道 B 的比较输出模式。

（3）Bits5——FOCnC：通道 C 的比较输出模式。FOCnA/FOCnB/FOCnC 位只在 WGMn3：0 位被设置为非 PWM 模式时才有效。对 FOCnA/FOCnB/FOCnC 写"1"将强制波形发生器产生一次成功的比较匹配，并使波形发生器依据 COMnx1：0 的设置而改变 OCnA/OCnB/OCnC 的输出状态。

FOCnA/FOCnB/FOCnC 的作用如同一个选通信号，COMnx1：0 的设置才是最终确定比较匹配结果的因素。FOCnA/FOCnB/FOCnC 选通信号不会产生任何中断请求，也不会对计数器清零，像使用 OCRnA 为 TOP 值的 CTC 工作模式那样。FOCnA/FOCnB/FOCnC 的读返回值总为零。

（4）Bit4：0——保留位。这几位保留。为保证与将来器件的兼容性，写 TCCRnC 时，这几位必须写入"0"。

4. 定时/计数器 1 的 TCNT1H 和 TCNT1L 及定时/计数器 3 的 TCNT3H 和 TCNT3L

TCNT1H、TCNT1L 和 TCNT3H、TCNT3L 如图 5-24 所示。

Bit	7	6	5	4	3	2	1	0	
				TCNT1[15:8]					TCNT1H
				TCNT1[7:0]					TCNT1L
读/写	R/W	R/W	R/W	R/W	R/W	R/W	R/W	R/W	
初始值	0	0	0	0	0	0	0	0	

Bit	7	6	5	4	3	2	1	0	
				TCNT3[15:8]					TCNT3H
				TCNT3[7:0]					TCNT3L
读/写	R/W	R/W	R/W	R/W	R/W	R/W	R/W	R/W	
初始值	0	0	0	0	0	0	0	0	

图 5-24　TCNT1H、TCNT1L 和 TCNT3H、TCNT3L

TCNTnH 与 TCNTnL 组成了 T/Cn 的数据寄存器 TCNTn。通过通信可以直接对定时/计数器单元的 16 位计数器进行读写访问。为保证 CPU 对高字节与低字节的同时读写，必须使用一个 8 位临时高字节寄存器 TEMP。TEMP 是所有的 16 位寄存器共用的。

在计数器运行期间修改 TCNTn 的内容有可能丢失一次 TCNTn 与 OCRnx 的比较匹配操作。

写 TCNTn 寄存器将在下一个定时器周期阻塞比较匹配。

5. 输出比较寄存器 1A 的 OCR1AH 和 OCR1AL 及输出比较寄存器 3A 的 OCR3AH 和 OCR3AL

OCR1AH、OCR1AL 和 OCR3AH、OCR3AL 如图 5-25 所示。

Bit	7	6	5	4	3	2	1	0	
				OCR1A[15:8]					OCR1AH
				OCR1A[7:0]					OCR1AL
读/写	R/W	R/W	R/W	R/W	R/W	R/W	R/W	R/W	
初始值	0	0	0	0	0	0	0	0	

Bit	7	6	5	4	3	2	1	0	
				OCR3A[15:8]					OCR3AH
				OCR3A[7:0]					OCR3AL
读/写	R/W	R/W	R/W	R/W	R/W	R/W	R/W	R/W	
初始值	0	0	0	0	0	0	0	0	

图 5-25　OCR1AH、OCR1AL 和 OCR3AH、OCR3AL

6. 输出比较寄存器 1B 的 OCR1BH 和 OCR1BL 及输出比较寄存器 3B 的 OCR3BH 和 OCR3BL

OCR1BH、OCR1BL 和 OCR3BH、OCR3BL 如图 5-26 所示。

Bit	7	6	5	4	3	2	1	0	
				OCR1B[15:8]					OCR1BH
				OCR1B[7:0]					OCR1BL
读/写	R/W	R/W	R/W	R/W	R/W	R/W	R/W	R/W	
初始值	0	0	0	0	0	0	0	0	

Bit	7	6	5	4	3	2	1	0	
				OCR3B[15:8]					OCR3BH
				OCR3B[7:0]					OCR3BL
读/写	R/W	R/W	R/W	R/W	R/W	R/W	R/W	R/W	
初始值	0	0	0	0	0	0	0	0	

图 5-26　OCR1BH、OCR1BL 和 OCR3BH、OCR3BL

7. 输出比较寄存器 1C 的 OCR1CH 和 OCR1CL 及输出比较寄存器 3C 的 OCR3CH 和 OCR3CL

OCR1CH、OCR1CL 和 OCR3CH、OCR3CH 如图 5-27 所示。

Bit	7	6	5	4	3	2	1	0	
				OCR1C[15:8]					OCR1CH
				OCR1C[7:0]					OCR1CL
读/写	R/W	R/W	R/W	R/W	R/W	R/W	R/W	R/W	
初始值	0	0	0	0	0	0	0	0	

Bit	7	6	5	4	3	2	1	0	
				OCR3C[15:8]					OCR3CH
				OCR3C[7:0]					OCR3CL
读/写	R/W	R/W	R/W	R/W	R/W	R/W	R/W	R/W	
初始值	0	0	0	0	0	0	0	0	

图 5-27　OCR1CH、OCR1CL 和 OCR3CH、OCR3CH

该寄存器中的 16 位数据与 TCNTn 寄存器中的计数值进行连续的比较,一旦数据匹配,将产生一个输出比较中断,或改变 OCnx 的输出逻辑电平,输出比较寄存器长度为 16 位。为保证 CPU 对高字节与低字节的同时读写,必须使用一个 8 位临时高字节寄存器 TEMP。TEMP 是所有的 16 位寄存器共用的。

8. 输入捕捉寄存器 1 的 ICR1H 和 ICR1L 及输入捕捉寄存器 3 的 ICR3H 和 ICR3L

ICR1H、ICR1L 和 ICR3H、ICR3L 如图 5-28 所示。

Bit	7	6	5	4	3	2	1	0	
				ICR1[15:8]					ICR1H
				ICR1[7:0]					ICR1L
读/写	R/W	R/W	R/W	R/W	R/W	R/W	R/W	R/W	
初始值	0	0	0	0	0	0	0	0	

Bit	7	6	5	4	3	2	1	0	
				ICR3[15:8]					ICR3H
				ICR3[7:0]					ICR3L
读/写	R/W	R/W	R/W	R/W	R/W	R/W	R/W	R/W	
初始值	0	0	0	0	0	0	0	0	

图 5-28　ICR1H、ICR1L 和 ICR3H、ICR3L

当外部引脚 ICPn（或 T/C1 的模拟比较器）有输入捕捉触发信号产生时，计数器 TCNTn 中的值定入 ICR1 中。ICR1 的设定值可用为计数器的 TOP 值。输入捕捉寄存器长度为 16 位。为保证 CPU 对高字节与低字节的同时读写，必须使用一个 8 位临时高字节寄存器 TEMP。TEMP 是所有的 16 位寄存器共用的。

9. 定时/计数器中断屏蔽寄存器 TIMSK

TIMSK 寄存器如图 5-29 所示。

Bit	7	6	5	4	3	2	1	0	
	OCIE2	TOIE2	TICIE1	OCIE1A	OCIE1B	TOIE1	OCIE0	TOIE0	TIMSK
读/写	R/W	R/W	R/W	R/W	R/W	R/W	R/W	R/W	
初始值	0	0	0	0	0	0	0	0	

图 5-29　TIMSK 寄存器

（1）Bit5——TICIE1，T/C1 输入捕捉中断使能。当该位被设为"1"，且状态寄存器中的 1 位被设为"1"时，T/C1 的输入捕捉中断使能。一旦 TIFR1 的 ICF1 置位，CPU 即开始执行 T/C1 输入捕捉中断服务程序。

（2）Bit4——OCIE1A，T/C1 输出比较 A 匹配中断使能。当该位被设为"1"，且状态寄存器中的 1 位被设为"1"时，使能 T/C1 的输出比较 A 匹配中断使能。一旦 TIFR1 上的 OCF1A 置位，CPU 即开始执行 T/C1 输出比较 A 匹配中断服务程序。

（3）Bit3——OCIE1B，T/C1 输出比较 B 匹配中断使能。当该位被设为"1"，且状态寄存器中的 1 位被设为"1"时，使能 T/C1 的输出比较 B 匹配中断使能。一旦 TIFR1H 上的 OCF1B 置位，CPU 即开始执行 T/C1 输出比较 A 匹配中断服务程序。

（4）Bit2——TOIE1，T/C1 溢出中断使能。当该位被设为"1"，且状态寄存器中的 1 位被设为"1"时，T/C1 的溢出中断使能。一旦 TIFR 上的 TOV1 置位，CPU 即开始执行 T/C1 溢出中断服务程序。

10. 扩展的定时/计数器中断屏蔽寄存器 ETIMSK

ETIMSK 寄存器如图 5-30 所示。

Bit	7	6	5	4	3	2	1	0	
	—	—	TICIE3	OCIE3A	OCIE3B	TOIE3	OCIE3C	OCIE1C	ETIMSK
读/写	R	R	R/W	R/W	R/W	R/W	R/W	R/W	
初始值	0	0	0	0	0	0	0	0	

图 5-30　ETIMSK 寄存器

（1）Bit7：6——保留位。这两位保留。为保证与将来器件的兼容性，写 ETIMSK 时，这两位必须写入"0"。

（2）Bit5——TICIF3，T/C3 输入捕捉中断使能。当该位被设为"1"，且状态寄存器中的 1 位被设为"1"时，T/C3 的输入捕捉中断使能。一旦 ETIFR 的 ICF3 置位，CPU 即开始执行 T/C3 输入捕捉中断服务程序。

（3）Bit4——OCIE3A，T/C3 输出比较 A 匹配中断使能。当该位被设为"1"，且状态寄存器中的 1 位被设为"1"时，T/C3 的输出比较 A 匹配中断使能。一旦 ETIFR 上的 OCF3A 置位，CPU 即开始执行 T/C3 输出比较 A 匹配中断服务程序。

(4) Bit3——OCIE3B，T/C3 输出比较 B 匹配中断使能。当该位被设为 "1"，且状态寄存器中的 1 位被设为 "1" 时，T/C3 的输出比较 B 匹配中断使能。一旦 ETIFR 上的 OCF3B 置位，CPU 这两位保留。为保证与将来器件的兼容性，写 ETIMSK 时，这两位必须写入 "0"。

(5) Bit2——TOIE3，T/C3 溢出中断使能。当该位被设为 "1"，且状态寄存器中的 1 位被设为 "1" 时，T/C3 的溢出中断使能。一旦 ETIFR 的 TOV3 置位，CPU 即开始执行 T/C3 溢出中断服务程序。

(6) Bit1——OCIE3C，T/C 输出比较 C 匹配中断使能。当该位被设为 "1"，且状态寄存器中的 1 位被设为 "1" 时，T/C3 的输出比较 C 匹配中断使能。一旦 ETIFR 上的 OCF3C 置位，CPU 即开始执行 T/C3 输出比较 C 匹配中断服务程序。

(7) Bit0——OCIE1C，T/C1 输出比较 C 匹配中断使能。当该位被设为 "1"，且状态寄存器中的 1 位被设为 "1" 时，T/C1 的输出比较 C 匹配中断使能。一旦 ETIFR 上的 OCF1C 置位，CPU 即开始执行 T/C1 输出比较 C 匹配中断服务程序。

11. 定时/计数器中标志寄存器 TIFR

TIFR 寄存器如图 5 - 31 所示。

Bit	7	6	5	4	3	2	1	0	
	OCF2	TOV2	ICF1	OCF1A	OCF1B	TOV1	OCF0	TOV0	TIFR
读/写	R/W	R/W	R/W	R/W	R/W	R/W	R/W	R/W	
初始值	0	0	0	0	0	0	0	0	

图 5 - 31　TIFR 寄存器

(1) Bit5——ICF1，T/C3 输入捕捉标志位。外部引脚 ICP1 出现捕捉事件时 ICF1 置位，此外，当 ICR1 作为计数器的 TOP 值时，一旦计数器值达到 TOP，ICF1 也置位。执行输入捕捉中断服务程序时 ICF1 自动清零。也可以对其写入逻辑 "1" 来清除该标志位。

(2) Bit4——OCF1A，T/C1 输出比较 A 匹配标志位。当 TCNT1 与 OCR1A 匹配成功时，该位被设为 "1"，强制输出比较 (FOC1A) 不会置位 OCF1A。执行强制输出比较匹配 A 中断服务程序时 OCF1A 自动清零，也可以对其写入逻辑 "1" 来清除该标志位。

(3) Bit3——OCF1B，T/C 输出比较 B 匹配标志位。当 TCNT1 与 OCR1B 匹配成功时，该位被设为 "1"，强制输出比较 (FOC1B) 不会置位 OCF1B。执行强制输出比较匹配 B 中断服务程序时 OCF1B 自动清零。也可以对其写入逻辑 "1" 来清除该标志位。

(4) Bit2——TOV1，T/C1 溢出标志。该位的设置与 T/C1 的工作方式有关。工作于普通模式和 CTC 模式，T/C1 溢出时 TOV1 置位。对工作在其他模式下的 TOV1 标志位置位。执行溢出中断服务程序时 OCF1A 自动清零，也可以对其写入逻辑 "1" 来清除该标志位。

12. 扩展的定时/计数器中断标志寄存器 ETIFR

ETIFR 寄存器如图 5 - 32 所示。

Bit	7	6	5	4	3	2	1	0	
	—	—	ICF3	OCF3A	OCF3B	TOV3	OCF3C	OCF1C	ETIFR
读/写	R/W	R/W	R/W	R/W	R/W	R/W	R/W	R/W	
初始值	0	0	0	0	0	0	0	0	

图 5 - 32　ETIFR 寄存器

（1）Bit7：6——保留位。这两位保留。为保证与将来器件的兼容性，写 ETIFR 时，这两位必须写入"0"。

（2）Bit5——ICF3，T/C3 输入捕捉中断使能。外部引脚 ICP3 出现捕捉事件时 ICF3 置位。此外，当 ICR3 作为计数器的 TOP 值时，一旦计数器值达到 TOP，ICF3 也置位。执行输入捕捉中断服务程序时 ICF3 自动清零。也可以对其写入逻辑"1"来清除该标志位。

（3）Bit4——OCFE3A，T/C3 输出比较 A 匹配标志位。当 TCNT3 与 OCR3A 匹配成功时，该位被设为"1"，强制输出比较（FOC3A）不会置位 OCF3A。执行强制输出比较匹配 3A 中断服务程序时 OCF3A 自动清零。也可以对其写入逻辑"1"来清除该标志位。

（4）Bit3——OCIF3B，T/C3 输出比较 B 匹配标志位。当 TCNT3 与 OCR3A 匹配成功时，该位被设为"1"，强制输出比较（FOC3B）不会置位 OCF3B。执行强制输出比较匹配 3B 中断服务程序时 OCF3B 自动清零。也可以对其写入逻辑"1"来清除该标志位。

（5）Bit2——TOV3，T/C3 溢出标志。该位的设置与 T/C3 的工作方式有关。工作于普通模式或 CTC 模式，T/C3 溢出时 TOV3 置位。对工作在其他模式下的 TOV3 标志位置位。执行溢出中断服务程序时 OCF3B 自动清零，也可以对其写入逻辑"1"来清除该标志位。

（6）Bit1——OCIF3C，T/C3 输出比较 C 匹配标志位。当 TCNT3 与 OPCR3C 匹配成功时，该位被设为"1"。强制输出比较（FOC3C）不会置位 OCF3C，执行强制输出比较匹配 3C 中断服务程序时 OCF3C 自动清零。也可以对其写入逻辑"1"来清除该标志位。

（7）Bit0——OCIE1C，T/C1 输出比较 C 匹配标志位。当 TCNT1 与 OPCR1C 匹配成功时，该位被设为"1"。强制输出比较（FOC1C）不会置位 OCF1C，执行强制输出比较匹配 1C 中断服务程序时 OCF1C 自动清零。也可以对其写入逻辑"1"来清除该标志位。

5.5.3　T/C1 和 T/C3 定时/计数器的工作模式

工作模式即 T/C 和输出比较引脚的行为，由波形发生模式（WGMn3：0）及比较输出模式（COMnx1：0）的控制位决定。比较输出模式对计数序列没有影响，而波形产生模式对计数序列则有影响。COMnx1：0 控制 PWM 输出是否为反极性。非 PWM 模式时 COMnx1：0 控制输出是否应该在比较匹配发生时置位、清零或是电平取反。

1. 普通模式

普通模式（WGMn3：0＝0）为最简单的工作模式。在此模式下计数器不停地累加。计到最大值后（MAX＝0xFFFF）由于数值溢出计数器简单地返回到最小值 0x0000 重新开始，因此在 TCNTn 为零的同一个定时器时钟里 T/C 溢出标志 TOVn 置位。此时 TOVn 有点像第 17 位，只是只能置位，不会清零。但由于定时器中断服务程序能够自动清零 TOVn，因此可以通过软件提高定时器的分辨率。在普通模式下没有什么需要特殊考虑的，用户可以随时写入新的计数器数值。在普通模式下输入捕捉单元很容易使用。要注意的是：外部事件的最大时间间隔不能超过计数器的分辨率。如果事件间隔太长，必须使用定时器溢出中断或预分频器来扩展输入捕捉单元的分辨率。输出比较单元可以用来产生中断，但是不推荐在普通模式下利用输出比较来产生波形，因为这样会占用太多的 CPU 时间。

2. CTC（比较匹配时清除定时器）模式

在 CTC 模式（WGMn3：0＝4 或 12）里 OCRnA 或 ICRn 寄存器用于调节计数器的分辨率。当计数器的数值 TCNTn 等于 OCRnA（WGMn3：0＝4）或等于 ICRn9（WGMn3：0＝

281

12）时计数器清零。OCRnA 或 ICRn 定义了计数器的 TOP 值，也即计数器的分辨率。这个模式使得用户可以很容易地控制比较匹配输出的频率，也简化了外部事件计数的操作。CTC 模式的时序图如图 5-33 所示。计数器数值 TCNTn 一直累加到 TCNTn 与 OCRnA 或 ICRn 匹配，然后 TCNTn 清零。

利用 OCFnA 或 ICFn 标志可以在计数器数值达到 TOP 时产生中断，在中断服务程序里可以更新 TOP 的数值，由于 CTC 模式没有双缓冲功能，因此在计数器以无预分频器工作或很低的预分频器工作的时候将 TOP 更改为接近 BOTTOM 的数值时要小心。如果写入 OCRnA 或 ICRn 的数值小于当前 TCNTn 的数值，则计数器将丢失一次比较匹配。在下一次比较匹配发生之前，计数器不得不先计数到最大值 0xFFFF，然后再从 0x0000 开始计数到 OCRnA 或 ICRn。在许多情况下，这一特性并非我们所希望的。替代的方法是使用快速 PWM 模式，该模式使用 OCRnA 定义 TOP 值（WGMn3：0=15），因为此时 OCRnA 为双缓冲。

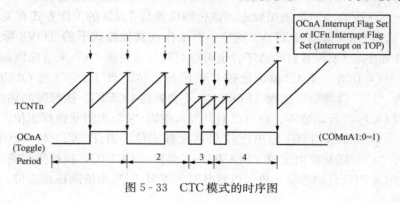

图 5-33 CTC 模式的时序图

为了在 CTC 模式下得到波形输出，可以设置 OCnA 在每次比较匹配发生时改变逻辑电平，这可以通过设置 COMnA1：0=1 来完成。在期望获得 OCnA 输出之前，首先要将其端口设置为输出（DDR-OCnA=1）。波形发生器能够产生的最大频率为 $f_{oc0} = f_{clk\_I/O}/2$（OCRnA=0x0000）。频率的确定公式为

$$f_{OCnA} = \frac{f_{clk\_I/O}}{2 \cdot N \cdot (1 + OCRnA)}$$

其中：变量 N 代表预分频因子（$N=1$、8、64、256 或 1024）。

在普通模式下，TOVn 标志的置位发生在计数器从 MAX 变为 0x0000 的定时器时钟周期。

3. 快速 PWM 模式

快速 PWM 模式（WGMn3：0=5、6、7、14 或 15）可用来产生高频的 PWM 波形。快速 PWM 模式与其他 PWM 模式的不同之处在于其单边斜坡工作方式。计数器从 BOTTOM 计到 TOP，然后立即回到 BOTTOM 重新开始。对于普通的比较输出模式，输出比较引脚 OCnx 在 TCNTn 与 OCRnx 匹配时置位，在 TOP 时清零；对于反向比较输出模式，OCRnx 的动作正好相反。由于使用了单边斜坡模式，快速 PWM 模式的工作频率比使用双斜坡的相位修正 PWM 模式高一倍。此高频操作特性使得快速 PWM 模式十分适用于功率调节、整流和 DAC 应用。高频可以减小外部元器件（电感、电容）的物理尺寸，从而降低系统成本。

工作于快速 PWM 模式时，PWM 分辨率可固定为 8、9 或 10 位，也可由 ICRn 或 OCRnA 定义。最小分辨率为 2 比特（ICRn 或 OCRnA 设为 0x0003），最大分辨率为 16 位（ICRn 或

OCRnA 设为 MAX)。PWM 分辨率位数的计算公式为

$$R_{\text{FPWM}} = \frac{\log(\text{TOP} + 1)}{\log(2)}$$

工作于快速 PWM 模式时，计数器的数值一直累加到固定数值 0x00FF、0x01FF、0x03FF（WGMn3：0＝5、6 或 7）、ICRn（WGMn3：0＝14）或 OCRnA（WGMn3：0＝15），然后在后面的一个时钟周期清零。具体的时序图如图 5‑34 所示。图 5‑34 中给出了当使用 OCRnA 或 ICRn 来定义 TOP 值时的快速 PWM 模式。图 5‑34 中柱状的 TCNTn 表示这是单边斜坡操作。方框图同时包含了普通的 PWM 输出以及反向 PWM 输出。TCNTn 斜坡上的短水平线表示 OCRnx 和 TCNTn 的匹配比较。比较匹配后 OCnx 中断标志置位。

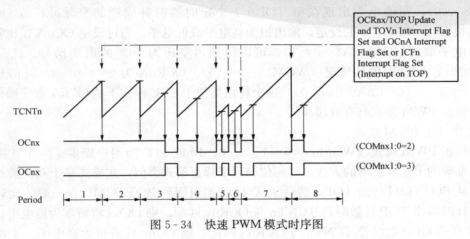

图 5‑34　快速 PWM 模式时序图

计时器数值达到 TOP 时 T/C 溢出标志 TOVn 置位。另外，若 TOP 值是由 OCRnA 或 ICRn 定义的，则 OCnA 或 ICFn 标志将与 TOVn 在同一个时钟周期置位。如果中断使能，则可以在中断服务程序里来更新 TOP 及比较数据。

改变 TOP 值时必须保证新的 TOP 值不小于所有比较寄存器的数值，否则 TCNTn 与 OCRnx 不会出现比较匹配。使用固定的 TOP 值时，向任意 OCRnx 寄存器写入数据时未使用的位将屏蔽为"0"。

定义 TOP 值时更新 ICRn 与 OCRnA 的步骤是不同的。ICRn 寄存器不是双缓冲寄存器。这意味着当计数器以无预分频器或很低的预分频工作的时候，给 ICRn 赋予一个小的数值时存在着新写入的 ICRn 数值比 TCNn 当前值小的危险。结果是计数器可能将丢失一次比较匹配。在下一次比较匹配发生之前，计数器不得不先计数到最大值 0xFFFF，然后再从 0x0000 开始计数，直到比较匹配出现。而 OCRnA 寄存器则是双缓冲寄存器。这一特性决定 OCRnA 可以随时写入。写入的数据被放入 OCRnA 缓冲寄存器。在 TCNTn 与 TOP 匹配后的下一个时钟周期，OCRnA 比较寄存器的内容被缓冲寄存器的数据所更新。在同一个时钟周期 TCNTn 被清零，而 TOVn 标志被设置。

使用固定 TOP 值时最好使用 ICRn 寄存器定义 TOP。这样 OCRnA 就可以用于在 OCnA 输出 PWM 波。但是，如果 PWM 基频不断变化（通过改变 TOP 值），则 OCRnA 的双缓冲特性使其更适合于这个应用。

工作于快速 PWM 模式时，比较单元可以在 OCnx 引脚上输出 PWM 波形。设置 COMnx1：0 为 2 可以产生普通的 PWM 信号；为 3 则可以产生反向 PWM 波形。此外，要真正从物理引脚上输出信号还必须将 OCnx 的数据方向 DDR‐OCnx 设置为输出，产生 PWM 波形的机理是 OCnx 寄存器在 OCRnx 与 TCNTn 匹配时置位（或清零），以及在计数器清零（从TOP 变为 BOTTOM）的一个定时器时钟周期清零（或置位）。输出的 PWM 频率的计算公式为

$$R_{\text{OCnxPWM}} = \frac{f_{\text{clk\_I/O}}}{N \cdot (1 + \text{TOP})}$$

其中：变量 N 代表分频因子（$N=1$、8、64、256 或 1024）。

　　OCRnx 寄存器为极限值时说明了快速 PWM 模式的一些特殊情况。若 OCRnx 等于 BOT-TOM（0x0000），则输出为出现在第 TOP+1 个定时器时钟周期的窄脉冲；若 OCRnx 为TOP，则根据 COMnx1：0 的设定，输出恒为高电平或低电平。通过设定 OCnA 在比较匹配时进行逻辑电平取反（COMnA1：0=1），可以得到占空比为 50% 的周期信号。这只适用于OCR1A 用来定义 TOP 值的情况（WGM13：0=15）。OCRnA 为 0（0x0000）时信号有最高频率 $f_{\text{oc0}}=f_{\text{clkI\_/O}}$（OCRnA=0x0000）。这个特性类似于 CTC 模式下的 OCnA 取反操作，不同之处在于快速 PWM 模式具有双缓冲。

　　4. 相位修正 PWM 模式

　　相位修正 PWM 模式（WGMn3：0=1、2、3、10 或 11）为用户提供了一个获得高精度的、相位准确的 PWM 波形的方法。与相位和频率修正模式类似，此模式基于双斜坡操作。计时器重复从 BOTTOM 计到 TOP，然后又从 TOP 倒退回到 BOTTOM。在一般的比较输出模式下，当计时器往 TOP 计数时若 TCNTn 与 OCRnx 匹配，则 OCnx 将清零为低电平；而在计时器往 BOTTOM 计数时若 TCNTn 与 OCRnx 匹配，则 OCnx 将置位为高电平。工作于反向比较输出时则正好相反。与单斜坡操作相比，双斜坡操作可以获得的最大频率要小，但其对称特性十分适合于电动机控制。

　　相位修正 PWM 模式的 PWM 分辨率固定为 8、9、10，或由 ICRnA 定义，最小分辨率为2 比特（ICRn 或 OCRnA 设为 0x0003），最大分辨率为 16 位（ICRn 或 OCRnA 设为 MAX）。PWM 分辨率位数的计算公式为

$$R_{\text{PCWM}} = \frac{\log(\text{TOP}+1)}{\log(2)}$$

　　工作于相位修正 PWM 模式时，计数器的数值一直累加到固定值 0x00FF、0x01FF、0x03FF（WGMn3：0=1、2 或 3）、ICRn（WGMn3：0=10）或 OCRnA（WGMn3：0=11），然后改变计数方向。在一个定时器时钟里 TCNTn 值等于 TOP 值。具体的时序图如图 5‐35 所示。图 5‐35中给出了当使用 OCRnA 或 ICRn 来定义 TOP 值时的相位修正 PWM 模式。图 5‐35 中柱状的 TCNTn 表示这是双边斜坡操作。方框图同时包含了普通的 PWM 输出以及反向 PWM 输出。TCNTn 斜坡上的短水平线表示 OCRnx 和 TCNTn 的匹配比较。比较匹配后 OCnx 中断标志置位。

　　计时器数值达到 BOTTOM 时 T/C 溢出标志 TOVn 置位。若 TOP 由 OCRnA 或 ICRn 定义，则在 OCRnx 寄存器通过双缓冲方式得到更新的同一个时钟周期里 OCnA 或 ICFn 标志置位。标志置位后即可产生中断。

　　改变 TOP 值时必须保证新 TOP 值小于所有比较寄存器的数值，否则 TCNTn 与 OCRnx不会出现比较匹配。使用固定的 TOP 值时，向任意 OCRnx 寄存器写入数据时未使用的位将

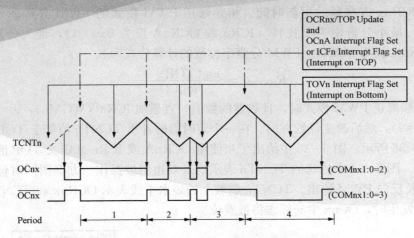

图 5 - 35　相位修正 PWM 模式的时序图

屏蔽为“0”。在图 5 - 35 给出的第三个周期中，在 T/C 运行于相位修正模式时改变 TOP 值导致了不对称输出。其原因在于 OCRnx 寄存器的更新时间。由于 OCRnx 的更新时刻为定时/计数器达到 TOP 之时，因此 PWM 的循环周期起始于此，也终止于此。就是说，下降斜坡的长度取决于上一个 TOP 值，而上升斜坡的长度取决于新的 TOP 值，若这两个值不同，则一个周期内两个斜坡长度不同，输出也就不对称了。

　　若要在 T/C 运行时改变 TOP 值，最好用相位与频率修正模式代替相位修正模式。若 TOP 保持不变，那么这种工作模式实际没有区别。工作于相位修正 PWM 模式时，比较单元可以在 OCnx 引脚输出 PWM 波形。设置 COMnx1：0 为 2 可以产生普通的 PWM，设置 COMnx1：0 为 3 可以产生反向 PWM。要真正从物理引脚上输出信号还必须将 OCnx 的数据 DDR - OCnx 设置为输出。OCRnx 和 TCNTn 比较匹配发生时 OCnx 寄存器将产生相应的清零或置位操作，从而产生 PWM 波形，工作于相位修正模式时 PWM 频率的计算公式为

$$f_{OCnxPCPWM} = \frac{f_{clk\_I/O}}{2 \cdot N \cdot TOP}$$

其中：变量 N 表示预分频因子（N＝1、4、64、256 或 1024）。

　　OCRnx 寄存器处于极值时表明了相位修正 PWM 模式的一些特殊情况。在普通 PWM 模式下，若 OCRnx 等于 BOTTOM，则输出一直保持为低电平，若 OCRnx 等于 TOP，输出则保持为高电平。反向 PWM 模式正好相反。若 OCnA 作为 TOP 值（WGMn3：0＝11）且 COMnA1：0＝1，OCnA 输出占空比为 50%。

5. 相位和频率修正 PWM 模式

　　相位和频率修正 PWM 模式（WGMn3：0＝8 或 9，以下简称相频修正 PWM 模式）可以产生高精度的、相位与频率都准确的 PWM 波形。与相位修正模式类似，相频修正 PWM 模式基于双斜坡操作。计时器重复地从 BOTTOM 计到 TOP，然后又从 TOP 倒退回到 BOTTOM。在一般的比较输出模式下，当计时器往 TOP 计数时若 TCNTn 与 OCRnx 匹配，则 OCnx 将清零为低电平；而在计时器往 BOTTOM 计数时 TCNTn 与 OCRnx 匹配，OCnx 将置位为高电平。工作于反向输出比较时则正好相反。与单斜坡操作相比，双斜坡操作可以获得的最大频率要小，但其对称特性十分适合于电动机控制。相频修正 PWM 模式与相位修正 PWM 模式的主

要区别在于 OCRnx 寄存器的更新时间。相频修正 PWM 模式的 PWM 分辨率可由 ICRn 或 OCRnA 定义，最小分辨率为 2 比特（ICRn 或 OCRnA 设为 0x0003），最大分辨率为 16 位（ICRn 或 OCRnA 设为 MAX）。PWM 分辨率位数的计算公式为

$$R_{\mathrm{PFCPWM}} = \frac{\log(\mathrm{TOP}+1)}{\log(2)}$$

工作于相频修正 PWM 模式时，计数器的数值一直累加 ICRn（WGMn3：0=8）、OCRnA（WGMn3：0=9），然后改变计数方向。在一个定时器时钟里 TCNTn 值等于 TOP 值。具体的时序图如图 5-36 所示。图 5-36 中给出了当使用 OCRnA 或 ICRn 来定义 TOP 值时的相频修正 PWM 模式。图 5-36 中柱状的 TCNTn 表示这是双边斜坡操作。方框图同时包含了普通的 PWM 输出以及反向 PWM 输出。TCNTn 斜坡上的短水平线表示 OCRnx 和 TCNTn 的匹配比较。比较匹配发生时，OCnx 中断标志将被置位。

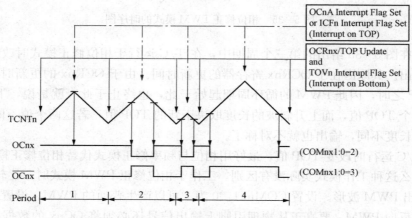

图 5-36　相位和频率修正 PWM 模式的时序图

在 OCRnx 寄存器通过双缓冲方式得到更新的同一个时钟周期里 T/C 溢出标志 TOVn 置位。若 TOP 由 OCRnA 或 ICRn 定义，则当 TCNTn 达到 TOP 值时 OCnA 或 ICFn 置位。这些中断标志可以用来在每次计数器达到 TOP 或 BOTTOM 时产生中断。改变 TOP 值时必须保证新的 TOP 值不小于所有比较寄存器的数值，否则 TCNTn 与 OCRnx 不会产生比较匹配。

如图 5-36 所示，与相位修正模式形成对照的是，相频修正 PWM 模式生成的输出在所有的周期中均为对称信号。这是由于 OCRnx 在 BOTTOM 得到更新，上升与下降斜坡长度始终相等，因此输出脉冲为对称的，的确保证了频率是正确的。使用固定 TOP 值时最好使用 ICRn 寄存器定义 TOP。这样 OCRnA 就可以用于在 OCnA 输出 PWM 波。但是，如果 PWM 基频不断变化（通过改变 TOP 值），则 OCRnA 的双缓冲特性使其更适合于这个应用。工作于相频修正 PWM 模式时，比较单元可以在 OCnx 引脚上输出 PWM 波。设置 OCMnx1：0 为 2 可以产生普通的 PWM 信号，为 3 则可以产生反向 PWM 波形。要想真正输出信号还必须将 OCnx 的数据方向设置为输出。产生 PWM 波形的机理是 OCnx 寄存器 OCRnx 与升序计数的 TCNTn 匹配时置位（或清零），与降序计数的 TCNTnA 匹配清零（或置位）。输出的 PWM 频率的计算公式为

$$f_{OCnxPFCPWM} = \frac{f_{clk\_I/O}}{2 \cdot N \cdot TOP}$$

其中：变量 N 代表分频因子（$N=1$、6、64、256 或 1024）。

OCRnx 寄存器处于极值时说明了相频修正 PWM 模式的一些特殊情况。在普通 PWM 模式下，若 OCRnx 等于 BOTTOM，则输出一直保持为低电平；若 OCRnx 等于 TOP，则输出保持为高电平。反向 PWM 模式则正好相反。若 OCnA 作为 TOP 值（WGMn3：0＝9）且 COMn41：0＝1，则 OCnA 输出占空比为 50%。

5.5.4 T/C1 和 T/C3 定时/计数器的时序图

定时/计数器为同步电路，因而时钟 clk_{Tn} 表示为时钟使能信号。图 5-37 中说明了何时设置中断标志及何时使用 OCRnx 缓冲器中的数据更新 OCRnx 寄存器（工作于双缓冲器模式时）。图 5-37～图 5-40 给出了置位 OCFnx 的时序图。

说明：图 5-37 给出了工作在不同模式下接近 TOP 值时的计数序列。工作于相频修正 PWM 模式时，OCRnx 寄存器 BOTTOM 被更新。时序图相同，但 TOP 需要用 BOTTOM 代替，BOTTOM＋1 代替 TOP−1 等。同样的命名规则也适用于那些在 BOTOM 置位 TOVn 标志的工作模式。

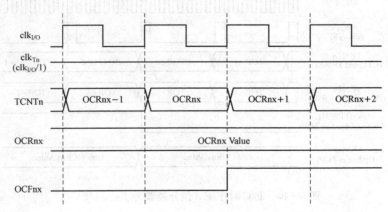

图 5-37 T/C 时序图（置位 OCFnx，无须分频器）

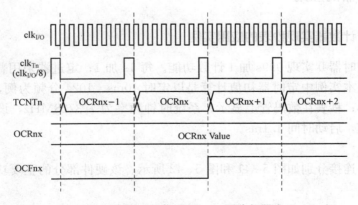

图 5-38 T/C 时序图（置位 OCFnx，预分频器为 $f_{clk\_I/O}/8$）

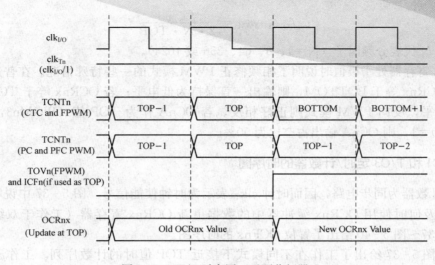

图 5-39 T/C 时序图（无预分频器）

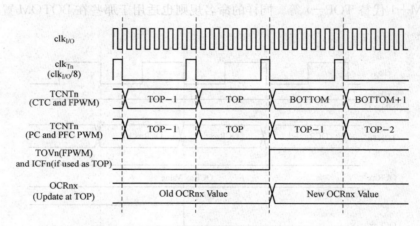

图 5-40 T/C 时序图（预分频器为 $f_{clk\_I/O}/8$）

5.6 定时/计数器的应用

5.6.1 利用定时/计数器实现秒表的应用实例

本实例利用定时器 0 实现 999s 加 1 计数功能。每 1s 加 1；定进器采用普通模式，溢出中断，加 1 计数。在本实例中定时器初值计算是以定时 10ms、1024 分频为例，（FF－X）X_f－CPU/1024＝0.01s；秒表在数码管上显示；系统时钟频率为 7.3728MHz，设置熔丝位为外部高频石英晶体振荡，启动时间 4.1ms。

1. 硬件设计

本实例的硬件连接分别如图 5-41 和图 5-42 所示。该硬件部分的主要功能是利用数码管显示秒表。

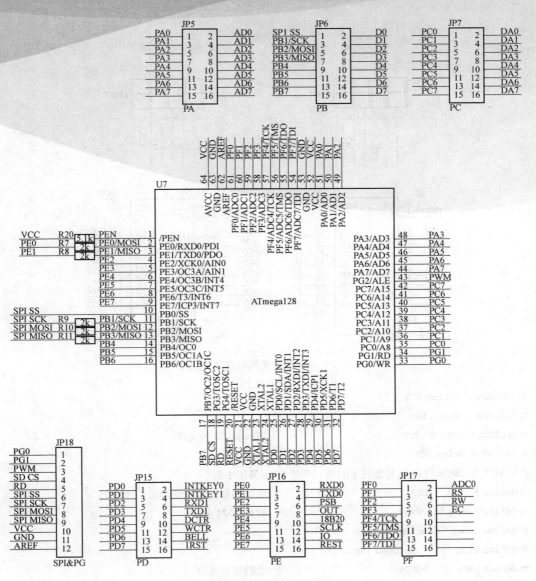

图 5-41　秒表实例电路原理图 1

2. 程序设计

目的：定时器 0 设置 * 。

功能：定时器 0 * 。

时钟频率：7.3728MHz * 。

编译环境：ICC-AVR6.31 * 。

使用硬件：数码管和内部定时器 0 * 。

结果：数码管显示秒表的功能 * 。

程序清单如下。

(1) 宏定义。

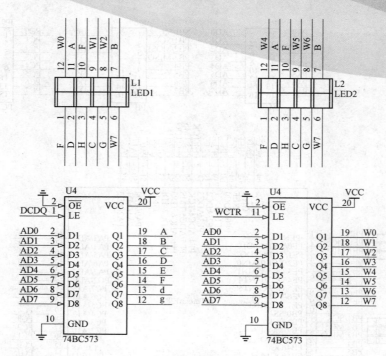

图 5-42　秒表实例电路原理图 2

```
# include <string. h>
# include <stdio. h>
# include<iom128v. h>                        //ATmega128 头文件
# include<delay. h>
//针对 7.3728MHz 时钟 2,初始化定时器，产生 10ms 周期中断
# define f_cout      183                     //定时器初值，定进器加 1 计数
# define time_clk   0x07                     //时钟 1024 分频
# define uchar     unsigned char
# define uint       unsigned int
# define Data_IO   PORTA                     //数码管数据口
# define Data_DDR DDRA                       //数码管数据口方向寄存器
# define D_LE0    PORTD& = ~(1≪PD4)          //数码管段控制位为 0，锁存端口数据
# define D_LE1    PORTD| = <1≪PD4>           //数码管段控制位为 1，锁存器输出与端口一致
# define W_LE0    PORTD& = ~(1≪PD5)          //数码管位控制位为 0
# define W_LE1     PORT| = (1≪PD5)           //数码管位控制位为 1
```

（2）共阴数码管显示的断码表 0～F。

```
uchar
table[] = {0x3F,0x06,0x5B,0x4F,0x66,0x6D,0x7D,0x07,0x7F,0x6F,0x77,0x7C,0x39,0x5E,0x79,0x71};
uchar time_1s_count = 0;
uint second;
uint A1,A2,A3
```

（3）I/O 端口初始化。

```
void system_init()
{ Data_IO = 0xFF;                    //数据口为输出
  Data_DDR = 0xFF;
  PORTD = 0xFF;                      //74HC573 的控制口,设置为输出
  DDRD = 0xFF;
  PORTD = 0xFF;                      //关闭发光二极管
  DDRB = 0xFF;
}
```

（4）定时器 0 初始化子程序。

```
void timer0_init()                   //定时器初始化
{
  TCCR0 = 0x07;                      //普通模式,OC0 不输出,1024 分频
  TCNT0 = F_COUNT;                   //初值,定时为 10ms
  TIFR = 0x01;                       //清中断标志位
  TIMSK = 0x01;                      //使能定时器 0 溢出中断
}
```

（5）数据处理函数。

```
void data_do(uint temp_d)
{ uchar A2t;
  A1 = temp_d/100;                   //分出百位、十位和个位
  A2r = temp_d%100;
  A2 = A2t/10;
  A3 = A2t%10;
}
```

（6）74HC573 控制数码管动态扫描显示函数。

```
void Display_Timer0(void)
{
  uchar i.j;
  system_init();
  j = 0x01;                          //此数据用来控制位选
  for(i = 0;i<5;i++)                 //用后 3 位数码管来显示
{ D_LE1;
  W_LE1;
  Data_IO = ~J;
  W_LE0;
  j = (j<<1);
  Data_IO = 0x00;
  D_LE0;
  delay_nms(1);
  }
```

```
    D_LE1;
    W_LE1;
    Data_IO = ~J
    W_LE0;
    J = (J≪1);
    Data_IO = _table(A1);
    D_LE0;
    delay = nms(1);
    D_LE1;
    W_LE1;
    Data_IO = ~J
    W_LE0;
    J = (j≪1);
    Data_IO = _table(A2);
    D_LE0;
    delay = nms(1);
    D_LE1;
    W_LE1;
    Data_IO = ~J
    W_LE0;
    J = (j≪1);
    Data_IO = table(A3);
    D_LE0;
    delay_nms(1);
    D_LE1;
    W_LE1;
    Data_IO = 0xff;
    W_LE0;
}
```

(7) 定时器 0 中断服务子程序。

```
#pragma interrupt _hardler TIMER0_ISR:iv_TIM0_OVF
void TIMER0_ISR()
  {
    TCNT0 = f_count;                    //定时器赋初值,非自动重新模式
    if(time_1s_count! = 100)
    {
        Time_1s_count + + ;            //定时器定时 10ms,计数 100 次为 1s
    }
else
    {
    if(seciond! = 999)  second + + ;   //最大计时 999s
    else    second = 0;                //到 999s 则清零
    time_1s_count = 0;
```

```
        data_do(second);                        //将秒转化为 BCD 码,供显示
      }
    }
```

（8）主函数。

```
void main(void)
{
      system init();                           //系统初始化
      timer0_init();                           //定时器 0 初始化,完成定时器相关配置
      time_ls_count = 0;                       //计数值清零
      SREG| = 0x80;                            //开启全局中断
      while(1)  Display_Timwe0();              //显示计数值
}
```

学习和使用定时/计数器时，需要注意以下几点。

（1）计数单元的位长度。定时/计数器的位长度一般为 8 位或 16 位。

（2）脉冲信号源。脉冲信号源是指输入到定时/计数器的计数脉冲信号，通常用于定时/计数器计数的脉冲信号，可以由外部输入引脚提供，也可以由单片机内部提供。

（3）计数器类型。计数器类型是指计数器的计数运行方式，可分为加（减）计数器、单程计数器和双向计数器等。

（4）计数器的上、下限。计数器的上、下限指计数单元的最小值和最大值。一般情况下，计数器的下限值为零，上限值为计数单元的最大计数值，即 255（8 位）或 65535（16 位）。需要注意的是，当计数器工作在不同模式下时，计数器的上限值并不都是计数单元的最大计数值 255 或 65535，它取决于用户的配置和设定。

（5）计数器的事件，计数器的事件指计数器处于某种状态时的输出信号，该信号通常可以向 MCU 申请中断。例如，当计数器计数到达计数上限值 255 时，产生"溢出"信号，向 MCU 申请中断。

5.6.2　利用定时/计数器实现 PWM 输出的应用实例

本实例利用 8 位定时/计数器 0 的快速 PWM 模式输出功能。当 OC0 向上计数过程中比较匹配时清零，向下计数过程中比较匹配时置位，从而产生脉冲宽度可变的 PWM 输出。如果循环改变 PWM 输出脉宽，则可使接在 PB4 引脚上的发光二极管亮度发生变化。

1. 硬件设计

本实例的硬件连接，使用发光二极管 LED5 亮度的变化来反映 8 位定时/计数器 0 快速 PWM 输出结果。

2. 程序设计

目的：内部 PWM 调光演示 *。

功能：PWM *。

时钟频率：系统时钟 7.3728MHz *。

编译环境：ICC—AVR6.31 *。

使用硬件：LED5 *。

结果：LED5 亮度循环变化，先由暗变亮，后又由亮变暗，循环变化，显示 PWM 调节作用＊。

本实例的程序流程图如图 5-43 所示。

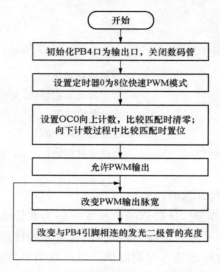

图 5-43　定时器 0 脉宽调制流程图

程序清单如下：

（1）包含文件。

```
#include<string.h>
#include<stdio.h>
#include<delay.h>
#include<iom128v.h>
```

（2）宏定义。

```
#define f_count      25              //OCR0 寄存器初始值
#define timer_clk    0x07
#define uchar        uinsigned char
#define uint         unsigned int
#define Data_IO      PORTA           //数码管数据口
#define Data_DDR     DDRA            //数码管数据口方向寄存器
#define D_LE0        PORTD&=~(1≪PD4) //数码管段控制位为 0,锁存端口数据
#define D_LE1        portd|=(1≪PD4)
//数码管段控制位为 1,锁存器输出与端口一致
#define W_LE0        PORTD&=~(1≪PD5) //数码管位控制位为 0
#define D_LE1        PORTD|=(1≪PD5)  //数码管位控制位为 1
```

（3）初始化子程序。

```
void system_init()                   //I/O 口初始化
{
```

```
    PORTB = 0xFF;                              //PB 设置为输出
    DDRB = 0xFF;                               //上拉电阻无效
    D_LE1;                                     //关闭数码管,以免显示乱码
    W_LE1;
    Data_IO = 0xFF;                            //关闭数码管
    W_LE0;
}
void timer0_init()                             //定时器初始化
{
    TCCR0 = 0x68|timer_clk;                    //快读 PWM 模式,OC0 输出,1024 分频
    OCR0 = f_count;                            //OCR0 比较匹配寄存器值
    TIFR = 0x01;                               //请中断标志位
    TIMSK = 0x01;                              //使能定时器 0 溢出中断
}
```

（4）定进器 0 中断服务子程序。

```
#pragma interrupt_handler TIMER0_ISR:iv_TIM0_OVF
void TIMER0_ISR()
{
    OCR0 = f_count;                            //改变 OCR0 的值可以改变 PWM 输出
}
```

（5）主程序。

```
void main(void)
{
    system_init();                            //系统初始化
    timer0_init();                            //定时器 0 初始化,完成 PWM 相关配置
    SREG| = 0x80;                             //开启全局中断
    while(1)
    {   }
}
```

在 AVR 单片机中有两种支持模拟信号输入的功能端口，分别为模拟比较器和模数转换器 ADC。模数转换器在微控制器中的作用是把模拟信号转换成数字信号的形式，这样微控制器才能进行处理。而利用模拟比较器可以监测模拟信号的变化情况。

在本章中我们结合片内具有模拟比较器和模数转换器的 ATmega128 单片机来具体介绍这两个接口的原理，并通过实例来说明其应用设计方法。

6.1 模数转换器

A/D 转换，即模拟信号转换为数字信号的过程。A/D 转换器简称 ADC（模数转换器）。ADC 是将连续变化的模拟化的模拟输入信号转换为离散的二进制数字信号的装置和器件。由于系统的实际对象往往都是一些模拟量，如位移、图像、声音、温度、压力等，而计算机或数字仪表不能识别这些模拟量，因此必须首先处理这些信号，将这些模拟信号转换成数字信号。

模数转换器是将模拟输入信号转换为以数字信号的形式输出。由于数字信号仅表示一个相对大小，所以每一个模数转换器需要一个参考模拟量作为转换的标准，而输出的数字量则表示输入信号相对于参考信号的大小。

模数转换器（ADC）实际上是一个比例问题。ADC 产生的数字值跟输入模拟量与转换器量程的比值相关。转换关系为 $V_{in}/V_{fullscale}=X/(2^N-1)$。其中：$X$ 是数字输出；N 是数字输出的位数（ADC 的位数）；V_{in} 是模拟输入量的值；$V_{fullscale}$ 是模拟输入量的最大值。

6.1.1 模数转换器种类与特点

1. 模数转换器的分类

A/D 转换主是模数转换，顾名思义，就是把模拟信号转换成数字信号。下面简要介绍其常用的几种类型的基本原理及特点，它们分别为积分型、逐次比较型、并行比较型/串并行比较型、Σ—△调制型、电容阵列逐次比较型及压频变换型。

（1）积分型。积分型 ADC 的工作原理是将输入电压转换成时间（脉冲宽度信号）或频率（脉冲频率），然后由定时/计数器获得数字值。其优点是用简单电路就能获得高分辨率，但缺点是由于转换精度依赖于积分时间，因此转换速率极低，初期的单片 A/D 转换器大多采用积分型，现在逐次比较型已逐步成为主流。

（2）逐次比较型。逐次比较型 ADC 由两个比较器和 D/A 转换器通过逐次比较逻辑构成。从 MSB 开始，顺序地对每一位将输入电压与内置 D/A 转换输出进行比较，经 n 次比较而输出数字值。其电路规模属于中等。其优点是速度较高、功耗低，在低分辨率（小于 12 位）时价格便宜，但高精度（大于 12 位）时价格很昂贵。

（3）并行比较型/串并行比较型。并行比较型 ADC 采用多个比较器，仅作一次比较而实行转换，又称 Flash（快速）型。由于转换速率极高，n 位的转换需要 $2n-1$ 个比较器，因此电路规模也极大。其价格也高，只适用于视频 A/D 转换器等速度特别高的领域。

串并行比较型 ADC 结构上介于并行型和逐次比较型之间，最典型的是由两个 $n/2$ 位的并行型 A/D 转换器配合 D/A 转换器组成，用两次比较实行转换，所以称为 Half flash（半快速）型。还有分成三步或多步实现 A/D 转换的称为分级型 ADC，而从转换时序角度又可称为流水线（Pipelined）型 ADC，现代的分级型 ADC 中还加入了对多次转换结果作数字运算而修正特性等功能。这类 ADC 速度比逐次比较型高，电路规模比并行型小。

（4）$\Sigma-\triangle$ 调制型。$\Sigma-\triangle$ 调制型 ADC 由积分器、比较器、一位 D/A 转换器和数字快速器等组成。原理上近似于积分型，将输入电压转换成时间（脉冲宽度）信号，用数字滤波器处理后得到数字值。电路的数字部分基本上容易单片化，因此容易做到高分辨率。它主要用于音频和测量。

（5）电容阵列逐次比较型。电容阵列逐次比较型 ADC 在内置 D/A 转换器中采用电容矩阵方式，也可称为电荷再分配型。一般的电阻阵列 D/A 转换器中多数电阻的值必须一致，在单芯片上生成高精度的电阻并不容易。如果用电容阵列取代电阻阵列，可以用低廉的成本制成高精度的单片 A/D 转换器。最近的逐次比较型 A/D 转换器大多为电容阵列式的。

（6）压频变换型。压频变换通过间接转换方式实现模数转换。其原理是：首先将输入的模拟信号转换成频率，然后用计数器将频率转换成数字量。从理论上讲，这种 ADC 的分辨率几乎可以无限增加，只要采样的时间能够满足输出频率分辨率要求的累积脉冲个数的宽度即可。其优点是分辨率高、功耗低、价格低，但是需要外部计数电路共同完成 A/D 转换。

2. A/D 转换器的主要性能指标

（1）分辨率。一个具有 8 个离散信号值输出的模拟数字转换器，其分辨率是指对于允许范围内的模拟信号；它能输出离散数字信号值的个数。这些信号值通常用二进制数来存储，因此分辨率经常用比特作为单位，且这些离散值的个数是 2 的幂指数。例如，一个具有 8 位分辨率的模拟数字转换器要以将模拟信号编码成 256 个不同的离散值（因为 $2^8=256$），从 $0\sim255$（即无符号整数）或从 $-128\sim127$（即带符号整数），至于使用哪一种，则取决于具体的应用。一个 5V 的模拟量输入，在 8 位分辨率的 A/D 转换下，最小的精度为 5V/256＝0.0195V。

分辨率同时可以用电气性质来描述，使用单位伏特，使得输出离散信号产生一个变化所需的最小输入电压的差值，被称作低有效位（Least significant bit，LSB）电压。这样，模拟数字转换器的分辨率 Q 等于 LSB 电压。模拟数字转换器的电压分辨率等于它总的电压测量范围除以离散电压间隔数，即

$$Q=\frac{E_{\mathrm{FSR}}}{N}$$

其中：N 为离散电压间隔数；E_{FSR} 为总的电压测量范围，由下式给出。

$$E_{\text{FSR}} = V_{\text{Re fHi}} - V_{\text{Re flow}}$$

其中：V_{RefHi} 和 V_{Reflow} 是转换过程允许电压的上下限。

正常情况下，电压间隔数为

$$N = 2^M$$

其中：M 为模拟数字转换器的分辨率，以比特为单位。

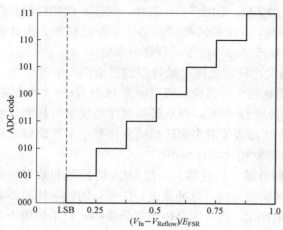

（2）转换速率。转换速率是指完成一次从模拟数字的 A/D 转换所需的时间的倒数。积分型 ADC 的转换时间是毫秒级，属于低速 ADC；逐次比较型 ADC 是微秒级，属于中速 ADC；全并行/串并行型 ADC 可达到纳秒级。采样时间则是另外一个概念，是指两次转换的间隔。为了保证转换的正确完成，采样速率必须小于或等于转换速率。因此有人习惯上将转换速率在数值上等同于采样速率也是可以接受的。常用单位是 kSPS 和 MSPS，表示每秒采样千/百万次。

（3）量化误差。量化误差是由于 ADC

图 6-1　一个具有 8 个离散信号值输出的模拟数字转换器的有限分辨率而引起的误差，即有限分辨率 A/D 的阶梯状转移特性曲线与无限分辨率 A/D（理想 A/D）的转移特性曲线（直线）之间的最大偏差。通常是一个或半个最小数字量的模拟变化量，表示为 1LSB、（1/2）LSB。

（4）偏移误差。输入信号为零时输出信号不为零的值，可外接电位器调至最小。

（5）满刻度误差。满度输出时对应的输入信号与理想输入信号值之差。

（6）线性度。实际转换器的转移函数与理想直线的最大偏移，不包括以上的三种误差。

（7）采样频率。采样频率是指 ADC 单位时间内对模拟输入信号采样的次数，常表示为 kSPS（千次采样每秒）或 MSPS（兆次采样每秒）。

（8）输出速率。数据输出速率是指单位时间内 ADC 输出转换结果的次数。输出转换结果指数字输出信号。

（9）功耗。功耗也是 ADC 性能一个非常重要的指标，减小功耗可以减小系统重量，提高电池使用时间。减小功耗可以使 ADC 的工作温度较容易保持在合理的范围内。

6.1.2　ATmega128 单片机模数转换器的结构和特点

1. ADC 的特点

ADC 的特点如下。

（1）精度为 10 位。

（2）非线性度为 0.5LSB。

（3）绝对精度为 ±2LSB。

（4）转换时间为 13～260μs。

（5）分辨率最高采样率可达 15kSPS。

（6）复用的单端输入通道有 8 路。

（7）差分输入通道有 7 路。

（8）可选增益有两路，为 $10\times$ 与 $200\times$ 的差分输入通道。

（9）左对齐的 ADC 读数。

（10）ADC 输入电压范围为 $0 \sim V_{CC}$。

（11）ADC 参考电压为 2.56V。

（12）连续或单次转换模式。

（13）结束中断的 ADC 转换。

（14）噪声抑制器的睡眠模式。

ATmega128 具有 10 位精度的逐次逼近型 ADC。ADC 与 8 通道的模拟多路复用器连接，可以对端口 A 的 8 路单端输入电压进行采样。单端输入的参考电压为 0V（GND）。

ADC 可以进行输入组合 16 路差分电压，两路差分输入（ADC1、ADC0 与 ADC3、ADC2）。

有可编程增益级，在进行 A/D 转换前，它可以提供差分输入电压 0dB（$1\times$）、20dB（$10\times$）或 46dB（$200\times$）的放大级，7 路的差分模拟输入通道共享一个通用负端（ADC1），而其他 ADC 输入可作为正输入端。使用 $1\times$ 或 $10\times$ 增益，得到 8 位分辨率；使用 $200\times$ 增益，得到 7 位分辨率。

2. ADC 的结构

ATmega128 的 ADC 具有一个采样保持电路，它确保了 ADC 在转换过程中输入的电压保持恒定。图 6-2 所示为 ADC 的结构框图。

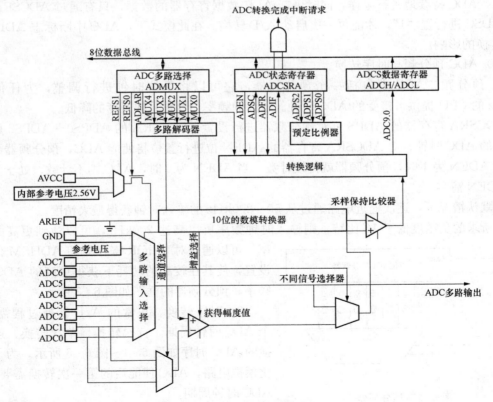

图 6-2　ADC 结构框图

ADC 由多路输入选择、状态寄存器、数据寄存器、多路解码器、预定比较器、采样保持电路等组成。ADC 通过逐次比较法，把输入端的模拟电压转换成 10 位数字量。ADC 多路选择进行 REFSn 位的设置，芯片选择的基准电压为 265V（内部参考电压）或 AVCC 连接到 AREF 引脚上，共同作为 A/D 转换的参考源。在 ARED 引脚加一个电容，基准电压可以进行解耦，以便更好地消除噪声。

ADMUX 寄存器中 MUX 位用来设定模拟输入通道的选择。ADC 中任何一个输入引脚都要作为 ADC 单端信号。ADCSRA 寄存器的 ADC 使能位 ADEN 可以用来设置使能 ADC 的功能。当清零 ADEN 时，ADC 不消耗能量。一般系统在进入休眠状态时将其关掉。

ADC 数据寄存器中存放 ADC 转换后的 10 位转换结果。一般情况下，转换结果为右对齐，也可以实现左对齐（通过设置 ADMUX 寄存器）。

ADC 的采样保持电路确保在转换过程中输入到 ADC 的电压保持恒定。

ADC 本身也有中断，当 ADC 转换完成后，触发中断。虽然顺序读取 ADCL 和 ADCH 寄存器过程中，ADC 数据寄存器的更新将被禁止，转换结果可能丢失，但中断仍被触发。

3. ADC 的操作

(1) ADC 的启动。ADC 启动是指将"1"写入转换位 ADSC 位，可以启动一次 A/D 转换。在转换过程中转换位一直保持高电平，直到 A/D 转换结束后硬件自动清零。在转换过程中，如果选择了另一个通道，则 ADC 将在通道改变前完成这一次转换。

通过对 ADCSRA 寄存器的 ADFR 进行置位，可以将 ADC 设置为连续转换模式。在这种模式下，ADC 持续地进行采样，同时更新 ADC 数据寄存器的数据，只有通过 ADCSRA 寄存器的 ADSC 进行置"1"，才能再一次启动 A/D 转换。在此模式下，ADC 中断标志 ADIF 不受 A/D 转换的影响。

(2) ADC 预分频与时序转换。

1) 预分频。ADC 中包括一个预分频器，它可以将系统时钟进行调整，为任何超过 100kHz 的 CPU 提供可接受的 ADC 时钟。较高的频率会导致采样精度的降低。

ADCSRA 寄存器的 ADPS 可对预分频器进行设置。SDCSRA 的 ADPS0～ADPS2 可以产生适合的 ADC 时钟。对 ADCSRA 寄存器的 ADEN 位进行置位将使能 ADC，预分频器开始计数。当 ADEN 为 1 时，预分频器就持续计数；当 ADEN 为 0 时，ADC 则不计数，处于复位状态，ADEN 清零。

在默认情况下，逐次逼近电路通过从 50～200kHz 的输入时钟获得最大精度。

若所求的负精度低于 10 比特，则输入时钟频率可以高达 200kHz，可以达到更高的采样率，可以通过对 SFIOR 寄存器的 ADHSM 位进行设置，使其在较高的功耗下获得更高的 ADC 时钟频率，预分频器的框图如图 6-3 所示。

2) 时序转换。正常的 A/D 转换过程需要 13 个 ADC 时钟周期。首次转换、单次转换、连续转换的 ADC 时序如图 6-4～图 6-6 所示。为了初始化模拟电路，ADC 使能后的第一次转换需要 25 个 ADC 时钟周期。

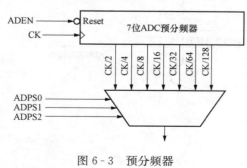

图 6-3 预分频器

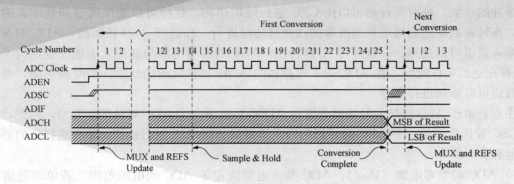

图 6-4 ADC 时序图 (首次转换)

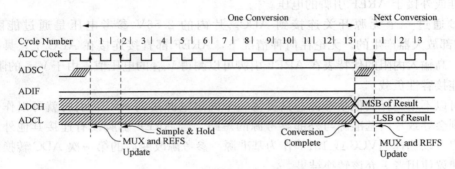

图 6-5 ADC 时序图 (单次转换)

在一次常规的 ADC 转换过程中，采样保持时间需要 1.5 个 ADC 时钟，而第一次 ADC 转换的采样保持在转换启动的 13.5 个 ADC 时钟之后发生。当转换结束后，ADC 转换结果写入 ADC 数据寄存器，置位 ADIF。单次转换模式中，AD-SC 被清零。使用者可以再次置 ADSC 标志位，从而 ADC 的第一个上升沿将启动一次新的转换。

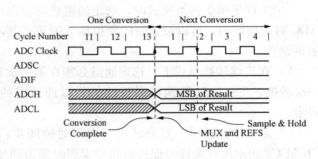

图 6-6 ADC 时序图 (连续转换)

在连续转换模式下，当 ADSC 为 1 时，一次转换结束后马上进行下一次新的转换。ADC 的转换和采样保持时间见表 6-1。

表 6-1 ADC 转换时间

条件	采样 & 保持（启动转换后的周期时钟数）	转换时间（周期）
第一转换	14.5	25
正常转换，单端	1.5	13
正常转换，差分	1.5/2.5	13/14

（3）ADC 参考电源与输入通道。寄存器可以对 ADMUX 寄存器中的 MUXn 及 REFS1：0

实现缓冲的功能。临时寄存器可以由 CPU 进行随机访问。这样可以确保通道和基准源的安全进行。在转换启动之前通道及基准源的选择可随时进行。在进行 A/D 转换前，ADC 的参考电源与输入通道可以选择。一旦进行 A/D 转换，ADC 的参考电源与通道就不能改变，为了确保 ADC 有充足的采样时间，在 ADCSRA 寄存器的 ADIF 置位之前的最后一个时钟周期，参考电源与通道可以重新进行选择。

注意：由于 A/D 转换的开始时刻置位 ADSC 后的下一个 ADC 时钟的上升沿，因此，在进行 ADSC 置位之后的一个 ADC 时钟周期内，不要对 ADMUX 进行操作，不要选择新的通道与参考电源。

1) ADC 的参考电源（V_{REF}）。ADC 参考电源决定了 ADC 的电源范围。若单端通道电平超过 V_{REF}，将会导致 ADC 的转换结果接近 0x3FF。ADC 的参考电压 V_{REF} 可以是 AVCC、内部 2.56V 基准或外接于 AREF 引脚的电压。

AVCC 通过一个无源开关连接到 ADC。片内的 2.56V 参考电压是通过能隙基准源（VBG）内部放大器产生的。无论在何种情况下，AREF 都直接连接在 ADC 上，具有抑制噪声的功能。高输入内阻的伏特表在 AREF 引脚可以测得 V_{REF} 的电压值。由于 V_{REF} 的阻抗很高，因此只能连接容性负载。

用户可以不用选择其他基准源，只要将一个固定电源接到 AREF 引脚就可以作为电压基准源。否则会导致片内基准源与外部参考源的短路。若 AREF 引脚没有连接其他外部的参考源，则用户可以选择 AVCC 或 1.1V 作为基准源。参考源改变后的第一次 ADC 转换结果可能不准确，建议使用者丢弃该转换结果。

2) 输入通道。改变 ADC 输入通道时，需要注意以下几个方面。

a) 工作于单次转换模式时，选定通道必须在启动转换之前完成。在置位 ADSC 后的一个 ADC 时钟周期内，可以设置新的模拟输入通道。其实最简单的办法是等待转换结束后再进行通道设置。

b) 在连续转换模式下，选定通道必须在第一次转换开始之前完成。此时已经自动开始新一次转换，下一次的转换结果反映的是以前选定的模拟输入通道。以后的转换针对才是新通道。

3) 差分增益通道。差分转换与内部时钟同步，等于 ADC 时钟的一半，当 ADC 接口在 CKADC2 边沿出现采样与保持时自动实现时即为同步。当 CKADC2 处于低电平时，使用者启动转换的时间等同于单端转换使用的时间，即是预分频后的 13 个 ADC 时钟周期；当 CK-ADC2 处于高电平时，使用 14 个 ADC 时钟周期。在连续转换模式下，进行一次转换结束后，新的转换立即启动，而这时 CKADC2 为高电平，除第一次外所有的启动使用 14 个 ADC 时钟周期。在所有的设置增益中，增益级最优先的级别是带宽为 4kHz 时，当有高于增益级带宽频率的输入信号时，需要进行输入时加入低通滤波器。注意，ADC 时钟频率不受增益级带宽限制。ADC 时钟周期始终为 6μs，允许通道采样率始终为 12kSPS，不会改变。

改变差分通道需要注意以下两方面。

1) 选定差分通道，用 125μs 来稳定增益级的值。

2) 在选定新通道后的 125μs 内，转换不需要被启动或者丢弃这次转换结果。

当改变 ADC 参考值后的第一次转换也要遵守上文叙述的说明。

（4）ADC 的精度。单端 n 位的一个 ADC 可以把 GND 与 V_{REF} 之间的线性电压转换成不同

2^n 个数字量。转换码最小的为 0，最大为 2^n-1。但与理想值存在一定的偏差。

绝对精度：理想值为 ±0.5LSB。实际转换与理论转换之间的最大偏差，由偏移、增益误差、差分误差、非线性及量化误差构成。

量化误差：量化误差为 ±0.5LSB。将输入电压量化为有限位数码，将某个范围的输入电压转换为相同的码字。

偏移误差：理想情况为 0LSB。第一次转换（0x000 到 0x001）与理想转换（0.5LSB）之间的偏差，如图 6-7 所示。

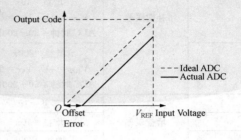

增益误差：理想值为 0LSB。进行偏差调整后，最后一次转换（0x3FE 到 0x3FF）与理想情况（最大值 1.5LSB 以下）之间的偏差，如图 6-8 所示。

图 6-7　偏移误差

非线性误差：理想值为 0LSB。进行调整偏移及增益误差后，实际转换与理想转换之间的最大误差，如图 6-9 所示。

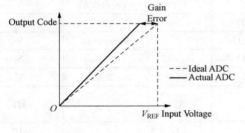

图 6-8　增益误差

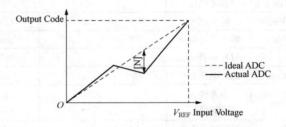

图 6-9　非线性误差

表 6-2 总结概括了 ADC 的各个参数特性，如精度、误差、电压、带宽宽度等，使用户可以详细了解 ATmega128 ADC 的工作特性（数值仅作为参考）。

表 6-2　　　　　　　　　　　　　　ADC 特性参数

符号	参数	条件	最小值	典型值	最大值	单位
	分辨率	增益＝1x			10	Bits
		增益＝10x			10	Bits
		增益＝200x			10	Bits
	绝对精度	增益＝1x V_{REF}＝4V，V_{CC}＝5V ADC 时钟＝50－200kHz		17		LSB
		增益＝10x V_{REF}＝4V，V_{CC}＝5V ADC 时钟＝50－200kHz		17		LSB
		增益＝200x V_{REF}＝4V，V_{CC}＝5V ADC 时钟＝50－200kHz		7		LSB

符号	参数	条件	最小值	典型值	最大值	单位
	补偿误差	增益＝1x $V_{REF}=4V$，$V_{CC}=5V$ ADC 时钟＝50－200kHz		2		LSB
		增益＝10x $V_{REF}=4V$，$V_{CC}=5V$ ADC 时钟＝50－200kHz		3		LSB
		增益＝200x $V_{REF}=4V$，$V_{CC}=5V$ ADC 时钟＝50－200kHz		4		LSB
	增益误差	增益＝1x		1.5		%
		增益＝10x		1.5		%
		增益＝200x		0.5		%
	时钟频率		50		200	kHz
AVCC	模拟电压		$V_{CC}-0.3$		$V_{CC}+0.3$ (3)	V
V_{REFA}	参考电压		2.0		$V_{CC}-0.5$	V
V_{IN}	输入电压		GND		V_{CC}	V
V_{DIFF}	输入差分电压		$-V_{REF}/Gain$		$V_{REF}/Gain$	V
	ADC 转换输出		-511		511	LSB
V_{INT}	内部电压基准		2.3	2.56	2.7	V
R_{REF}	参考输入端电阻			32		kΩ
R_{AIN}	模拟输入电阻		55	100		MΩ
	输入带宽			4		kHz

注 AVCC 的最小值为 2.7V；AVCC 的最大值为 5.5V。

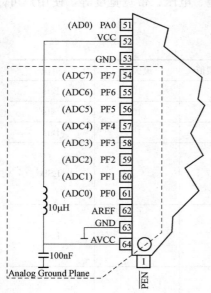

图 6 - 10 ADC 电源连接图

（5）ADC 噪声抑制功能。设备内部及外部的数字电路会产生电磁干扰（EMI），并且影响到模拟测量的精度。若转换精度要求较高，则减少噪声的措施如下。

1）使模拟通路尽量变短，确保模拟信号线位于模拟地布线盘之上，并使它们远离高速切换的数字信号线。

2）器件上的 AVCC 需要连接一个 LC 网络与数字电压源 V_{CC}，如图 6 - 10 所示。

3）使用 ADC 噪声抑制器来降低来自 CPU 的干扰噪声。

4）如果 ADC［3.0］端口作为数字输出端口，则在 ADC 转换过程中必须保证这些引脚电平的不会切换。

a）ADC 噪声抑制器。ADC 可以清除 CPU 产生的噪声。因为 ADC 有一个噪声抑制器，当系统处于休眠模式时，这个噪声抑制器可以减少 MCU 内核和 I/O 外围设备的噪声，噪声抑制器可以通过以下过程实现减少噪声的功能。

- 使 ADC 处于使能状态，进入单次转换模式，响应 ADC 转换完成后，允许中断，这时 ADEN＝1、ADSC＝0、ADFR＝0、ADIE＝1、I＝1。
- 一旦 ADC 处于空闲模式或者降噪模式，当 CPU 停止后，ADC 开始进行转换。
- 若没有在 ADC 转换中断结束后，发生其他的中断，则系统的 MCU 将被 ADC 转换结束的中断唤醒，开始执行中断。建议，当系统处于休眠模式时，清零 ADEN 位，可以减少功率的消耗。

b）模拟输入通道。无论 ADCn 的引脚是否被作为 ADC 通道的输入信号，输入本脚的模拟信号都会被引脚电容及输入泄露所影响。当通道用 ADC 作为输入通道时，模拟信号源必须通过引脚内部串联一个驱动采样保持电容（S/H 电容）。模拟输入等效电路如图 6 - 11 所示。

模拟输入电路有下面几种形式。

如果输入阻抗为 10kΩ 或更小的模拟信号的信号源，ADC 进行了优化措施，则可以忽略不计这些信号采样时间。如果遇到更高的阻抗的信号源，S/H 电容充电的时间决定了这样信号的采样时间，采样信号的值会有很大的变化。建议使用低阻抗和缓变形的模拟信号，这样可以减少对 S/H 电容充电的时间。

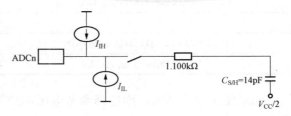

图 6 - 11　模拟输入等效电路

如果采用差分增益通道的信号源，就会有不同的输入电路，可以使用几百千欧电阻的信号源。

如果存在频率高于奈奎斯特频率的信号源，为了避免不可预知的信号卷积造成的失真，可以在信号输入到 ADC 之前，采用一个低通滤波器滤去高频信号。

c）ADC 转换结果。ADC 转换结束后（ADIF＝1），ADC 寄存器（ADCL，ADCH）中存放 ADC 转换的结果。单次转换的结果为

$$ADC = \frac{V_{IN} \times 1024}{V_{REF}}$$

式中：V_{IN} 为引脚的输入电压；V_{REF} 为参考电压。

如果使用差分通道，则 ADC 转换的结果为

$$ADC = \frac{(V_{POS} - V_{NEG})GAIN \times 512}{V_{REF}}$$

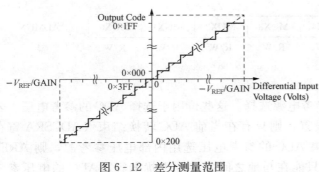

图 6 - 12　差分测量范围

式中：V_{POS} 为输入引脚正电压；V_{NEG} 为输入引脚负电压；GAIN 表示选定的增益因子；V_{REF} 为参考电压。用 2 的补码形式表示 ADC 转换结果为 0x200（−512d）～0x1FF（＋511d）。

若结果需要执行快速极性检测，则它充分读结果的 MSB（ADCH 中 ADC9）。若这位为"1"，则结果为负；否则结果为正。差分输入域的解码如

图 6-12 所示。选定的增添益为 GAIN 且参考电压为 V_{REF} 的差分输入对（ADCn－ADCm）的输出码的结果见表 6-3。

表 6-3	输入电压或输出码的相互关系		
VADCn		输出码	相应十进制值
VADCn＋V_{REF}/GAIN		0x1FF	511
VADCn＋511/512V_{REF}/GAIN		0x1FF	511
VADCn＋510/512V_{REF}/GAIN		0x1FF	510
VADCn＋1/512V_{REF}/GAIN		0x001	1
VADCm		0x000	0
VADCm－1/512V_{REF}/GAIN		0x3FF	－1
...		...	...
VADCm－511/512V_{REF}/GAIN		0x201	－511
VADCm－V_{REF}/GAIN		0x200	－512

如果使用差分通道，则选择参考电压不应接近的 AVCC 如表 6-4 所示（表中数值仅不参考）。

表 6-4	电 压 参 数				
符号	参数	最小值	典型值	最大值	单位
VINT	内部电压基准	2.3	2.56	2.7	V
RREF	参考输入端电压		32		kΩ
RAIN	模拟输入电阻	55	100		MΩ

注　AVCC 的最小值为 2.7V；AVCC 的最大值为 5.5V。

6.1.3　A/D 转换器相关寄存器

ATmega128 有三个 ADC 寄存器，它们分别是 ADC 多路选择寄存器、ADC 控制和状态寄存器、ADC 数据寄存器。

1. ADC 多路选择寄存器 ADMUX

ADMUX 各位的定义如下。

Bit	7	6	5	4	3	2	1	0	
	REFS1	REFS0	ADLAR	MUX4	MUX3	MUX2	MUX1	MUX0	ADMUX
读/写	R/W	R/W	R/W	R/W	R/W	R/W	R/W	R/W	
初始值	0	0	0	0	0	0	0	0	

（1）REFS1、REFS0（Bit7、6）：参考电源选择。这些位用于选择 ADC 的参考电压。若在 ADC 转换过程中，这些位重新进行设置，则只有在当前 ADC 转换结束（ADCSRA 寄存器的 ADIF 置位）后改变才会生效。如果 ADC 的参考电压选用内部电压参考源，则 AREF 引脚上部将不需要施加外部参考电压，只能在与地之间并接抗干扰电容，ADC 的电压参考源见表 6-5。

表 6 - 5 ADC 的电压参考表

REFS1	REFS0	参考电压选择
0	0	AREF，内部 V_{ref} 关闭
0	1	AVCC，AREF 引脚外加滤波电容
1	0	保留
1	1	2.56V 的片内基准电压源，AREF 引脚外加滤波电容

（2）ADLAR（Bit5）：ADC 转换结果左对齐选择位。ADLAR 位决定了 ADC 转换结果在 ADC 数据寄存器中的存在方式。置位 ADLAR 位时，转换结果为左对齐，相反则为右对齐。无论是否正在进行 ADC 转换，改变 ADLAR 位的将立即影响 ADC 数据寄存器存放的内容。

（3）MUX0～MUX4（Bit0～4）：模拟通道/增益选择位。这些位可用作进行选择连接到 ADC 上模拟输入通道，也可以进行差分通道的选择，若在 ADC 转换过程中，对这些位的数值进行改变，则只有对 ADCSRA 寄存器的 ADIF 进行置位后，新的设置才起作用。模拟通道与差分通道如何进行选择见表 6 - 6。

表 6 - 6 模拟通道与增益选择

MUX4.0	单端输入	正差分输入	负差分输入	增益
00000	ADC0			
00001	ADC1			
00010	ADC2			
00011	ADC3	N/A		
00100	ADC4			
00101	ADC5			
00110	ADC6			
00111	ADC7	ADC0	ADC0	10x
01000		ADC1	ADC0	10x
01001		ADC0	ADC0	200x
01010		ADC1	ADC0	200x
01011		ADC2	ADC2	10x
01100		ADC3	ADC2	10x
01101		ADC2	ADC2	200x
01110		ADC3	ADC2	200x
01111		ADC0	ADC0	10x
10000				
10001				
10010	N/A			
10011				
10100				
10101				
10110				
10111				
11000				
11001				

续表

MUX4.0	单端输入	正差分输入	负差分输入	增益
11010				
11011				
11100				
11101				
11110	1.23V（VBG）		N/A	
11111	0V（GND）			

2. ADC 控制和状态寄存器 ADCSRA

ADCSRA 各位的定义如下。

Bit	7	6	5	4	3	2	1	0	
	ADEN	ADSC0	ADFR	MUTIF	ADIE	ADPS2	ADPS1	ADPS0	ADCSRA
读/写	R/W	R/W	R/W	R/W	R/W	R/W	R/W	R/W	
初始值	0	0	0	0	0	0	0	0	

（1）ADEN（Bit7）：ADC 使能位。这位是将 ADC 置位，启动 ADC，清零该位时，ADC 关闭，如果在 ADC 转换过程中关闭 ADC 正在进行的转换将立即停止。

（2）ADSC（Bit6）：ADC 开始转换位。在单次转换模式下，将 ADSC 置位，则启动一次 ADC 转换；在连续转换模式下，将 ADSC 置位则启动第一次转换。在 ADC 启动之后置位 ADSC，或者在使 ADC 的同时置位 ADSC 需要 25 个 ADC 时钟周期，第一次转换执行 ADC 初始化的工作。

在进行转换过程中，ADSC 的返回值为"1"，当转换完成后，ADSC 清零。

（3）ADFR（Bit5）：ADC 连续转换模式选择位。对 ADFR 置位时，ADC 工作在连续转换模式下。在该模式下，ADC 对数据寄存器不断采样与更新。对 ADFR 清零时，连续转换模式停止。

（4）ADIF（Bit4）：ADC 中断标志位。当 ADC 转换完成后，更新数据寄存器，ADIF 进行置位。若 ADIE 及 SREG 中的全局中断标志位 1 同时置位，将执行 ADC 中断服务程序，这时 ADIF 硬件被清零。同时，可以对 ADIF 进行写 1 操作实现清零。

注意：如果对 ADCSRA 寄存器进行读—修改—写操作时，中断可以请求屏蔽。SBI 及 CBI 指令也同样适用。

（5）ADIE（Bit3）：ADC 中断允许位。将 ADIE 及 SREG 中的第 1 位置位，允许 ADC 完成转换中断。

（6）ADPS0～ADPS2（Bit0～2）：ADC 预分频器选择位。XTAL 与 ADC 输入时钟之间的分频数由 ADPS0～ADPS2 决定。ADC 的时钟分频见表 6-7。

表 6-7　　　　　　　　　　　ADC 的时钟分频

ADPS2	ADPS1	ADPS0	分频因子
0	0	0	1
0	0	1	2
0	1	0	4

续表

ADPS2	ADPS1	ADPS0	分频因子
0	1	1	8
1	0	0	16
1	0	1	32
1	1	0	64
1	1	1	128

3. ADC 数据寄存器（ADCL 和 ADCH）

ADLAR＝0 时右对齐如下。

Bit	15	14	13	12	11	10	9	8	
	—	—	—	—	—	—	ADC9	ADC8	ADCH
	ADC7	ADC6	ADC5	ADC4	ADC3	ADC2	ADC1	ADC0	ADCL
	7	6	5	4	3	2	1	0	
	R	R	R	R	R	R	R	R	
读/写	R	R	R	R	R	R	R	R	
初始值	0	0	0	0	0	0	0	0	
	0	0	0	0	0	0	0	0	

ADLAR＝1 时左对齐如下。

Bit	15	14	13	12	11	10	9	8	
	ADC9	ADC8	ADC7	ADC6	ADC5	ADC4	ADC3	ADC2	ADCH
	ADC1	ADC0	—	—	—	—	—	—	ADCL
	7	6	5	4	3	2	1	0	
	R	R	R	R	R	R	R	R	
读/写	R	R	R	R	R	R	R	R	
初始值	0	0	0	0	0	0	0	0	
	0	0	0	0	0	0	0	0	

当 ADC 转换完成后，可以将转换结果存放在这两个数据寄存器中。若采用差分通道，则结果以二进制补码形式进行表示。

当读取 ADCL 寄存器后，ADC 数据寄存器将不能被更新，等到 ADCH 寄存器的数据被读出才可以实现更新。当 ADC 转换结果为左对齐（ADLAR＝1）时，精度要求不高于 8 比特。这时只要读取 ADSH，否则，需要先读出 ADCL 位再读取 ADCH。

ADMUX 寄存器的 ADLAR 及 MUXn 决定了 ADC 转换结果在数据寄存器中的存在方式。

（1）当 ADLAR 为 1 时，转换结果为左对齐。

（2）当 ADLAR 为 0 时，结果为右对齐。

（3）ADC（0.9）：ADC 转换结果。

6.2 模拟比较器

模拟比较器是 AVR 单片机中能够支持模拟信号输入的功能接口，利用它可以监测模拟信号的变化情况。

6.2.1 模拟比较器概述

模拟比较器用来模拟比较正极引脚 AIN0 与负极引脚 AIN1 之间的电压值。当正极引脚上的电压大于负极引脚上的电压时，模拟比较器的输出 ACO 被置位。比较器的输出可以触发定时/计数器 1 的输入捕获功能。另外，该输出还可以触发一个独立的模拟比较器中断。用户可以在比较器输出的上升沿、下降沿以及触发器中选择一个作为中断触发信号。图 6-13 所示为比较器以及其周围的逻辑电路的方框图。

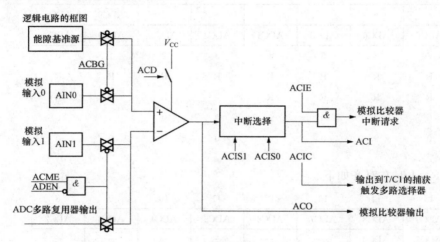

图 6-13 模拟比较器框图

6.2.2 模拟比较器相关寄存器

1. 特殊功能 I/O 寄存器 SFIOR

该寄存器的地址为 $0040，其各位的定义如下。

Bit	7	6	5	4	3	2	1	0	
	TSM	—	—	—	ACME	PUD	PSR0	PSR321	SFIOR
读/写	R/W	R	R	R	R/W	R/W	R/W	R/W	
初始值	0	0	0	0	0	0	0	0	

Bit3（ACME）：模拟比较器多路复用使能位。当该位被写入逻辑"1"，同时 ADC 功能被关闭 ADCSRA 寄存器中的标志位 ADEN 设置为"0"时，ADC 多路复用器选择模拟比较器的负极输入。当该位被写入逻辑"0"时，AIN1 引脚的信号加到模拟比较器负极输入端。

2. 模拟比较器控制和状态寄存器 ACSR

该寄存器的地址为 $00211，其各位的定义如下。

Bit	7	6	5	4	3	2	1	0	
	ACD	ACBG	ACQ	ACI	ACIE	ACIC	ACIS1	ACIS0	ACSR
读/写	R/W	R/W	R	R/W	R/W	R/W	R/W	R/W	
初始值	0	0	N/A	0	0	0	0	0	

（1）Bit7（ACD）：模拟比较器使能位。当该为被写入逻辑"1"时，模拟比较器的电源被关闭，可以随时通过设置该位来关闭模拟比较器的电源，这样就可以减少工作模拟和空闲模式下的电源损耗。当要改变 ACD 位的设置时，应通过清除 ACSR 寄存器中的 ACIE 位来禁止模拟比较器的中断。否则在改变 ACD 位设置的过程中会发生中断。

（2）Bit6（ACBG）：模拟比较器的能带隙选择位。当该位被置位时，一个固定的能带隙参考电压取代了模拟比较器的正极输入。当该位被清零时，AIN0 引脚的信号加到模拟比较器的正极输入端。

（3）Bit5（ACO）：模拟比较器输出位。模拟比较器的输出是同步的，并且直接连接到 ACO 上，该同步会引发 1～2 个时钟周期的延时。

（4）Bit4（ACI）：模拟比较器中断标志位。当比较器的输出事件触发了由 ACISI 和 ACIS0 定义的中断模式时，该位由硬件置位。如果 ACIE 和寄存器 SREG 中的第 1 位都发生置位，则模拟比较器的中断例程被执行。在相应的中断处理向量过程中，ACI 由硬件自动清零。除此之外，通过对标志位写入逻辑"1"也可以对该位进行清零操作。

（5）Bit3（ACIE）：模拟比较器中断使能位。当该位被写入逻辑"1"，同时状态寄存器中的第 1 位发生置位时，模拟比较器的中断被使能。当该位被写入逻辑"0"时，中断被禁止。

（6）Bit2（ACIC）：模拟比较器输入捕捉使能位。当该位被写入逻辑"1"时，模拟比较器能触发定时/计数器 1 中的输入捕捉功能。在这种情况下，比较器直接连接到输入捕捉的前端逻辑电路上，使比较器能利用定时/计数器 1 输入捕获中断的噪声消除以及边缘选择特性。当该位被写入逻辑"0"时，在模拟比较器和输入捕捉单元之间没有联系。若要使比较器能够触发定时/计数器 1 的输入捕获中断，则要对定时中断屏蔽寄存器 TIMSK 中的标志位 TICEI 进行设置。

（7）Bit1，0（ACIS1，ACIS0）：模拟比较器中断方式选择位。该位能够决定哪一个比较器事件及触发模拟比较中断，具体见表 6-8。

表 6-8　　　　　　　　　　　　　　　　　　ACIS1/ACIS0 设置

ACIS1	SCIS0	中断模式
0	0	比较器输出变化即可触发中断
0	1	保留
1	0	比较器输出的下降沿产生中断
1	1	比较器输出的上升沿产生中断

注意：当要改变标志位 ACIS1 和 ACIS0 时，必须通过清除寄存器 ACSR 的中断使能位来禁止模拟比较中断。否则，在该位的设置发生改变的时候有可能发生中断。

6.2.3 多路输入

用户可以选择 ADC7~ADC0 引脚中的任意一个来取代模拟比较器的负极输入端。ADC 多路复用器就可以进行该输入选择，因此在利用这种特性时，ADC 功能必须被禁止，当特殊寄存器 SFIOR 中的模拟比较多路复用使能位被置位，同时 ADC 功能被禁止（寄存器 ADCSRA 中的 ADEN 位被写入逻辑"0"）时，寄存器 ADMUX 中 MUX2~MUX0 位所确定的输入引脚即被用来取代模拟比较器的负极输入引脚，具体见表 6-9。

表 6-9 模拟比较器的多路输入

ACME	ADEN	MUX2~0	模拟比较器负极输入
0	x	xxx	AINI
1	1	xxx	AINI
1	0	000	ADC0
1	0	001	ADC1
1	0	010	ADC2
1	0	011	ADC3
1	0	100	ADC4

如果 ACME 被清零或 ADEN 被置位，则 AIN1 引脚的信号加到模拟比较器的负极输入端。

6.3 A/D 转换器应用实例

6.3.1 利用 A/D 转换器构成简易电压表的应用实例

本例利用 ATmega128 内部的 ADC 进行转换，转换后的结果换算成测量的电压值在 LED 数码管上显示出来。在数码管上显示一路 A/D 采样值，实现和完成一个简易电压表的设计。通过调节改变 A/D 采样值，在数码管上显示当前电压采样值。

1. 硬件设计

电路图如图 6-14 所示。本实例中采用动态扫描方式构成电压表的输出显示，其中，PF0（ADC0）口作为模拟电压测量的输入口（ADC 输入），调节电位器 R_{29} 可实现单路 A/D 采样。

图 6-14 A/D 转换实例 1

2. 应用程序设计

程序中采用结束触发中断的方式，该数据位数为 10 位精度，可以实现 8 位精度，显示结果为 ADC 输出的数字量。置熔丝位为外部高频石英晶体振荡，启动时间为 4.1ms。

在 ADC 转换完成中断服务中，把 ADC 转换结果换算成电压值，换算采用了整型数计算。

程序详解如下。

目的：数码管显示 1 路 A/D 采样值。

功能：数码管显示 A/D。

编译环境：ICC-AVR6.31。

使用硬件：数码管、内部 A/D 通道 0。

操作要求：无。

程序清单如下。

（1）宏定义和变量定义区。

```
#include<string.h>
#include<stdio.h>
#include<delay.h>
#include<iom128v.h>
#define Data_IO    PORTA                    //数码管数据口
#define Data_DDR   DDRA                     //数码管数据口方向寄存器
#define D_LE0      PORTD & = ~(1<<PD4)      //数码管段控制位为 0,锁存端口数据
#define D_LE1      PORTD| = (1<<PD4)        //数码管段控制位为 1,锁存器输出与端口一致
#define W_LE0      PORTD & = ~(1<<PD5)      //数码管位控制位为 0
#define W_LE1      PORTD| = (1<<PD5)        //数码管位控制位为 1
#define uchar      unsigned char
#define uint       unsigned int
uchar adc_datah,adc_datal;,A1,A2,A3,A4;    //定义变量
uchar flag,j;                              //标志变量
```

（2）定义共阴数码管显示的段码表 0～F。

```
uchar table[] = {0x3F,0x06,0x5B,0x4F,0x66,0x6D,0x7D,0x07,0x7F,0x6F,0x77,0x7C,0x39,0x5E,0x79,
0x71};
```

（3）I/O 端口初始化。

```
void system_init()                         //数据口为输出
{   Data_IO = 0xFF;                        //74HC573 的控制口,设置为输出
    Data_DDR = 0xFF;
    PORTD = 0xFF;
    DDRB = 0xFF;                           //关闭发光二极管
}
```

（4）74HC573 控制数码管动态扫描显示函数，显示采集到的温度。

```
void Display_ADR()
{   uchar i,j;
    System_init();
    J = 0x01;                              //此数据用来控制位选
    for(i=),i<4,i++)                       //用后 4 位数码管来显示
    {
        D_LE1;
        E_LE1;
        Data_IO = ~j;
        W_LE0;
        j = (j<<1);
```

```
        Data_IO = 0x00;
         D_LE0;
         delay_nms(1);
          }
       D_LE1;
       W_LE1;
       Data_IO = ~j;
       W_LE0;
       J = (j≪1);
       Data_IO = table(A1);
       D_LE0;
       delay_nms(1);
       D_LE1;
       W_LE1;
       Data_IO = ~j
       W_LE0;
       J = (J≪1);
       Data_IO = table(A2);
       D_LE0;
       delay_nms(1);
       D_LE1;
       W_LE1;
       Data_IO = ~j
       W_LE0;
       J = (J≪1);
       Data_IO = table(A3);
       D_LE0;
       delay_nms(1);
       D_LE1;
       W_LE1;
     Data_IO = ~j
     W_LE0;
     J = (J≪1);
     Data_IO = table(A4);
     D_LE0;
     delay_nms(1);
     }
  void adc_init()
   {
    ADMUX = 0x40;                    //选择通道 0,数据右对齐,AVCC 为电压基准
    ADCSRA = 0xF8;                   //ADC 使能,连续转换
    SFIOR = 0x00;                    //控制和状态寄存器初始化
   }
```

314

（5）数据处理函数。

```
void data_do(uint temp_dh,uint temp_dl)
{
  uint temp_1,temp_2,temp_3;
  temp_1 = temp_dh * 16 * 16;
  temp_3 = temp_1 + temp_dl;
  A1 = temp_3/1000;                        //分出千位、百位、十位和个位
  temp_1 = temp_3 % 1000;
  A2 = TEMP_1/100;
  temp_2_temp_1 % 100;
  A3 = temp_2/10;
  A4 = temp_2 % 10;
}
```

（6）中断服务程序。

```
# pragme interrupt_handler ADC_ISR;iv_ADC
void ADC_ISR()
{                                          //ADC 中断服务程序
  adc_data1 = ADCL;
  adc_datah = ADCH;                        //读取 ADC 数据寄存器的值,8 位精度
  data_do(adc_datah,adc_datal);           //数据处理,得到 BCD 码
  flag = 0x01;                             //标志位置 1
  for(j = 0;j<50;j + +) Display_ADC();     //显示 ADC 的数据
}
```

（7）主程序。

```
void main()
{
  systrem_init();                          //系统初始化
  adc_init();                              //ADC 初始化配置
  SREG| = 0x80;                            //开启全局中断
  While(1){   }
}
```

6.3.2　双通道 A/D 采样应用在液晶显示器上实例

本例利用 ATmega 128 内部的 ADC 进行双通道 A/D 转换,转换后的结果在 1602 液晶显示器上显示出来。在液晶显示器上显示两路 A/D 采样值,实现和完成一个简单 A/D 转换结果在液晶显示器上显示的实验。通过调节改变 A/D 采样值,在液晶显示器上显示当前 A/D 采样值。

1. 硬件设计

电路图如图 6 - 15 所示。在图 6 - 15 中左图为利用两个可变电阻模拟 A/D 转换的输入电路,右图为液晶显示器控制电路。本实例中采用 PF0（ADC0）口和 PF1（ADC1）作为模拟电压测量的输入口（ADC 输入）,调节电位器 R_{P1} 和 R_{P2} 可实现双路 AD 采样。

315

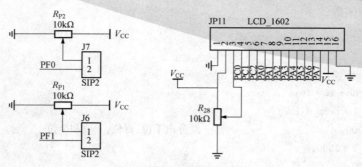

图 6 - 15　A/D 转换实例

2. 应用程序设计

目的：在液晶显示器 1602 显示两路 A/D 采样值。

功能：液晶显示器显示 A/D 转换结果。

编译环境：ICC - AVR6.31。

使用硬件：数码管、内部 A/D 通道 0 和 1。

操作要求：插上跳帽 J7 和 J6。

程序清单如下。

（1）宏定义和变量定义区。

```
#include<iom128v.h>
#define uchar unsigned char
#define uint unsigned int
uchar adc_0[] = ("ADC_0:  .   v");
uchar adc_1[] = ("ADC_1:  .   v");
#define uchar unsigned char
#define uint unsigned int
#define RS 0
#define RW1
#define EN2
//ADC测试,使用1602显示ADC0和ADC1的值
```

（2）主程序。

```
//主函数
void main()
{
uchar ten_1,ten_2,ten_3,ten_4,i;
uint adc_data0,adc_lo,adc_h0,adc_data1,adc_l1,adc_h1;
//初始化端口
DDRA = 0xFF;
DDRC = 0XFF;
PORTC = 0XFF;
PROTA = 0X00;
DDRB = 0xFF;
```

```
DDRD = 0xFF;
PORTD = 0x00;
DDRF = 0x00;
PORTF = 0x00;
DDRG = 0xFF;
PORTG = 0x00;
//1602 初始化
void LcdInit();
WriteChar(1,2,11,adc_0);
WriteChar(2,2,11,adc_1);
PORTC| = (1≪6);
while(1)
    {
    //取 ADC_0
    ADCSRA = 0x00;
    ADMUX = 0x40;
    ADCSRA = (1≪ADEN)|(1≪ADSC)|(1<ADFR)|(0x07;      //128 分频,连续转换
    s_ms(500);                                       //延时很重要,给出转换的时间
    adc_10 = ADCL;
    adc_h0 = ADCH;
    adc_data0 = adc_h0≪8|adc_10;
    adc_data0 = adc_data0≫1;                         //放弃一位精度
    adc_data0_ = 35;                                 //修正
    //取 ADC_1
    ADCSRA = 0x00;
    ADMUX = 0x41;
    ADCSRA = (1≪ADEN)|(1≪ADSC)|(1≪ADFR)|0x07;
    s_ms(500);
    adc_11 = ADCL;
    adc_h1 = ADCH;
    adc_data1 = adc_h1≪8|adc_11;
    adc_data1 = adc_datal≫1;
    adc_data1_ = 35;
    //显示 ADC0
    ten_3 = (adc_data0)/100;
    ten_2 = (adc_data0 - (ten_3 * 100))/10;
     ten1 = adc_data0 - (ten_3 * 100) - ten_2 * 10;
    ten_1 + = 0x30;
    ten_2 + = 0x30;
    ten_3 + _0x30;
    writewNum(1,8(ten_3);
    writewNum(1,10(ten_2);
    writewNum(1,11(ten_1);
```

317

```
//显示 ADC1
ten_3 = (adc_data1)/100;
ten_2 = (adc_data1 - (ten_3 * 100))/10;
ten1 = adc_data1 - (ten_3 * 100) - ten_2 * 10;
ten_1 + = 0x30;
ten_2 + = 0x30;
ten_3 + _0x30;
writewNum(2,8(ten_3);
writewNum(2,10(ten_2);
writewNum(2,11(ten_1);
for(j = 0;i<18;i + + )
{
s_ms(60000);
}
}
}
```

（3）延时函数。

```
void s_ms(uint ms)
{
    for(;ms>1;ms - -);
}
```

（4）检查 1602 是否为忙状态。

```
void busy(void)
{
    uchar temp;
s_ms(500);
PORTC& = ~(1≪RS);                    //RS = 0
s_ms(500);
PORTC1 = (1≪RW)                      //RW = 1
s_ms(500);
while(temp)
{
    PORTC| = (1≪EN);                 //EN = 1
    s_me(500);
    DDRA = 0x00;                     //A 口变输入
    PORTA = 0xFF;                    //上拉使能
    s_ms(500);
    temp = PINA&0x80;                //读取 A 口
    s_ms(500);
    DDRA = 0xFF;
    PORTA = 0xFF;                    //A 口变输出
    s_ms(500);
```

```
    PORTC& = ~(1≪EN);              //EN = 0
    s_ms(500);
    }
}
```

（5）向 1602 写指令。

```
void writecom(uchar com)
{
    busy();
    s_ms(500);
    PORTC& = ~(1≪RS);              //RS = 0
    s_ms(500);
    PORTC& = ~(1≪RW);              //RW = 0
    s_ms(500);
    PORTC& = ~(1≪EN);              //EN = 1
    s_ms(500);
    PORTA = com;                   //输出指令
    s_ms(500);
    PORTC& = ~(1≪EN);              //EN = 0
    s_ms(500);
}
```

（6）对 1602 初始化。

```
void LcdInit(void)
{
    Writecom(0x38);
    s_ms(10000);
    writecom(0x01);
    s_ms(10000);
    s_ms(1000);
    s_ms(1000);
    s_ms(1000);
    s_ms(1000);
    s_ms(1000);
    s_ms(1000);
    writecom(0x02);
    s_ms(1000);
    writecom(0x06);
    s_ms(1000);
    writecom(0x0c);
    s_ms(1000);
    writecom(0x38);
    s_ms(1000);
}
```

319

（7）对 1602 写数据。

```
void writedata(uchar data)
{
    busy();
    s_ms(500);
    PORTC| = (1≪RS);              //RS = 1
    s_ms(500);
    PORTC| = (1≪RW);              //RW = 0
    s_ms(500);
    PORTC| = (1≪EN);              //EN = 1
    s_ms(500);
    PORTA = data;                 //输出数据
    s_ms(500);
    PORTC& = ~(1≪EN);             //EN = 0
    s_ms(500);
}
```

（8）从 1602 中读数据。

```
uchar readdata(void)
{
    uchar temp;
    busy();
    PORTC| = (1≪RS);              //RS = 1
    s_ms(500);
    PORTC| = (1≪RW)               //RW = 1
    s_ms(500);
    PORTC| = (1≪EN);              //EN = 1
    s_me(500);
    DDRA = 0x00;                  //A 端口变输入
    s_ms(500);
    temp = PINA                   //读取 A 端口
    s_ms(500);
    DDRA = 0xFF;                  //A 端口变输出
    s_ms(500);
    PORTC& = ~(1≪EN);             //EN = 0
    s_ms(500);
    return temp;
}
```

（9）写 LCD 内部 CGRAM 函数。

//**
//入口：'num'要写的数据个数
//   'pBuffer'要写的数据的首地址

320

```
//出口:无
//**********************************************************************************
void writeCGRAM(uint num,const uint * pBuffer)
{
    uint i,t;
    writecom(0x40);
    PORTC| = (1≪RS);
    PORTC& = ～(1≪RW);
    for (i = num,i! i - - )
    {
        t = * pBuffer;
        PORTC| = (1≪EN);
        PORTA = t;
        PORTC& = ～(1≪EN);
        pBuffer + + ;
    }
}
```

（10）写菜单函数，本程序使用的 LCD 规格为 16×2。

```
//**********************************************************************************
//入口:菜单数组首地址
//出口:无
//**********************************************************************************
void writeMenu(const uchar * pBuffer)
{
    uchar   i,t;
    writecom(0x80);;      //数据地址
    PORTC| = (1≪RS);
    PORTC& = ～(1≪RW);
    s_ms(50);
    for(j = 0;i<16;i + + )
    {
        t = * pBuffer;
        PORTA = t;
        PORTC| = (1≪EN);
        s_ms(50);
        PORTC& = ～(1≪EN);
        pBuffer + + ;
    }
    Wriecom(0xc0);
    PORTC| = (1≪RS);
    PORTC& = ～(1≪RW);
    s_ms(50);
    for(i = );i<16;i + = )
```

```
    {
    t = * pBuffer;
    PORTA = t;
    PORTC| = (1≪EN);
    s_ms(50);
    PORTC& = ~(1≪EN);
    pBuffer + + ;
    }
}
```

（11）写 LCD 内部 CGRAM 函数。

```
//************************************************************************
//入口:'row'表示要写数字所在的行地址,只能为 1 或 2
//     'col'表示要写数字所在地列地址,只能为 0～15
//     'num'表示要写的数字,只能为 0～9
//出口:无
//************************************************************************
void writeNum (uchar row,uchar,col,uchar,num)
{
    if(row = = 1)row = 0x80 + col;
    else   row = 0xc0 + col;
    writecom(row);
    PORTC| = (1≪RS);
    s_ms(500);
    PORTC& = ~(1≪RW);
    s_ms(500);
    PORTA = num;
    s_ms(500);
    PORTC| = (1≪EN);
    s_ms(500);
    PORTC& = ~(1≪EN);
    s_ms(500);
    }
```

（12）在任意位置写任意多个字符。

```
//************************************************************************
//入口:'row'要写数字所在的行地址,只能为 1 或 2
//     'col'要写数字所在地列地址,只能为 0～15
//     'num'要写字符的个数
//     'pBuffer'要写字符的首地址
//************************************************************************
void writeChar(uchar row,uchar ,col uint num,uchar * pBuffer)
{
    uchar i,t;
```

```
if(row = = 1)row = 0x80 + col;
else row = 0xC0 + col;
writecom(row);
PORTC| = (1≪RS)
s_ms(500);
PORTC& = ~(1≪RW);
s_ms(500);
for(i = num,i! = 0;i − −)
{
    t = ∗ pBiffer;
    s_ms(500);
    PORTA = t;
    s_ms(500);
    PORTC| = (1≪EN);
    s_ms(500);
    PORTC& = ~(1≪EN);
    s_ms(500);
    pBuffer + + ;
}
}
```

6.4　模拟比较器应用实例

6.4.1　模拟信号的比较应用实例 （一）

　　模拟比较器的 AIN0、AIN1 端的电压来自 A/D 转换电路的 A0、A1 两个电位器上的电压。A0、A1 两个电位器上的电压可以通过数码管显示来进行调整，比如先调整 A1 电位器上的电压为一半，然后转到显示 A0 电位器上的电压。

　　当模拟比较器的 AIN0 端的电位高于 AIN1 端的电压时，模拟比较器的控制和状态寄存器中的 AC0 置 "1"，当模拟比较器 AIN0 端的电压低于 AIN1 端的电压时，模拟比较器的控制和状态寄存器中的 AC0 置 "0"，试编制程序通过对状态位 AC0 的查询来判断模拟比较器的输出状态，当 AC0 置 "1" 时，让 LED 发光管最右边灯亮，否则 LED 发光管灭，模拟比较器硬件连接电路和软件流程图分别如图 6-16 与图 6-17 所示。

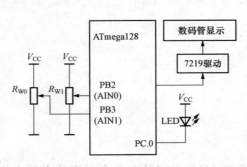

图 6-16　模拟比较器硬件连接电路

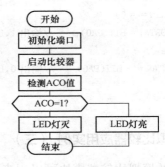

图 6-17　编程流程图

具体实现程序如下。

```
void main(void)
{
char i;char bj;
spi_7219();
for(i = 0;i<11;i + +)
spi_xie{i + 1,15},spi_xiel(i + 1,0)
DDRC = 0xFF;
ACSR = 0;
while (1)
{
  xunce_7219(1,adcx(1,1100),0)
  //xunce_7219(0,adcx(0,1100),0)
  bj = ACSR&0X20
  if(bj = = 0)        PCRTC. C = 0
  elce PORTC. 0 = 1
}
}
```

6.4.2 模拟信号的比较应用实例 （二）

使用 ATmega1211 单片机的模拟比较器可以实现模拟电压信号的比较。外部模拟信号从模拟比较器的 AIN0 端输入，而比较器的 AIN1 端接在 V_{CC} 的分压。当 AIN0 端的电压高于 AIN1 端的电压时，模拟比较器的控制和状态寄存器中的 AC0 置 "1"，反之清零。

具体实现主程序如下。

```
void main()
{
unsigned char mid
DDRA = 0xFF;
PORTA = 0xFF;
ACSR = 0x110;                //启动模拟比较器功能
while(1)
{
    mid = ACSR&0x20;
    if(mid = = 0)
      PORTA| = BIT(PA0);      //输出 1,LED 灭
    Else
      PORTA&= - BIT(PA0)       //输出 0,LED 亮
  }
}
```

6.4.3 模拟比较器应用实例 （三）

AVR 的模拟比较器模块可以用来比较接在 AIN0 和 AIN1 两个引脚的电压大小，比较结

果将会同步到模拟比较器控制和状态寄存器 ACSR 的第 5 位 ACO，检测 ACO 的值就可以得出比较结果。AIN0＜AIN1 时 ACO＝0；AIN0＞AIN1 时 ACO＝1。其中延迟部分代码没有给出。

```
//管脚定义
#define LED0      0//PB0
#define AIN_F  2    /PB2(AIN0)
#define AIN_N  3    /PB3(AIN1)
//宏定义
#define LED0_ON()      PORTB| = (1≪LED0)       //输出高电平,灯亮
#define LED0_OFF()       PORTB& = (1≪LED0)        //输出低电平,灯灭
#define AC_ADC0    0x00    /ADC0
#define AC_ADC1    0x01    /ADC1
#define AC_ADC2    0x02    /ADC2
#define AC_ADC3    0x03    /ADC3
#define AC_ADC4    0x04    /ADC4
#define AC_ADC5    0x05    /ADC5
#define AC_ADC6    0x06    /ADC6
#define AC_ADC7    0x07    /ADC7
void port_init(void)
{
PORTA = 0x00;
DDRA = 0x00;
    PORTB = ~(1≪AIN_P)|(1≪AIN_N);   //作模拟比较器输入时,不可使能内部上拉电阻
    DDRB = (1≪LED0);                //PB0 作输出
PORTC = 0x00;
    DDRC = 0x00;
PORTD = 0x00;
    DDRD = 0x00;
}
//初始化的步骤,关中断,更改 ACSR 的值,配置模拟比较器,开中断
void comparator_init(void)
{
ACSR = ACSR&0xF7;                     //确定改变之前所有中断被关闭
//上面一句会使 ACIE 为零,不允许中断
ACSR = (1≪ACIE);
//使能模拟比较器中断,比较器输出变化即可触发中断,AIN0 为正输入端,AIN1 为负输入端
}
void ana_comp_isr(void)
{
                                    //模拟比较器事件
                                    //硬件自动清除 ACI 标志位
delay_us(10);
if((((ACSR&(1≪ACO)) = = 0);         //检测 ACO
```

```
        LEDO_ON();                          //如果 AIN0＜AIN1(AS0 = 0),LED 亮
        Else
        LED0_OFF();                         //LED 灭
        delay_ms(200);                      //当电压差接近 0 时,模拟比较器会产生临界抖动,故延时 200ms
                                                令肉眼能看到

                                            //调用该例程来初始化所有的外设

        void init_devices(void)
        {
        CLI();                              //禁止所有中断
        Port_init();
        Comparator_init();
        MCUCR = 0x00;
        GICR = 0x00;
        TIMSK = 0x00;                       //定时器中断源
        SEI();                              //重新启动中断
                                            //所有的外设初始化

        }

                                            //主程序

        void main(void)
        {
        init_devices();
        while(1);
        }
```

第7章
ATmega128单片机
中断系统的基本应用

7.1 中断系统工作原理

7.1.1 中断系统的定义与中断过程

1. 中断定义

中断是 CPU 在执行一个程序时，对系统发生的某个事件（程序自身或外界的原因）作出的一种反应：CPU 暂停正在执行的程序，保留现场后自动转去处理相应的事件，处理完该事件后，到适当的时候返回断点，继续完成被打断的程序。如有必要，被中断的程序可以在后来某时间恢复，继续执行。

事件：如读盘时盘有问题，无法读，产生中断，解决后，程序恢复；软件错误也会中断。

特点：①中断是随机的；②中断是可恢复的；③中断是自动进行处理的。

2. 中断的优点

中断系统独特的优点如下。

（1）分时操作。分时操作可以提高 MCU 的效率。在嵌入式系统的应用中可以通过分时操作的方式使多个功能部件和外设同时执行操作。当内部功能部件或外设向 MCU 发出中断申请时，MCU 执行服务。因此利用中断功能，MCU 就可以"同时"执行多个服务程序，这样提高了 MCU 的效率。

（2）实时处理。MCU 通过中断技术能够及时响应和处理来自内部功能模块或外部设备的中断请求，使其执行操作，以便满足实时处理和控制的要求。

（3）唤醒状态。在单片机嵌入式系统的应用中，当系统不处理任何事物，处于待机状态时，为了降低电源的功耗，可以让单片机工作在休眠的低功耗方式。通常恢复到正常工作方式往往也是利用中断信号来唤醒的。

（4）故障处理。中断系统可以处理系统在运行过程中出现的难以预料的情况或故障，及时采取紧急故障处理的措施。

3. 中断的种类

不同的计算机，其硬件结构和软件指令是不完全相同的，因此，其中断系统也是不同的。计算机的中断系统能够加强 CPU 对多任务事件的处理能力，中断机制是现代计算机系统中的基础设施之一，它在系统中起着通信网络的作用，以协调系统对各种外部事件的响应和处理。

中断时实现的事件称为中断源。中断源向 CPU 提出处理的请求称为中断请求。发生中断时被打断程序的暂停点称为断点。CPU 暂停现行程序而转为响应中断请求的过程称为中断响应。处理中断源的程序称为中断处理程序。CPU 执行有关的中断处理程序称为中断处理。而返回断点的过程称为中断返回。中断的实现由软件和硬件综合完成，硬件部分称为硬件装置，软件部分称为软件处理程序。

一台处理机可能有很多中断源，但按其性质和处理方法，大致可分为以下五类。

（1）机器故障中断。

（2）程序性中断。由现行程序本身的异常事件引起，可分为下列三种：①程序性错误，如指令或操作数的地址边界错，非法操作码和除数为零等；②产生特殊的运算结果，如定点溢出；③程序出现某些预先确定要跟踪的事件，跟踪操作主要用于程序调试。有些机器把程序性中断称为"异常"，不称为中断。

（3）I/O 设备中断。

（4）外中断。来自控制台中断开关、计时器、时钟或其他设备，这类中断的处理较为简单，实时性强。

（5）调用管理程序。用户程序利用专用指令"调用管理程序"。发中断请求，是用户程序和操作系统之间的联系桥梁。

4．中断的响应与处理

大多数中断系统都具有以下几方面的操作。这些操作是按照中断的执行先后次序排列的。

（1）接收中断请求。

（2）查看本级中断屏蔽位，若该位为"1"则本级中断源参加优先权排队。

（3）中断优先权选择。

（4）处理机执行完一条指令后或者这条指令已无法执行，则立即中止现行程序。接着，中断部件根据中断级去指定相应的主存单元，并把被中断的指令地址和处理机当前的主要状态信息存放在此单元中。

（5）中断部件根据中断级又指定另外的主存单元，从这些单元中取出处理机新的状态信息和该级中断控制程序的起始地址。

（6）执行中断控制程序和相应的中断服务程序。

（7）执行完中断服务程序后，利用专用指令使处理机返回被中断的程序或转向其他程序。

5．ATmega128 单片机的中断系统过程

在中断系统中，通常将 MCU 处在正常情况下运行的程序称为主程序，把产生申请中断信号的单元和事件称为中断源，由中断源向 MCU 所发出的申请中断信号称为中断请求信号，MCU 接收中断申请停止现行程序的运行而转向为中断服务称为中断响应，为中断服务的程序称为中断服务程序或中断处理程序，现行程序打断的地方称为断点，执行完中断处理程序后返回断点处继续执行主程序称为中断返回。这整个处理过程称为中断处理过程，如图 7-1 所示。

与一般 8 位单片机相比，AVR 单片机的中断系统具有中断源品种多、门类全的特点，便于设计实时、多功能、高效率的嵌入工程应用系统。正是由于其功能更为强大，因此相比一般 8 位单片机而言，AVR 的中断使用和控制也相对复杂些。下面我们分别

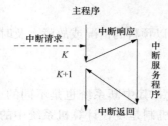

图 7-1　中断过程示意图

进行介绍。

（1）现场保护。由于 MCU 在执行中断处理程序时，可能会破坏某些寄存器、标志位的内容，甚至内存单元。因此，在执行中断服务程序前，必须先把有关的数据压入堆栈中保护起来，称为中断现场保护。

（2）中断服务程序。中断进行处理的一个子程序即为中断服务程序。

（3）恢复现场。当中断程序完成后，为了便于单片机返回继续执行主程序，要恢复原来的数据，称为恢复现场和恢复断点。

下面介绍几个中断处理过程中涉及的概念。

（1）中断嵌套。中断嵌套是指终端系统正执行一个中断服务对，当有更高优先级提出中断请求，这时系统会暂时中止当前执行的较低的中断源的服务程序，去执行级别更高的中断源，等执行结束，再返回到被终止的程序中继续执行，这个过程就是中断嵌套。

（2）中断优先级。中断优先级是指能使系统及时响应并处理发生的所有中断，系统根据引起中断事件的重要性和紧迫程度，将中断源分为若干个优先级别。

每个单片机都有若干个中断源，MCU 同时可以接收若干个中断源发出的中断请求。但在同一时刻，MCU 只能响应其中一个中断源。为了避免 MCU 同时响应多个中断请求给系统带来瓶颈，单片机中为每一个中断源设置一个特定的中断优先级别。当有多个中断源发出请求信号时，MCU 先响应中断优先级高的中断请求，然后根据优先级别逐个中断。

单片机的硬件结构决定中断优先级的设置，一般的确定规则方式有两种。

1）某中断对应的中断向量地址越小，其中断优先级越高（硬件确定方式）。

2）通过软件对中断控制寄存器的设定，改变中断的优先级。

在以下两种情况下，MCU 需要对中断的优先级进行判断。

3）同时有两（多）个中断源申请中断。

4）MCU 正处于响应一个中断的过程中。

（3）中断控制和中断响应条件。在单片机中，不同中断源都有相应的中断标志位，该中断标志位将占据中断控制寄存器中的一位。当单片机检测到某一中断源产生符合条件的中断信号时，其硬件会自动将该中断源对应的中断标志位置 1，产生中断信号，向 MCU 发出中断申请。虽然中断标志位置 1，但也不能表示 MCU 一定响应该中断。为了使控制中断合理响应，单片机内部设置了中断允许标志位。全局中断允许标志位是最重要的一个标志位。当全局中断允许标志位为 0 时，表示禁止 MCU 响应所有的可屏蔽中断的响应，此时不管有否中断产生，MCU 都不会响应任何中断请求。只有全局中断允许标志位为 1 时，MCU 响应中断请求第一步才完成。

MCU 响应中断请求的第二步是每个中断源所具有的各自独立的中断允许标志位。当某个中断允许标志位为"0"时，表示 MCU 不响应该中断的中断申请。

（4）中断响应时间。AVR 允许的中断执行的响应时间最少为四个周期。经过四个时钟周期后，正在执行的中断控制程序的程序向量开始执行。在四个时钟周期中，系统把程序计数器（PC）压入堆栈，且堆栈指针数量减 2，该程序向量在进行一个中断程序的相关转移指令时，需要两个时钟周期。如果一个多周期指令执行发生中断，则中断执行前本指令结束。

中断处理程序的返回过程也需要四个时钟周期。在这四个时钟周期中，系统做与上面相反的操作，把程序计数器 PC 弹出堆栈，堆栈的指针数量增 2。当 AVR 执行某一中断后，返回主程序，如果存在其他被挂起的中断，则 AVR 在中断返回后还需要执行一条指令，被挂起的中断才能得到响应。

用户程序对可屏蔽中断的控制，一般是通过设置相应的中断控制寄存器来实现的。

6. 中断源和中断向量

引起中断的事件称为中断源，中断源的识别标志是中断向量。中断向量是相应中断服务程序的入口地址或存放中断服务程序的首地址。

不同型号的 AVR 中断向量区有不同的大小，决定公式为

$$中断向量区大小＝中断源个数×每个中断向量占据字数$$

(1) 中断源的分类。中断源从控制角度可分为以下三类。

1) 非屏蔽中断。MCU 不能屏蔽中断源产生的中断请求信号是非屏蔽中断。一旦发生中断请求，MCU 必须响应该中断。外部 RESET 引脚产生的复位信号，即是非屏蔽中断。

2) 可屏蔽中断。用户程序通过中断屏蔽控制标志对中断源产生的中断请求信号进行控制，称为可屏蔽中断，即允许或禁止 MCU 对该中断的响应。可屏蔽中断的中断请求是否能被 MCU 响应，最终是由用户程序来控制的。在单片机中，大多数的中断都是可屏蔽的中断。

3) 软件中断。CPU 具有相应的软件中断指令，当 MCU 执行这条指令时就能进入软件中断服务，以完成特定的功能（通常用于调试），大多数单片机都不具备软件中断的指令，因此不能直接实现软件中断的功能。因此，在单片机系统中，若要实现软件中断，必行通过间接的方式实现。

(2) ATmega128 中断和复位向量。AVR 有不同的中断源，ATmega128 有 35 个中断源。每一个中断源都有其独特的中断向量。每个中断和复位在程序空间都有一个独立的中断向量。所有的中断事件都有自己的使能位。当使能位置位时，中断发生。ATmega128 中断和复位向量见表 7-1。

表 7-1   ATmega128 中断和复位向量

向量号	程序地址[①]	中断源	中 断 定 义
1	$0000[①]	RESET	外部引脚，上电复位，掉电检测复位，看门狗复位，以及 JTAG AVR 复位
2	$0002	INT0	外部中断请求 0
3	$0004	INT1	外部中断请求 1
4	$0006	INT2	外部中断请求 2
5	$0008	INT3	外部中断请求 3
6	$000A	INT4	外部中断请求 4
7	$000C	INT5	外部中断请求 5
8	$000E	INT6	外部中断请求 6
9	$0010	INT7	外部中断请求 7
10	$0012	TIMER2 COMP	定时/计数器 2 比较匹配
11	$0014	TIMER2 OVF	定时/计数器 2 溢出
12	$0016	TIMER1 CAPT	定时/计数器 1 捕捉事件
13	$0018	TIMER1 COMPA	定时/计数器 1 比较匹配 A

向量号	程序地址①	中断源	中 断 定 义
14	$001A	TIMER1 COMPB	定时/计数器 1 比较匹配 B
15	$001C	TIMR1 OVF	定时/计数器 1 溢出
16	$001E	TIMER0 COMP	定时/计数器 0 比较匹配
17	$0020	TIMER0 OVF	定时/计数器 0 溢出
18	$0022	SPI STC	SPI 串行传输结束
19	$0024	USART0, RX	USART0, Rx 结束
20	$0026	USART0	UDRE USART0 数据寄存器空
21	$0028	USART0, TX	USART0, Tx 结束
22	$002A	ADC	ADC 转换结束
23	$002C	EE READY	E²PROM 就绪
24	$002E	ANALOG COMP	模拟比较器
25	$0030①	TIMER1 COMPC	定时/计数器 1 比较匹配 C
26	$0032②	TIMER3 CAPT	定时/计数器 3 捕捉事件
27	$0034③	TIMER3 COMPA	定时/计数器 3 比较匹配 A
28	$0036③	TIMER3 COMPB	定时/计数器 3 比较匹配 B
29	$0038③	TIMER3 COMPC	定时/计数器 3 比较匹配 C
30	$003A③	TIMER3 OVF	定时/计数器 3 溢出
31	$003C③	USART1, RX	USART1, Rx 结束
32	$003E③	USART1, UDRE	USART1 数据寄存器空
33	$0040③	USART1, TX	USART1, Tx 结束
34	$0042③	TWI	两线串行接口
35	$0044③	SPM READY	保存程序存储器内容就绪

①当编程熔丝位 BOOTRST 时，程序复位后跳转到 Boot Loader。

②当寄存器 MCUCR 的 IVSEL 置位时，中断向量转移到 Boot 区的起始地址，此时各个中断向量的实际地址为表中地址与 Boot 区起始地址之和。

③地址为 $0030～$0044 的中断在 ATmega103 兼容模式中不存在。

在中断向量表中，处于低地址的中断向量所对应的中断拥有高优先级，所以，系统复位 RESET 拥有最高优先级。

（3）复位和中断向量表的设定。如果程序不使用中断，中断向量就不需要存在。用户可以直接编写程序。同样，如果复位向量位于应用区，而其他中断向量位于 Boot 区，则复位向量之后可以直接写程序。反过来亦是如此。表 7-2 是不同 BOOTRST/IVSEL 设置下的复位和中断向量的位置。

表 7 - 2 复位和中断向量位置的确定

BOOTRST	IVSEL	复位地址	中断向量起始地址
1	0	$0000	$0002
1	1	$0000 Boot	区复位地址＋$0002
0	0	$0002	Boot 区复位地址
0	1	Boot 区复位地址	Boot 区复位地址＋$0002

注 对于熔丝位 BOOTRST，"1"表示未编程，"0"表示已编程。

Boot 区复位地址见表 7 - 3。

表 7 - 3 Boot 区复位地址

BOOTSZ1	BOOTSZ0	Boot 区大小	页数	应用 Flash 区	Boot Loader Flash 区	应用区 结束地址	Boot 复位地址 (Boot Loader 起始地址)
1	1	512 字	4	$0000~SFDFF	SFE00~SFFFF	SFDFF	SFE00
1	0	1024 字	8	$0000~SFBFF	SFC00~SFFFF	SFBFF	SFC00
0	1	2048 字	16	$0000~SF7FF	SF800~SFFFF	SF7FF	SF800
0	0	4096 字	32	$0000~SEFFF	SF000~SFFFF	SEFFF	SF000

ATmega128 典型的复位和中断设置如下。

地址	标号	代码	说明
$0000	JMP	RESET	:复位句柄
$0002	JMP	EXT_INT0	:IR00 句柄
$0004	JMP	EXT_INT1	:IR01 句柄
$0006	JMP	EXT_INT2	:IR02 句柄
$0008	JMP	EXT_INT3	:IR03 句柄
$000A	JMP	EXT_INT4	:IR04 句柄
$000C	JMP	EXT_INT5	:IR05 句柄
$000E	JMP	EXT_INT6	:IR06 句柄
$0010	JMP	EXT_INT7	:IR07 句柄
$0012	JMP	TIM2_COMP	:定时器 2 比较句柄
$0014	JMP	TIM2_OVF	:定时器 2 溢出句柄
$0016	JMP	TIM1_CAPT	:定时器 1 捕捉句柄
$0018	JMP	TIM1_COMPA	:定时器 1 比较 A 句柄
$001A	JMP	TIM1_COMPB	:定时器 1 比较 B 句柄
$001C	JMP	TIM1_OVF	:定时器 1 溢出句柄
$001E	JMP	TIM0_COMP	:定时器 0 比较句柄
$0020	JMP	TIM0_OVF	:定时器 0 溢出句柄
$0022	JMP	SPI_STC	:SPI 传输结束句柄
$0024	JMP	USAART0_RAC	:USART0 接收结束句柄
$0026	JMP	USAART0_DRE	:USART0,UDR 空句柄
$0028	JMP	USAART0_TXC	:USART0 发送结束句柄
$002A	JMP	ADC	:ADC 转换结束句柄
$002C	JMP	EE_RDY	:EEPROM 就结绪句柄
$002E	JMP	ANA_COMP	:模拟比较器

$ 0030	JMP	TIM1_COMPC	;定时器 1 比较 C 句柄
$ 0032	JMP	TIM3_CAPT	;定时器 3 捕捉句柄
$ 0034	JMP	TDR3_COMPA	;定时器 3 比较 A 句柄
$ 0036	JMP	TIM3_COMPB	;定时器 3 比较 B 句柄
$ 0038	JMP	TIM3_COMPC	;定时器 3 比较 C 句柄
$ 003A	JMP	TIM3_OVF	;定时器 3 溢出句柄
$ 003C	JMP	USART1_RXC	;USART1 接收结束句柄
$ 003E	JMP	USART1_DRE	;USART1,UDR 空句柄
$ 0040	JMP	USART1_TXC	;USART1 发送结束句柄
$ 0042	JMP	TWI	;两线串行接口中断柄
$ 0044	JMP	STM_RDY	;SPM 就绪句柄
$ 0046	RESET,dir16	high(RANEND)	;主程序
$ 0047	OUT SPH、R16		;设置堆栈指针为 RAM 的顶部
$ 0048	LDI R16 low(RAMEND)		
$ 0049	OUT SPL,R16		
$ 004A	SEI		;使能中断
$ 004B	<instr>xxx		

……

当熔丝位 BOOTRST 未编程，Boot 区为 8K 字节，且中断使能之前寄存器 MCUSR 的 IVSEL 置位时，典型的复位和中断设置如下。

地址	标号	代码	说明
$ 0000	RESET:LDI R16,high(RAMEND)		;主程序
$ 0001	OUT SPH,R16		;设置堆栈指针为 RAM 的顶部
$ 0002	LDI R16,low(RAMEND)		
$ 0003	OUT SPL,R16		
$ 0004	SE;		;使能中断
$ 0005	<instr>xxx		
.org $ F002			
$ F002	JMP	EXT_INT0	;IRQ0 句柄
$ F004	JMP	EXT_INT1	;IRQ1 句柄
………………;			
$ F044	JMP	DPM_RDY	;SPM 就绪句柄

当熔丝位 BOOTRST 已编程，且 Boot 区为 8K 字节时，典型的复位和中断设置如下。

地址	标号	代码	说明
.org $ 0002			
$ 0002	JMP	EXT_INT	;0IRQ0 句柄
$ 0004	JMP	EXT_INT1	;IRQ1 句柄
………………;			
$ 0044	JMP	SPM_RDY	;RDM 就绪句柄
.org $ F000			
$ 0000	RESET:LDI R16,high(RAMEND)		;RDM 就绪句柄
$ F001	OUT SPH,R16		;设置堆栈指针为 RAM 的顶部

```
$ F002          LDI R16,low(RAMEND)
$ F003          OUT SPL,R16
$ F004          SEL                                          ;使能中断
$ F005          <instr>xxx
```

通用中断控制寄存器决定中断向量表的放置地址。

7.1.2　控制寄存器

MCUCR 控制寄存器包含通用 MCU 功能的控制位。ATmega128 的 MCUCR 控制寄存器的各标志位见表 7-4。

表 7-4　　　　　　　　　　　　　　　MCU 功能的控制位

Bit	7	6	5	4	3	2	1	0
MCUCR	SRE	SRW10	SE	SM1	SM0	SM2	IVSEL	IVCE
读/写	R/W	R/W	R/W	R/W	R/W	R/W	R/W	R/W
初始值	0	0	0	0	0	0	0	0

1. MCU 功能的控制位

（1）IVCE（Bit0）：中断向量修改使能。当改变 IVSEL 时，IVCE 必须置位，在 IVCE 或 IVSEL 写操作之后 4 个时钟周期，IVCE 被硬件清零。如前面所述，置位 IVCE 将禁止中断。

（2）IVSEL（Bit1）：中断向量选择。当 IVSEL 为"0"时，中断向量位于 Flash 存储器的起始地址；当 IVSEL 为"1"时，中断向量位于 Boot 区的起始地址。

（3）SM2、SM1、SM0（Bit2、3、4）：休眠模式 SM 系列可选择两种休眠模式。当 SM 为"0"时，闲置模式被选为休眠模式；当 SM 为"1"时，掉电模式被选为休眠模式。

（4）SE（Bit5）：休眠触发。当 SLEEP 指令执行时，避免 MCU 进入休眠模式，SE 位必须为"1"。建议使用者设置休眠触发 SE 位必须在执行 SLEEP 指令之前。

（5）SRW10（Bit6）：外部 SRWM 等待状态。当 SRW10 设置为"1"时，在读/写过程中插入一个时钟周期；当 SRW10 被清零时，外部数据 SRAM 访问时使用正常的两周期。

（6）SRE（Bit7）：外部 SRAM 触发。当 SRE 设置为"1"时，外部的 SRAM 被触发，引脚 AD0～AD7（A 口）、A8～A15（C 口）、RD 和 WR（D 口）为第二功能触发；当 SRE 被清零时，外部数据 SRAM 被禁止，相关端口可以作为普通的 I/O 端口使用。

2. 中断代码

IVCE 禁止中断代码如下。

（1）汇编代码例程。

```
Move_interrupts            ;使能中断向量的修改
LDI R15,(1≪IVCE)
OUT MCUCR,R15              ;将中断向量转移到 boot 区
LDI R15,(1≪IVSEL)
OUT MCUCR,R16
RET
```

（2）C 代码例程。

```
void Move _interrupts(void)
```

```
(MCUCR = (1≪IVCE);        //使能中断向量的修改
MCUCR = (1≪IVSEL);       //将中断向量转移到 Boot 区
```

7.2　外部中断

中断分为内部中断和外部中断。内部中断即为上文叙述的中断系统，外部中断是指对某个中央处理机而言的，它是由外部非通道式装置所引起的中断。例如，时钟中断、操作员控制台中断、多处理机系统中 CPU 到 CPU 之间的通信中断等。

7.2.1　外部中断触发方式

ATmega128 的外部中断有以下三种触发方式。

（1）外部中断可通过引脚 INT7：0 触发。只要使能中断，电平发生了相应的变化，即使引脚 INT7：0 配置为输出，也会触发中断，这种触发方式可以产生软件中断。

（2）外部中断可以由下降沿、上升沿触发。通过设置外部中断控制寄存器 EICRA（INT3：0）和 EICRB（INT7：4）来实现，当 INT7：4 为下降沿或上升沿信号触发时，I/O 时钟必须工作。当 INT3：0 进行异步检测才能产生中断，所以中断可以唤醒处于睡眠模式的器件，在睡眠过程中 I/O 时钟是停止的。

（3）外部中断使能端可设置为电平触发，通过设置外部中断控制寄存器 EICRA（INT3：0）和 EICRB（INT7：4）来实现，只要设置引脚为低电平，则会产生中断，通过电平方式触发中断，可以唤醒 MCU 掉电模式，确保电平维持一定的时间，以降低 MCU 对噪声的敏感程度。

只要在采样过程中出现了相应的电平，或是信号持续到启动过程的结束，MCU 则会唤醒。启动过程由熔丝位 SUT 决定。若信号进行两次采样后在启动过程结束之前就消失了，则将唤醒 MCU，但不会再引起中断。要求的电平必须保持足够长的时间以使 MCU 结束唤醒过程，然后触发电平中断。

7.2.2　外部中断寄存器

ATmega128 外部中断寄存器包括外部中断控制寄存器 A（EICRA）、外部中断控制寄存器 B（EICRB）、外部中断屏蔽寄存器（EIMSK）、外部中断标志寄存器（EIFR）。

1. 外部中断控制寄存器 A（EICRA）

ATmega103 兼容模式不能访问中断控制寄存器，但是 INT3：0 的初始值定义为低电平中断，具体见表 7 - 5。

表 7 - 5　　　　　　　　　　　　中断控制寄存器 A

Bit	7	6	5	4	3	2	1	0
EICRA	ISC31	ISC30	ISC21	ISC20	ISC11	ISC10	ISC01	ISC00
读/写	R/W	R/W	R/W	R/W	R/W	R/W	R/W	R/W
初始值	0	0	0	0	0	0	0	0

ISC31、ISC30、…、ISC01、ISC00（Bit7～0）：外部中断 3～0 敏感电平控制位 INT3：0 引脚激活外部中断 3～0，当 SREG 寄存器的 1 标志和 EIMSK 寄存器相应的中断屏蔽位置"1"时，INT3～INT0 边沿触发方式是异步的，具体见表 7 - 6。

表 7-6　中断敏感电平触发方式

ISCn1	ISCn0	中断触发方式
0	0	INTn 为低电平时产生一个中断请求
0	1	保留
1	0	INTn 的下降沿产生一个异步中断请求
1	1	INTn 的上升沿产生一个异步中断请求

注　n＝3、2、1 或 0。改变 ISCn/ISCn0 必须使 EIMSK 寄存器的中断使能位清零来禁止中断。否则在改变 ISCn1/ISCn0 的过程中可能发生中断。

当 INT3：0 引脚上产生脉冲宽度大于表 7-7 中数据的脉冲时即引发中断。若选择了低电平中断，则只要引脚设置为低电平，就会引发中断请求，只有当电平保持到当前指令完成后，才会触发中断。改变 ISCn 时有可能发生中断。因此建议首先在寄存器 EIMSK 中清除相应的中断使能位 INTn，然后再改变 ISCn。最后，不要忘记在重新使能中断之前通过对 EIFR 寄存器的相应中断标志位 INTFn 写"1"使其清零。

表 7-7　异步中断特性

符号	参数	条件	最小值	典型值	最大值	单位
t INT	异步中断的最小脉冲宽度			50		ns

2. 外部中断控制寄存器 B（EICRB）

中断控制寄存器 B 见表 7-8。

表 7-8　中断控制寄存器 B

Bit	7	6	5	4	3	2	1	0
EICRB	ISC71	ISC70	ISC61	ISC60	ISC51	ISC50	ISC41	ISC40
读/写	R/W	R/W	R/W	R/W	R/W	R/W	R/W	R/W
初始值	0	0	0	0	0	0	0	0

ISC71、ISC70、…、ISC41、ISC40（Bit7～0）：外部中断 7～4 敏感电平控制位引脚 INT7：4 激活外部中断 7～4，若 EIMSK 寄存器相应的中断屏蔽位和 SREG 寄存器的 I 标志未置位时，采用表 7-9 中的触发方式。MCU 先对 INT7：4 引脚进行采样，当检测信号触发沿跳变之前，若选择了触发沿中断或是电平变换中断，则当信号保持时间多于一个时钟周期时，就会产生中断，否则不能确保产生中断。

表 7-9　中断敏感电平触发方式

ISCn1	ISCn0	中断触发方式
0	0	INTn 为低电平时产生一个中断请求
0	1	INTn 引脚上任意的逻辑电平变换都将引发中断
1	0	若两次采样发现 INTn 上发生了下降沿就会产生一个中断请求
1	1	若两次采样发现 INTn 上发生了上升沿就会产生一个中断请求

注　n＝7、6、5 或 4。改变 ISCn1/ISCn0 必须使 EIMSK 寄存器的中断使能位清零来禁止中断。否则在改变 ISCn1/ISCn0 的过程中可能发生中断。

注意：由于存在 XTAL 分步器，因此 CPU 时钟速度有可能低于 XTAL 时钟速度。若选择了低电平中断，则只有当电平保持到当前指令完成后，才会产生中断，而且各引脚处于低电平时，就地引发中断请求。

3. 外部中断屏蔽寄存器（EIMSK）

外部中断屏蔽寄存器见表 7 - 10。

表 7 - 10　　　　　　　　　　　　　外部中断屏蔽寄存器

Bit	7	6	5	4	3	2	1	0
EIMSK	INT7	INT6	INT5	INT4	INT3	INT2	INT1	INT0
读/写	R/W	R/W	R/W	R/W	R/W	R/W	R/W	R/W
初始值	0	0	0	0	0	0	0	0

EIMSK 各位的作用如下。

INT8～INT0（Bit7～0）：外部中断请求 7～0 使能。当 INT7～INT0 设置为 "1" 时，则状态寄存器 SREG 的 1 标志置位与相应的外部引脚中断处于使能状态。只要使能，即使引脚为输出状态，只要引脚电平发生了变化，即可产生中断。以上可以实现软件中断。

4. 外部中断标志寄存器（EIFR）

外部中断标志寄存器见表 7 - 11。

表 7 - 11　　　　　　　　　　　　　外部中断标志寄存器

Bit	7	6	5	4	3	2	1	0
EIFR	INTF7	INTF6	INTF5	INTF4	INTF3	INTF2	INTF1	INTF0
读/写	R/W	R/W	R/W	R/W	R/W	R/W	R/W	R/W
初始值	0	0	0	0	0	0	0	0

EIFR 各位的作用如下。INTF7～INTF0（Bit7～0）：外部中断标志 7～0。INT7：0 引脚电平发让跳变时产生中断请求，同时使中断标志 INTF7：0 置位。若 SREG 的位 1 与 EIMSK 寄存器相应的中断使能位置位时，MCU 执行中断。此外，标志位的清零可以通过写入 "1" 的方式来实现。若 INT7：0 为电平触发，则标志位为 "0"。在睡眠模式下，如果中断被禁止，则这些引脚的输入缓冲器也是被禁止的，这有可能产生逻辑电平的变化并置位 INTF3：0。

7.3　中断程序编写与应用实例

7.3.1　使用 ICCAVR 开发环境编写中断程序

C 语言灵活性强，在嵌入式系统中得到了广泛应用。C 语言程序本身并不依赖于机器硬件系统，可根据单片机的不同进行较快的程序移植。ICCAVR 是一种符合 ANSI 标准的以 C 语言来开发 MCU 程序的工具，使用方便、技术支持好，功能齐全。主要特点如下。

（1）ICCAVR 有一个综合了编辑器和工程管理器的集成工作环境（IDE）。

（2）文件的编辑和工程的构筑在集成工作环境（IDE）下完成，当错误显示在状态窗口中时，单击错误的编译时，光标自动跳到错误的那一行。

（3）工程管理器还能直接生成可以直接使用的 INTEL HEX 格式文件，该格式的文件可以被大多数编程器所支持，用于下载到芯片中。

（4）ICCAVR 具有 32 位的程序，支持长的文件名。

（5）支持 Atmel AVR&megaAVR 系列单片机的程序设计及编译，编码长度可达 128KB。

使用 ICCAVR 语言编写中断服务程序时，使用者通常不需考虑中断现场保护和如何进行恢复处理，这是由于 ICCAVR 语言在编译中断服务程序的源代码时，会将生成的目标代码自动加入相应的中断现场保护和恢复的指令中，同时采用 RETI 指令作为中断服务的返回指令。

在 ICCAVR 中，中断服务程序首先要定义一个特殊的函数，称为中断服务函数。

1. 中断服务函数定义的格式

中断服务函数定义的格式表示为

interrupt(中断向量号)void 函数名(void)

{

……   //函数体

}

（1）interrupt：起声明该函数为中断服务函数的作用，能够与普通的软件调用函数相区别。

（2）中断向量号：说明该函数是属于哪一个中断的服务函数。

（3）void：在执行 MCU 响应中断时，中断函数通过硬件自动调用，因此 void 作为中断函数的返回值和参数的类型。

（4）函数名：中断函数的命名规则与一般函数相同。

ICCAVR 的 C 语言编程可支持在 C 源程序中直接开发中断程序。当使用者利用这种功能时，中断服务子程序中必须定义"pragma"语句来告知编译器，该子程序执行一个中断操作。

2. 中断服务程序的格式

用"pragma"语句定义中断服务程序的格式为

＃pragma interrupt－handler（中断函数名）：中断向量号

（1）中断函数名：使用者定义中断子程序的名称。

（2）中断向量号：表明中断的类型。

通过"pragma"ICCAVR 的 C 编程中断子程序后生成 EETI 指令，同时保存和恢复函数中使用的寄存器。例如：

＃pragma interrupt－handler int－01

……

void int-0()

{……

}

外部中断 INT0（2 号中断）的中断服务函数定义的格式可以表示如下：

interrupt（EXT_INT2）void ext_int0_isr(void)

{

……   //函数体

}

ext＿int0：它是在头文件定义的宏。为了便于中断服务程序的编写和阅读，ICCAVR 对

338

不同型号 AVR 单片机的中断源都定义了类似的宏。

3. 编写中断系统程序

高级语言 C 编写中断系统程序如下：

```
//第一部分,中断服务函数
interrupt (EXT_INT2)void ext_int1_ir(void)    //外部中断 INT1 的中断服务函数
{
…………                                         //中断服务函数
}
//主程序
void main(void)
}
//中断源初始化
GICR = 0x81;                                   //外部中断初始化
MCUCR = 0x08;                                  //INT0 Off
MCUCSR = 0x00;                                 //INT1,Off
GIFR = 0 = x04;                                //INT2,On
//开放全局中断
#anm( ∗ sei ∗ )
//正常程序开始
while(1)
  {
    ……
  };
}
```

7.3.2　外部中断系统应用实例

本实例利用两个按键 S22、S23 控制 INT0 和 INT1 产生外部中断输入信号，从而控制数码管显示数据发生变化。每次按下按键 S23，数码管上显示的数据将会减 1，按下按键 S22，数码管上显示的数据将会加 1。

1. 硬件设计

图 7-2 所示为硬件原理图。其中的数码管的控制显示连接。图 7-2 中使用了按键 S22 和 S23，按键 S22 的一端与 PD0（INT0）连接，另一端与地相连。按键 S23 的一端与 PD1（INT1）连接，另一端与地相连。INT0 和 INT1 作为外部中断的输入，采用电平变化的下降沿触发方式。

2. 程序设计

本实例利用单片机和外部中断检测按键。当按键被按下时，硬件产生下降沿中断，程序进入中断处理程序。在中断处理

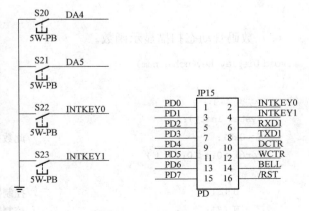

图 7-2　外部中断实例

程序中，首先延时防止按键抖动，然后控制相应的端口实现数码管显示。程序详解如下。

目的：学习外部中断 0 和外部中断 1 *。

功能：利用外部中断 0 和外部中断 1 控制数码管键值的增和减 *。

编译环境：ICC—AVR6.31 *。

使用硬件：数码管，按键 *。

程序清单如下。

（1）宏定义和包含文件。

```
# include<string. h>
# include<stdio. h>
# include<delay. h>
# include<iom128v. h>
# define Data_IO        PORTA                    //数据口
# define Data_DDR       DDRA                     //数据口方向寄存器
# define D_LE0          PORTD& = ～(1≪PD4)       //数码管段控制位为 0
# define D_LE1          PORTD| = (1≪PD4)         //数码管段控制位为 1
# define W_LE0          PORTD& = ～(1≪PD5)       //数码管位控制位为 0
# define W_LE1          PORTD| = (1≪PD5)         //数码管位控制位为 1
# define uchar          unsigned char
# define uint           unsigned int
uchar count;                                     //定义键盘计数变量
```

（2）I/O 端口初始化。

```
void system_Init()
{
    Data_IO = 0xFF;                              //数据口为输出
    Data_DDR = 0xFF;                             //PD0、PD1 设置为输入
    PORTD = 0x7F;                                //PD0、PD1 上拉电阻使能有效
    DDRD = 0x70;
    PORTB = 0xFF;                                //关闭发光二极管
    DDRB = 0xFF;
}
```

（3）数码管动态扫描显示函数。

```
void Display_Key(uchar num)
{
    uchar i,j;
    System_Init();
    J = 0x01;                                    //此数据用来控制位选
    for(i = 0;i<0;i + +)
    {
        D_LE1;                                   //控制数码管段数据的 74HC573 的 LE 管脚置高
        W_LE1;                                   //控制数码管位的 74HC573 的 LE 管脚置高
        Data_IO = 0x00;                          //设置显示的位,也就是哪个数码管亮,这里是 8 个一起
```

显示

```
     W_LE0;                              //锁存位数据,下面送上段数据以后,就显示出来了
     J = (j≪1);
     Data_IO = table(num);               //送显示的数据,就是段数据,如显示 0 送的是 0x3F
     D_LE0;                              //锁存段数据,数码管亮一个时间片刻
     delay_nms(1);                       //显示一个时间片刻,会影响亮度和闪烁性
     }
   }
   void Interrupt_Init()
   {
     EIMSK| = 0x03;                      //使能外部中断 0 和外部中断 1
     EICRA = 0x0A;                       //下降沿触发方式
     MCUCSR = 0x00;                      //控制和状态寄存器初始化
   }
```

（4）中断服务子程序。

```
#pragma interrupt _handler INT0_ISR:iv_INT0//int0_ISR:;中断函数名,接着是中数向量号
void INT0_ISR()                          //中断 0 服务程序
   {
           if( + +count> = 16)
           count = 0;
       }
       #pragme interrupt_handler INT1_ISR:iv_INT1
       void INT1_ISR()                   //中断 1 服务程序
           {
           If(count)('- -')count;
             else count = 15;
             }
```

（5）主程序。

```
int main(void)
{
  System_Init();                         //系统初始化
  Interrupt_Init();                      //中断配置初始化
  SREG| = 0x80;                          //开启全局中断
  while(1)
  {
      Display_Key(count);                //显示键值
  }
}
```

单片机的外部中断功能能够及时处理外部紧急事件，因此在需要立刻处理的控制任务场合
非常有用。

第 8 章
ATmega128单片机
串行接口的应用

本章讲解利用 ATmega128 单片机的通用同步/异步接收和发送器（USART、SPI、TWI）进行通信的方法，并给出实例。通过学习本章内容，读者能够掌握单片机进行 RS-232 串行通信、TWI 通信、SPI 通信以及多机通信等方面的接口设计和软件编程知识。

8.1 同步串行接口 SPI

SPI 是一种高速的、全双工、同步的通信总线，并且在芯片的管脚上只占用四根线，节约了芯片的管脚，同时为 PCB 的布局节省了空间，提供了方便。正是出于这种简单易用的特性，现在越来越多的芯片集成了这种通信协议。SPI 接口被广泛应用在 E^2PROM、Flash、实时时钟、网络控制器、LCD 显示驱动器、A/D 转换器，数字信号处理器和数字信号解码器之间的场合。

8.1.1 同步串行通信

1. 同步串行通信概述

（1）串行通信的传输方式。按照数据传送方向，串行通信可分为单工、半双工和全双工三种形式。

1）单工方式。在单工方式中，只允许数据向一个方向传送，通信的一端为发送器，另一端为接收器。

2）半双工方式。在半双工方式中，每个通信设备都由一个发送器和一个接收器组成，允许数据向两个方向中的任一方向传送，但每次只能发送一方，是指同一时刻，只能进行一个方向传送，不能双向同时传送。

3）全双工方式。在全双工方式中，数据进行双向传送，允许同时双向接收数据。

在实际应用中，异步通信通常采用半双工制式，这种方式简单、实用。

（2）同步串行通信。按照串行数据的时钟控制方式，串行通信分为异步通信和同步通信两类。同步通信是按照软件识别同步字符来实现数据的传送与接收的。

同步通信是指一种串行连续传送数据的通信方式，每次通信只传送一帧信息，帧含有若干个数据字符，字符间没有空隙，没有数据起始位和停止位，只要在数据块开始端用同步字符 SYNC 来表示（常约定 1～2 个）即可，同步字符的插入可以是单同步字符方式或双同步字符方式。同步字符也可以采用 ASCII 码中规定的 SYN 代码，即 16H。通信时先发送同步字符，接收方检测到同步字符后，即准备接收数据，在同步传输时，要求发送端和接收端的时钟必须保持严格的同步。为了保证接收无误，发送方除了传送数据外，还要把时钟信号同步传送。

同步串行通信的数据格式如图 8-1 所示。每个数据块（信息帧）都由三个部分组成：两个同步字符作为一个数据块（信息帧）的起始标志；n 个连续传送的数据；两个字节循环冗余校验码（CRC）。同步通信方式适合 2400bps 以上速率的数据传输，由于没有起始与停止位，因此其传送效率较高，但实现起来比较复杂。

同步字符1	数据字符1	数据字符2	数据字符3	…	数据字符n	CRC1	CRC2

(a)

同步字符1	同步字符2	数据字符1	数据字符2	…	数据字符n	CRC1	CRC2

(b)

图 8-1 同步传送的数据格式

(a) 单同步字符帧格式；(b) 双同步字符帧格式

（3）同步串行通信的主要参数。同步串行通信的主要参数包括双方的数据传送波特率、传送帧格式，差错控制，应答控制，时钟的同步等。

1）波特率。波特率表示数据传送的速率，即每秒钟传送二进制代码的位数，单位是位/秒（b/s），常用 bps 表示。波特率是串行通信的重要指标，表示数据传输的速度。波特率越高，数据传输速度越快。

2）差错控制。数据在传输过程中会出现差错，差错控制是一种保证数据完整、准确的接收方法。一般进行下列差错控制：肯定应答，否定应答重发，超时重发。

2. 串行通信接口

串行口是单片机与外界进行信息交换的工具。目前普遍采用的一种串行接口标准是 RS-232-C 标准。RS-232-C 接口标准采用 25 个引脚的连接器（D 型插座）。RS-232-C 规定有 25 根连线。

（1）串行接口。串行接口简称串口，也就是 COM 接口，是采用串行通信协议的扩展接口。串口数据传输一般可以达到最高 115kbps 的数据传输速度，而一些 ECP（Enhanced Serial Port，增强型串口）、SuprESP（Super Enhanced Seria Port，超级增强型串口）等速率可以达到 460kbps。

（2）串行传送的特点。

1）在一根传输线上可以同时传送数据与联络信号。

2）固定的数据传输协议。

3）CPU 通信需要进行电平转换。

4）传送信息的速率要求双方遵守约定。

串并转换过程如图 8-2 所示。

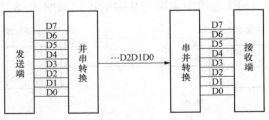

图 8-2 串并转换过程

3. 同步串行接口 SPI

SPI（Serial Peripheral Interface）串行外围设备接口，是由 Motorola 公司推出的一种同步串行接口，其硬件功能强大，是一种高速的、全双工、同步的通信总线。总线系统是一种同步串行外设接口，使 MCU 与各种外围设备进行串行通信。其外围设备有 FlashRAM、网络控制器、LCD 显示驱动器、A/D 转换器和 MCU 等。

SPI 总线系统可以直接与多种标准外围器件直接相接，SPI 接口占用串行时钟线（SCN）、主机输入/从机输出数据线 MISO、主机输出/从机输入数据线 MOSI 和低电平有效的从机选择线 SS 共 4 条线，但有的 SPI 接口芯片中也带有中断信号线 INT，或者有的 SPI 接口芯片根本就没有主机输出/从机输入数据线 MOSI。SPI 系统总线共需 3~4 位数据线和控制线，即可实现与具有 SPI 总线接口功能的各种 I/O 器件进行接口，而扩展并行总线则需要 8 根数据线、8~16 位地址线、2~3 位控制线。因此，采用 SPI 总线接口可以简化电路设计，减少线路复杂性，提高系统的可靠性。

SPI 的通信是以主从方式进行工作的，工作模式通常有一个主设备和一个或多个从设备，需要至少 4 根线，实际上 3 根也可以实现单向传输。这是所有基于 SPI 的设备共有的，它们是 SDI（数据输入）、SDO（数据输出）、SCLN（时钟）和 CS（片选）。

SDI：数据从主设备数据输入，从设备输出。

SDO：数据从设备数据输入，主设备输出。

SCLN：主设备产生的时钟信号。

CS：主设备控制进行控制，从设备使能信号。

SDI、SDO、SCLN 共同负责数据通信，SPI 是串行通信协议，数据是按位进行传输的。SCN 提供时钟脉冲，SDI、SDO 接到时钟脉冲信号开始进行数据传输。数据通过 SDO 输出，数据在时钟的上升沿或下降沿发生改变，在相接的下一个时钟的下降沿或上升沿读取数据。当一位数据传输完成后，输入的原理同上。改变 8 次时钟信号，完成 8 位数据的传输。

SCN 信号线只由主设备控制，从设备不能控制信号线。同样，在一个基于 SPI 的设备中，至少有一个主控设备。主设备通过对 SCN 时钟线的控制进行对通信的控制。

CS 芯片是用来做片选信号的，只有片选信号为预先规定的使能信号时（高电位或低电位），此芯片的操作才会起作用。这样可以连接多个 SPI 设备在一根总线上。

但 SPI 的接口没有指定的流控制，是否接收到数据不由应答机制进行确认。

SPI 通信由主端和从端构成。主端和从端都可以同时接收或发送数据，然而主端也负责提供时钟同步为数据传送端，因此，主端可以对数据的速度进行控制，同时也对数据传送进行控制。

SPI 通信中主端与从端的连接如图 8-3 所示。

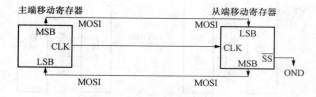

图 8-3　SPI 通信连接模式

主端进行时钟提供，在 MOSI 脚输出 8 位数据。这 8 位数据会从 MOSI 线传送到从端，每个时钟为一位。在 8 位数据从主端传送到从端后，同时也有 8 位数据在从端的 MISO 脚输出，传送到主端的 MISO 脚。SPI 是一个环形总线结构，通过两个双向位寄存器进行数据交换。这样，主端和从端就实现了一次通信，并交换了数据。

8.1.2　ATmega128 单片机的同步串行接口 SPI

1. ATmega128 单片机 SPI 的特点

在 AVR 单片机之间，ATmega128 和外设之间可以设置同步串行接口 SPI，兼容 SPI 接口的标准，进行高速的同步数据传输。

ATmega128 的同步串行接口 SPI 有以下特点。

（1）全双工、3 线同步数据传输。

（2）主机或从机运行。

（3）首先 LSB 传输或首先 MSB 传输。

（4）七种可编程的传送速率。

（5）结束传输中断标志位。

（6）写碰撞标志保护。

（7）唤醒闲置模式。

（8）倍速（CN/2）SPI 主机模式。

2. SPI 的操作

（1）SPI 的模块。SPI 的模块如图 8-4 所示。图 8-5 所示为主机和从机之间的 SPI 连接。本系统由两个移位寄存器和一个主机时钟发生源组成。SPI 的主机启动通信系统通过置低从机的 SS 引脚。主机和从机准备发送的数据放入它们所表示的移位寄存器中。在 SCN 引脚上主机产生的时钟脉冲用来交换数据。主机的数据通过 MOSI 进入从机。而从机的数据通过 MOSI 进入主机，主机通过置高 SS 实现与从机的同步。

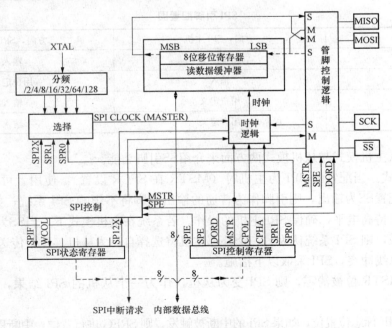

图 8-4　SPI 的模块图

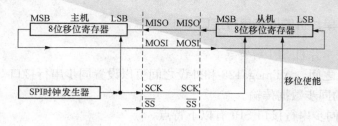

图 8-5　主机和从机之间的 SPI 连接

当配置为 SPI 主机时，SPI 接口没有自动控制$\overline{SS}$引脚的功能。这就要求在进行通信时，使用者必须处理好自己的软件。当完成这样的操作时，把数据写入 SPI 数据寄存器，开始启动 SPI 时钟。硬件系统将转移 8 位数据到从机中，转移一位后，SPI 时钟就会停止，置传输结束标志位 SPIF。如果 SPI 中断使能位在 SPCR 寄存器中进行置位，则发生中断申请。主机可以继续转移下一位送往 SPDR 中，或者是数据包通过置高从机的$\overline{SS}$脚完成发送。最后进入缓冲寄存器的数据将一直保留。

当配置为从机时，只要$\overline{SS}$引脚被置高，SPI 接口就将保持休眠模式，MISO 为高阻三态，此时，从机软件可以更新 SPI 数据寄存器（SPDR）的内容。当一位完成转移后，置位传输结束标志 SPIF。如果 SPI 中断使能位在 SPCR 寄存器中进行置位，则发生中断申请。在读取即将转移的数据之前，从机将继续往 SPDR 中写入数据，最后进入的缓冲寄存器的数据将一直保留。

（2）SPI 的引脚配置。当 SPI 被触发后，MOSI、MISO、SCN 和$\overline{SS}$引脚的数据方向配置的情况见表 8-1。

表 8-1　　　　　　　　　　　　　　　SPI 引脚配置图

引脚	方向，SPI 主机	方向，SPI 从机
MOSI	用户定义	输入
MISO	输入	用户定义
SCK	用户定义	输入
$\overline{SS}$	用户定义	输入

下面分别从主机模式与从机模式两方面来介绍$\overline{SS}$引脚功能。

1）主机模式。当配置的 SPI 为主机时（MSTR 在 SPCR 设置），使用者可以确定$\overline{SS}$引脚的方向。如果配置$\overline{SS}$为输出，则引脚作为普通的输出引脚将不影响 SPI 系统；如果作为输入，则该引脚必须保持高电平，确保 SPI 主机的操作。若系统在主机模式下，当$\overline{SS}$为输入时，而且被外设电路置低，则 SPI 系统认为另一个外部主机将选择自己为从机。开始传送数据给它。

为了避免总线冲突，SPI 采取以下措施。

SPCR 的 MSTR 位被清零，则 SPI 变为从机，作为一个从机的 SPI 结果，MOSI 和 SCN 脚变为输入。

SPSR 的 SPIF 标志位置位，如果 SPI 的中断被触发，则 SREG 进行置位，中断程序将被执行。

因此，在主机模式下，使用中断驱动 SPI 主机的数据传输，这可能使$\overline{SS}$被置低，在 MSTR 置位时，中断程序应该一直检测。如果 MSTR 通过主机被清零，则使用者必须将其置位，以使系统重新进入 SPI 的主机模式。

2）从机模式。当配置的 SPI 为主机时，从机引脚$\overline{SS}$一直是输入的。当$\overline{SS}$引脚置低时，SPI 将被激活，MISO 变为输出引脚，其他引脚变为输入；当$\overline{SS}$置高时，所有的引脚成为输入，SPI 处于不活动状态，不再接收数据。

$\overline{SS}$引脚是非常有用的。对于数据包字节的同步，可以保持从机和主机时钟发生器同步。当$\overline{SS}$置高时，SPI 的从机将立即复位接收和发送逻辑，并且丢弃转移寄存器中接收的数据中不完整的部分。

3. SPI 的工作模式

通过 SPI 的 SCN 的相位和极性，SPI 有四种工作模式。这四种工作模式是由 SPCR 的控制位 CPHA 与 CPOL 的组合方式所决定的。SPI 数据传送格式如图 8-6 和图 8-7 所示。

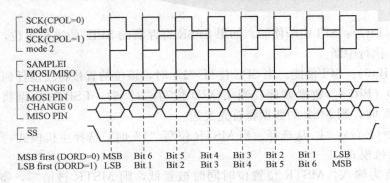

图 8-6　CPHA＝0 时 SPI 的传送格式

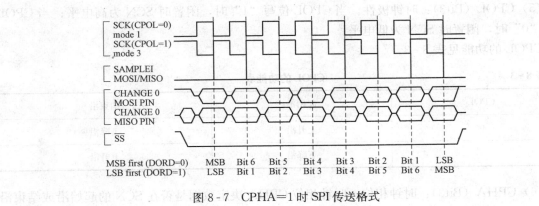

图 8-7　CPHA＝1 时 SPI 传送格式

数据移出和移入在 SCN 的相对边缘，确保有足够的时间进行数据稳定。位 CPOL 与 CPHA 的功能见表 8-2。

表 8-2　　　　　　　　　　　　CPOL 与 CPHA 的功能表

	起始沿	结束沿	SP1 模式
CPOL＝0，CPHA＝0	采样（上升沿）	设置（下降沿）	0
CPOL＝0，CPHA＝1	设置（上升沿）	采样（下降沿）	1
CPOL＝1，CPHA＝0	采样（下降沿）	设置（上升沿）	2
CPOL＝1，CPHA＝1	设置（下降沿）	采样（上升沿）	3

8.1.3 ATmega128 单片机 SPI 相关寄存器

ATmega128 有 ASPI 控制寄存器、SPI 状态寄存器及 SPI 数据寄存器三个 SPI 寄存器。

1. ASPI 控制寄存器（SPCR）

SPI 控制寄存器各位的定义如下。

Bit	7	6	5	4	3	2	1	0	
	SPIE	SPE	DORO	MSTR	CPOL	CPHA	SPR1	SPR0	SPCR
读/写	R/W	R/W	R/W	R/W	R/W	R/W	R/W	R/W	
初始值	0	0	0	0	0	0	0	0	

（1）SPIE（Bit7）：SPI 中断使能。如果 SPSR 寄存器的 SPIF 位进行置位，全局中断位也被置位，则 SPI 执行中断。

（2）SPE（Bit6）：SPI 使能。当 SPE 位写"1"时，该位的置位将使能任何 SPI 进行操作。

（3）DORD（Bit5）：数据顺序。当 DORD 位写"1"时，LSB 的数据将首先发送；当 DORD 位写"0"时，则 MSB 的数据将首先发送。

（4）MSTR（Bit4）：主/从选择。当 MSTR 位写"1"时，选择主机模式；当 MSTR 位写"0"时，选择从机模式。

如果 $\overline{SS}$ 配置为输入，MSTR 位置位时同时被置低，则 MSTR 被清零，寄存器 SPSR 的 SPIF 进行置位。使用者必须重新设置 MSTR 进入 SPI 的主机模式。

（5）CPOL（Bit3）：时钟极性。当 CPOL 位写"1"时，闲置时 SCN 为高电平；当 CPOL 位写"0"时，闲置时 SCN 为低电平。

CPOL 的功能见表 8-3。

表 8-3　　　　　　　　　CPOL 的功能表

CPOL	起始沿	结束沿
0	上升沿	下降沿
1	下降沿	上升沿

（6）CPHA（Bit3）：时钟相位。时钟相位 CPHA 决定数据是否在 SCN 的起始沿或结束沿进行采样。

CPHA 的功能见表 8-4。

表 8-4　　　　　　　　　CPHA 的功能表

CPHA	起始沿	结束沿
0	采样	设置
1	设置	采样

（7）SPR1、SPR0（Bit0、1）：SPI 时钟速率选择 0 和 1。这两位控制主机模式的 SCN 速率。SPR1 和 SPR0 不会对从机造成影响。SCN 和振荡的时钟频率 f_{osc} 关系见表 8-5。

表 8 - 5		SCN 和振荡频率之间的关系	
SP12X	SPR1	SPR0	SCK 频率
0	0	0	$f_{osc}/4$
0	0	1	$f_{osc}/16$
0	1	0	$f_{osc}/64$
0	1	1	$f_{osc}/128$
1	0	0	$f_{osc}/2$
1	0	1	$f_{osc}/8$
1	1	0	$f_{osc}/32$
1	1	1	$f_{osc}/64$

2. SPI 状态寄存器 (SPSR)

SPI 状态寄存器各位的定义如下。

Bit	7	6	5	4	3	2	1	0	
	SPIF	WCOL	—	—	—	—	—	SP12X	SPSR
读/写	R/W	R/W	R	R	R	R	R	R/W	
初始值	0	0	0	0	0	0	0	0	

(1) SPIF (Bit7)：SPI 中断标志。串行传输完成后，SPIF 置位。如果 SPCR 寄存器的 SPIE 和全局中断被使能位置位，则产生一个中断。当 SPI 为主机模式时，如果 SS 为输入且置低，则 SPIF 也将置位。当进入中断程序后，硬件系统对 SPIF 清零，或者可以通过先读 SPI 状态寄存器对 SPIF 进行清零，紧接着访问 SPI 数据寄存器。

(2) WCOL (Bit6)：写冲突标志。在数据传输过程，数据寄存器 SPDR 被写入时，WCOL 进行置位。通过首先读 SPI 状态寄存器、WCOL 进行置位、紧接着访问 SPDR，来对 WCOL 进行清零。

(3) Res (Bit1~5)：保留位。在 ATmega 128 芯片中，这些位为保留位，读操作一直为零。

(4) SP12X (Bit0)：双倍 SPI 速率位。当这位进行写"1"操作后，SPI 的速率将会加倍。当设置为主机模式时，SP12X 表示最小的 SCN 周期为 CPU 周期的两倍。当设置为从机模式时，SPI 仅能保证以 $f_{osc}/4$ 或者更低的频率进行工作。

3. SPI 数据寄存器 (SPDR)

SPI 数据寄存器的各位定义如下。初始值为 $00。

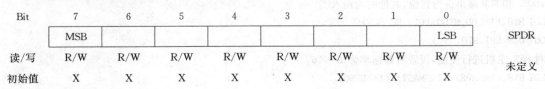

Bit	7	6	5	4	3	2	1	0	
	MSB							LSB	SPDR
读/写	R/W	R/W	R/W	R/W	R/W	R/W	R/W	R/W	
初始值	X	X	X	X	X	X	X	X	未定义

SPI 数据寄存器是可读/写寄存器，用于在寄存器文档和 SPI 转移寄存器之间传输数据。

写入寄存器数据将激发数据进行传输，读该寄存器时，读到的是转移寄存器的缓冲值。

8.1.4 SPI 的编程

1. SPI 函数

当使用 SPI 函数时，应当注意需要进行 #include "spi.h" 预处理。

unsigned char spi（unsigned char data）表示发送一个字节，同时接收一个字节。

注意：SPI 函数使用查询的方式进行通信，故不需要对 SPI 中断允许标志位 SPIE 进行设置，然而需要首先设置 SPI 控制寄存器 SPCR，再进行调用 SPI 函数。

进行 SPI 函数初始化时，需要注意以下几个方面。

（1）选择和设置正确主机或从机模式，以及相关工作状态与数据传输率。

（2）传送字节时要注意传送的顺序，是最低位还是最高位优先。

（3）设置 MOSI 和 MISO 接口正确的输入输出方向，在输入引脚处连接电阻。

2. SPI 初始化与数据传输编程

用不同编程语言都可以对 SPI 的初始化设置与数据的传送与接收进行编程，下面用两个示例进行介绍。

（1）汇编语言编程。

```
1)SPI 的初始化为从机。
SPI_SlaveInit;
;对 MISO 输出进行置位,其他位作为输入
LDI R18,(1≪DD_MISO);
OUT DDR_SPI,R18
;对 SPI、主机进行使能,设置时钟速率为 fcn/16
LDI R18,(1≪SPE)
OUT SPCR,R18
RET
SPI_SlaveReceive;
;等待接收数据完成
SDIS SPSR,SPIF
RJMP SPI_SlaveReceive
返回数据寄存器
IN R19,SPDR
RET
2)SPI 的初始化为主机。
SPI_MasterInit;
;MOSI 和 SCN 输出进行置位,其他的为输入
LDI R18,(1≪DD_MISO)|(1≪DD_SCN)
OUT DDR_SPI,R18
对 SPI、主机进行使能,设置时钟速率为 fcn/16
LDI R18,(1≪SPE)|(1≪MAST)|(1≪SPRO)
OUT SPCR,R18
RET
```

```
SPI_MasterTransmit;
;开始传输数据 R19
OUT SPDR,R19;
Wait_Transmit;
;等待传送数据完成
SBIS SPSR,SPIF
RJMP Wait_Transmit
RET
```

(2)C 语言编程。

1)SPI 的初始化为从机。

```
void SPI_SlaveInit(void)
{
//对 MISO 输出进行置位,其他位作为输入
DDR_SPI = (1≪DD_NISO);
//使能 SPI
SPCR = (1≪SPE);
}
char SPI_SlaveReceive(void)
{
//等待接收数据完成
while(! (SPSR&(1≪SPIF)));
//返回数据寄存器;
return SPDR;
}
```

2)SPI 初始化为主机。

```
void SPI_MasterInt(void)
{
//MOSI 和 SCN 输出进行置位,其他的为输入
DDR_SPI = (1≪DD_MISO)|(1≪DD_SCN);
//对 SPI,主机进行使能,设置时钟速率位 $f_{cn}$/16;
SPCR = (1≪SPE)|(1≪MAST)|(1≪SPRO);
}
void SPI_MasterTransmit(char cdata)
{
//开始传送数据;
SPDR = cdata;
//等待数据传送完成;
while(! SPSR&(1≪SPIF));
{   }
}
```

8.1.5 SPI 应用实例

1. 利用 SPI 实现两机通信的应用实例

本实例是通过 SPI 实现两机通信，采用中断方式实现双全工通信。两机的连接为：①MI-SO—MISO；②MOSI—MOSI；③SCN—SCN；④$\overline{S}\,\overline{S}$—$\overline{S}\,\overline{S}$。

将要发送的数据加载到发送缓冲区的函数 fill_tx_buffer 和从接收缓冲区读出数据的函数 read_rx_buffer 未给出，根据封面要求请自己完成，其中部分实现代码如下。

（1）SPI 中断服务程序。

```
interrupt [SPI_STC]coid spi_isr(void)
{
unsigned char data;
if(spi_m = = 0)                                        //如果 spi_m 为 0,表明是接收状态
    {
    Data = SPDR;                                       //读入接收到的数据
      SPI_RxBuf(SPI_RxHead – 1) = data;                //将接收到的数据存入接收缓存区
        if(SPI_RxRead = = SPI_RX_BUFFER_MASN)          //如果是接收帧的最后一个数据
          {
          SPI_RxHead = 0;                              //已接收数据还原
          MSTR = 1;                                    //接收完成,将 SPI 设回主方式
          Spi_trans_com = 1;                           //置接收完成标志
          }
        else
          {
          SPI_RxHead + + ;                             //已接收数据计数器加 1
          }
    }
  else                                                 //如果 spi_m 为 1,表明是发送状态
    {
    If SPI_TxHead< = SPI_TX_BUFFER_MASN)               //需要发送的数据还未全部发完
      {
    SPDR = SPI_TxBuff(SPI_TxHead);                     //从发送缓存区取数发送
    SPI_TxHead + + ;                                   //已发送数据计数器加 1
    }
  else                                                 //如果要发送的数据已全部发完
    {
    SPI_TxHead = 0                                     //已发送的数据计数器还原
    DDRB,4 = 0;
    SET_SPI_MODE = 1;                                  //释放总线,以便接收方进入主发送
    spi_m = 0;
    spi_sending = 0;                                   //清空发送中标记
      }
    }
```

```
            }
```

（2）SPI 初始化。

```
void initSPI(void)
{
SPCR = 0x52;
SPI_RxHead = 0;
SPI_TxHead = 0;
}
```

（3）发送数据。

```
void spi_send(void)
{
if(spi_sending = = 0)          //发送中标记为 0,表明 SPI 发送空闲
    {
    fill_tx_buffer();          //调用 fill_tx_buffer 函数,将要发送的数据加载到发送缓冲区
    while(PINB.4 = = 0)        //如果 PINB.4 为低,则表明总线被接收方占用,等待直至接收方发送完成
    {;}
    InitSPI();                 //初始化 SPI 的主机模式
    DDRB.4 = 1;
    SET_SPI_MODE = 0           //将 PORTB.4 拉低,强迫接收方进入从接收方式
    spi_m = 1;                 //置 spi_m 标志表明为发送状态
    delay_us(10);
    spi_sending = 1;           //置 spi_sending 标志表明发送进入中
    SPDR = 0xFF;               //开始发送,接收方接收到的第一个数据为 0xFF 应忽略
    SPIE = 1;                  //开 SPI 中断
    SPI_TxHead = 0;            //已发送数据计数器清零
    }
}
```

（4）主函数。

```
void main(void)
{   //……
while(1)
    {   //……
        if(spi_trans_com = = 1)   //如果接收完成标志为 1,表明有所数据已接收
        {
        read_rx_buffer();         //调用 read_rx_buffer 函数,将接收到的数据从接收缓冲区读出
         spi_trans_com = 0;       //读完清除接收完成标志
        }
        }
    }
```

2. 利用 SPI 接口实现 D/A 转换的实例

为了加深读者对 SPI 通信模式的理解,现给出一个采用 SPI 接口的 D/A 转换应用实例。

其中 DAC 芯片采用 TI 公司的 10 位串行电压型输出的 DAC 芯片 TLC5615，目的是连续进行电压转换。通过 SPI 接口驱动 DAC 芯片，使其完成 000～FFC（TLC5615 后两位的值一直为 0）输出的转换，LED 指示灯 DS3 对应从暗到亮，表明电压逐渐增大，关于 DAC 芯片 TLC5615，限于篇幅，读者可以查看相关数据手册，此处不作详细介绍。

采用 SPI 接口进行连续电压转换的电路原理图如图 8-8 所示。

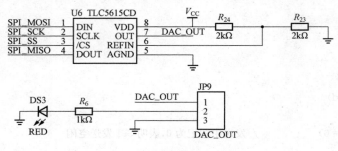

图 8-8　SPI 应用实例

程序清单如下。

（1）定义变量和宏定义。

```
#define uchar unsigned char
#define uint unsigned int
#define cs0    PORTB& = ～(1≪PB0)        //片选信号置低
#define cs1    PORTB| = (1≪PB0)          //片选信号置高
#define Data_IO    PORTA                 //数码管数据口
#define Data_DDR   DDRA                  //数码管数据口方向寄存器
#define D_LE0    PORTD& = ～(1≪PD4)       //数码管段控制位为 0,锁存端口数据
#define D_LE1    PORTD| = (1≪PD4)         //数码管段控制位为 1,锁存器输出与端口一致
#define W_LE0    PORTD& = ～(1≪PD5)       //数码管位控制位为 0
#define W_LE1    PORTD| = (1≪PD5)         //数码管位控制位为 1
uint da data;
uchar count = 0;
uint da data2;
```

（2）初始化子程序。

```
void system_init()
{
    D_LE1;                            //关闭数码管,以免显示乱码
    W_LE1;                            //关闭数码管
    Data_IO = 0xFF;
    W_LE0;
    PORTB = 0x00;                     //电平设置
    DDRB = 0xFF;                      //方向输出
}
    void SPI_init()
```

```
    {
      SPCR = (1≪SPE)|(1≪MSTR);              //主机方式,SPI 模式为 0,SCK 频率为 f_osc/4
    }
```

（3）主程序。

```
void main(void)
  {
    system_init();                          //系统 I/O 口初始化
    SPI_init();                             //SPI 初始化
    while(1)
    {
    for(da_data = 0x0000;da_data<0x0ffc;da_data + +)
    {
    cs0;                                    //使能 DAC
    da_data2 = (da_data&0xff00);            //提取数据的高 8 位
    da_data2≫ = 8;                          //高 8 位移到低 8 位,便于赋值
    SPDR = da_data2;                        //写数据的高 8 位到 SPI 数据寄存器
    SPDR = da_data&&0x00ff;                 //写数据的低 8 位到 SPI 数据寄存器
    delay_nms(1);
    cs1;                                    //关闭使能
    }
    }
  }
```

8.2　USART 接口

通用同步和异步串行接收器和转发器（USART）是一个高度灵活的串行通信设备，主要特点有：具有独立的串行接收和发送寄存器，可全双工操作，能够进行异步或同步操作，具有高精度的波特率发生器，且支持 5、6、7、8 或 9 个数据位和一个或两个停止位的帧格式，支持多处理器通信模式及倍速异步通信模式。它包含量三个独立的中断（发送结束中断，发送数据寄存器空中断以及接收结束中断），具有数据过速检测、帧错误检测、噪声滤波（包括错误的起始位检测，以及数字低通滤波器）功能，以及硬件支持的奇偶校验操作。

8.2.1　异步通信基础

1. 异步通信概述

很多外部设备和嵌入式系统都是按照串行方式来通信的，即数据是逐位进行传输的。在传输过程中，每一位数据都占用一个固定的时间长度。串行通信可以分为同步和异步两种类型。在本节中，我们重点来介绍异步串行通信的基础知识。

异步通信是一种利用字符的再同步技术的通信方式。采用异步通信时，两个字符之间的传输间隔是任意的，所以，每个字符的前后都要用一些分隔位。图 8 - 9 所示给出了异步串行通信中一个字符的数据传输格式。

355

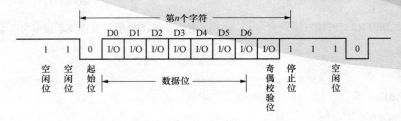

图 8 - 9　异步串行通信字符数据传输格式

传送开始前，线路处于空闲状态，送出连续的"1"。传送开始时，首先发一个"0"作为起始位，然后出现在通信线上的是字符的二进制编码数据，每个字符的数据位长可以约定为 5 位、6 位、7 位或 8 位，一般采用 ASCII 编码，后面是奇偶校验位，根据约定，用奇偶校验位将所传字符为"1"的位数凑成奇数个或偶数个。也可以约定不要奇偶校验位。最后是表示停止位的"1"信号，这个停止位可以约定持续 1 位、1.5 位或 2 位的事件宽度。至此，一个字符传送完毕，线路又进入空闲，持续为"1"，直至下个字符开始传送时才又开始发出起始位。

异步通信中，有两个比较重要的指标，即字符帧格式和波特率，数据通常以字符或者字节表示。

2. USART 与 UART 的兼容性

（1）UART 简介。UART 是一种通用串行数据总线，用于异步通信。该总线双向通信，可以实现全双工传输和接收。在嵌入式设计中，UART 用来使主机与辅助设备通信，如汽车音响与外接 AP 之间的通信，与 PC 机通信包括与监控调试器和其他器件的通信，如 E^2PROM 通信。

计算机内部采用并行数据，不能直接把数据发到 Modem，必须经过 UART 整理才能进行异步传输，其过程为：CPU 先把准备写入串行设备的数据放到 UART 的寄存器（临时内存块）中，再通过 FIFO（First Input First Output，先入先出队列）传送到串行设备，若是没有 FIFO，信息将变得杂乱无章，不可能传送到 Modem。

UART 是用于控制计算机与串行设备的芯片。有一点要注意的是，它提供了 RS - 232C 数据终端设备接口，这样计算机就可以和调制解调器或其他使用 RS - 232C 接口的串行设备通信。作为接口的一部分，UART 还提供下列功能：将由计算机内部传送过来的并行数据转换为输出的串行数据流；将计算机外部来的串行数据转换为字节，供计算机内部并行数据的器件使用；在输出的串行数据流中加入奇偶校验位，并对从外部接收的数据流进行奇偶校验；在输出数据流中加入启停标记，并从接收数据流中删除启停标记；处理由键盘或鼠标发出的中断信号（键盘和鼠标也是串行设备）；可以处理计算机与外部串行设备的同步管理问题；有一些比较高档的 UART 还提供输入输出数据的缓冲区，比较新的 UART 是 16550，它可以在计算机需要处理数据前在其缓冲区内存储 16 字节数据，而通常的 UART 是 8250。如果用户购买一个内置的调制解调器，此调制解调器内部通常就会有 16550 UART。

（2）USART 与 UART 的兼容性。USART 在下面这些方面与 UART 完全兼容：①所有 USART 寄存器中的位定义；②波特率发生器；③发送操作；④发送缓冲功能；⑤接收操作。

接收缓冲器在以下特殊情况下对 USART 和 UART 的兼容性有所影响。

1）增加了一个接收缓冲器，两个缓冲器的操作就像一个环形的 FIFO 缓冲器，因此对于每个接收到的数据 USARR 只能被读一次,更为重要的一点是错误标志位(FE 和 DOR)和数据第 9 位(RXB8)被接收缓冲器中的数据刷新。因此在 UDR 寄存器被读之前必须对状态位进行读操作,否则由于缓冲状态的丢失会导致错误状态的丢失。

2)接收移位寄存器可作为第三级缓冲器来使用。当缓冲寄存器满时,允许数据保留在串行移位寄存器中,直到检测到一个新的数据起始位,因此 USART 能更好地防止数据溢出状况。

3)CHR9 转变成 UCSZ2。

4)OR 转变为 DOR。

8.2.2 ATmega128 单片机的 USART 接口

在 ATmega128 单片机中集成两个 USART,分别为 USART0 和 USART1,它们具有不同 I/O 寄存器,在 ATmega103 兼容模式下 USART1 是不可见的。

通用同步/异步串行接收器和发送器 USART 是一个高度灵活的传输设备。其主要特点如下。

(1)全双工通信制(独立的串行接收寄存器和发送寄存器)。

(2)同步或异步操作。

(3)同步操作时钟可由主机或从机提供。

(4)高分辨率的波特率发生器。

(5)支持 5、6、7、8、9 位数据位串行帧和 1、2 停止位串行帧。

(6)硬件支持奇偶校验操作。

(7)数据溢出检测。

(8)帧出错检测。

(9)包括错误起始位检测和数字低通滤波器的噪声过滤器。

(10)有 TX 发关完成,TX 数据寄存器为空以及 RX 接收完成三个独立的中断源。

(11)多处理器通信模式。

(12)加倍异步传输通信速度模式。

1. USART 的基本结构

如图 8-10 所示,方框图中的虚线部分 USART 分成三个主要部分,从下到上依次为时钟发生器,发送器和接收器。所有单元共享控制寄存器。

时钟发生器包含同步逻辑,通过它可以将同步操作使用的外部输入时钟与波特率发生器同步起来,XCK(发送器时钟)引脚仅工作在同步传输模式下。

发送器由一个独立的输入缓冲器、一个串行移位寄存器、奇偶校验生成器和处理不同串行帧的控制逻辑电路组成。输入缓冲器可以处理连续传输数据,帧与帧之间不存在延迟。

接收器的时钟和数据恢复单元是 USART 模块中最复杂的一部分。数据恢复单元的作用是接收异步数据。除了数据恢复单元,接收器还包括一个奇偶检测器、控制逻辑电路、一个移位寄存器和两级接收缓冲器。接收器与发送器支持同样格式的帧模式,能检验出帧出错、数据溢出以及校验错误。

2. USART 时钟

时钟生成逻辑为发送器和接收器产生基础时钟。USART 支持正常异步模式、加倍异步速率模式、主机同步模式以及从机同步模式四种模式。USART 控制和状态寄存器 C(UCSRC)中的 UMSEL 位能够在同步操作模式和异步操作模式之间进行选择。加倍速率模式(只适用于

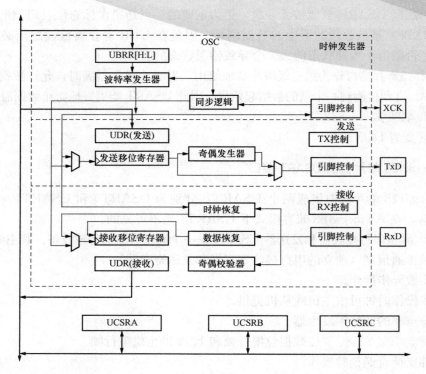

图 8 - 10　USART 方框图

异步模式）受 UCSRA 寄存器中的 U2X 位控制。当处于同步模式下（UMSEL 为 1）时，XCK
引脚的数据方向寄存器控制时钟是由内部（主机模式）还是外部（从机模式）产生的。只有在
同步模式下 XCK 引脚才有效。图 8 - 11 所示为时钟产生逻辑图。其中各部分介绍如下。

T_{xclk}——发送器时钟（内部信号）。

R_{xclk}——接收器基础时钟（内部信号）。

X_{cki}——从 XCK 引脚输入（内部信号），用于同步从机操作。

X_{cko}——时钟输出到 XCK 引脚（内部信号），用于同步主机操作。

f_{osc}——XTAL 引脚频率（系统时钟）。

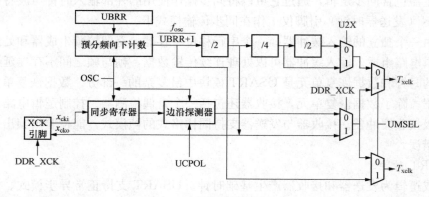

图 8 - 11　时钟产生逻辑框图

（1）内部时钟产生——波特率发生器。内部时钟生成器用于异步和同步主机操作模式。

USART 波特率寄存器（UBRR）和降序计数器连接起来，一起构成可编程的与分频器或波特率生成器。降序计数器为系统时钟（f_{osc}）计数，当降序计数器计数到零或当 UBRRL 寄存器被写入时，会装入 UBRRL 寄存器的值，当计数器计数到零时产生的时钟将作为波特率级发生器的输出时钟，频率为 $f_{osc}/$（UBRR＋1），传输器将波特率发生器的输出时钟进行 2、8 分频或 16 分频。波特率发生器的输出直接被接收器的时钟和数据恢复单元使用。数据恢复单元使用一个有 2、8 个或 16 个状态的状态机，具体状态数由 UMSEL、U2X 与 DDR－XCK 位设定的工作模式决定。

表 8-6 是计算波特率（位/秒）以及计算每一种使用内部时钟源工作模式的 UBRR 值的公式。

表 8-6 波特率计算公式

使用模式	波特率的计算公式	UBRR 值的计算公式
异步正常模式（U2X=0）	$BAUD = \dfrac{f_{osc}}{16（UBRR＋1）}$	$UBRR = \dfrac{f_{osc}}{16BAUD} - 1$
异步倍速模式（U2X=1）	$BAUD = \dfrac{f_{osc}}{8（UBRR＋1）}$	$UBRR = \dfrac{f_{osc}}{8BAUD} - 1$
异步主机模式	$BAUD = \dfrac{f_{osc}}{2（UBRR＋1）}$	$UBRR = \dfrac{f_{osc}}{2BAUD} - 1$

（2）加倍速率工作模式（U2X）。通过设定 UCSRA 寄存器中的 U2X 位可以加倍发送速度。该位的设置只能影响异步操作模式。当使用同步操作时将该位清零。

通过设置该位能将波特率分频器的分频值从 16 降到 8，有效地将异步通信速率加倍。需要注意的是，此时接收器只用了一半的采样值进行数据采样和时钟恢复，因此在该模式下，需要更加精确的波特率设置和系统时钟。

（3）外部时钟。外部时钟被同步从机操作模式所使用。从 XCK 引脚输入的外部时钟由同步寄存器进行采样，这样做的目的是提高稳定度。同步寄存器的输出在应用于发送器和比较器之前要通过一个边沿检测器。这一过程用了两个时钟周期的延时，因此外部 XCK 时钟频率最大值的确定公式为

$$f_{XCK} < \frac{f_{osc}}{4}$$

注意：f_{osc} 取决于系统时钟的稳定性，因此为了防止频率变化引起的数据丢失，推荐增加边缘量。

（4）同步时钟操作。当处于同步模式（UMSEL 为 1）时，XCK 引脚可以作为时钟输入（从机）或时钟输出（主机）。时钟边沿和数据抽样或数据变化之间的原则是：在数据输出（TXD）的 XCK 时钟的相反边沿对数据输入（RXD 上）进行采样，如图 8-12 所示。

寄存器 UCSRSC 中的 UCPOL 位用来选择 XCK 的哪一个边沿被用于数据抽样的数据改变。从图 8-12 中可以看到，当 UCPOL 位为"0"时，数据将在 XCK 时钟的上升沿被改变而在下降沿则进行数据采样。当该位发生置位时，数据将在 XCK 时钟的下降沿被改变，而在其上升沿进行数据采样。

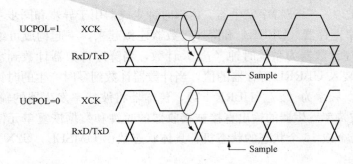

图 8-12　同步模式下的 XCK 时序

3. 数据帧格式

一个串行帧由一个数据位字符加同步位（起始位和停止位）以及一个用于检验错误的奇偶校验位构成。

USART 接收下面几种组合的帧格式。

（1）一个起始位。

（2）5、6、7、8、9 个数据位。

（3）无校验位，奇校验或偶校验。

（4）一个或两个停止位。

一个数据帧是从起始位开始的，紧接着是数据的最低位。数据字最多有 9 个数据位，以数据字的最高位结束，如果校验位使能，则校验位将被插在数据位的后面，停止位的前面。当传输一个完整的数据帧时，可以直接跟着传输下一个新的数据帧，或将通信线路设为空闲状态。图 8-13 所示为帧格式。

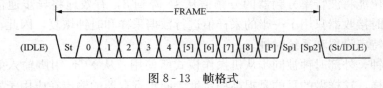

图 8-13　帧格式

图 8-13 中：St 为起始位，总是为低电平状态；[n] 为数据位（5～9）；P 为校验位，奇校验或偶校验；Sp 为停止位，总是高电平状态；IDLE 为空闲状态，即线路上没有数据传输，线路空闲时必须为高电平状态。

数据帧的结构由寄存器 UCSRB 和 UCSRC 中的标志位 UCSX2：0、UPM1：0、USBS 控制。接收器所使用的设备与发送器相同，若改变设置，则数据传输将被破坏。

校验位的计算就是对数据各个位进行异或操作。当选择奇校验时，需要对异或结果进行取反操作，校验位与数据位的关系通过下面的公式给出：

$$Peven = d_{n-1} \oplus \cdots \oplus d3 \oplus d2 \oplus d1 \oplus d0 \oplus 0$$
$$Podd = d_{n-1} \oplus \cdots \oplus d3 \oplus d2 \oplus d1 \oplus d0 \oplus 1$$

其中：Peven 为偶校验结果；Podd 为奇校验位结果；d_n 为第 n 个数据位。

校验位介于最后一个数据位和第一个停止位之间。

8.2.3 访问 USART

在通信发生之前，必须对 USART 进行初始化，通常初始化进程包括设置波特率、设置帧格式以及使能需要的接收器和发送器。

1. USART 初始化

对于中断驱动 USART 操作来说，在初始化过程中，应该先将全局中断标志位清零（同时禁止全局中断）。若要重新改变波特率或帧格式时，要确定在寄存器设置被改变的时候没有正在传输的数据。TXC 标志位可以用来校验传输数据的发送是否已经完成，RXC 标志位可以用来检查在接收缓冲器是否有未读的数据。需要注意的是，在每次发送之前（在 UDR 寄存器前）必须对 TXC 标志位进行清零操作。

下面给出了 USART 的初始化程序示例，它采用了轮询（中断被禁用）的异步操作，同时固定其帧结构。波特率作为函数参数给出。在汇编程序中波特率参数保存于寄存器 R17：R16。汇编代码例程。

（1）汇编代码例程。

```
USART_Init;
    ;设置波特率
    OUT UBRRH,R17
    OUT UBRRL,R16
    ;接收器与发送器使能
    LDI R16,(1≪RXEN)|(1≪TXEN)
    OUT UCSRB,R16
;设置帧格式:8 个数据位,两个停止位
LDI R16,(1≪USBS)|(3≪UCSZ0)
OUT UCSRC,R16
RET
```

（2）C 代码例程。

```
void USART_Init(unsigned int baud)
{
    //设置波特率
    UBRRH = (unsigned char )(baud≫8);
    UBRRL = (unsigned char)baud;
    //接收器与发送器使能
    UCSRB = (1≪RXEN)|(1≪TXEN);
    //设置格式:8 个数据位,2 个停止位
    UCSRC = (1≪USBS)|(1≪UCSZ0);
}
```

2. 发送数据

通过设置 UCSRB 寄存器中的发送使能位 TXEN 可以允许 USART 开始进行数据发送，当发送器被使能，TXD 引脚的通用引脚功能将被 USART 功能取代，允许其作为发送器的串行输出引脚来使用。在进行任何数据传输之前，必须对波特率、操作模式以及帧格式进行一次设

置。如果使用同步发送模式，则 CXK 引脚上的时钟称为传输数据的时钟。

（1）发送 5～8 位数据帧。数据发送过程的开始将正在发送的数据写入发送缓冲器中，CPU 是通过写 UDR 寄存器来进行这一操作的，当移位寄存器准备好发送一个新的数据帧时，发送缓冲器中的缓冲数据将被移入移位寄存器中，若移位寄存器处于静止状态（没有正在进行的传输）或先前的数据帧最后一位停止位也传送完，则它将被写入新的数据。当移位寄存器新数据被写入完成后，就会根据波特率寄存器给定的波特率传输一个完整的数据帧。

下面给出了对 UDRE 标志位采用轮询方式进行数据发送的程序示例。当发送帧少于 8 位时，写入 UDR 相应位置的最高位将被忽略，在使用该功能前必须初始化 USART。在汇编代码中要发送的数据存放于 R16 中。

1）汇编代码例程。

```
USART_Transmit:
  ;等待发送缓冲器为空
  SBIS UCSRA,UDRE
  RJMP USART_Transmit
  ;将数据放入缓冲器,发送数据
OUT UDR,R16
RET
```

2）C 代码例程。

```
void USART_Transmit(unsigned char data)
{
  //等待发送缓冲器为空
  while(! (UCSRA&(1≪UDRE)));
  //将数据放入缓冲器,发送数据
  UDR = data;
}
```

该程序只是在写入新的要发送的数据前，通过检测 UDRE 标志等待发送缓冲器为空。若使用数据寄存器空中断，则数据写入缓冲器的操作在中断程序中执行。

（2）发送 9 位数据帧。如果发送 9 位的数据帧（UCSX＝7），则在将低字节写入 UDRE 寄存器之前要将数据的第 9 位写入 UCSRB 寄存器的 TXB8 位中。下面的程序给出了发送 9 位数据帧的示例。

在汇编代码中要发送的数据存放于 R17：R16 中。

1）汇编代码例程。

```
USART_Transmit:
  ;等待发送缓冲器为空
  SBIS UCSRA,UDRE
  RJMP USART_Transmit
  ;将第 9 位从 R17 中复制到 TXB8
  CBI UCSRB,TXB8
  SBRC R17,0
  SBI UCSRB,TXB8
```

```
OUT UDR,R16
;将低 8 位数据放入缓冲器,发送数据
OUT UDR,R16
RET
```

2) C 代码例程。

```
void USART_Transmit(unsigned char data)
{
    //等待发送缓冲器为空
    while(! (UCSRA&(1≪UDRE));
    //将第 9 位数据复制到 TXB8
    UCSRB& = ~(1≪TXB8);
    if(data&0x100)
    UCSRB| = (1≪TXB8)
    //将数据放入缓冲器,发送数据
    UDR = data;
}
```

数据的第 9 位在多机通信中可以用来表示地址帧,在同步通信中可以用来处理协议。

(3) 传动标志位与中断。USART 发送器有两个标志位能标示出其状态,即 USART 数据寄存器为空标志位（UDRE）和发送完成标志位（TXC）。这两个标志位都能产生中断。

数据寄存器为空标志位 UDRE 能够表明发送缓冲器是否做好接收新数据的准备。当发送缓冲器为空时,该位发生置位。当发送缓冲器中存在要发送的数据且该数据没有被移入移位寄存器时,该位发生清零。为了与未来的器件兼容,在对 UCSRA 寄存器进行写操作时必须将该位清零。

当向 UCSRB 寄存器中的数据寄存器空中断使能位（UDRE）中写入"1"时,只要 UDRE 置位（同时全局中断使能）,就能产生 USART 数据寄存器空中断请求,通过写 UDRE 可以清零 UDRE 位。当使用中断驱动数据传输方式时,数据寄存器空中断例程为清零 UDRE,必须向 UDR 中写入新数据,或禁止寄存器空中断,否则,当该中断例程结束后,会产生一个新的中断。

当整个数据帧全部从发送移位寄存器中移出,同时发送缓冲器中没有新的数据存在时,发送完成标志位 TXC 发生置位。若产生发送完成中断,则该标志位能由硬件自动清零,也可以通过在该位写"1"来对其清零。TXC 标志位对于半双工通信接口（如 RS‑485 标准）十分有用,在这些应用里,当传送完成时,应用程序必须释放通信总线并进入接收状态。

当 UCSRB 寄存器中的发送完成中断使能位 TXCIE 发生置位时,只要 TXC 置位（同时全局中断使能）,就能产生 USART 发送完成中断请求。如果进入发送完成中断服务程序,则中断例程不需要对 TXC 标志位进行清零,该操作由硬件自动进行。

(4) 奇偶校验发生器。奇偶校验器的作用是在数据传输过程中为串行帧数据计算并生成相应的校验位。当校验位被使能（UPM11＝1）时,发送控制逻辑电路会在被发送的数据帧的最后一个数据位和第一个停止位之间插入一个校验位。

(5) 禁止发送。当所有数据都被发送完,即发送移位寄存器和发送缓冲寄存器中都没有正在传输的数据时,发送器才能被禁止（设置 TXEN 位为 0）。当发送结束后,发送器将不再覆盖 TXD 引脚。

3. 接收数据

通过对寄存器 UCSRB 中的接收使能 RXEN 写入逻 "1"，USART 允许接收数据。当接收器被使能时，RXD 引脚的通用功能被 USART 所取代，作为接收器的串行输入接口。波特率、操作模式以及帧格式必须在允许接收前被设置好。如果处于同步操作模式下，则 XCK 引脚的时钟被作为接收数据的时钟。

（1）接收 5～8 位数据帧。当接收器检测到一个有效的起始位时，它开始接收数据。起始位后的每一位都以设定好的波特率或 XCK 时钟进行传输，并且不断地移入到接收移位寄存器中，直到接收到数据帧的第一个停止位，而第二个停止位将被接收器所忽略。当第一个停止位被接收到，即接收移位寄存器中存在一个完整的串行帧时，移位寄存器的内容将被转移到接收缓冲器中。接收缓冲器中的内容可以通过 UDR 寄存器来读取。

下面给出了对接收完成标志位 RXC 采用轮询方式接收数据的例程。当数据帧少于 8 位时，从 UDR 寄存器读取的相应的高位数据被标记为 0。在该功能被使用前必须要初始化 USART。在读取缓冲器并返回之前，通过检验 RXC 标志位来等待数据被放入接收缓冲器中。

1）汇编代码例程。

```
USART_Receive;
    ;等待接收数据
    SBIS UCSRA,RXC
    RJMP USART_Receive
    ;从缓冲器中获取并返回数据
    IN R16,UDR
    RET
```

2）C 代码例程。

```
unsigned char USART_Receive(void)
{
    //等待接收数据
    while(! (UCSRA&(1≪RXC)));
    //从缓冲器中获取并返回数据
    return UDR;
}
```

（2）接收 9 位数据帧。如果接收 9 位的数据帧（UCSZ＝7），则在从 UDR 寄存器的低字节读取数据之前要从 UCSRB 寄存器中的 RXB8 位读取第 9 位数据。该规则同样适用于 FE、DOR 以及 UPE 等状态标志位。先从 UCSRA 寄存器中读取状态，再从 UDRE 寄存器中读取数据。读取 UDR I/O 区域会改变接收缓冲器 FIFO 的状态，因此存储在 FIFO 中的 TXB8、FE、DOR、UPE 位都将发生改变。

下面的程序给出了接收 9 位数据帧的示例，它说明了如何处理 9 位数据及其状态。

1）汇编代码例程。

```
USART_Recevie;
    ;等待接收数据
```

```
SBIS UCSRA,RXC
RJMP USART_Receive
;从缓冲器中获得状态、第 9 位及数据
LN R18,UCSRA
LN R17,UCSRB
LN R16,UDR
;如果出错,返回_1
ANDI R18,(1≪FE)|(1≪DOR)|(1≪UPE)
BREG USART_ReceiveNoError
LDI R17,HIGH(_1)
LDI R16,LOW(_1)
USART_ReceiveHoError;
;过滤第 9 位数据,然后返回
LSR R17
ANDI R17,0x01
RET
```

2）C 代码例程。

```c
unsigned int USART_Receive(void)
{
    unsigned char status,resh ,resl;
    //等待接收数据
    while(! (UCSRA&(1≪rxc)));
    //从缓冲器中获得状态,第 9 位及数据
    status = UCSRA;
    resh = USARB;
    resl = UDR;
    //如果出错,返回_1
    if(status &(1≪FE)|(1≪DOR)|(1≪UPE))
    return_1;
    //过滤第 9 位数据,然后返回
resh = (resh≫1)& 0x01;
return ((resh≪8)|resl);
}
```

（3）接收完成标志与中断。USART 接收器有一个能表明接收状态的标志位,接收完成标志位（RXC）可以说明接收缓冲器中是否存在未读数据。当接收缓冲器中存在未读数据时,该位置位,当接收缓冲器为空,即不包含任何未读数据时,该位清零。如果接收器被禁止（REXN＝0）,则接收缓冲器将会被刷新,因此 RXC 标志位变为 0。

当 UCSRB 寄存器中的接收完成中断使能标志位 RXCIE 发生置位时,只要 RXC 位置位（同时全局中断使能）,就能产生 USART 接收完成中断,当使用中断驱动数据接收方式后,为了清零 RXC 标志位,接收完成例程必须从 UDR 寄存器中读取接收数据,否则当中断例程结束后将会产生一个新的中断。

（4）接收错误标志。USART 接收器有三个错误标志位，即帧出错标志位（FE），数据溢出标志位（DOR）以及奇偶校验出错标志位（UPE）。通过读取 UCSRA 寄存器都能够访问到这三个标志位。错误标志位通常和数据帧一起位于接收缓冲器中，可以指出错误状态。由于读取 UDR 的 I/O 区域会改变缓冲器内容，所以 UCSRA 的内容必在读取接收缓冲器（UDR）之前读入。错误标志的另一个特点是它们都不能通过软件的写操作来修改。但是为了保证与将来产品的兼容性，当执行写操作时必须对这些标志位写"0"。所有的错误标志都不能产生中断。

帧出错标志位（FE）用来表明存储在接收缓冲器中下一个可读帧的第一个停止位的状态。当读取的停止位正确（为 1）时，该位清零；当读取的停止位不正确（为 0）时，该位置位。FE 标志位可以检测同步丢失，传输中断以及处理协议等。UCSRC 寄存器中的 USBS 位的设置不能影响 FE 位，因为接收器忽略除了起始位和停止位之外的所有数据位。为了与将来的器件兼容，当对 UCSRA 进行写操作时，必须将这些标志位设置为"0"。

数据溢出标志位（DOR）用来表明由于接收器满所造成的数据丢失现象。当接收缓冲器满，即一个新字符在接收移位寄存器中等待，而此时检测到一个新的起始位时，发生数据溢出现象。DOR 标志位置位即表明在最近一次读取 UDR 和下一次读取 UDR 之间丢失了一个或更多的数据帧。为了与以后的器件相兼容，当对 UCSRA 进行写操作时，必须将该位设置为"0"。当数据帧全部从移位寄存器转入接收缓冲器后，DOR 标志被清零。

奇偶校验错标志（UPE）用来表明接收缓冲器中的下一帧数据在接收时发生奇偶错误。如果不使能奇偶校验，那么 UPE 位应清零。为了与以后的器件相兼容，当对 UCSRA 进行写操作时，必须将该位设置为"0"。

（5）奇偶校验。当校验模式选择位 UPM1 置位时，校验器被激活。标志位 UPM0 用来选择是进行奇校验还是偶校验。当校验器被使能时，它将计算接收数据帧校验位的值，同时与串行数据帧的校验位的值进行比较。检测的结果与接收数据和停止位一起存储在接收缓冲器中，可以过软件对校验出错标志位（UPE）进行读取，可以确定数据帧是否发生了校验错误。若下一个从接收缓冲器中读取的数据发生校验错误，且此时校验器使能（UPM1＝1），则 UPE 发生置位，该位的有效性一直持续到接收缓冲器（UDR）被读取为止。例如：

```
void USART_Fluch(void)
{
    unsigned dummy;
while(UCSRA&(1≪RXC))dunmmy = UDR;
}
```

（6）禁止接收。相对于发送器来说，禁止接收是即时起作用的，正在接收的数据将马上丢失。当接收器被禁止（即 RXEN 被写入 0）后，RXD 引脚的通用将不再被接收器所覆盖，且接收缓冲器 FIFO 会被刷新，因此保存在缓冲器中的数据也将丢失。

（7）刷新接收缓冲器。当接收器被禁止时，接收缓冲器 FIFO 将被刷新，即缓冲器的内容将为空，未读的数据也会消失。若由于出现错误必须在正常操作中刷新缓冲器时，对 UDR 的 I/O 区域保持读操作一直到 RXC 标志位被清零。下面的代码给出了如何刷新接收缓冲器。

1）汇编代码例程。

USART_Flush:

```
    SBIS UCSRA,RXC
    RET
    IN R16,UDR
    RJMP USART_Flush
```

　　2）C 代码例程。

```
void USART_Flush(void)
{
    unsigned char dummy;
    while(UCSRA &(1≪RXC))dummy = UDR;
}
```

　　4. 异步数据接收

　　USART 内有一个处理异步数据接收的时钟恢复单元和数据恢复单元。时钟恢复逻辑电路用于同步 RXD 引脚上的串行数据帧和内部产生的波特率时钟、数据恢复逻辑采集电路，并通过低滤波器过滤所输入的每一位数据，从而可以提高接收器的抗干扰性。异步接收的工作范围依赖于内部波特率时钟的精度、帧输入的速率及一帧所包含的位数。

　　（1）恢复异步时钟。时钟恢复逻辑电路的作用是同步串行数据帧与内部时钟。当处于普通工作模式时，采样率为波特率的 16 倍，当处于倍速模式时，采样率为波特率的 8 倍。图 8-14 所示为对起始位的采样过程。

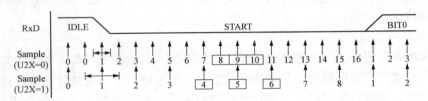

图 8-14　起始位采样图

　　当时钟电路检测到 TXD 引脚上一个从高（空闲）到低（起始）的电平跳变时，此时启动起始位检测序列。

　　（2）恢复异步数据。当接收时钟与起始位同步之后就可以开始数据恢复工作。该单元使用一个状态机来接收每一位数据位。当处于普通模式时，该状态机有 16 个状态；当处于倍速模式时，该状态机有 8 个状态。图 8-15 所示为对数据位和奇偶位的采样。图 8-16 所示为停止位以及下一帧信号起始位的采样情况。

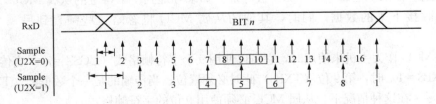

图 8-15　数据位以及奇偶位的采样图

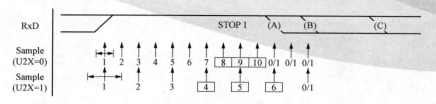

图 8-16　停止位以及下一帧信号起始位的采样图

（3）异步工作范围。接收器的工作范围取决于接收到的数据速率及内部波特率之间的不匹配程度。如果发送器以过快或过慢的波特率传输数据帧，或者接收器内部产生的波特率没有相同的频率，那么接收器就无法与起始位同步。

下面公式用来计算数据输入速率与内部接收器波特率的比值。

$$R_{slow} = \frac{(D+1)S}{S-1+D \cdot S+S_F}$$

$$R_{fast} = \frac{(D+2)S}{(D+1)S+S_M}$$

式中：D 为字符长度及奇偶位长度的总和（$D=5\sim10$ 位）；S 为每一位的采样数，普通模式下 $S=16$，倍速模式下 $S=8$；S_F 用于多数表决的第一个采样序号，普通模式下 $S_F=8$，倍速模式下 $S_F=4$；S_M 用于多数表决的中间采样序号，普通模式下 $S_M=9$，倍速模式下 $S_M=5$；R_{slow} 是可接受的、最慢的数据输入速率与接收器波特率的比值；R_{fast} 是可接受的、最快的数据输入速率与接收器波特率的比值。

5. 多处理器通信模式

将 UCSRA 寄存器中的多处理器通信模式（MPCM）位置位能够将 USART 接收器接收到的数据帧进行过滤。当数据帧中不包含地址信息时会被忽略，也不会被放在接收缓冲器中。在多处理器系统中，处理器通过同样的串行总线进行通信，这样就能有效地减少需要 CPU 处理的接收数据帧。发送器不受 MPCM 设置的影响，当它作为工作于多处理器工作模式下系统的一部分时，其使用方法有所区别。

如果接收器要接收包含 5~8 位的数据帧，则第一个停止位用来表示该帧中包含的是数据还是地址信息。如果接收器要接收长度为 9 位的数据帧时，第 9 位（RXB8）用来辨别是地址信息还是数据帧。当数据帧种类确定位（第 1 位停止位或第 9 位）为 "1" 时，该帧为地址帧；该位为 "0" 时，该帧为数据帧。

在多处理器通信模式下，多个从机能从一个主 MCU 中接收数据。要完成这个功能，首先要通过解码地址帧来确定哪一个 MCU 被寻址。如果寻址到一个特定的从属 MCU，则该 MCU 将正常地接收接下来的数据，同时，其他的从属 MCU 将忽略这些帧直到另一个地址帧被接收。

当一个 MCU 作为主机来使用时，它可以使用 9 个字符帧格式（UCSZ=7）。当传输的为一个地址帧（TXB8=1）时，第 9 位（TXB8）此时必须置位；当传输的是一个数据帧（TXB=0）时，该位必须清零。在这种情况下，从属 MCU 必须使用 9 位的字符帧格式。

多处理器通信模式下，通过下面的步骤可以进行数据交换。

（1）所有的从属 MCU 全部工作在多处理器信模式下（寄存器 UCSRA 中 MPCM 发生置位）。

（2）所有的从属 MCU 都会接收读取主机发送的地址帧，在所有的从属 MCU 中，寄存器 UCSRA 中的 RXC 位像通常一样发生置位。

（3）所有的从属 MCU 都读取 UDR 寄存器的地址，并确定本身是否被选中，如果被选中，则 UCSRA 寄存器中的 MPCM 位将被清零，否则它将等待下一个地址字节并一直保持 MPCM 为置位状态。

（4）被寻址的 MCU 将接收所有的数据帧一直到接收到一个新的地址帧。其他的从属 MCU 仍然一直保持标志位 MPCM 置位，同时忽略数据帧。

（5）当被寻址的 MCU 接收到最后一个数据帧时，它将置位标志位 MPCM 并且从主机发送的一个新的地址帧，之后进程将从第（2）步开始重复进行。

允许使用 5～8 位的字符帧格式，但这并不切合实际，因为接收器必须在 n 和 $n+1$ 字符帧格式之间进行转换，由于发送器和接收器使用相同的字符长度设置，这将导致全双工操作很困难，如果使用 5～8 位的字符帧格式，发送器必须使用两个停止位（USBS＝1），第一个停止位用来差别帧格式种类。

不要使用读写修改指令（SBI 和 CBI）来对 MPCM 位进行置位或清零操作。因为 MPCM 和 TXCn 标志位共享一个 I/O 区域，当使用 SBI 和 CBI 指令时可能不小心将其清零。

因为 USART 的高 8 位波特率寄存器 UBRRnH 与 UCSRC 共享一个 I/O 地址，在向该 I/O 地址进行写操作时，USART 寄存器选择位 URSEL 控制被写入的寄存器。当 URSEL 发生清零时，将更新 UBRRnH 中的内容；当 URSEL 发生置位时，将更新 UCSRC 中的内容。而对 I/O 地址的读访问则由时序控制。若返回 UBRRnH 中的内容则读取该地址。若寄存器地址在前一个系统时钟周期中读入，则当前时钟下对寄存器的读入将返回 UCSRC 内容中。应当注意的是，读取 UCSRC 的序列为自动工作，而读操作中发生的中断是手动控制的。

下面的例程给出了如何访问这两个寄存器。

```
//设置 UBRRH 为 2
UBRRH = 0x20;
……
//设置 USBS 与 UCSZ1 位为 1,其余位为 0
UCSRC = (1≪ursel)|(1≪USBS)|(1≪UCSZ1);
下面的程序给出了如何读取寄存器 UCSRC 中的内容。
unsigned char USART_ReadUCSRC(void)
{
Unsigned char ucsrc;
/*读 UCSRC*/
ucsrc = UBRRH;
ucsrc = UCSRC;
return ucsrc;
}
```

8.2.4　USART 相关寄存器

1. USARTnI/O 数据寄存器（UDRn）

寄存器 UDR1 的地址为 \$9C，寄存器 UDR0 的地址为 \$2C，其各位的定义如下。

Bit	7	6	5	4	3	2	1	0	
				RXBn [7：0]					UDRn（读）
				TXBn [7：0]					UDRn（写）
读/写	R/W	R/W	R/W	R/W	R/W	R/W	R/W	R/W	
初始值	0	0	0	0	0	0	0	0	

　　USARTn 传输数据缓冲器寄存器和 USARTn 接收数据缓冲寄存器共享相同的 I/O 地址，被称为 USARTn 数据寄存器或者 UDRn。向 UDRn 寄存器中写入的数据最终被发送到传输数据缓冲寄存器（TXBn）中，读 UDRn 寄存器时，读取的是接收数据缓冲寄存器（RXBn）中的内容。

　　当设定 5、6、7 位为低时，高位上没有使用的比特位将被发送器忽略并被接收器清零。只有在寄存器 UCSRAn 中的标志位 UDREn 发生置位时，才能发送缓冲器进行写操作。

　　当标志位 UDREn 没有被设置时，写入的数据会被 USARTn 发送器忽略。若数据被写入发送缓冲器中，同时发送器被使能，这时在移位寄存器为空的情况下，发送器将把数据写入移位寄存器中，然后该数据在 TXDn 引脚上不断传输。

　　接收缓冲器由两个 FIFO 组成。当接收缓冲器被访问时，FIFO 的状态就会发生改变。由于接收缓冲器的这种特性，因此不要对这一单元进行读写以及修改指令（SBI 和 CBI）。在使用位测试指令（SBIC 和 SBIS）时也要注意，因为该操作也会改变 FIFO 的状态。

　　2. USARTn 控制和状态寄存器 A（UCSRnA）

　　寄存器 UCSR1A 的地址为 $9B，寄存器 UCSR0A 的地址为 $2B，其各位的定义如下。

Bit	7	6	5	4	3	2	1	0	
	RXCn	TXCn	UDREn	FEn	DORn	UPEn	U2Xn	MPCMn	UCSRnA
读/写	R	R/W	R	R	R	R	R/W	R/W	
初始值	0	0	1	0	0	0	0	0	

　　（1）Bit7（TXCn）：USART 接收完成标志位。当有未读的数据在接收缓冲器中时，该位发生置位。当接收缓冲器为空（不包含任何未读数据）时，该位发生清零。当接收器被禁止时，接收缓冲器将会被刷新，因此 RXCn 位发生清零。RXCn 标志位能产生一个接收过错或中断。

　　（2）Bit6（TXCn）：USART 传送完成标志位。当移位寄存器中的全部内容都被移出且当前没有新的数据存在于发送缓冲器（UDRn）中时，该位发生置位。当执行发送完全中断时，该位由硬件自动清零，通过对其比特位写入逻辑"1"也可以将其清零。TXCn 标志位能产生一个传输完全中断。

　　（3）Bit 5（UDREn）：USART 数据寄存器空标志位。该标志位能表明发送缓冲器（UDRn）是否准备好接收新数据。如果该位发生置位，则表明缓冲器为空，因此做好了写入数据的准备。UDRn 标志位能产生一个数据寄存器空的中断请求。系统复位后，UDREn 置位，此时表明发送器准备就绪。

　　（4）Bit 4（FEn）帧出错位。在接收过程中，当接收缓冲器中的下一个字节帧出错时，该标志位被置位（如接收缓冲器中下一个字节的第一个停止位为 0）。该位的有效性一直持续到接收缓冲器（UDRn）被读取。当接收到的数据停止位为"1"时，FEn 位清零。当对 UCSR-nA 进行写操作时保持该位一直为"0"。

（5）Bit 3（DORn）：数据溢出位。当数据溢出情况被检测时，该位被置位。当接收缓冲器满（两个字符）时，若有一个数据等候在接收移位寄存器中，而此时另一个新数据被检测到时，会发生数据溢出现象。该位的有效一直持续到接收器件（UDRn）被读取。当对 UCSRnA 进行写操作时保持该位一直为"0"。

（6）Bit 2（UPEn）：奇偶校验出错位。接收器和奇偶校验都使能时，如果接收缓冲器中的下一个字符发生奇偶校验错误，则该位发生置位。该位的有效性一直持续到接收缓冲器（UDRn）被读取。当对 UCSRnA 进行写操作时保持该位一直为"0"。

（7）Bit 1（U2Xn）：加倍 USART 传输速率位。该位只对异步操作起作用。当使用异步操作时对该位写入逻辑"1"。若将该位置"1"，则波特率的分频因子将从 16 降到 8，这样能有效地将异步通信的传输速率加倍。

（8）Bit0（MPCMn）：多处理器通信模式位。通过该位能使能多处理器模式。当对标志位MPCMn 写入逻辑"1"时，在所有被 USART 接收器接收到的数据帧中，其中不包含地址信息的将被忽略。发送器不受 MPCMn 位的影响。

3. USARTn 控制和状态寄存器 B（UCSRnB）

寄存器 UCSR1B 的地址为 \$9A，寄存器 UCSR0B 的地址为 \$2A，共各位的定义如下。

Bit	7	6	5	4	3	2	1	0	
	RXCIEn	TXCIEn	UDRIEn	RXENn	TXENn	UCSZn2	RXB8n	TXB8n	UCSRn8
读/写	R/W	R/W	R/W	R/W	R/W	R/W	R	R/W	
初始值	0	0	0	0	0	0	0	0	

（1）Bit 7（RXCIEn）：RX 接收完全中断使能位。向该标志位中写入"1"将使能 RXC 中断。只有当 RXCIE 位发生置位，寄存器 SREG 中的全局中断标志位被写入"1"，且同时寄存器 UCSRnA 中的 RXC 位也发生置位时，才能产生 USART 接收完全中断。

（2）Bit 6（TXCIEn）：TX 发送完全中断使能位。向该标志位中写入"1"将使能 TXCn 中断。只有当 RXCIEn 位发生置位，寄存器 RSEG 中的全局中断标志位被写入"1"，且同时寄存器 UCSRnA 中的 TXCn 位也发生置位时，才能产生 USART 发送完全中断。

（3）Bit 5（UDRIEn）：USART 数据寄存器为空中断使能位。向该标志位写入"1"将使能 UDREn 中断。只有当 IDREn 位发生置位，寄存器 RSEG 中的全局中断标志位被写入"1"，且同时寄存器 UCSRnA 中的 UDREn 位也发生置位时，才能产生数据寄存器为空中断。

（4）Bit 4（RXENn）：接收使能位。向该标志位中写入"1"将使能 USARTn 接收器。当该位发生置位时，接收器将使能并且 RXDn 引脚覆盖通用端口操作。禁止接收器将刷新接收缓冲器并使标志位 FEn，DORn 以及 UPEn 标志位失效。

（5）Bit 3（TXENn）：传送使能位。向该标志位中写入"1"将使能 USARTn 发送器。当该位发生置位时，发送器将使能并用 TXDn 引脚覆盖通用端口操作，直到正在传输和后续传输的数据全部传输完时（即传输移位寄存器和传输缓冲寄存器中没有要进行传输的数据），禁止发送器（向 TXENn 位写"0"）的操作才会有效。当禁止传送器后，传送器将不再使用 TXDn 引脚。

（6）Bit 2（UCSZn2）：字符大小标志位。该标志位与 UCSRnC 寄存器中的 UCSZn［1：0］位结合起来可以对接收和发送数据帧的数据位（字符长度）进行设置。

（7）Bit 1（RXB8）：接收数据第 2 位。当操作 9 位的连续数据帧时，RXB8n 为接收字符的第 9 位，从 UDRn 中读取低位数据时必须主观读取该位的数据。

（8）Bit0（TXB8n）：传送数据第 8 位。当操作 9 位的连续数据帧时，RXB8n 为传送字符的第 9 位，向 UDRn 的低位写入数据时，必须先向该位中写入数据。

4. USARTn 控制和状态寄存器 C（UCSRnC）

寄存器 UCSR1C 的地址为 $9D，寄存器 UCSR0C 的地址为 $95，其各位的定义如下。

Bit	7	6	5	4	3	2	1	0	
	—	UMSELn	UPMn1	UPMn0	USBSn	UCSZn1	UCSZn0	UCPOLn	UCSRnC
读/写	R/W	R/W	R/W	R/W	R/W	R/W	R/W	R/W	
初始值	0	0	0	0	0	1	1	0	

需要注意的是，该寄存器在 ATmega103 模式下是无效的。

（1）Bit7：保留位。为了将来的使用，将该位保留。当时 UCSRnC 进行写操作时，为了与未来器件保持好的兼容性，必须对该位进行清零。

（2）Bit 6（UMSELn）：USART 模式选择位。该位用于在同步操作模式和异步操作模式之间进行选择。当该位写入"1"时，USARTn 工作于同步操作模式；当该位写入"0"时，USARTn 工作于异步操作模式。

（3）Bit 5：4（UPMn1：0）奇偶校验模式位。该位能够使能并设置奇偶校验产生和检验的种类。当使能该模式时，发送器能自动地产生并发送传输数据的奇偶校验位。接收器将对输入数据产生一个奇偶校验值，并将该值与 UPMn 的设置进行比较，当检测到不匹配的情况时，寄存器 UCSRnA 中的 UPEn 标志位将发生置位。具体模式选择见表 8 - 7。

表 8 - 7　　　　　　　　　　　奇偶校验模式选择

UPMn1	UPMn0	奇偶模式
0	0	禁止
0	1	保留
1	0	偶校验
1	1	奇校验

（4）Bit 3（USBSn）：停止位选择位。通过该位可以选择被插入到传送器中停止位的个数，接收器忽略该位的设置，该位的设置与停止位的个数关系为：该位为"0"时，停止位为一位；该位为"1"时，停止位为两位。

（5）Bit 2：1（UCSZn1：0）：字符大小标志位。该标志位与 UCSRnB 寄存器中的 UC-SZn2 位结合起来可以对接收和发送数据帧的数据位（字符长度）进行设置。具体设置情况见表 8 - 8。

表 8 - 8   字符长度选择

UCSZn2	UCSZn1	UCSZn0	字符长度
0	0	0	5 位
0	0	1	6 位
0	1	0	7 位
0	1	1	8 位
1	0	0	保留
1	0	1	保留
1	1	0	保留
1	1	1	9 位

（6）Bit 0（YCOLn）：时钟极性选择位。该位只能用在同步模式下。当 USARTn 工作于异步模式下时向该位写入"0"。UCPOLn 位设定了数据输出变化、数据输入样本采样以及同步时钟（XCKn）之间的关系，具体见表 8 - 9。

表 8 - 9   时钟极性选择

UCPO1n	发送数据的改变（TSDn 引脚的输出）	接收数据的采样（RXDn 引脚的输人）
0	XCKn 上升沿	XCKn 下降沿
1	XCKn 下降沿	XCKn 上升沿

5. USART 波特率寄存器（UBRRnL 和 UBRRnH）

寄存器 UBRR1L 的地址为 $99，寄存器 UBRR1H 的地址为 $98，寄存器 UBRR0L 的地址为 $29，寄存器 UBRR0H 的地址为 $90，其各位的定义如下。

Bit	15	14	13	12	11	10	9	8	
	—	—	—	—		UBRRn [11：8]			UBRRnH
			UBRRn [7：0]						UBRRnL
	7	6	5	4	3	2	1	0	
读/写	R	R	R	R	R/W	R/W	R/W	R/W	
	R/W	R/W	R/W	R/W	R/W	R/W	R/W	R/W	
初始值	0	0	0	0	0	0	0	0	
	0	0	0	0	0	0	0	0	

注意：UBRRnH 在 ATmega103 兼容模式下无效。

（1）Bit15：12：保留位。为了将来的使用将该位保留，当对 UBRRn H 进行写操作时，为了与未来器件保持好的兼容性，必须对该位进行清零。

（2）Bit11：0（UBRRn11：0）USARTn 波特率寄存器。这是一个包含 USARTn 波特率的 12 位寄存器。UBRRnH 包含了 USARTn 波特率的 4 个最高有效位，UBRRnL 包含了 US-ARTn 波特率 8 个最低有效位。当波特率发生改变时，传送器和接收器正在进行的数据传输将被破坏，对 UBRRnL 进行写操作会引起波特率预分频器的立即更新。

8.3 ATmega128 单片机 USART 接口的应用实例

8.3.1 串口通信应用实例

串行接口简称串口，也称串行通信接口或串行通信接口（通常指 COM 接口），是采用串行通信方式的扩展接口。RS-232 也称标准串口，最常用的一种串行通信接口。它是在 1970 年由美国电子工业协会（EIA）联合贝尔系统、调制解调器厂家及计算机终端生产厂家共同制定的用于串行通信的标准。它的全名是"数据终端设备（DTE）和数据通信设备（DCE）之间串行二进制数据交换接口技术标准"。传统的 RS-232-C 接口标准有 22 根线，采用标准 25 芯 D 型插头座（DB25），后来使用简化为 9 芯 D 型插座（DB9），现在应用中 25 芯插头座已很少采用。

1. RS-232 概述

RS-232 是现在主流的串行通信接口之一。由于 RS-232 接口标准出现较早，难免有不足之处，主要有以下四点。

（1）接口的信号电平值较高，易损坏接口电路的芯片，又因为与 TTL 电平不兼容，故需使用电平负电路方能与 TTL 电路连接。

（2）传输速率较低，在异步传输时，波特率为 20kbps；因此，在"南方的老树 51CPLD 开发板"中，综合程序波特率只能采用 19200 也是这个原因。

（3）接口使用一根信号线和一根信号返回线而构成共地的传输形式，这种共地传输容易产生共模干扰，所以抗噪声干扰性弱。

（4）传输距离有限。最大传输距离标准值为 50 英尺，实际也只能用在 50m 左右。

这里只介绍 EIA RS-232C（简称 232，RS-232）。例如，目前在 IBM PC 机上的 COM1、COM2 接口，就是 RS-232 接口 。

（1）电气特性。EIA-RS-232C 对电器特性、逻辑电平和各种信号线功能都作了规定。

在 TXD 和 RXD 上：逻辑 1（MARK）为 $-15 \sim -3V$；逻辑 0（SPACE）为 $3 \sim 15V$。

在 RTS、CTS、DSR、DTR 和 DCD 等控制线上：信号有效（接通，ON 状态，正电压）为 $3 \sim 15V$；信号无效（断开，OFF 状态，负电压）为 $-15 \sim -3V$。

以上规定说明了 RS-232C 标准对逻辑电平的定义。对于数据（信息码）：逻辑"1"（传号）的电平低于 $-3V$，逻辑"0"（空号）的电平高于 3V；对于控制信号，接通状态（ON）即信号有效的电平高于 3V，断开状态（OFF）即信号无效的电平低于 $-3V$，即当传输电平的绝对值大于 3V 时，电路可以有效地检查出来，介于 $-3 \sim 3V$ 的电压无意义，低于 $-15V$ 或高于 15V 电压也认为无意义。因此，实际工作时，应保证电平在 $\pm (3 \sim 15)$ V。

EIA RS-232C 与 TTL 转换：EIA RS-232C 是用正负电压来表示逻辑状态，与 TTL 以高低电平表示逻辑状态的规定不同。因此，为了能够同计算机接口或终端的 TTL 器件连接，必须在 EIA RS-232C 与 TTL 电路之间进行电平和逻辑关系的变换。实现这种变换可以用分立元件，也可以用集成电路芯片。目前较为广泛地使用集成电路转换器件，如 MC1488、SN75150 芯片可以完成 TTL 电平到 EIA 电平的转换，而 MC1489、SN75154 可以实现 EIA 电平到 TTL 电平的转换。MAX232 芯片可以完成 TTL 到 EIA 双向电平转换。

（2）连接器的机械特性。由于 RS-232C 并未定义连接器的物理特性，因此，出现了 DB-25、DB-15 和 DB-9 各种类型的连接器，其引脚的定义也各不相同。下面分别介绍两种连接器。

1）DB-25。PC 和 XT 机采用 DB-25 型连接器。DB-25 连接器定义了 25 根信号线，分为 4 组。

a. 异步通信的 9 个电压信号（含信号地 SG）2、3、4、5、6、7、8、20、22。

b. 20mA 电流环信号 9 个（12、13、14、15、16、17、19、23、24）。

c. 空 6 个（9、10、11、18、21、25）。

注意：20mA 电流环信号仅 IBM PC 和 IBM PC/XT 机提供，至 AT 机及以后已不支持。

2）DB-9。在 AT 机以后，不支持 20mA 电流环接口，使用 DB-9 连接器，作为提供多功能 I/O 卡或主板上 COM1 和 COM2 两个串行接口的连接器，它只提供异步通信的 9 个信号。DB-25 型连接器的引脚分配与 DB-25 型引脚信号完全不同，因此，若与配接 DB-25 型连接器的 DCE 设备连接，则必须使用专门的电缆线。

电缆长度：在通信速率低于 20kbps 时，RS-232C 所直接的最大物理距离为 15m。

最大直接传输距离说明：RS-232C 标准规定，若不使用 MODEM，则在码元畸变小于 4％的情况下，DTE 和 DCE 之间最大传输距离为 15m。可见，这个最大的距离是在码元畸变小于 4％的前提下给出的。为了保证码元畸变小 4％的要求，接口标准在电气特性中规定，驱动器的负载电容应小于 2500pF。

（3）RS-232C 的接口信号。RS-232C 的功能特性定义了 25 芯标准连接器中的 20 根信号线。其中，两条地线，4 条数据线，11 条控制线，3 条定时信号线，剩下的 5 根线作备用或未定义，常用的有 10 根，分别介绍如下。

1）联络控制信号线。

数据发送准备好（Data Set Ready，DSR）——有效时（ON）状态，表明 MODEM 处于可以使用状态。

数据终端准备好（Data Terminal Ready，DTR）——有效时（ON）状态，表明数据终端可以使用。

这两个信号有时连到电源上，一上电就立即有效。这两个设备状态信号有效，只表示设备本身可用，并不说明通信链路可以开始进行通信了，能否开始进行通信要由下面的控制信号决定。

请求发送（Request ToSend，RTS）——用来表示 DTE 请求 DCE 发送数据，即当终端要发送数据时，使该信号有效（ON 状态），向 MODEM 请求发送，用它来控制 MOSDEM 是否要进入发送状态。

允许发送（Clear ToSend，CTS）——用来表示 DCE 准备好接收 DTE 发来的数据，是对请求发送信号 RTS 的响应信号，当 MODEM 已准备好接收终端传来的数据，并向前发展时，使该信号有效，通知终端开始沿发送数据 TXD 发送数据。

这对 RTS/CTS 请求应答联络信号是用于半双工 MODEM 系统中发送方式和接收方式之间的切换。在全双工系统中，因配置双向通道，故不需要 RTS/CTS 联络信号，使其变高。

接收线信号检出（Received Line Sgnal Detection，RLSD）——用来表示 DCE 已接通通信链路，告知 DTE 准备接收数据。当本地 MODEM 收到由通信链路另一端（远地）MODEM 送来的载波信号时，使 RLSD 信号有效，通知终端准备接收，并且由 MODEM 将接收下来的载波信号解调成数字量数据后，沿接收数据线 RXD 送到终端，此线也叫作数据载波检出（Data Carrier Dectection，DCD）线。

振铃指示（Ringing，RI）——当 MODEM 收到交换台送来的振铃呼叫信号时，使该信号有效（ON 状态），通知终端，已被呼叫。

2）数据发送与接收线。

发送数据（Transmitted Data，TxD）——通过 TXD 终端将串行数据发送到 MODEM（DTE—DCE）。

接收数据（Received Data，RxD）——通过 RXD 线终端接收从 MODEM 发来的串行数据（DCE—DTE）。

3）地线。

GND、Sig. GND——保护地和信号地，无方向。

上述控制信号线何时有效、何时无效的顺序表示了接口信号的传送过程。例如，只有当 DSR 和 DTR 都处于有效（ON）状态时，才能在 DTE 和 DCE 之间进行传送操作。若 DTE 要发送数据，则预先将 DTR 线置成有效（ON）状态，等 CTS 线上收到有效（ON）状态的回答后，才能在 TXD 线上发送串行数据。这种顺序规定对半双工的通信线路特别有用，因为半双工通信才能确定 DCE 已由接收方向改为发送方向，这时线路才能开始发送。

两个数据信号：发送 TXD；接收 RXD。

一个信号地线：SG。

6 个控制信号如下。

a. DSR 数据发送准备好（Data Set Ready）。

b. DTR 数据终端准备好（Data Terminal Ready）。

c. RTS ETE 注 DCE 发送（Request To Send）。

d. RTS DTE 请求 DCE 发送（Request To Send）。

e. CTS DCE 允许 DTE 发送（Clear To Send），该信号是对 RTS 信号的回答。

f. DCD 数据载波检测（Data Carrier Detection），当本地 DCE 设备（MODEM）收到对方 DCE 设备送来的载波信号时，使 DCD 有效，通知 DTE 准备接收，并且由 DCE 将接收到的载波信号解调为数字信号，经 RXD 线送给 DTE。

RJ 振铃信号（Ringing），当 DCE 收到对方的 DCE 设备发送来的振铃呼叫信号时，使该信号有效，通知 DTE 已被呼叫。

4）RS-232 的接线。在工程当中经常会用到 RS-232 口，一般是 D 型 9 针串口。在一定条件下，必须要自己制作一个相应的"D 型的"RS-232 串口。

RS-232C 串口通信接线方法（三线制）如下。

a. 首先，串口传输数据只要有接收数据针脚和发送针脚就能实现，同一个串口的接收脚和发送脚直接用线相连，两个串口相连或一个串口和多个串口相连。

b. 同一个串口的接收脚和发送脚直接用线相连对 9 针串口和 25 针串口，均是 2 与 3 直接相连。

c. 两个不同串口（不论是同一台计算机的两个串口或分别是不同计算机的串口）之间的连接方式如下。

DB9—DB9：2—3，3—2，5—5。

DB—25—DB25：2—3，3—2，7—7。

DB9—DB25：2—3，3—2，5—7。

上面是对微机标准串行口而言的。还有许多非标准设备，如接收 GPS 数据或电子罗盘数据。只要记住一个原则：接收数据针脚（或线）与发送数据针脚（或线）相连，彼此交叉，信号地对应相接。

8 针圆形串口接线：2 为"逻辑地"，4 为"TXD"，7 为"RXD"。

9 针 D 型串口：2 为"RXD"，3 为"RXD"，5 为"逻辑地"。

2. 硬件设计

进行串口通信要满足一定的条件，计算机的串口是 RS - 232 电平，而单片机的串口是 TTL 电平的，两者之间局势稳定须有一个电平转换电路，这里我们采用 MAX232 进行转换。MAX232 芯片是 MAX 公司生产的包含两路接收器的驱动器 IC 芯片，其外部引脚和内部电路如图 8 - 17 所示。

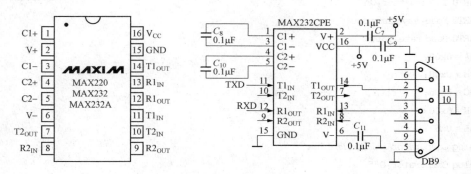

图 8 - 17　MAX232

实际运用中一般采用如图 8 - 17 所示电路。

3. 设置串口

在 CV AVR 中利用代码生成器功能配置 USART 初始化部件。本例中 ATmega128 向 PC 发送数据，波特率设置为 9600bps，数据帧格式为 8 位数据位、1 位停止位、无奇偶校验位。

在 CVAVR 平台下用串口实现发送字符串"hello world!"至 PC，在 PC 端利用 CVAVR 自带的串口调试助手可以很方便地观察到 ATmega128 和 PC 串口通信的结果。

4. 程序设计

完整代码如下：

```
Chip type       :ATmega128
Program type    :Application
Clock frequency :16.000000MHz
Memory model    :Small
External SRAM size  :0
Data Stack size     :1024
************************************************************************************ /
#include<mega128.h>
```

```
#include<stdio. h>
#include <delay. h>
//Standard Input/Output functions
#include<stdio. h>
#define UDRE 5
char DATA[30] = "hello world!"
unsigned char i = 0;
void USART_TX(unsigned char data)
|while(! UCSR0A&(1≪UDRE));
UDR0 = data;
void main(void)
//USART0 initalization
//Communication Parameters:8 Data, I Stop, No Parity
//USART0 R eceiver:On
//USART0 T ransmitter:On
//USART0 Mode:Asynchronous
//USART0 Baud rate:9600
UCSR0A = 0x00;
UCSR0B = 0x08;
UCSR0C = 0x06;
UBRR0H = 0x00;
UBRR0L = 0x67;
//Analog Comparator initialization
//Analog Comparator:Off
//Analog ComparatorInput-Capture by Timer/Conter 1:Off
ACSR = 0x80;
SFIOR = 0x00;
while(1)
|
USART_TX(DATA[I]);
I = i + i
if(i = = 30)
I = 0;
Delay_ms(100);
    //if(i = = 10)
    //i = 0;
    }
}
```

8.3.2 利用串口控制微型打印机应用实例

1. 微型打印机简介

微型打印机选取了沈阳新荣达电子有限公司的 RD-E 型热敏微型打印机。该微型打印机专为仪器仪表面板安装打印机而设计，采用独特的面板式嵌入结构，要将整个打印机固定在仪表面板上，换纸方式为前面板换纸，操作十分方便。其中，E 型为超薄紧凑设计，面板安装开孔尺寸仅为 76mm×76mm，深度仅 45mm，可容纳直径为 33mm 的打印纸卷，控制板为防尘设计安装，采用原装进口打印头，有效确保了打印效果与打印机的使用寿命。RD-E 微型打印机同时具有并口和串口通信功能，并行接口与 CENTRONICS 标准兼容，接口连接器选用 DB-9 孔座或 5 线单排针型插座，打印控制命令与 IBM 和 EPSO 打印机兼容。

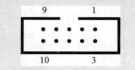

图 8-18 串口 10 线双排针引脚序号

(1) 微型打印机串口。RD-E 型热浓微型打印机的串行接口与 RS-232C 标准兼容，可以直接同微机串口或单片机控制，其串口 10 线双排针引脚序号如图 8-18 所示。

其中 RD-E 型热敏微型打印机的串行接口各引脚定义见表 8-10。

表 8-10 RD-E 型热敏微型打印机的串行接口各引脚定义

E 型 IO 线双排针串口线	信号	信号来源	方向	说　　明	PC 机 DB-9 芯串口线
3	TXD	主机	输入	打印机从主计算机接收数据	3
2	RXD	打印机	输出	当使用 X-ON/X-OFF 握手协议时，打印机向计算机发送控制码 X-ON/X-OFF	2
8	CTS	打印机	输出	该信号为 "MARK" 状态时，表示打印机正 "忙" 不能接受数据，而当该信号为 "SPACE" 状态时，表示打印机 "准备好"，可以接收数据	8
6	DSR	打印机	输出	该信号为 "SPACE" 状态表示打印机 "在线"	6
5	GND	—	—	信号地	5
1	DCD	打印机	输出	同信号 CTS	1
4、7、9	NC	—	—	未接	4、7、9
10	+5V	—	—	接 +5V 电源	—

(2) 微型打印机串口设置。串行连接方式下的数据帧格式、波特率、奇偶校验及握手方式的选择可以通过随机 6 位 DIP 开关选择，打印机自检时会把默认或已设置的信息打出。串行连接采用异步传输格式，支持的帧格式类型见表 8-11。

表 8-11 微型打印机所支持的帧格式

起始位	数据位	奇偶校验位	停止位 1
1 位	7 位/8 位	1 位	1 位

其中起始位和停止位都是一位，数据位为 7 位或 8 位。奇偶校验位为一位，当选 7 位数据时，只允许偶校验，校验方式可以通过机内 DIP 开关的 K5 和 K6 来选定。如图 8-19 所示，出厂时设定为无校验，即 K5，K6＝ON，ON。

波特率	150	300	600	1200	2400	4800	9600	19200
波特率选择 DIP开关	on 1 2 3 4 5 6	on 1 2 3 4 5 6	on 1 2 3 4 5 6	on 1 2 3 4 5 6	on 1 2 3 4 5 6	on 1 2 3 4 5 6	on 1 2 3 4 5 6	on 1 2 3 4 5 6
	校验	8—无	8—奇	8—偶	7—偶	握手方式选择	标志	XON—XOFF	出厂设置
奇偶校验选择 DIP开关	on 1 2 3 4 5 6	on 1 2 3 4 5 6	on 1 2 3 4 5 6	on 1 2 3 4 5 6	握手方式选择 DIP开关	on 1 2 3 4 5 6	on 1 2 3 4 5 6	on 1 2 3 4 5 6

图 8-19 微型打印机帧格式设置

串行方式下 RS-232C 信号的极性为 Mark=逻辑 "1"（EIA-3-27V 低电平）；Space=逻辑 "0"（EIA+3～+27V 高电平）。握手方式有两种可供选择；一种是标志控制方式；另一种是 X-ON/X-OFF 协议方式。它可以通过机内的 DIP 开关 K4 来选择，出厂时为 K4=OFF，两种握手方式见表 8-12。

表 8-12　　　　　　　　　　　　微型打印机所支持的握手方式

握手方式	数据方向	RS-232 接口信号
标志控制	数据可以进入	信号线 1 和 8 为 Space 状态
	数据不可进入	信号线 1 和 8 为 Mark 状态
X-ON/X-OFF 控制	数据可以进入	在信号线 2 上发 X-ON 码 11H
	数据不可进入	在信号线 2 上发 X-OFF 码 13H

串行连接方式的操作过程如下。

1）用 DIP 开关 K1～K3 选择波特率。

2）用 DIP 开关 K5、K6 选择奇偶校验。

3）用 DIP 开关 K4 来选择标志控制或是 X-ON/X-OFF 控制握手方式。

4）当数据缓冲区还剩下 32 个字节时，信号线 DCD（信号线 1）和 CTS（信号线 8）由打印机设置为忙状态，即 Mark 状态，否则为准备状态，即 Space 状态。

5）在 X-ON/X-OFF 控制下，忙状态时，打印机发送 X-OFF（13H）码；准备状态时，发送 X-ON（11H）码。

6）在标志控制下，主计算机根据 DCD 和 CTS 为准备状态还是忙状态而向打印机发送或是停止发送代码串。

（3）微型打印机指令集。微型打印机的命令集见表 8-13。

表 8-13　　　　　　　　　　　　微型打印机的命令集

十进制	十六进制	ASCII	功　能
0	00	NUL	结束标志
9	09	HT	执行水平造表
10	0A	LF	换行
13	0D	CR	回车
14	0E	SO	一行内双宽度打印

十进制	十六进制	ASCH	功　能
20	14	DC4	撤除 SO
27 32	1B 20	ESC SP n	设置字间距
27 37	1B 25	ESC * m 低 m 高 n1 低 n1 高……nk 低 nk 高 CR	打印曲线
27 38	1B 26	ESC & m n1 n2…n6	定义用户自定义字符
27 39	1B 27	ESC % m1 n1 m2 n2…mk nk NUL	替换用户定义字符
27 43	1B 2B	ESC+n	允许/标止上划线打印
27 45	1B 2D	ESC—n	允许/标止下划线打印
27 49	1B 31	ESC 1n	设定行间距为 n 点行
27 54	1B 36	ESC 6	选择字符集 1
27 55	1B 37	ESC 7	选择字符集 2
27 56	1B 38	ESC 8n	选择不同点阵汉字打印
27 58	1B 3A	ESC r	恢复字符集中的字符
27 64	1B 40	ESC @	初始化打印机
27 68	1B 44	ESC D n1 n2 n3…NUL	设置水平造表值
27 69	1B 45	ESC E nq nc n1 n2 n3…nk NUL	打印条形码
27 74	1B 4A	ESC J n	执行 n 点行走纸
27 75	1B 4B	ESC K n1 n2…data…	打印 n1×8 点阵图形
27 81	1B 51	ESC Q n	设定右限宽度
27 85	1B 55	ESC U n	横向放大 n 倍
27 86	1B 56	ESC V n	纵向放大 n 倍
27 87	1B 57	ESC W n	横向纵向放大 n 倍
27 88	1B 58	ESC X n1 n2	横向纵向放大不同倍数
27 99	1B 63	ESC C n	允许/禁止反向打印
27 102	1B 66	ESC f M n	打印空格或换行
27 105	1B 69	ESC i n	允许/禁止反白打印
27 108	1B 6C	ESC 1 n	设定左限宽度
27 114	1B 72	ESC r 2B/2D n	热敏打印深度调整
28 73	1C 49	FS 2 n	设置字符旋转打印
28 74	1C 4A	FS J	设置纵向打印
28 75	1C 4B	FS K	设置横向打印
28 114	1C 72	FS r n	选择上下标
28 118	1C 76	FS L	LOG 打印命令

　　而且 RD - E 型热敏微型打印机还可以支持国际一二级汉字库中全部汉字和西文字、图符共 8178 个。

2. 硬件设计

ATmega128 与微型打印机的硬件电路图如图 8-20 所示。其中采用 ATmega128 的串口 1 与微型打印机的串口相连进行通信，ATmega128 的 PC4 与微型打印机的 CTS 引脚相连，根据电平状态来判断打印机的状态，ATmega128 的 PC5 与微型打印机的 DSR 引脚相连，为今后的软件功能扩展预留。由于 RD-E 型微型打印机为热敏式工作方式，所需工作电流较大，因此为了避免打印机和单片机系统之间相互的电磁干扰，建议单片机系统与微型打印机的供电单元分离，并做好屏蔽措施。

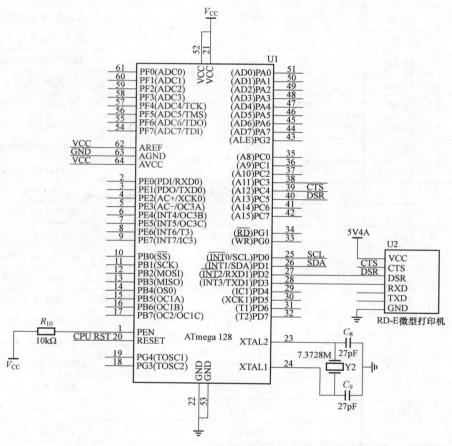

图 8-20 ATmega128 与微型打印机的硬件电路图

3. 程序设计

微型打印机与单片机通过串口进行通信，因此这部分程序主要是通过单片机串口发送指令和数据控制微型打印机的输出。单片机串口的使用首先应该进行初始化，在应用中初始化串口通信波特率为 9600bps，8 位数据位，1 位停止位，采用查询的方式发送数据。在采用查询方式发送数据时首先检测单片机 UCSR1A 寄存器中的 UDRE1 位是否为 1，该位为 1 说明发送缓冲器为空，可以接收新的数据；若该位为 0 则表明发送缓冲器未准备好，需要继续等待。在 UDRE1 位置 1 后，将待发送的数据送入发送缓冲器进行发送。UCSR1A 寄存器中的 TXC1 位置 1 表明发送结束，因此通过查询该位可以判断发送是否结束。微型打印机的控制建立在上述串口发送程序之上，通过串口发送指令和数据实现打印机的输出。

程序清单如下。

```
/****************************** 串口初始化设置子程序****************************** /
void UART_SETTING(int baud_rate,long fosc)
{
  UBRR1L = (fosc/16/(baud_rate + 1)) % 256;      //设置波特率
  UBRR1H = (fosc/16/(baud_rate + 1))/256;
  //允许发送和接收,并允许接收中断
      UCSR1B| = (1≪UCSZ12)|(1≪RXEN1)|(1≪TXEN1)|(1≪Rxcie1);
      UCSR1C| = (1≪UCSZ11)|(1≪UCSX10);      //8 位数据 + 1 位 STIOP 位,从机
}
/****************************** 发送单字节子程序****************************** /
void print_byte(uint8_t data)
{
  While (! UCSR1A&(1≪UDRE1))
    ;
  UDR1 = data;                          //发送数据
  Loop_until_bit_is_set(UCSR1A,TXC1);   //查询发送是否结束
  UCSR1A = UCSR1A(1≪TXC1);              //没有使用发送结束中断,通过置数将 TXC 清零
}
/****************************** 打印指令子程序****************************** /
```

(1) 打印 12×12 点阵汉字。

```
void print_12_12(void)
{
  print_byte(0x1B)
  print_byte(0x38)
  print_byte(0x04);
}
```

(2) 打印 8×12 点阵 ASC11 字符。

```
void print_8_12(void)
{
  print_byte(0x1B)
  print_byte(0x38)
  print_byte(0x07);
}
```

(3) 打印空格。

```
void print_kongge(void)
{
  Print_byte(0x1B);
  Print_byte(0x66);
```

```
    Print_byte(0x00);
}
/*********************************** 测试结果打印子程序*********************************** /
void test result_print(void)
{
    cli(1);                                    //关中断
    //设置波特率,允许发送和接收,8 位数据 + 1 位 STOP 位
UART_SETTING(9600,7372800);
sbi(DDRC,PC5);                                 //PC5 输出
cbi(PORTC,PC5);                                //busy 为低
sei();                                         //开中断
//第一行
print_kongge(0);
print_byte(0x05);                              //空 5 格
print_12_12();
print_byte(0x20);                              //北
print_byte(0x21);                              //京
print_byte(0x22);                              //航
print_byte(0x24);                              //空
print_byte(0x22);                              //航
print_byte(0x23);                              //天
print_byte(0x25);                              //大
print_byte(0x26);                              //学
print_byte(0x0d);
//第二行
print_kongge();
print_byte(0x02);                              //空 2 格
print_12_12();
print_byte(0x45);                              //压
print_byte(0x46);                              //力
print_byte(0x42);                              //值
print_byte(0x4c);                              //均
print_byte(0x52);                              //对
print_byte(0x53);                              //应
print_8_12();
print_byte(0x22);
print_byte(0x20);
print_byte(0x16);
print_byte(0x36);
print_byte(0x9b);
print_8_12();
print_byte(0x2e);
print_kongge();
```

```
print_byte(0x01);                          //空 1 格

print_12_12();
print_byte(0x4e);                          //单
print_byte(0x4f);                          //位
print_8_12();
print_byte(0x2c);                          //:
print_byte(0x31);                          //M
print_byte(0x33);                          //P
print_byte(0x34);                          //a
print_byte(0x0d);                          //:

return 0;
}
```

8.4　两线串行接口 TWI

在电子系统中，为了满足 IC 之间或 IC 与外界之间的通信，PHILIPS 公司开发了 I²C（Inter Itegrated Circuit）总线。I²C 是一种两线式串行总线，它支持任何一种 IC 制造工艺，并且 PHILIPS 和其他厂商提供了非常丰富的 I²C 兼容芯片。作为一个专利的控制总线，I²C 已经成为世界性的工业标准。

ATmega128 单片机中集成了 TWI 串行总线接口。TWI 接口是对 I²C 总线的继承与发展，它与 I²C 总线一样，具有结构简单、支持主机和从机操作、数据传输速率高的特点。

8.4.1　串行通信基础知识

CPU 与外部设备交换数据有并行通信和串行通信两种方式。并行通信是指数据的各位同时进行传送的方式，它的优点是传送速度快，效率高，需要传送的数据位数和所需传输线是相同的；而串行通信是指将数据一位一位地传送，传输每一位时，所需的时间长度是固定的，它的优点是只要一对传输线就可以实现通信。在计算机之间以及计算机与外设之间的远距离的数据通信系统中一般采用串行通信方式。

在串行通信过程中，数据有同步方式和异步方式两种传输方式。

（1）同步方式。同步方式将数据分成几个数据块，数据块之间使用同步字符隔开，而传输的各位二进制码之间都没有间隔。同步通信方式按照软件识别同步字符，用来实现数据的发送和接收，它是一种连续串行传送数据的通信方式。

（2）异步方式。异步通信按帧传送数据，字符帧格式和波特率是它的两个重要指标，它能利用每一帧的起、止信号来建立发送与接收之间的同步。在异步通信中，数据以字符或字节为单位组成字符帧，字符帧由发送端逐帧发送，通过传输线被接收设备逐帧接收。发送端和接收端的数据发送以及接收由不同的时钟控制，互不干涉。

异步通信的基本特征是每个字符必须使用起始位和停止位作为字符开始和结束的标志。

8.4.2　I²C 总线协议

I²C 总线是 Inter _ IC 串行总线的缩写，该总线上的集成的电路模块或单片机通过一条串行数据线（SDA）和一条串行时钟线（SCL）进行信息传送。基本的 I²C 总线传输速率最高仅为 100kbit/s，采用 10 位寻址，为了获得更高的数据传输速率和更大的寻址空间，I²C 增强为快速模式，采用 10 位寻址。随着技术的发展，I²C 还增加了高速模式，它能够使 I²C 总线支持未来的高速串行传输应用。

I²C 总线具有可靠性好、结构简单、传输速率快等特点，广泛应用于单片机应用系统中。

1. I²C 总线基本结构

根据 I²C 总线的通信规则，被控电路并联在总线上，且每个总线上的电路模块都有唯一的地址。总线可以通过该地址识别连接在总线上的器件，而器件之间的数据传送是通过连接在总线上的信号线 SDA（串行数据线）和平 SCL（串行时钟线）完成的。在信息传送过程中，I²C 总线上并接的每一模块电路既是主控器（或被控器），又是发送器（或接收器），这取决于它所要完成的功能。图 8-21 所示为 I²C 总线结构图。

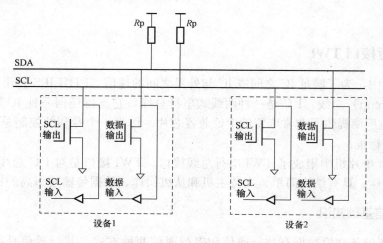

图 8-21 I²C 总线结构图

I²C 总线的双向 I/P 线 SDA 和 SCL 通过上拉电阻接到电源正极。当总线处于空闲状态时，SDA 和 SCL 线均为高电平。SDA 输出电路用来向总线上发送数据，而 SDA 输入电路用于接收总线上的数据。主机的 SCL 输出电路用来发送时钟信号，同时本身的接收电路通过检测 SCL 电平来确定下一步的动作。从机的 SCL 输入电路用来接收总线时钟信号，同时可以从 SDA 上接收数据或向 SDA 上发送数据，通过拉低 SCL（输出）可以延长总线周期。

注意：所有连接到 I²C 总线上的器件引脚必须是漏极开路或集电极开路输出的形式，同时 I²C 引脚应为双向。

I²C 总线可以实现多个处理机之间的通信，即支持多机通信。在系统运行的任意时刻总线由一台主机控制，其他设备作为从机使用。主机与从机之间的数据传送是双向的。另外，发送器是用来发送数据的，而接收器是用来接收数据的，它们可以为主机，也可以为从机。

2. I²C 总线时序

I²C 总线在进行数据传输的过程中，当 SCL 处于高电平状态时，SDA 上的信息必须保持不变；当 SCL 处于低电平状态时，SDA 上的信息允许变化。SDA 上的每一位数据都和 SCL 上的时钟脉冲相对应，当 SCL 没有时钟信号时，SDA 上的数据将停止传输。

I²C 总线在传送数据过程中有开始信号、结束信号和应答信号三种不同的信号类型。

（1）起始信号：SCL 为高电平时，SDA 由高电平向低电平跳变，开始传送数据。起始信号是必需的。

（2）结束信号：SCL 为高电平时，SDA 由低电平向高电平跳变，结束传送数据。结束信号不是必需的。

（3）应答信号：当 IC 接收到数据后能发出一个低电平脉冲，表示已收到数据。CPU 向受控单元发出一个信号后，受控单元会发出应答信号，CPU 接收到该信号后，会判断出是否需要继续传输数据。若未收到应答信号，就判断为受控单元出现故障。应答信号在数据传输过程中起着重要的作用，它能决定总线以及连接在总线上设备下一步的状态和动作。当应答信号发生错误时，总线的通信将会失败。

图 8-22 所示为 I²C 总线的起始信号和终止信号时序图。

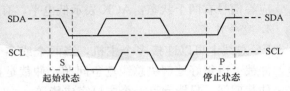

图 8-22　I²C 总线起始信号和终止信号时序图

3. I²C 总线的数据传送

一次完整的数据传送过程包括开始、数据发送、应答以及停止等典型信号。在 I²C 总线的数据传输过程中，传输的数据是以 8 位的字节为单位的，其传输过程如图 8-23 所示。

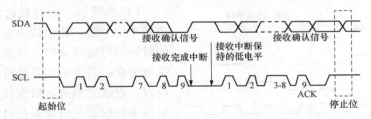

图 8-23　I²C 总线数据传输过程

当发送方每发送完一个字节后，都等待接收方返回一个应答响应信号 ACK。所有 I²C 总线上传送的地址中 10 位为地址位、一位为读写控制位、最后一位为应答位。当主观性写控制位为高电平时，执行读操作；读写控制位为低电平时，执行写操作。

在 I²C 总线进行数据传递的过程中，时钟信号处于高电平时，数据线上的数据保持稳定；时钟信号处于低电平时，数据线上的状态才允许改变。在时钟线保持高电平期间，规定当数据从高电平向低电平变化时为起始条件，当数据从低电平向高电平变化时为停止条件，而起始条件和停止条件是使总线进入"忙""闲"状态的唯一途径。

如果传送的字节数据被总线上的另一个接收器接收，且该接收器已经被寻址，这时会在总线上产生一个确认信号，并在这一位时钟信号的高电平期间，使数据保持稳定的低电平状态，从而完成应答信号的输出。确认信号通常是指起始信号和停止信号，如果这个信息是一个起始字节，或是总线寻址，则总线上不允许有应答信号产生。如果接收器对被控寻址做出了确认应答，且在数据传输的一段时间以后，又无法接收更多的数据，则主控器也将停止数据的继续传送。

I²C 总线的数据传输过程如下。

（1）主机控制驱动 SCL 发送 9 个时钟脉冲，其中 8 个为传输数据所用，一个（第 9 个）为响应时钟脉冲。

（2）在传输数据所占用的时钟脉冲内，发送方作为发送器控制 SDA 向接收器输出 8 位数据。

（3）在传输数据所占用的时钟脉冲内，当处于输入状态时，接收方作为接收器检测接收

SDA 上的 8 位数据。

（4）在响应时钟脉冲内，发送方释放 SDA 后由发送器转换为接收器。

（5）在响应时钟脉冲内，接收方由接收器转换成发送器之后能控制 SDA 输出应答响应信号 ACK。

（6）在响应时钟脉冲内，当处于输入状态时，发送方作为接收器检测接收 SDA 上的应答响应信号 ACK。

（7）根据应答响应信号状态的不同，发送方和接收方最后确定其角色转换和后续动作。

应答信号有两个状态：ACK 表示低电平，有应答；nACK 表示高电平，无应答。

4. 竞争仲裁

I²C 总线上可以连接多个主机，当两个或多个主机想同时占用总线时，就会产生总线竞争，仲裁可以很好地解决总线竞争问题。仲裁是在 SCL 为高电平时，根据 SDA 状态进行的。在一仲裁期间，只能允许一个主机完成传送，如果有其他主机已经在 SDA 上传送低电平，则发送高电平的主机就会发现此时 SDA 上的电平与它发送的信号不同。这样，该主机就会失去选择仅停止传送。不同的主机可能使用不同的 SCL 频率，为保证传送的一致性，必须设计一种同步主机时钟的方案，这会简化仲裁过程，如图 8-24 所示。

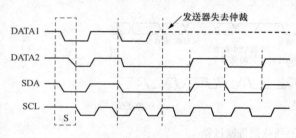

图 8-24 I²C 总线竞争仲裁过程

I²C 总线协议的仲裁过程：当主机在发送某个字节时，若被裁决失去主控权，则它的时钟信号继续输出，并直到整个字节发送结束为止；若主机在寻址阶段被裁决失去主控权，它就立刻进入被控接收状态，并判断取得主控权的主机是否在对它进行寻址。

输出数据之后所有的主机都持续监听 SDA 来实现仲裁。如果从 SDA 读回的数值与主机输出的数值不匹配，则该主机即失去仲裁。注意：只有当一个主机输出高电平的 SDA，而其他主机输出为低，该主机才会失去仲裁，并立即转为从机模式，检测是否被胜出的主机寻址；失去仲裁的主机必须将 SDA 置高，但在当前的数据或地址包结束之前还可以产生时钟信号；仲裁将会持续到系统只有一个主机。这可能会占用许多比特。如果几个主机对相同的从机寻址，则仲裁将会持续到数据包。

8.4.3 ATmega128 单片机的 TWI 接口

ATmega128 提供了实现标准两线串行通信 TWI 硬件接口。其主要的性能特点如下。

（1）强大、灵活的通信接口，只需要两根线完成数据通信。

（2）支持主机和从机操作模式。

（3）器件可以作为发送器或接收器使用。

（4）10 位地址空间，允许有 128 个从机。

（5）支持多主机仲裁。

（6）高达 400kHz 的数据传输率。

（7）斜率受限的输出驱动器。

（8）能防止总线上产生毛刺的噪声监控器。

（9）完全可编程的从机地址以及公共地址。

（10）睡眠时地址匹配可以唤醒处于休眠模式的 AVR。

1. 两线串行接口（TWI）的定义

AVR 系列的单片机内部集成了 TWI（Two‑wire Seriallnterface）总线，该总线继承并发展了 I²C 总线，并具有自己的寄存器和功能模块，使其在操作和使用上更加灵活。

两线接口 TWI 很适合于典型的处理器应用。TWI 协议允许系统设计者只用两根双向传输线就可以将 128 个不同的设备互联到一起。这两根线分别为串行时钟线 SCL 和串行数据线 SDA。外部硬件只需要在这两根线上分别上位一个电阻。所有连接到总线上的设备都有自己的地址。图 8‑25 所示为 TWI 总线的连接图。

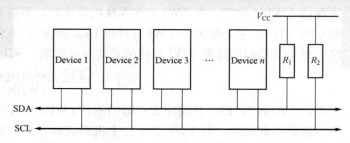

2. TWI 模块

总线接口单元包括数据与地址寄

图 8‑25 TWI 总线连接

存器 TWDR、START/STOP 控制器和总线仲裁判定硬件电路。比特率发生器单元用来控制 TWI 工作于主机模式时时钟信号 SCL 的周期，具体由 TWI 状态寄存器 TWSR 的预分频系数以及比特率寄存器 TWBR 设定；当 TWI 工作于从机模式时，无须对比特率或预分频进行设定。地址匹配单元将检测从总线上接收到地址是否与 TWAR 寄存器中的 10 位地址相匹配。控制单元监视 TWI 总线，根据 TWI 控制寄存器 TWCR 的设置做出相应的响应。

TWI 内部由总线接口单元、比特率发生器、地址区配单元和控制单元等几个子模块组成。如图 8‑26 所示，所有位于总线之中的寄存器可以通过 AVR 数据总线进行访问。

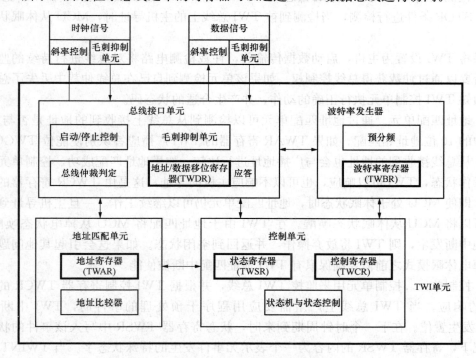

图 8‑26 TWI 模块概述

(1) SCL 和 SDA 引脚。在图 8-26 中，SCL 与 SDA 为 MCU 的 TWI 接口引脚，引脚的输出驱动器包含一个波形斜率限制器，它可以满足 TWI 规范。引脚的输入部分包括尖峰抑制单元，可以用来去除小于 50ns 的毛刺，当相应的端口设置为 SCL 与 SDA 引脚时，可以使能 I/O 口内部的上拉电阻，这样可以省掉外部的上拉电阻。

(2) 比特率发生器单元。当 TWI 工作于主机模式时，比特率发生器可以产 TWI 时钟信号，并驱动时钟 SCL。时钟 SCL 的周期由 TWI 状态寄存器 TWSR 的预分频系数以及比特率寄存器 TWBR 设定。当 TWI 工作在从机模式时，不需要对比特率或预分频进行设定，但从机的 CPU 时钟频率必须大于 TWI 时钟线 DCL 频率的 16 倍。需要注意的是，从机可以通过延长 SCL 低电平的时间降低 TWI 总线的平均时钟周期。SCL 的频率产生公式为

$$f_{SCI} = \frac{CPU Clock frequency}{16 + 2(TWBR)4^{TWPS}}$$

式中：TWBR 为 TWI 比特率寄存器的值；TWPS 为 TWI 状态寄存器预分频的值。

需要注意的是：当 TWI 工作在主机模式时，TWBR 值应该大于 10，否则输出可能是错误的。

(3) 总线接口单元。总线接口单元主要包括数据与地址移位寄存器 TWDR、起始/停止控制器和总线仲裁判定硬件电路。TWDR 寄存器用来存放发送或接收的数据和地址。总线接口单元还有一个寄存器 ACK，其中包含了用于数据传送或接收的应答响应信号 ACL。该寄存器不能由程序直接进行读写访问。当接收数据时，通过 TWI 控制寄存器 TWCR 可以对其进行置位或清零操作；在发送数据时，ACK 值由 TWCR 的设置决定。

START/STOP 控制器负责 TWI 总线上的 START、REPEATED START 与 STOP 时序的发生和检测。当 MCU 处于休眠状态时，START/STOP 控制器仍能够对 TWI 总线上的 START/STOP 条件进行检测，当检测到被 TWI 总线上的主机寻址时，MCU 从休眠状态中被唤醒。

如果将 TWI 设置为主机，启动数据传输前，仲裁检测电路将对总线进行持续的监控，以确定是否要以通过仲裁获得总线控制权。如果该单元检测到自己在总线仲裁中丢失了总线控制权，则通知 TWI 控制单元执行正确的动作，并产生合适的状态码。

(4) 地址匹配单元。通过地址匹配单元可以检测到从总线上接收到的地址是否与 TWAR 寄存器中的 10 位地址相匹配。如果 TWAR 寄存器的 TWI 广播应答识别使能位 TWGCE 状态为 "1"，从总线接收到的地址也会与广播地址进行比较。如果地址匹配成功，控制单元将转到适当的操作状态，TWI 可以响应，也可以不响应主机的寻址，这是由 TWCR 寄存器的设置来决定的。即使 MCU 处于休眠状态时，地址匹配单元仍可以继续工作。一旦主机寻址到这个器件，就可以将 MCU 从休眠状态唤醒。在 TWI 由于地址匹配将 MCU 从掉电状态唤醒期间，如有其他中断发生，则 TWI 将放弃操作，并返回到空闲状态。如果这会引起其他问题，那么在进入掉电休眠模式之前需要确保只有 TWI 地址匹配中断被使能。

(5) 控制单元。控制单元用来监控 TWI 总线，并根据 TWI 控制寄存器 TWCR 的设置做出相应的响应。当 TWI 总线上产生需要应用程序干预处理的事件时，TWI 中断标志位 TWINT 发生置位。在下一个时钟周期到来时，状态寄存器 TWSR 中写入该事件的状态，在其他情况下，寄存器 TWSR 的内容为一个表示无事件发生的特殊状态字。当 TWINT 标志位发生置位时，时钟线 SCL 将被拉低，TWI 总线上的数据传输将被暂停，让用户程序处理事件。

当出现下列状况时，TWINT 标志位发生置位：①在 TWI 传送完起始或再起始信号之后；②在 TWI 传送完主机寻址读/写数据之后；③在 TWI 传送完地址字节之后；④在 TWI 总线丢失控制权后；⑤在 TWI 被主机寻址之后；⑥在 TWI 接收到一个数据字节之后；⑦作为从机工作时，TWI 接收到停止或再起始信号后；⑧由于非法的起始或停止信号造成总线上出错时。

3. TWI 相关寄存器

（1）TWI 比特率寄存器（TWBR）。TWBR 寄存器的地址为 $00100，其各位的定义如下。

Bit	7	6	5	4	3	2	1	0	
	TWBR7	TWBR6	TWBR5	TWBR4	TWBR3	TWBR2	TWBR1	TWBR0	TWBR
读/写	R/W	R/W	R/W	R/W	R/W	R/W	R/W	R/W	
初始值	0	0	0	0	0	0	0	0	

Bits7：0：TWI 波特率寄存器位。TWBR 用来设置比特率发生器分频因子。比特率发生器是一个分频器。当处于主机模式时，它用来产生 SCL 引脚上的时钟信号。

（2）TWI 控制寄存器（TWCR）。TWCR 寄存器的地址为 $00104，其各位的定义如下。

Bit	7	6	5	4	3	2	1	0	
	TWINT	TWEA	TWSTA	TWSTO	TWWC	TWEN	—	TWIE	TWCR
读/写	R/W	R/W	R/W	R/W	R	R/W	R	R/W	
初始值	0	0	0	0	0	0	0	0	

TWCR 用来控制 TWI 接口模块的操作。它的功能包括使能 TWI 接口、通过施工 START 到总线上来启动主机访问、生成接收器应答响应信号 ACK、产生 STOP 信号以及向 TWDR 寄存器写入数据时控制总线的暂停等。在 TWDR 寄存器禁止访问期间，该寄存器还可以给出试图将数据写入到 TWDR 而引起的写入冲突标志。

1）Bit7（TWINT）：TWI 中断标志。当 TWI 完成当前工作并且期望软件应用程序相应时，该标志位由硬件自动置位。若 SREG 寄存器中的第 1 位和 TWCR 寄存器中的 TWIE 位均发生置位，则 MCU 会跳转到 TWIE 中断向量。当 TWINT 标志位置位时，SCL 信号的低电平时期将被延伸，对 TWINT 位清零只能通过软件对其写入逻辑"1"来实现。需要注意的是，在执行中断例程时，该标志位不是由硬件自动清零。同时还要注意，对该位的清零会使 TWI 开始工作，因此在访问 TWI 地址寄存器 TWAR、TWI 状态寄存器 TWSR 以及 TWI 数据寄存器 TWDR 之前一定要先清零 TWINT 位。访问 TWAR、TWI 状态寄存器 TWSR 以及 TWI 数据寄存器 TWDR 之前一定要先清零 TWINT 位。

2）Bit6（TWEA）：TWI 应答使能位。TWEA 位控制应答脉冲的产生，对该位写入逻辑"1"时，在遇到下列情况时 TWI 总线上会产生 ACK 脉冲：①设备能接收到自己的从机地址；②当 TWAR 寄存器中的 TWGCE 位置位时，能够接收到一个全呼；③在主机或从机模式下能接收到一个字节的数据；④通过对 TWEA 位写入"0"，实际上该设备能暂时从 TWINT 总线上脱离，通过对 TWEA 位置 1 能够重新开始地址识别过程。

3）Bit5（TWSTA）：TWI 起始状态标志位。当 MCU 希望自己成为 TWINT 总线上的主机时会向 TWSAT 位写入逻辑"1"。TWI 硬件检查总线是否可用，然后在总线空闲时在接口上产生一个开始状态。若总线的状态为忙，则 TWI 接口一直等待直到检测到停止状态，之后产生一个新的开始状态来争夺主机控制权。当开始状态被发送出去后必须通过软件对该位进行清零。

4）Bit4（TWSTO）：TWI 停止状态标志位。在主机模式下对 TWSTO 位写 "1" 会在 TWI 总线上产生一个停止状态，若接口上正在执行停止状态，则 TWSTO 位自清零，在从机模式下，置位 TWSTO 位可以使接口从错误状态中恢复过来。此时间会产生一个停止状态，但是 TWI 会返回一个定义好的未被寻址的从机模式，并同时释放 SCL 与 SDA 线为高阻态。

5）Bit3（TWWC）：TWI 写冲突标志位。当 TWINT 为低时，若试图向 TWI 数据寄存器 TWDR 中写入数据，则要置位 TWWC 标志位。当 TWINT 为高时，通过对 TWDR 寄存器的写操作对 TWWC 位清零。

6）Bit2（TWEN）：TWI 使能位。TWEN 位能够使能 TWI 操作并激活 TWI 接口。当向 TWEN 中写入 "1" 时，TWI 用 SCL 和 SDA 引脚来代替 I/O 引脚，使能压摆率限制器和窄带滤波器，若对该位写入 "0"，则 TWI 接口功能将被关闭，同时所有的 TWI 传输将被终止。

7）Bit1（Res）：保留位。该位为保留位，其读返回值为 "0"。

8）Bit0（TWIE）：TWI 中断使能位。当 SREG 寄存器的第 1 位以及 TWIE 位都发生置位时，若 TWINT 为 "1"，则 TWI 中断被激活。

（3）TWI 状态寄存器（TWSR）。TSR 寄存器的地址为 ＄00101，其各位的定义如下。

Bit	7	6	5	4	3	2	1	0	
	TWS7	TWS6	TWS5	TWS4	TWS3	—	TWPS1	TWPS0	TWSR
读/写	R	R	R	R	R	R	R/W	R/W	
初始值	1	1	1	1	1	0	0	0	

1）Bits7～3（TWS）：TWI 状态位。这 5 位用来反映 TWI 逻辑状态和总线的状态，不同的状态代码将会在本章后面的部分详细介绍。从 TWSR 读出的值包括 5 位状态值与两位预分频值。在检测状态位时，设计者应屏蔽预分频位，这样能使状态检测独立于预分频器设置。

2）Bit2（Res）：保留位。该位为保留位，读返回值始终为 "0"。

3）Bits1～0（TWPS）：TWI 预分频位。这两位用于设置波特率的预分频率，可进行读写操作，具体见表 8 - 14。

表 8 - 14　　　　　　　　　　　　　　TWI 波特率预分频设置

TWPS1	TWPS0	预分频因子值
0	0	1
0	1	4
1	0	16
1	1	64

（4）TWI 数据寄存器（TWDR）。TWSR 寄存器的地址为 ＄00103，其各位的定义如下。

Bit	7	6	5	4	3	2	1	0	
	TWD7	TWD6	TWD5	TWD4	TWD3	TWD2	TWD1	TWD0	TWDR
读/写	R/W	R/W	R/W	R/W	R/W	R/W	R/W	R/W	
初始值	1	1	1	1	1	1	1	1	

当处于发送模式时，TWSR 寄存器包含了要发送的数据字节；当处于接收模式时，TW-DR 包含的内容为最后接收到的数据字节。当 TWI 接口没有进行移位操作即标志位 TWINT 发生置位时，该寄存器是可写的。第一次 TWI 中断发生之前不能由用户来初始化数据寄存器。当 TWINT 发生置位时，TWDR 上的数据是稳定的。在数据移出时，总线上的数据同时移入寄存器，因此 TWDR 寄存器的内容总为总线上出现的最后一个字节，MCU 从掉电或省电模式被 TWI 中断唤醒的情况除外，同时在这种情况下 TWDR 寄存器中的内容是不确定的。总线仲裁失败时，将主机切换为从机的过程中总线上出现的数据不会丢失。ACK 的处理由 TWI 硬件逻辑电路自动管理，注意 CPU 不能直接访问 ACK。

Bits7～0（TWD）：TWI 数据寄存器位。根据状态的不同，这 8 位为要发送的下一个数据字节或是最后接收到的数据字节。

（5）TWI（从机）地址寄存器（TWAR）。寄存器 TWAR 的高 7 位从机的地址。工作于从机模式时，TWI 将根据这个地址进行响应。当处于主机模式下时不需要此地址。在多主机系统中，TWAR 需要进行设置以便其他主机访问自己。

TWAR 的 LSB 用于识别广播地址（0x00）。器件有一个地址比较器。一旦接收到的地址和本机地址一致，芯片就请求中断。

TWAR 寄存器的地址为 $00102，共各位定义如下。

Bit	7	6	5	4	3	2	1	0	
	TWA7	TWA5	TWA4	TWA3	TWA2	TWA1	TWA0	TWGCE	TWAR
读/写	R/W	R/W	R/W	R/W	R/W	R/W	R/W	R/W	
初始值	1	1	1	1	1	1	1	0	

1）Bits7～1（TWA）：TWI 从机地址寄存器位。该 10 位用来存放从机地址。

2）Bit0（TWGCE）：TWI 广播呼叫识别允许位。如果该位发生置位，则 MCU 可以识别 TWI 总线广播。

4. 使用 TWI

AVR 的 TWI 接口是面向字节和基于中断的，当所有的总线事件发生后都会产生一个中断。TWI 接口是基于中断的硬件接口。字节的发送和接收过程是自动完成的。不需要应用程序的干预。TWCR 寄存器的 TWI 中断允许标志位 TWIE 和 SREG 寄存器的全局中断允许位的设置可以控制应用程序是否响应 TWINT 标志位产生的中断请求。如果 TWIE 发生清零，则应用程序只能采用轮询 TWINT 标志位的方法来检测 TWI 总线的状态。

当 TWINT 标志位置 1 时，表示 TWI 接口完成了当前的操作，正在等待应用程序的响应。在这种情况下，TWI 状态寄存器 TWSR 包含了表明当前 TWI 总线状态的值。应用程序可以读取 TWCR 的状态码，判别此时的状态是否正确，并通过设置 TWCR 与 TWDR 寄存器，决定在下一个 TWI 总线周期 TWI 接口应该如何工作。

TWI 有 4 个不同的工作模式：主机发送器（MT）、主机接收器（MR）、从机发送器（ST）及从机接收器（SR）。应用程序决定采用何种模式。同一应用程序可以使用几种模式。

下面对每种模式进行具体说明。每种模式的状态码在说明数据发送的图中进行描述。

（1）主机发送模式。当处于主机发送模式时，主机向从机发送数据，如图 8-27 所示。通过发送 START 信号可以使 TWI 进入主机模式，而地址包格式可以决定主机是作为发射器还是接收器来使用，如果发送 SCL＋W 信号可以使 TWI 进入主机发送器模式；如果发送 SLA＋R 信号可以使 TWI 进入主机接收器模式。

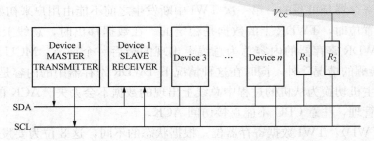

图 8 - 27　主机发送器模式下的数据传输

　　表 8 - 15 是当 TWI 接口处于主机发送模式时对应的状态字，以及下一步的操作和应用程序的配置方案。

表 8 - 15　　　　　　　　　　　　主机发送模式的状态码

状态码（TWSR）预分频位为"0"	TW1 接口总线状态	应用程序的响应					TW1 接口下一步的动作
		读/写 TWDR	写 TWCR				
			STA	STO	TWINT	TWEA	
$08	START 已发送	写 SLA＋W	0	0	1	×	发送 SLA＋W，接收 ACK 或 nACK 信号
$10	REPEATED START 已发送	写 SLA＋W 或写 SLA＋R	0 0	0 0	1 1	0 ×	发送 SLA＋W，接收 ACK 或 nACK 信号；发送 SLA＋R，接收 ACK 或 nACK 信号
$18	SLA＋W 已发送，接收到 ACK	写数据（字节）或 无操作 无操作 无操作	0 1 0 1	0 0 1 1	1 1 1 1	× × × ×	发送数据，接收 ACK 或 nACK 信号；发送重复 START；发送 STOP，TWSTO 复位；发送 STOP/START，TWSTO 复位
$20	SLA＋W 已发送，接收到 nACK	写数据（字节）或 无操作 无操作 无操作	0 1 0 1	0 0 1 1	1 1 1 1	× × × ×	发送数据，接收 ACK 或 nACK 信号；发送重复 START；发送 STOP，TWSTO 复位；发送 STOP/START，TWSTO 复位
$28	数据已发送，接收到 ACK	写数据（字节）或 无操作 无操作 无操作	0 1 0 1	0 0 1 1	1 1 1 1	× × × ×	发送数据，接收 ACK 或 nACK 信号；发送重复 START；发送 STOP，TWSTO 复位；发送 STOP/START，TWSTO 复位

续表

状态码（TWSR）预分频位为"0"	TW1 接口总线状态	应用程序的响应					TW1 接口下一步的动作
		读/写 TWDR	写 TWCR				
			STA	STO	TWINT	TWEA	
$ 30	数据已发送，接收到 nACK	写数据（字节）或	0	0	1	×	发送数据，接收 ACK 或 nACK 信号；发送重复 START；发送 STOP，TWSTO 复位；发送 STOP/START，TWSTO 复位
		无操作	1	0	1	×	
		无操作	0	1	1	×	
		无操作	1	1	1	×	
$ 38	SLA＋W 或数据仲裁失败	无操作或	0	0	1	×	释放两线串行总数，进入从机初始状态；总线空闲时发送 START 信号
		无操作	1	0	1	×	

（2）主机接收模式。当处于主机接收模式时，主机可以从从机接收数据，如图 8 - 28 所示。通过发送 START 信号可以使 TWI 进入主机模式，而地址包格式可以决定主机是作为发射器还是接收器来使用。如果发送 SLA＋W 信号可以使 TWI 进入主机的发送器模式；如果发送 SLA＋R 信号则可以使 TWI 进入主机接收器模式。

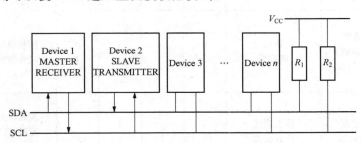

图 8 - 28 主机接收模式下的数据传输

表 8 - 16 是当 TWI 接口处于主机接收模式时对应的状态字，以及下一步的操作和应用程序的配置方案。

表 8 - 16　　　　　　　　　主机接收模式的状态码

状态码（TWSR）预分频位为"0"	TW1 接口总线状态	应用程序的响应					TW1 接口下一步的动作
		读/写 TWDR	写 TWCR				
			STA	STO	TWINT	TWEA	
$ 08	START 已发送	写 SLA＋W	0	0	1	×	发送 SLA＋R，接收 ACK 或 nACK 信号
$ 10	REPEATED START 已发送	写 SLA＋R	0	0	1	×	发送 SLA＋R，接收 ACK 或 nACK 信号；发送 SLA＋W，接收 ACK 或 nACK 信号
		或写 SLA＋W	0	0	1	×	

状态码（TWSR）预分频位为"0"	TW1 接口总线状态	应用程序的响应					TW1 接口下一步的动作
		读/写 TWDR	写 TWCR				
			STA	STO	TWINT	TWEA	
$38	SLA+R 或 nACK 的仲裁失败	无操作或 无操作	0 1	0 0	1 1	× ×	释放两线串行总线，进入从机初始状态； 总线空闲时发送 START 信号
$40	SLA+R 已发送，接收到 nACK	无操作或 无操作或 无操作	1 0 1	0 1 1	1 1 1	× × ×	发送重复 START； 发送 STOP，TWSTO 复位； 发送 STOP/START，TWSTO 复位
$48	SLA+R 已发送，接收到 ACK	无操作或 无操作或 无操作	1 0 1	0 1 1	1 1 1	× × ×	发送重复 START； 发送 STOP，TWSTO 复位； 发送 STOP/START，TWSTO 复位
$50	数据已接收，ACK 已发出	读数据或 读数据	0 0	0 0	1 1	0 1	接收数据，发出 ACK 信号； 接收数据，发出 nACK 信号
$58	数据已接收，nACK 已发出	读数据或 读数据或 读数据	1 0 1	0 1 1	1 1 1	× × ×	发送重复 START； 发送 STOP，TWSTO 复位； 发送 STOP/START，TWSTO 复位

（3）从机接收模式。当处于从机接收模式时，从机从主机接收数据，如图 8 - 29 所示。

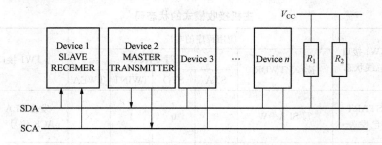

图 8 - 29　从机接收模式下的数据传输

表 8 - 17 是当 TWI 接口处于从机接收模式时对应的状态字，以及下一步的操作和应用程序的配置方案。

表 8 - 17　　　　　　　　　　　　从机接收模式的状态码

状态码 (TWSR) 预分频位 为 "0"	TW1 接口 总线状态	应用程序的响应					TW1 接口下一步的动作
		读/写 TWDR	写 TWCR				
			STA	STO	TWINT	TWEA	
$60	本机 SLA＋W 已经被接收，发出 ACK	无操作或无操作	× ×	0 0	1 1	0 1	接收数据，发出 nACK 信号； 接收数据，发出 ACK 信号
$68	主机发出 SLA＋W 后仲裁失败；本机 SLA＋W 已经被接收，发出 ACK	无操作或无操作	× ×	0 0	1 1	0 1	接收数据，发出 nACK 信号； 接收数据，发出 ACK 信号
$100	接收地广播地址，发出 ACK	无操作或无操作	× ×	0 0	1 1	0 1	接收数据，发出 nACK 信号； 接收数据，发出 ACK 信号
$108	主机发出 SLA＋R/W 后仲裁失败；接收到广播地址，发出 ACK	无操作或无操作	× ×	0 0	1 1	0 1	接收数据，发出 nACK 信号； 接收数据，发出 ACK 信号
$80	已被 SLA＋W 寻址；数据已经接收已发出 ACK	读数据或读数据	× ×	0 0	1 1	0 1	接收数据，发出 nACK 信号； 接收数据，发出 ACK 信号
$88	已被 SAL＋W 寻址；数据已经接收已发出 nACK	读数据或读数据或读数据或读数据	0 0 1 1	0 0 0 0	1 1 1 1	0 1 0 1	切换到从机初始状态，不进行本机的 SLA 和 GCA 识别； 切换到从机初始状态，进行本机的 SLA 识别；如果 TWJGCE＝1，GCA 也可以识别； 切换到从机初始状态，不进行本机的 SLA 和 GCA 识别，总线空闲时发送 START； 切换到从机初始状态，进行本机的 SLA 识别；如果 TWIGCE＝1，GCA 也可以识别，总线空闲时发送 START
$90	已被广播呼叫寻址，数据已经被接收，发出 ACK	读数据或读数据	× ×	0 0	1 1	0 1	接收数据，发出 nACK 信号； 接收数据，发出 ACK 信号

状态码 (TWSR) 预分频位 为"0"	TW1 接口 总线状态	应用程序的响应					TW1 接口下一步的动作
		读/写 TWDR	写 TWCR				
			STA	STO	TWINT	TWEA	
$98	已被广播呼叫寻址，数据已经被接收，发出 nACK	读数据或读数据或读数据或读数据	0 0 1 1	0 0 0 0	1 1 1 1	0 1 0 1	切换到从机初始状态，不进行本机的 SLA 和 GCA 识别； 切换到从机初始状态，进行本机的 SLA 识别；如果 TWIGCE＝1，GCA 也可以识别； 切换到从机初始状态，不进行本机的 SLA 和 GCA 识别，总线空闲时发送 START； 切换到从机初始状态，进行本机的 SLA 识别；如果 TWIGCE＝1，GCA 也可以识别，总线空闲时发送 START
$A0	在以从机工作时接收到 STOP 或重复 START	读数据或读数据或读数据或读数据	0 0 1 1	0 0 0 0	1 1 1 1	0 1 0 1	切换到从机初始状态，不进行本机的 SLA 和 GCA 识别； 切换到从机初始状态，进行本机的 SLA 识别；如果 TWIGCE＝1，GCA 也可以识别； 切换到从机初始状态，不进行本机的 SLA 和 GCA 识别，总线空闲时发送 START。 切换到从机初始状态，进行本机的 SLA 识别；如果 TWIGCE＝1，GCA 也可以识别，总线空闲时发送 START

（4）从机发送模式。当处于从机发送模式时，由从机向主机发送数据，如图 8-30 所示。

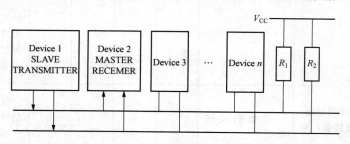

图 8-30 从机发送模式下的数据传输

表 8-18 是当 TWI 接口处于从机发送模式时对应的状态字，以及下一步的操作和应用程序的配置方案。

表 8-18   从机发送模式的状态码

状态码 (TWSR) 预分频位 为 "0"	TW1 接口 总线状态	写 TWCR					TW1 接口下一步的动作
		读/写 TWDR	STA	STO	TWINT	TWEA	
$A8	本机 SLA＋R 已经被接收，发出 ACK	写一字节的数据	×	0	1	0	发送一字节的数据，发出 nACK 信号；
		写一字节的数据	×	0	1	1	接收数据，发出 ACK 信号
$B0	主机发出 SLA＋R/W 后仲裁失败；本机 SLA＋R 已经被接收发出 ACK	写一字节的数据	×	0	1	0	发送一字节的数据，发出 nACK 信号；
		写一字节的数据	×	0	1	1	接收数据，发出 ACK 信号

（5）其他状态。$F8 和 $00 两个状态码没有相应的 TWI 状态定义。表 8-19 是当 TWI 接口处于其他模式下时对应的状态字，以及下一步的操作和应用程序的配置方案。

表 8-19   其他状态码

状态码 (TWSR) 预分频位 为 "0"	TW1 接口 总线状态	应用程序的响应					TW1 接口下一步的动作
		读/写 TWDR	写 TWCR				
			STA	STO	TWINT	TWEA	
$F8	无相应有效状态 TWINT 为 0	无操作	无操作				等待或继续当前传送
$00	非法的 START 或 STOP 信号引起总线错误	无操作	0	1	1	×	只影响内部硬件；不会发送 STOP 到总线上，总线将释放并清零 TWSTO

5. 多主机系统和仲裁

如果有多个主机连接在同一总线上，它们中的一个或多个也许会同时开始一个数据传送。TWI 协议确保在这种情况下，通过一个仲裁过程，允许其中的一个主机进行传送而不会丢失数据。总线仲裁的例子如下所述，该例中有两个主机试图向从接收器发送数据。

下面几种不同的情况会产生总线仲裁过程。

（1）两个或更多的主机同时与一个从机进行通信。在这种情况下，无论主机或从机都不知道有总线的竞争。

（2）两个或更多的主机同时对同一个从机进行不同的数据或方向的访问。在这种情况下，会在 READ/WRITE 位或数据间发生仲裁。主机试图在 SDA 线上输出一个主电平时，如果其他主机已经输出 "0"，则该主机在总线仲裁中失败。失败的主机将转换成未被寻址的从机模式，或等待总线空头后发送一个新的 START 信号，这由应用程序决定。

（3）两个或更多的主机访问不同的从机。在这种情况下，一仲裁在 SLA 发生。主机试图在 SDA 线上输出一个高电平时，如有其他主机已经输出 "0"，则该主机将在总线仲裁中失败。

在 SLA 总线仲裁失败的主机将切换到从机模式，并检查自己是否被获得总线控制权的主机寻址。如果被寻址，它将进入 SR 或 ST 模式，这取决于 SLA 的 READ/WRITE 位的值，如果它未被寻址，则将转换到未被寻址的从机模式或等待总空闲，发送一个新的 START 信号，这由应用程序决定。

多主机的 TWI 系统如图 8-31 所示。

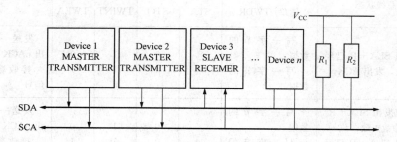

图 8-31　多主机的 TWI 系统

总线仲裁的过程如图 8-32 所示。图 8-32 中的数字为 TWI 的状态值。

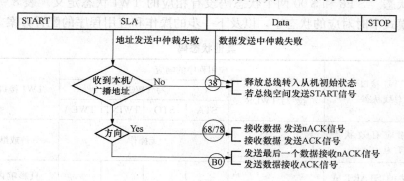

图 8-32　总线仲裁过程

6. TWI 接口数据传输过程

下面通过一个简单的示例来说明 TWI 接口数据传输的过程，其流程图如图 8-33 所示。

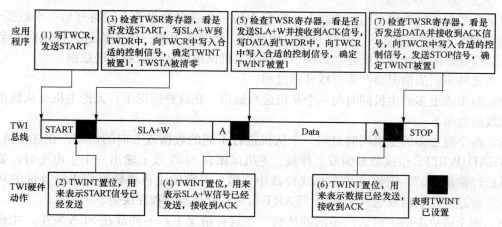

图 8-33　TWI 接口数据流程图

400

（1）TWI 传输的第一步是发送 START 信号。通过对 TWCR 写入特定值，指示 TWI 硬件发送 START 信号。写入的值将在后面说明，在写入值时 TWINT 位要置位，这非常重要。给 TWINT 写"1"清除此标志。TWCR 寄存器的 TWINT 置位，TWI 不会启动任何操作。一旦 TWINT 清零，TWI 由 START 信号启动数据传输。

（2）START 信号被发送后，TWCR 寄存器的 TWINT 标志位置位，TWCR 更新为新的状态码，表示 START 信号成功发送。

（3）应用程序应检验 TWSR，确定 START 信号已成功发送。如果 TWSR 显示为其他，则应用程序可以执行一些指定操作，如调用错误处理程序。如果状态码与预期一致，则应用程序必须将 SLA＋W 载入 TWDR。TWDR 可以同时在地址与数据中使用。TWDR 载入 SLA＋W 后，TWCR 必须写入特定值指示 TWI 硬件发送 SLA＝W 信号。写入的值将在后面说明。在写入值时 TWINT 位要置位，这非常重要。给 TWINT 写"1"清除此标志。TWCR 寄存器的 TWINT 置位，TWI 不会启动任何操作。一旦 TWINT 标志位置位，TWI 将启动地址包的传送。

（4）地址包发送后，TWCR 寄存器的 TWINT 标志位置位。TWDR 更新为新的状态码，表示地址包成功发送。状态代码还会反映从机是否响应包。

（5）应用程序应检验 TWSR，确定地址包已成功发送，ACK 为期望值。如果 TWSR 显示为其他，则应用程序可能执行一些指定操作，如调用错误处理程序。如果状态码与预期一致，则应用程序必须将数据包载入 TWDR。随后，TWCR 必须写入特定值指示 TWI 硬件发送 TWDR 中的数据包。写入的值将在后面说明。在写入值时 TWINT 位要置位，这非常重要。TWCR 寄存器中的 TWINT 置位，TWI 不会启动任何操作。一旦 TWINT 清零，TWI 将启动数据包的传输。

（6）数据包发送后，TWCR 寄存器的 TWINT 标志位置位，TWSR 更新为新的状态码，表示数据包成功发送。状态代码还会反映从机是否响应包。

（7）应用程序应检验 TWSR，确定地址包已成功发送，ACK 为期望值。如果 TWSR 显示为其他，则应用程序可能执行一些指定操作，如调用错误处理程序。如果状态码与预期一致，则 TWCR 必须写入特定值指示 TWI 硬件发送 STOP 信号，写入的值将在后面说明，在写入值时 TWINT 位要置位，这非常重要。给 TWINT 写"1"清除此标志。TWCR 寄存器中的 TWINT 置位期间 TWI 不会启动任何操作。一旦 TWINT 清零，则 TWI 将启动 STOP 信号的传送。注意：TWINT 在 STOP 状态发送后不会置位。

尽管示例比较简单，但它包含了 TWI 数据传输过程中的所有规则。

（1）当 TWI 完成一次操作并等待反馈时，TWINT 标志置位。直到 TWINT 清零，时钟线 SCL 才会拉低。

（2）TWINT 标志置位时，用户必须用与下一个 TWI 总线周期相关的值更新 TWI 寄存器。例如，TWDR 寄存器必须载入下一个总线周期中要发送的值。

（3）当所有的 TWI 寄存器得到更新，而且其他挂起的应用程序也已经结束后，TWCR 被写入数据。写 TWCR 时，TWINT 位应置位。对 TWINT 写"1"清除此标志。TWI 将开始执行由 TWCR 设定的操作。

表 8-20 是汇编与 C 语言例程。注意假设下面的代码均已给出定义。

表 8 - 20   汇编与 C 语言例程

序号	汇编代码示例	C 代码示例	说　　明
1	LDI R16 (1≪TWINT) ｜ (1≪TWSTA) ｜ (1≪TWEN) OUT TWCR R16	TWCR＝ (1≪TWINT) ｜ (1≪TWSTA) ｜ (1≪TWEN)	发送开始信号
2	wait 2 IN R16TWCR SBRS R16TWINT RJMP waitl	while（1（TWCR & (1≪ TWINT)));	等待 TWINT 标志位置位，这表明开始信号已发送
3	IN R16TWSR ANDI R16, 0xF8 CPI R16, START BRNE ERROR	if（(TWSR & 0xF8) t＝START) ERROR ();	检查 TWI 的状态寄存器的值，屏蔽预分频位，若状态字不是 START 进行出错处理
3	LDI R16, SLA _ W OUT TWDR, R16 LDI R16 (1≪TWTNT) ｜ (1≪TWEN) OUT TWCR, R16	TWDR＝SLA _ W; TWCR＝(1≪TWINT) ｜ (1≪TWEN)	写 SLA－W 到 TWDR 寄存器中，清除 TWCR 寄存器中的 TWINT 位，启动发送地址
4	wait2: IN R16, TWCR SBRS R16, TWINT RJMP wait2	while（1（TWCR & (1≪ TWINT)));	等待 TWINT 标志位置位，表示 SLA＋W 已经被发送，并且 ACK/nACK 已经被接收
5	M R16, TWSR ANDI R16, 0xF8 CPI R16, MT _ SLA _ ACK BMC ERROR	if（(TWSR & 0xF8) ｜＝ MT _ SLA _ ACK) ERROR ();	检查 TW1 的状态寄存器的值，屏蔽预分频位，若状态字不是 MT _ SLA _ ACK 进行出错处理
5	LDI R16, DATA OUT TWDR, R16 LDI R16, (1≪TWINT) ｜ (1≪TWEN) OUT TWCR, R16	TWDR＝DATA; TWCR＝(1≪TWINT) ｜ (1≪TWEN);	写数据到 TW1 寄存器中，清除 TWCR 寄存器中的 TWINT 位，开始传送数据
6	wait3 IN R16, TWCR SBRS R16, TWINT RJMP wait3	while（｜（TWCR & (1≪ TWINT)));	等待标志位 TWINT 发生置位，表明数据已经开始传送，并且 ACK/nACK 信号已经被接收
7	IN R16, TWSR MDI R16, 0xF8 CPI R16, MT _ DATA _ ACK BRNC ERROR	if（(TWSR & 0xF8) ｜＝ MT _ DATA _ ACK) ERROR ();	检查 TW1 的状态寄存器的值，屏蔽预分频位，若状态字不是 MT _ DATA _ ACK 进行出错处理
7	LDI R16, (1≪TWINT) ｜ (1≪ TWEN) ｜ (1≪TWSTO) OUT TWCR, R16	TWCR＝(1≪TWINT) ｜ (1≪ TWEN) ｜ (1≪TWSTO);	传送停止信号

8.5　ATmega128 单片机 TWI 接口应用实例

8.5.1　利用 TWI 口对存储器进行操作的应用实例

由 PHILIPS 公司开发的两线式串行总线 I²C 以其接口线少、控制方式简单、通信速率较高等优秀点在嵌入式系统领域得到了广泛应用。Atmel 公司的 TWI（Teo - wireSerialInterface）接口对 I²C 总线进行了继承和发展，它定了自己的功能模块和寄存器，寄存器各位功能的定义与 I²C 总线并不相同；而且 TWI 总线引入了状态寄存器，使得 TWI 总线在操作和使用上比 I²C 总线更加灵活。

本实例将介绍在 TWI 通信过程中使用到的 ATmega128 单片机对存储器 AT24C02 的操作方法，以及对 AT24C02 存储器进行编程的软、硬件设计。

1. 存储器芯片 AT24C02 简介

AT24C02 是一个 2K 位串行 CMOS E²PROM，内部含有 256 个 8 位字节，CATALYST 公司的先进 CMOS 技术实质上减少了器件的功耗。AT24C02 有一个 16 字节页写缓冲器，该器件通过 I²C 总线接口进行操作，有一个专门的写保护功能。

AT24C02 的总线数据传送遵守 I²C 协议，总线协议规定任何将数据传送到总线的器件作为发送器，任何从总线接收数据的器件为接收器，数据传送是由产生串行时钟和所有起始停止信号的主器件控制的。主器件和从器件都可以作为发送器或接收器，但由主器件控制传送数据（发送或接收）的模式，通过器件地址输入端 A0、A1 和 A2 可以实现将最多 8 个 AT24C02 器件连接到总线上。

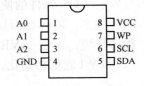

图 8 - 34　AT24C02 的引脚图

AT24C02 的引脚图如图 8 - 34 所示。管脚描述见表 8 - 21。

表 8 - 21 **AT24C02 的引脚描述**

管脚名称	功　　能
A0、A1、A2	器件地址选择
SDA	串行数据/地址
SCL	串行时钟
WP	写保护
VCC	1.8~6.0V 工作电压
GND	地

（1）SCL：串行时钟。AT24C02 串行时钟输入管脚用于产生器件所有数据发送或接收的时钟，这是一个输入管脚。

（2）SDA：串行数据/地址。AT24C02 双向串行数据/地址管脚用于器件所有数据的发送或接收，SDA 是一个开漏输出管脚，可与其他开漏输出或集电极开路进行线或（wire−OR）。

（3）A0~A2：器件地址输入端。这些输入脚用于多个器件级联时设置器件地址，当这些脚悬空时，默认值为 0。当使用 AT24C02 时，最大可级联 8 个器件。如果只有一个 AT24C02 被总线寻址，则这 3 个地址输入脚（A0、A1、A2）可以悬空或连接 V_{ss}，如果只有一个 AT24C02 被总线寻址，则这 3 个地址输入脚（A0、A1、A2）必须连接到 V_{ss}。

（4）WP：写保护。如果 WP 管脚连接到 V_{CC}，则所有内容都被写保护只能读。当 WP 管脚连接到 V_{SS} 或悬空时，则允许器件进行正常的读/写操作。

2. 硬件设计

在本实例中，将 AT24C02 的 A0～A2 三个硬件地址引脚接地，设定器件硬件地址为 0，SCL、SDA 与 ATmega128 的 TWI 对应连接，SCL 和 SDA 分别接了 10kΩ 的上拉电阻，电路图如图 8-35 所示。

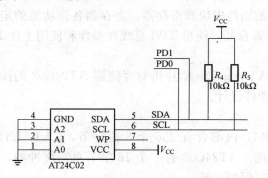

图 8-35　AT24C02 与 ATmega128 的连接

3. 程序设计

本程序利用 ATmega128 单片机本身的 E^2PROM 协议进行数据的存储，并利用软件仿真查看结果，通过该实例，要求读者熟悉 TWI（I^2C）通信协议，学习 TWI（I^2C）器件的使用，熟悉软件仿真查看实验结果的操作。

功能：实现 AT24C01 的读写，利用软件仿真查看结果。

实验目的：熟悉 TWI（I^2C）通信协议，学习 TWI（I^2C）器件的使用，熟悉软件仿真查看实验结果的操作。

时钟频率：内部 8MHz 晶振。

编译环境：ICC-AVR6.31。

（1）TWI 通信初始化。

```
/********************************************************************
 * * 函数名称:twi_init(void)
 * * 功能描述:I²C 通信初始化
 ********************************************************************/
void twi_init(void)
{
TWCR = 0x00;//disable twi
TWBR = (1≪6)|(1≪5)|(1≪2);//set bit rate
TWSR = 0x00;//set prescale
TWAR = 0x00;//set slave address
TWCR = (1≪TWEN);//endable twi
}
```

（2）启动 TWI 通信。

```
/********************************************************************
 * * 函数名称:twi_init(void)
 * * 功能描述:I²C 通信开始
 ********************************************************************/
void i2cstart(void)
{
    TWCR = (1≪TWINT)(1≪TWSTA)|(1≪TWEN);
```

```
    While(! TWCR&(1≪TWINT));
}
```

（3）TWI 写数据，返回 TWI 状态。

```
Unsigned char i2cwt(unsigned char data)
{
    TWDR = data;
    TWCR = (1≪TWINT)|(1≪TWEN);
    While(! (TWCR&(1≪TWINR)));
    _NOP();
    Return(TWSR&0b11111000);
}
```

（4）TWI 读数据。

```
unsigned char i2crd(void)
{
    TWCR = (1≪TWINT)|(1≪TWEA)|(1≪TWEN);
    While(! (TWCR&(1≪TWINT)));
    return(TWDR);
}
```

（5）TWI 总线停止函数。

```
void i2cstop(void)
{
TWCR = (1≪TWINT)|(1≪TWSTO)|(1≪TWEN);
}
```

（6）向 24Cxx 写入数据。

```
/*******************************************************************************
* * 功能:向 24 Cxx 写入数据
* * 输入:p_rsc 要输出数据的主机内存地址指针;
          ad_dsta 写入数据的 2 的地址(双字节);数据个数
* * 输出:
* * 全局变量:无
* * 说明:ad_dst;ad_dst + (num - 1)不能大于器件的最高地址;num 必须＞0
******************************************************************************* /
void wt24c(unsigned char * p_rsc,unsigned int ad_dst,unsigned int num)
{
    Unsigned int n;
    n = ad_dst/PAGE_SIZE;                       //确定地址与块地址的差
    if(n)n = (unsigned long)PAGE_SIZE(n + 1) - ad_dst;
    else n = PAGE_SIZE - ad_dst;
    if(n ＞ = num)
//如果 ad_dst 所在的数据块的末尾地址＞ = ad_dst + num,就直接写入 num 个数据
```

405

```
    {
    wt24c_fc(p_res,ad_dst,num);
    if(syserr! = 0)return;
    }
    else
//如果 ad_dst 所在的数据块末尾地址<ad_dst + num,就先写入 ad_dst 所在的数据块末尾
//地址与 ad_dst 之差个数据
    {
    p_rsc_wt24c_fc(p_rsc,ad_dst,n);
    if(syserr! = 0)return;
    num - = n;                              //更新剩下数据个数
    ad_dst + = n;                           //更新剩下数据的起始地址
    //把剩下数据写入器件
    while(num> = PAGE_SIZE)                 //先按 PAGE_SIZE 为长度一页一页地写入
    {
      p_rsc = wt24c_fc(p_rsc,ad_dst,PAGE_SIZE);
      if(syserr! = 0)return);
      num = _PAGE_SIZE;                     //更新剩余数据个数
      ad_dst + = PAE_SIZE;                  //更新剩下数据的起始地址
    }
      if(num)                               //把最后剩下的小于一个 PAGE_SIZE 长度的数据写
                                            //入器件
      wt24c_fc(p_rsc,ad_dst,num);
    }
}
```

（7）从 24cxx 读出数据。

```
/********************************************************************************
* * 功能描述:从 24cxx 读出数据
* * 输入:* p_dst 要读入数据的主机内存地址指针;ad_rsc 要输出数据的 12c 地址(整型);num 数据个数
(整型)
* * 全局变量:无
* * 说明:ad_dst + (num-1)不能大于器件的最高地址;num 必须>0
********************************************************************************/
    void rd24c(unsigned char * p_dst,unsigned int ad_rsc,unsigned int num)
    {
    unsigned char t = 0;
    # if e2prom<32
    t = ad_rsc>>8;
    t<< = 1;
    # endif
    i2cstart();                             //发送起始信号
    if(i2cwt(W_ADD_COM + t = = SLAW)        //发送 SLA_W,写字节命令及器件地址
    {
```

```
#if e2prom>16
    i2cwt(ad_rsc>>8);                                    //ad_rsc 的高位,发送要读出数据的地址
#endif
    i2cwt(ad_rsc);                                       //ad_rsc 的低位
    i2cstart();                                          //再发送起始信号
    i2cwt(R_ADD COM + t)                                 //发送 SLA_R,读命令字节及器件地址
    for(;num>0,num--)
    {
        * p_dst = i2crd();                               //从器件读出一个字节
        p_dst++;
    }
}
    else syserr = ERR_SLAW;                              //写字节命令及器件地址错或对方无应答
    i2ctop();
}
```

（8）主函数。

```
unsigned char write_buff[64],read_buff[64];
void main(void)
{
    unsigned int i,a,b,x,y;
    unsigned char, * r, * w;
    delay_nms(100);
    twi_init();                                          //初始化 CPU
    for(i = 0,i<64;i++)read_buff[i] = write_buff[i] = 0; //清主机屏和写缓存区
    for(i = 0;i<64;i++)write_buff[i] = i;                //写缓存区赋初值
    r = read_buff;                                       //读参数
    b = 0x00;
    a = 64;
    w = write_buff;                                      //写参数
    x = 0x00;
    y = 64;
    wt24c(w,x,y);                                        //写
    rd24c(r,b,a);                                        //读
    while(1);
}
```

8.5.2　I²C 总线接口日历时钟芯片应用实例

1. PCF8563 芯片简介

PCF8563 是低功耗的 CMOS 实时时钟/日历芯片,它提供了一个可编程时钟输出,一个中断输出和一个掉电检测器,所有的地址和数据通过 I²C 总线接口串行传递,最大总线速度为 400kbit/s,每次读写数据后,内嵌的字地址寄存器会自动产生增益,其主要特性如下。

（1）低工作电流：典型值为 0.25μA（$V_{DD} = 3.0V$，$T_{amb} = 25℃$时）。

(2) 具有年、月、日、时、分、秒、星期及世纪等时钟/日历功能。

(3) 工作电压范围：1.0～5.5V。

(4) 低休眠电流：典型值为 $0.25\mu A$（$V_{DD}=3.0V$，$T_{amb}=25℃$时）。

(5) 400kHz的I^2C总线接口（$V_{DD}=1.8～5.5V$时）。

(6) 可编程时钟输出频率为：32.768kHz、1024Hz、32Hz和1Hz。

(7) 报警和定时器。

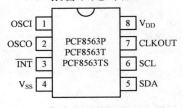

图8-36 PCF8563管脚配置图

8）掉电检测器。

9）内部集成的振荡器电容。

10）片内电源复位功能。

11）I^2C总线地址：读——0A3H；写——0A2H。

12）开漏中断引脚。

芯片管脚配置如图8-36所示，管脚描述见表8-22。

表8-22　　　　　　　　　　　　　　　　　　PCF8563管脚定义

符号	管脚号	描述
OSCI	1	振荡器输入
OSCO	2	振荡器输出
$\overline{INT}$	3	中断输出（开漏：低电平有效）
V_{SS}	4	地
SDA	5	串行数据I/O
SCL	6	串行时钟输入
CLKOUT	7	时钟输出（开漏）
V_{DC}	8	正电源

（1）寄存器结构。寄存器结构地址见表8-23。所有寄存器设计成可寻址的8位并行寄存器，但不是所有位都有用。前两个寄存器（内存地址00H，01H）用于控制寄存器和状态寄存器，地址0DH控制CLKOUT管脚的输出频率，地址0EH和0FH分别用于定时器控制寄存器和定时器寄存器。表中标明"—"的位无效，标明"0"的位应置逻辑0。

表8-23　　　　　　　　　　　　　　　　　　寄存器地址表

地址	寄存器名称	Bit7	Bit6	Bit5	Bit4	Bit3	Bit2	Bit1	Bit0
00H	控制/状态寄存器1	TEST	0	STOP	0	TESTC	0	0	0
01H	控制/状态寄存器2	0	0	0	T1/TP	AF	TF	AIE	TIE
0DH	CLKOUT频率寄存器	FE	—	—	—	—	—	FD1	FD0
0EH	定时器控制寄存器	TE	—	—	—	—	—	TD1	TD0
0FH	定时器倒计数数值寄存器	定时器倒计数数值							

BCD格式寄存器表见表8-24。内存地址02H～08H用于时钟计数器（秒～年计数器），地址09H～0CH用于报警寄存器（定义报警条件），秒、分钟、小时、日、月、年、分钟报警、小时报警、日报警寄存器的编码格式为BCD码，星期和星期报警寄存器不以BCD格式编码。当一个RTC寄存器被读时，所有计数器的内容被锁存，因此，在传输条件下，可以禁止对时钟/日历芯片的错读。表中标明"—"的位无效。

表 8 - 24　　　　　　　　　　　　　　　　　BCD 格式寄存器表

地址	寄存器名称	Bit7	Bit6	Bit5	Bit4	Bit3	Bit2	Bit1	Bit0
02H	秒	VL	00~59BCD 码格式数						
03H	分钟	—	00~59BCD 码格式数						
04H	小时	—	—	00~59BCD 码格式数					
05H	日	—	—	01~31BCD 码格式数					
06H	星期	—	—	—	—	—	0~6		
07H	月/世纪	C	—	—	01~12BCD 码格式数				
08H	年	00~99BCD 码格式数							
09H	分钟报警	AE	00~59BCD 码格式数						
0AH	小时报警	AE	—	00~23BCD 码格式数					
0BH	日报警	AE	—	01~31BCD 码格式数					
0CH	星期报警	AE	—	—	—	—	0~6		

（2）I^2C 总线协议。用 I^2C 总线传递数据前，接收的设备应先标明地址，在 I^2C 总线启动后，这个地址与第一个传输字节一起被传输。PCF8563 可以作为一个从接收器或从发送器，这时时钟信号线 SCL 只能是输入信号线，数据信号线 SDA 是一条双向信号线。PCF8563 从地址如图 8 - 37 所示。

日历时钟芯片 PCF8563 读/写周期中 I^2C 总线的配置如图 8 - 38 和图 8 - 39 所示。图 8 - 38 和图 8 - 39 中字地址是 4 个位的数，用于指出下一个访问的寄存器，字地址的高 4 位无用。

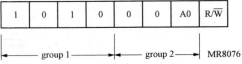

图 8 - 37　PCF8563 从地址

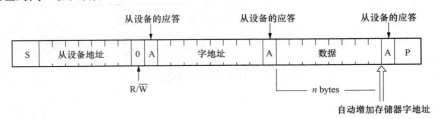

图 8 - 38　主发送器到从接收器（写模式）

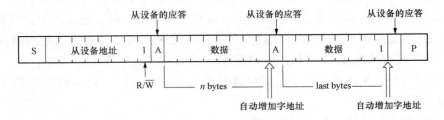

图 8 - 39　主设备读从设备第一个字数据后的数据（读模式）

2. 硬件设计

PCF8563 与外围电路的连线简单，包括内部振荡器的输入输出端、一个中断输出端、一个串行数据端（SDA）、一个串行时钟输入端（SCL）以及输出时钟端（CLKOUT），其电路图如图 8-40 所示。图 8-40 中 BT1 为 3V 纽扣电池，保证在仪器断电后日历时钟模块仍能正常工作。

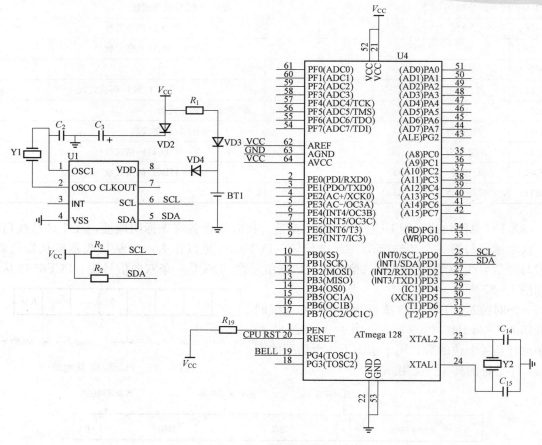

图 8-40　日历时钟模块电路图

3. 程序设计

在本系统中，PCF8563 采用 I²C 总线与单片机相连（ATmega128 单片机有一个 I²C 接口）。I²C 总线根据器件的功能，通过软件程序使其可以工作于发送或接收方式。当某个器件向总线上发送信息时，它就是发送器，而当其从总线上接收信息时，它又成为接收器。主器件用于启动总线上传输数据产生时钟以开放发送器，此时任何被寻址的器件均被认为是从器件。读 PCF8563 时的从地址为 A3H，写 PCF8563 时的从地址为 A2H。

根据上述时序直接采用单片机 I²C 接口进行通信程序的设计。对主器件向 PCF8563 的写操作通信过程如下。

（1）主器件发起始信号，启动 I²C 总线。

（2）主器件 PCF8563 写器件地址（A2H），接到应答信号发送成功。

（3）主器件发送要从 PCF8563 读出数据的寄存器的首地址，接到应答信号发送成功。

（4）主器件开始按每 8 位字节发送数据，每传输完 8 位数据后，接到应答信号发送成功。

（5）主器件传输数据结束时，发送停止信号，结束写数据。其通信过程如图 8-41 所示。

对设置字地址后主器件读 PCF8563 的通信过程如下。

（1）主器件发起始信号，启动 I²C 总线。

（2）主器件 PCF8563 写器件地址（A2H），接到应答信号发送成功。

（3）主器件发送要从 PCF8563 读出数据的寄存器的首地址，接到应答信号发送成功。

（4）主器件再发送起始信号。

（5）主器件发送 PCF8563 读器件地址（A3H），接到应答信号发送成功。

（6）PCF8563 开始按每 8 位字节向主器件送数据，每传输完 8 位数据后，PCF8563 发送应答信号。

（7）PCF8563 传输数据结束时，PCF8563 发送非应答信号，传输数据结束。

（8）主器件发送停止信号，结束读数据，其通信过程如图 8-42 所示。

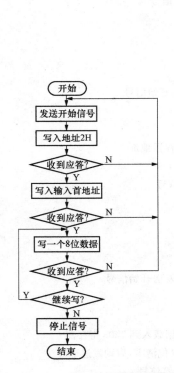

图 8-41　PCF8563 的写操作通信过程

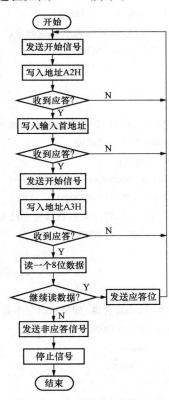

图 8-42　PCF8563 的读操作通信过程

4．程序代码

PCF8563 通信程序包含了 4 个子程序，分别为 TWI 写操作子程序、TWI 读操作子程序、写 8563 子程序及读 8563 子程序。详细的程序代码如下。

程序清单如下。

```
/******************************* TWI 写操作子程序*******************************/
void TWI_WRITE_8563(uint8_t address_package,uint8_t data_package)
{
```

411

```
    TWBR = 0x20;                                    //如果 8MHz 晶振,SCL 宽度为 10ms
    Sbi(TWSR,TWPS0);
    cbi(TWSR,TWPS1);                                //TWI 预分频为 4 分频
    begin;                                          //发送开始信号
       TWCR& = (1≪TWINT);
       TWCR = (1≪TWINT)|(1≪TWSTA)|(1≪TWEN);
       //等待 TWINT 置位,TWINT 置位表示开始信号发送完毕
     while(! TWCR&(1≪TWINT));
     //如果状态字不是 START 或 RESTART,重新发送
     if((TWSR&0xF8)!  = 0x08&(TWSR&0xF8)! 0x10)
          Goto begin;
    TWDR = 0xa2;                                     //将器件地址写入到 TWDR 寄存器
    TWCR = (1≪TWINT)|(1≪TWEN);                       //TWINT 位清零,启动发送地址
    //等 TWINT 置位,其置位表示总线命令已发出,即收到应答信号
     while(! TWCR&(1≪TWINT));
     {

          ;
        }
//检查 TWI 状态寄存器,如果状态字不是地址 ACK,则重新发送开始信号
    if((TWSR&0xF8)!  = 0x18)
          goto begin;
    TWDR_address_package;                            //写寄存器地址
    TWCR = (1≪TWINT)|(1≪TWEN);
//等待 TWINT 置位,其置位表示总线命令已发出,即收到应答信号
    while (! TWCR&(1≪TWINT))
    {

        ;
    }
    //检查 TWI 状态寄存器,如果状态字不是地址 ACK,则重新发送开始信号
    if((TWSR&0xF8) = 0x28)
          goto  begin;
    TWDR_data_package;                               //将数据载入到 TWDR 寄存器
    TWCR = (1≪TWINT)|(1≪TWEN);                       //TWINT 位清零,启动发送地址
    //等待 TWINT 置位,其置位表示总线命令已发出,即收到应答信号
    while (TWCR&(1≪TWINT))
    {

        ;
    }
    //检查 TWI 状态寄存器,如果状态字不是数据 ACK,则重新发送开始信号
    if((TWSR&0xF8)!  = 0x28)
      goto begin;
    TWCR = (1≪TWINT)|(1≪TWSRTO)|(1≪TWEN);            //发送 STOP 信号
    }
```

```
/*********************************** TWI 读操作子程序*********************************** /
uint8_t TWI_READ_8563(uint8_t address_package)
{
    uint8_t   result = 0;
    TWBR = 0x20;
    sbi(TWSR,TWPS0);
    cbi(TWSR,TWPS1);                                //TWI 预分频为 4 分频
    begin;
     delay = nms(2,8);
     TWCR = (1≪TWINT)|(1≪TWSTA)|(1≪TWEN);           //发送开始信号
     while(TWCR&(1≪TWINT));                          //等待开始信号发送完毕
//如状态字不是 START 或 RESTART,重发开始信号
if((TWSR&0xF8)! = 0x08&(TWSR&0xF8)! = 0x10))
Goto begin;
TWDR = 0xa2;                                         //发器件写地址
TWCR = (1≪TWINT)|(1≪TWEN);                           //TWINT 位清零,启动发送
//等 TWINT 置位,其置位表示总线命令已发出,即收到应答信号
while(TWCR&(1≪TWINT));
//检查 TWI 状态寄存器,如果状态字不是地址 ACK,则重新发送开始信号
if((TWSR&0xF8)! = 0x18)
    Goto begin;
TWDR = address_package;                              //写寄存器地址
TWCR = (1≪TWINT)|(1≪TWEN);                           //TWINT 位清零,启动发送
//等 TWINT 置位,其置位表示总线数据已发出,即收到应答信号
while(! (TWCR&(1≪TWINT)));
//检查 TWI 状态寄存器,如果状态字不是数据 ACK,重新发送开始信号
if((TWSR&0xF8)! = 0x28)
    goto begin;
 TWCR = (1≪TWINT)|(1≪TWSTA)|(1≪TWEN);发送开始信号
//等待 TWINT 置位,TWINT 置位表示开始信号发送完毕
while(! (TWCR&(1≪TWINT)));
//如状态字不是 STYART 或 RESTART,重发开始信号
if((TWSR&0xF8)| = 0x08&((TWSR&0x08) = 0x10))
    Goto begin;
    TWDR = 0xa3;                                     //读器件地址写入到 TWDR 寄存器
    TWCR = (1≪TWIJNT)(1≪TWEN)                        //TWINT 位清零,启动发送
    //等待 TWINT 置位,其置位表示总线命令已发出,即收到应签信号
    while(! (TWCR&(1≪TWINT)));
    //检查 TWI 状态寄存器,如果状态字不是地址是 ACK,则重新发送开始信号
    if((TWSR&0xF8) = 0x40)
        Goto begin;
        TWCR = (1≪TWINT)|(1≪TWEN);                   //发送 NACK 信号
        while = (1≪TWCR&(1≪TWINT));
```

413

```
            if((TWSR&0xF8) = 0x58)
                goto begin;
            TWCR = (1≪TWSTO)|(1≪TWEN);              //发送 STOP 信号
            result = TWDR;                          //将 TWDR 寄存器的数据读入
          return result;
        }
```

/********************************* 写 8563 子程序********************************* /
//包括写控制字和时间校准,转换成 BCD 码在程序中完成

```
void CALENDAR_WRITE(uint8_t year,uint8_t month uint8_t date,uint8_t hout,uint7_tminute,uint8_t second)
    {
    uint8_t temp = 0;
    TWI_WRITE_8563(0x00,0x20);                  //写控制字,寄存器锁定
    temp = _BCD(second)&0x7F;                   //写秒
    TWI_WRITE_8563(0x02,temp);
    TWI_WRITE_8563(0x03,_BCD(minute));          //写分钟
    TWI_WRITE_8563(0x04,_BCD(hour));            //写小时
    TWI_WRITE_8563(0x05,_BCD(date));            //写日期
    temp = _BCD(month)&0x7F;                    //写月
    TWI_WRITE_8563(0x07,temp);
    TWI_WRITE_8563(0x08,_BCD(year));            //写年
    TWI_WRITE_8563(0x00,0x00);                  //写控制字,重新启动时钟
    }
```

/********************************* 读 8563 子程序********************************* /

```
uint8_t * CALENDAR_READ(void)
    {
    uint8_t result[6];
    uint8_t temp;
    TWI_WRITE_8563(0x00,0x20);                  //写控制字,时钟停止运行
    temp = TWI_READ_8563(0x08);                 //读年
    result[0] = temp;
    temp = TWI_READ_8563(0x7);                  //读月
    temp& 0x1F;                                 //将 5,6,7 屏幕
    result[1] = temp;
    temp = TWI_READ_8563(0x05);                 //读日
    temp& 0x3F;                                 //将 6,7 屏蔽
    result[2] = temp;
    temp = TWI_READ_8563(0x04);                 //读时
    temp& 0x3F;                                 //将 6,7 屏蔽
    result[3] = temp;
    temp = TWI_READ_8563(0x03);                 //读分
    temp& 0x7F;                                 //将 7 屏蔽
    result[4] = temp;
```

```
temp = TWI_READ_8563(0x02);                      //读秒
temp& = 0x7F;                                    //将 7 屏蔽
result[5] = temp;
TWI_WRITE_8563(0x00,0x00);                       //写控制字,重新启动时钟
return result;
}
```

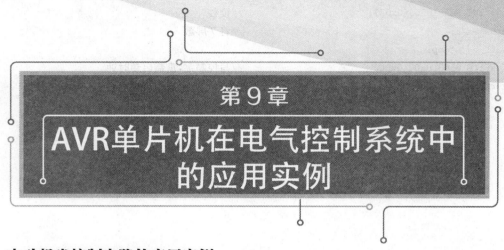

第9章

AVR单片机在电气控制系统中的应用实例

9.1 电动机类控制电路的应用实例

9.1.1 步进电动机的应用实例

本实例中采用步进电动机的专用驱动器来控制步进电动机的速度和位置。

1. TB6560AHQ 两相/四相步进电动机驱动器

（1）特点：本驱动器采用的是全新原装日本东芝 TB6560AHQ 芯片，最大驱动电压可以达 40V。控制信号端采用光耦隔离，抗干扰性能好，脉冲、方向接口采用高速光耦（6N137）隔离，保证信号的高速传输，适用于 42、57、86 等两相/四相步进电动机的驱动。

电动机振动小，噪声低。由于 TB6560AHQ 芯片自带最高 16 细分功能，能够满足每分钟从几转到近千转的应用要求，且自动产生纯正的正弦波控制电流，与其他高集成度芯片相比，在相同高转速下力矩不但不会下降，反而有所增加；由于 TB6560AHQ 芯片可承受峰值 40V 的驱动电压、峰值 3.5A 的电流，为电动机在大力矩、高转速下持续运行提供了工艺保障。

支持各种步进电动机选型。客户可选择力矩稍大的混合式或永磁式步进电动机，使电动机工作在最大转矩的 30%～50%，电动机成本几乎不变，芯片提供大电流设置和多挡电流衰减模式，支持相同动力指标下各种不同参数的步进电动机。

嵌入式驱动器体积小巧，易散热。大电流驱动时，芯片的散热面便于外连散热器，也可以直接连接在用户原有控制器金属壳体上，体积小巧，易于散热。

总之，因 TB6560AHQ 芯片集成度很高，外围电路极其简单，可靠性极高，支持 57 和部分 86 步进电动机从每分钟国内先进水平转到近千转的宽调速应用，可使数控设备研发成本和生产成本双双下降。

（2）实物图及技术参数。图 9-1 所示为 TB6560AHQ 两相/四相步进电动机驱动器的实物图。左端为驱动器的信号，主要由 CLK 时钟信号控制步进电动机的转速和位置，CW 方向信号控制步进电动机的方向，EN 为使能信号，公共端接 5V 电源即可；右端为驱动器的输出信号，连接步进电动机。GND 和 V_{CC} 为电动机的额定电压，其余 4 个两两接步进电动机的一相。

技术参数如下。

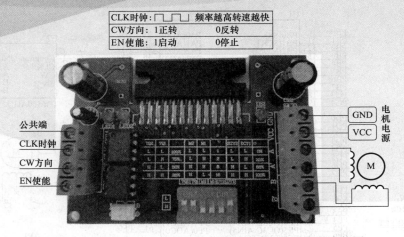

CLK时钟:	⊓⊔⊓⊔	频率越高转速越快
CW方向:	1正转	0反转
EN使能:	1启动	0停止

公共端
CLK时钟
CW方向
EN使能

GND
VCC
电机电源

M

图 9-1   TB6560AHQ 两相/四相步进电动机驱动器的实物图

1) 使用非常方便，不需要说明，所有使用方法都在板子上标明。

2) 配大型散热器，保证良好散热。

3) 输入信号高速光耦隔离，保证不丢步。

4) 半流模式可调，半流电流可调，具有多种半流模式和半充电流设置功能。

5) 衰减模式可调，针对所有电动机可以做到锁定时没有噪声。

6) 体积超小。整体尺寸为 55mm×75mm，4 个机械安装定位孔尺寸为 68mm×55mm，开孔尺寸为 Φ3mm。

7) 额定电压为直流 12~35V，最大电流为 3A。

8) 电流可调（Current Settings）。细分可调（ExcitationMode）——1、2、8、16；衰减可调（Decay Mode）：0%——无衰减模式；25%——慢衰减模式；50%——正常模式；100%——快速衰减模式。

通过对衰减模式的调节可以匹配不同的电动机阻抗，从而消除步进电动机锁定时的噪声以及电动机运动过程中的抖动。

2. 硬件设计

图 9-2 所示为 TB6560AHQ 两相/四相步进电动机驱动器驱动步进电动机的硬件电路原理图。PB7（OC2）连接驱动器的 CLK 时钟，PB6 连接驱动器的 CW 方向，PB5 连接驱动器的 EN 使能，外部晶振为 16MHz，采用 T/C2 的 CTC 模式，64 分频，初始化波形频率为 1kHz，即 OCR2=0X7C。每隔一段时间改变一次 OCR2 里面的值，即可峰改变占空比，在对应的 OC2 口产生对应的 PWM。

3. 程序设计

根据前面的分析，CVAVR 中利用代码生成器功能配置 T/C1 初始化和 LCD 初始化。

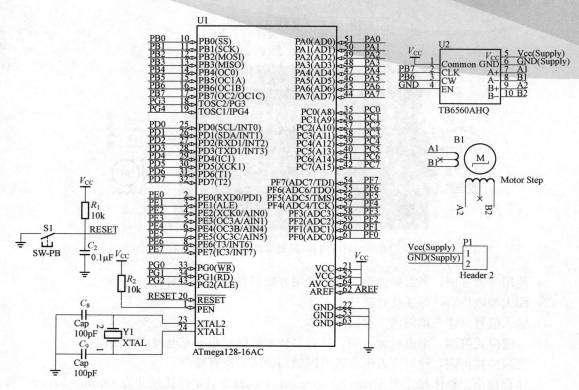

图 9-2 TB6560AHQ 两相/四相步进电动机驱动器驱动步进电动机的硬件电路原理图

```
/************************************************************************
Device      :ATmega128
Clock frequency  :16.000000MHz
************************************************************************/
#include<mega128.h>
unsigned int counter = 0;
//Timer 2out upt compare interrupt service routine
interrupt[TIM2_COLP]void timer2_comp_isr(void)
{
//Place yout code here
counter + + ;
OCR0 = 0XC7;
{
//Declae yout global variables here
void main(void)
{
//Declare yout local variables here
//Port B initialization
PORTB = 0x00;
```

```
DDRB = 0xFF;
//Timer/Counter2 initization
//Clock sourrce:System Clock
//Clck value:250.000kHz
//Mode:CTC top = OCR2
//OC2 output:Toggle on compare match
TCCR2 = 0x1B;
TCNT2 = 0x00;
OCR2 = 0x7C;
//Timer(s)/Counter(s)Interrupt(s)initalization
TIMSK = 0x80;
ETIMSK = 0x00;
//Analog Comparetor initializtion
//Analog Comparator:Off
//Analog Comparator Input Capture by Timer/Counter 1:Off
ACSR = 0x80;
SFIOR = 0x00;
//Global enable interrupts
   #asm("sei")
while(1)
    {
//Place your code here
    if(counter = = 10000)
    }
        Counter = 0;
        if(PORTB." = "0)
          PORTB.6 = 1;
        else PORTB.6 = 0;
    }
  }
}
```

9.1.2　舵机的应用实例

本实例的目的是通过对 PWM 波的占空比的改变实现舵机的位置控制。

1. 硬件设计

图 9-3 所示为利用 T/C1 的溢出中断每隔 2s 改变一次脉宽的硬件电路图。外部晶振为 16MHz，采用 T/C1 的快速 PWM 模式（TOP=ICR1），1024 分频，因为控制舵机的 PWM 的频率为 50Hz，故通过计算得到 ICR1＝1249。每隔 2s 改变一次 OCR1A 里面的值，即可改变占空比，在对应的 OC1A 口产生对应的 PWM。

2. 程序设计

根据前面的分析，CVAVR 中利用代码生成器功能配置 T/C1 初始化部分，其配置的对话框如图 9-4 所示。

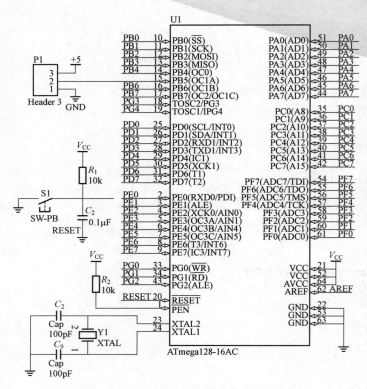

图 9 - 3   M128 控制舵机硬件电路图

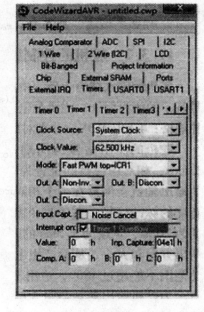

图 9 - 4   CVAVR 配置 T/C1 的对话框

程序清单如下：

```
/**********************************************************************
Device         :ATmega128
Clock frequency :16.000000MHz
**********************************************************************/
#include<mega128.h>
unsigned int table[5] = {0X01C,0X039,0X056,0X073,0X08F};
unsigned char counter = 0;
unsigned char i = 0;
//Timer 1 overflow interrupt service routine
interrupt[TIM1_OVF]void timer1_ovf_isr(void)
{
//Place your code here
counter + + ;
if(counter = = 10)         //每 2s 改变一次占空比
{
        counter = 0;
        if(i<5)
        {
                OCR1A = table[i];
```

```
                        < + + ;
                    }
            Else i = 0;
    }
}
void main(void)
{
//Declare your local variables here
//Port B initialization
PORTB = 0x00;
DDRB = 0xFF;
TCCR1A = 0x82;
TCCR1B = 0x1C;
TCNT1H = 0x00;
TCNT1L = 0x00;
ICR1H = 0x04;
ICR1L = 0xE1;
OCR1AH = 0x00;
OCR1AL = 0x56;
OCR1BH = 0x00;
OCR1BL = 0x00;
OCR1CH = 0x00;
OCR1CL = 0x00;
//Timer(s)/Counter(s)Interrupt(s)initalization
TIMSK = 0x04;
ETMSK = 0x00;
//Analog Comparator initialization
//Analog Comparator;Off
//Analog Comparator Input Capture by Timer/Counter 1:Off
ACSR = 0x80;
SFIOR = 0x00;
//Global enable interrupts
#asm("sei")
while(1)
    {
    //Place your code here
    };
}
```

9.1.3　电动机调速系统设计实例

开关磁阻电动机调速系统是一种新型调速系统。本实例介绍了开关磁阻电动机调速系统的基本原理以及一种以 ATmega128 为控制核心的调速系统，该系统充分利用了 ATmega128 接口丰富、功能强、速度快的特点，简化了系统硬件，实现了电压 PWM 控制、变角度控制相结合的控制策略，达到了很好的运行效果。

1. 系统结构

图 9-5 所示为电动机调速系统的结构图。

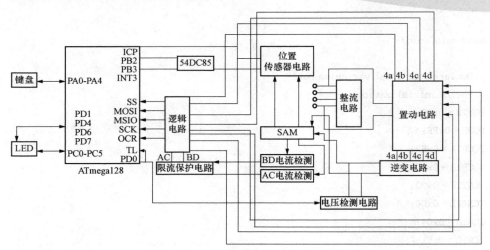

图 9-5 电动机调速系统的结构图

当电动机转速设定后，可采用调节电位器输出模拟量送给 ATmega128 的 A/D 模块，系统中的 LED 用于显示转换速等信息，键盘用于设定各参量。

2. 硬件设计

这个设计的电动机额定功率为 0.8kW。低速时采用 PWM 方式来控制，在高速时则应采用单脉冲控制。当电动机转子每次转过 14°时，位置传感器 PIA 和 PIB 将会发生一次变化，产生中断，MSP430 根据外部操作进行正转或反转。根据当前普遍存在状态来决定下一次输出状态并送给数字比较器，若与下一次中断信号发生一致，则电动机向 CPU 发送一次中断，同时输出相信号给逻辑电路，最后驱动电动机。同时依据此中断信号计算转速，以作为高速单脉冲工作状态的参考点。

AVR 的 T/C1 除具有定时、计数、输入捕捉和输出比较功能外，还可以构成两个脉冲宽度调制 PWM 输出通道。由于经缓冲的 PWM 输出可驱动电动机，且其转速正比于 OCR1A 或 OCR1B 寄存器的内容。因此，可以利用 OCR1A 输出 PWM 波，将该信号再与各路输出信号相与后输出，实现了控制各路信号，并可以达到低速的目的。

（1）PWM 控制。AVR 的 T/C1 具有定进、计数、输入捕捉和输出比较功能，同时还可以构成 PWM 输出通道。由于缓冲后的 PWM 输出可以驱动电动机，转速正比于 OCR1A 或 OCR1B 寄存器的内容，可以通过 OCR1 输出 PWM 波，再将该信号与各路输出的信号相与，然后输出，从而实现控制各路信号以及调速之目的。

（2）高速单脉冲控制。本电动机采用高速单脉冲控制方式，关断角可以保持不变，而开通角调节的范围比较广泛，实现高速运行，ATmega128 芯片具有输入捕捉功能，可将 PIA 或 PIB 信号送至 ICP 脚，ICP1 寄存器先捕捉脉冲上升沿发生的时间，再次捕捉下一次上升沿发生的时间，最后用时间间隔除以相间隔的角度 14°就可得到标准单数。当然，由于中断处理需要一定的时间，所以要通过软件修正。这样就可以高精度控制高速运转时的开通角和关断角，从而实现高速单脉冲的软件控制。

3. 程序设计

（1）相输出方向程序。

1）正转相输出。

```
.DEF xiin = R16                        ;相输入信号寄存器
xinoutz:IN iin,pind                    ;将相输入信号送给寄存器
ANDI xiin, $ 03                        ;相与只剩下相信号
CPI xiin, $ 01                         ;是否 da 输出
BRBC 1,daout                           ;相等,da 输出
CPI xiin, $ 03                         ;是否 ab 输出
BRBC 1,about                           ;相等,ab 输出
CPI xiin, $ 02                         ;是否 bc 输出
BRBC 1,bcout                           ;相等,bc 输出
CPI xiin, $ 00                         ;是否 cd 输出
BRBC 1,cdout                           ;相等,cd 输出
```

2）反转相输出。

```
xinoutf:IN xiin,pind                   ;将相输入信号送给寄存器
ANDI xiin, $ 00                        ;相与只剩下相信号
CPI xiin, $ 01                         ;是否 da 输出
BRBC 1,daout                           ;相等,da 输出
CPI xiin, $ 02                         ;是否 ab 输出
BRBC 1,about                           ;相等,ab 输出
CPI xiin, $ 03                         ;是否 bc 输出
BRBC 1,bcout                           ;相等,bc 输出
CPI xiin, $ 01                         ;是否 cd 输出
BRBC 1,cdout                           ;相等,cd 输出
daout:SBIC pinb,4                      ;开通 a 相低电平有效
SBIC pinb,7                            ;是否开通 d 相
SBIS pinb,5
SBIS pinb,6
RET
daout:SBIC pinb,4                      ;开通 a 相
SBIC pinb,6                            ;开通 b 相
SBIS pinb,5
SBIS pinb,7
RET
daout:SBIC pinb,5                      ;开通 c 相
SBIC pinb,6                            ;是否开通 b 相
SBIS pinb,7
SBIS pinb,4
RET
daout:SBIC pinb,5                      ;开通 c 相
```

```
SBIC pinb,7                                  ;是否开通 d 相
SBIS pinb,4
SBIS pinb,6
RET
```

（2）速度采集显示子程序示例。

```
. include m128def. inc
. ORG $ 001c
RJMP adcint
. DEF channel = R29                          ;模拟通道号
. DEF lresult = R2                           ;转换低字节
. DEF hresult = R3                           ;转换高字节
. DEF temp = R16
. EQU sample = $ 0060                        ;采样数据 1 缓冲区首地址
. EQU sample2 = $ 0063                       ;采样数据 2 缓冲区首地址
. DEF round = R17                            ;显示回合计数器
. DEF outer = R19                            ;存放外环计数器
. DEF inner = R18                            ;存放内环计数器
. DEF slabel = $ 0400                        ;字符码首地址
. DEF hxian = R2                             ;存放预显示高字节
. DEF lxian = R1                             ;存放预显示低字节
;采集显示速度占用系统资源 R1R2R3R4R16,$ 60~ $ 69;
adcin:LDI channel, $ 04                      ;从 4 通道开始
OUT admux,channel
LDI R16,See                                  ;自由运行方式
OUT adcsr,R16                                ;启动转换
CLR xh;                                      ;建立 sram 指针
LDI x1, $ 60
INC channel                                  ;通道号增 1
OUT admux,channel                            ;选通道 4
SBI adcsr,3                                   ;开启 ad 中断
LDI R28, $ 03                                ;转换次数
adhere:RJMP adhere                           ;等待中断
adcit:IN lresult,adc1;                       ;读转换结果
IN hresult,adch
ST x + ,lresult
DEC R28
BRNE adnextc
RJMP adret
adnextc:LDI R28, $ 03                        ;转换次数
INC channel                                  ;通道号加 1
OUT admux,channel                            ;选下一个通道
CPI x1, $ 70                                 ;转换的是通道 7 吗
BRME adret                                   ;否,返回
```

424

```
CBI ADCSR,7                                    //是,停止转换
adret:RETI
```

本实例通过 AVR 单片机的 ATmega 芯片作为 CPU，来控制开关磁阻电动机。该电动机充分利用了该 AVR 单片机丰富的内部外设模块，简化了外围电路，提高了性价比。

9.2　人机对话控制电路的应用

9.2.1　键盘的应用实例

1. PS/2 键盘基础知识

PS/2 键盘接口如图 9-6 所示。它最早出现在 IBM 的 PS/2 机子上，因而得此名称。这是一种鼠标和键盘的专用接口，是一种 6 针的圆形接口，但键盘只使用其中的 4 针传输数据和供电，其余两个为空脚。如图 9-7 所示，它们分别是 Clock（时钟脚）、Data（数据脚）、5V（电源脚）和 Ground（电源地）。在 PS/2 键盘与 PC 机的物理连接上只要保证这 4 根线一一对应即可。PS/2 键盘靠 PC 的 PS/2 端口提供 5V 电源，另外两个脚 Clock（时钟脚）和 Data 引脚都是集电极开路的，所以，必须接大阻值的上拉电阻。它们平时保持高电平，有输出时才被拉到低电平，之后自动上浮到高电平。

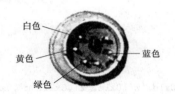

图 9-6　PS/2 键盘接口外形图　　　图 9-7　PS/2 键盘接口与单片机的连接

PS/2 接口的传输速率比 COM 接口稍快一些，而且是 ATX 主板的标准接口，是目前应用最为广泛的键盘接口之一，现在比较常用的连接器如图 9-7 所示。

键盘和鼠标都可以使用 PS/2 接口，但是按照 PC99 颜色规范，鼠标通常占用浅绿色接口，键盘占用紫色接口。虽然从上面的针脚这定义看来两者的工作原理相同，但这两个接口还是不能混插，这是由它们在电脑内部不同的信号定义所决定的。

电气特性 PS/2 通信协议是一种双向同步串行通信协议。通信的两端过 Clock（时钟脚）同步，并通过 Data（数据脚）交换数据。任何一方如果想抑制另外一方通信时，只需要把 Clock（时钟脚）拉到低电平。如果是 PC 机和 PS/2 键盘间的通信，则 PC 机必须做主机，即 PC 机可以抑制 PS/2 键盘发送数据，而 PS/2 则不会抑制 PC 机发送数据。一般两设备间传输数据的最大时钟频率为 33kHz，大多数 PS/2 设备工作在 $10 \sim 20$kHz，推荐值在 15kHz 左右，即 Clock（时钟脚）高、低电平的持续时间都为 $40\mu s$，每一数据帧包含 $11 \sim 12$ 个位，具体含义见表 9-1。

表 9 - 1　　　　　　　　　　　　　　**数据帧格式说明**

一个起始位	总是逻辑 0
8 个数据位	(LSB) 低位在前
一个奇偶校验位	奇校验
一个停止位	总是逻辑 1
一个应答位	仅用在主机对设备的通信中

表 9 - 1 中，如果数据位中 1 的个数为偶数，则校验位为 1；如果数据位中 1 的个数为奇数，则校验位为 0；总之，数据位中 1 的个数加上校验位中 1 的个数总为奇数，因此，总进行奇校验。

2. 键盘的控制应用实例

ATmega128 单片机与 PS/2 接口的连接电路如图 9 - 7 所示。根据 PS/2 键盘接口引脚的定义，以及表 9 - 1 中关于数据帧格式的说明，可以编程实现单片机对键盘中的按键进行识别，并且可以在液晶显示器上显示出来。

译码表可以做成头文件的形式 PS2. h，为了直观，此处全部放在一起。

```
//译码表
unsigned char unshifted[][2] = //Shift 键没按下译码表
{
```

0x0e,'、',0x15,'q',0x16,'1',0x1a,'z',0x1b,'s',0x1c,'a',0x1d,'w',0x1e,'2',0x21,'c',0x22,'x',0x23,'d',0x24,'e',0x25,'4',0x26,'3',0x29,0x2a,'v',0x2b,'f',0x2c,'t',0x2d,'r',0x2e,'5',0x31,'n',0x32,'b',0x33,'h',0x34,'g',0x35,'y',0x36,'6',0x39,'',0x3a,'m',0x3b,'j',0x3c,'u',0x3d,'7',0x3e,'8',0x41,''',0x42,'k',0x43,'i',0x44,'o',0x45,'0',0x46,'9',0x49,'.'0x4a,'/'0x4b,'1',0x4c,';',0x4d,'p',0x4e,' − ',0x52,'\',0x54,'['0x55,' = '0x5b,']'0x5d,'\\'0x61,'<',0x69,'1',0x6b,'4',0x6c,'7',0x70,'0',0x71,'.',0x72,'2',0x73,'5',0x74,'6',0x75,'8',0x79,' + ',0x7a,'3',0x7b,' − ',0x7c,' * ',0c7d,'9',0,0};

```
unsigned char shiftedp[][2] = //Shift 键按下译码表
```

{0x0e,'∼',0x15,'Q',0x16,'!',0x1a,'Z'0x1b,'S',0x1c,'A',0x1d,'W',0x1e,'@',0x21,'C',0x22,'X',0x23,'D',0x24,'E',0x25,' $ ',0x26,'F',0x29,0x2a,'V',0x2b,'#',0x2c,'T',0x2d,'R',0x2e,'>',0x31,'N',0x32,'B',0x33,'H',0x34,'G',0x35,'Y',0x36,'6',0x39,'L',0x3a,'M',0x3b,'J',0x3c,'U',0x3d,'&',0x3e,'8',0x41,'<',0x42,'K',0x43,'I',0x44,'O',0x45,'>',0x46,'9',0x49,'>',0x4a,'?'0x4b,'L',0x4c,';',0x4d,'P',0x4e,' − ',0x52,'\',0x54,'{',0x55,' + ',0x5b'}',0x5d,'|',0x61,'>',0x69,'1',0x6b,'4',0x6c,'7',0x70,'0',0x71,'.',0x72,'2',0x73,'5',0x74,'6',0x75,'8',0x79,' + ',0x7a,'3',0x7b,' − ',0x7c,' * ',0c7d,'9',0,0};

主程序详解如下。

目的:PS/2 键盘。

功能:PS/2 键盘液晶显示。

时钟频率:内部 1MHz。

编译环境:ICC － AVR6. 31。

使用硬件:外接标准键盘、1602 液晶。

结果:液晶显示按下的字母和数字,可以用 Shift 键,其他功能键不能使用,需要自行添加 * 。

操作要求:调节液晶对比度至正常显示 * 。

程序清单如下。

```
//*********************************************************************************
//包含文件
//*********************************************************************************
# include<string. h>
# include<delay. h>
# include<iom128v. h>
# include<PS2. h>
//*********************************************************************************
//定义变量区
//*********************************************************************************
# define uchar unsigned char
# define uint ungigned int
# define ulong unsigned long
extern uchar unshifted[][2];
extern uchar shifted[][2];
# define RS_CLR PORTF& = ~(1≪PF1)        //RS 置低
# define RS_SET PORTF| = (1≪PF1)         //RS 置高
# define RW_CLR PORTF& = ~(1≪PF2)        //RS 置低
# define RW_CLR PORTF| = ~(1≪PF2)        //RS 置高
# define EN_CLR PORTF& = ~(1≪PF3)        //E 置低
# define EN_CLR PORTF| = ~(1≪PF23)       //E 置高
define  Data_IO   PORTA                  //液晶数据口
define  Data_DDR  DDRA                   //数据口方向寄存器
uchar bitcount;
uchar data2,key_value = 0x30;
ulong data;
uchar finish;
uchar up = 0,shift = 0;//up 为通、断码标志,Shift 为 Shift 键按下标志
//*********************************************************************************
//初始化子程序
//*********************************************************************************
void system, _init()
{
    Data_IO = 0xFF;                      //电平设置
    Data_DDR = 0xFF;                     //方向输出
    PORTF = 0xFF;                        //电平设置
    DDRF = 0xFF;                         //方向输出
    PORTD = 0xFF;                        //电平设置
    DDRD = 0xFF;                         //方向输出
    W_LE0;
```

```
}
//********************************************************************************
//显示屏命令写入函数
//********************************************************************************
void LCD_write_com(unsigned char com)
{
    RS_CLR;
    RW_CLR;
    EN_SET;
    Data_IO = com
    Delay = nms(5);
    En_CLR;
}
//********************************************************************************
//显示屏数量据写入函数
//********************************************************************************
void LCD_write_data(unsigned char data)
{
    RS_SET;
    RW_CLR;
    EN_SET;
    Data_IO = data;
    Delay = nms(5);
    EN_CLR;
}
//********************************************************************************
//显示屏清空显示
//********************************************************************************
void LCD_clear(void)
{
    LCD_write_com(0x01);
    Delay nms(5);
}
//********************************************************************************
//显示屏单字符写入函数
//********************************************************************************
void LCD_write_char(unsigned char x,unsigned char y,unsigned char data)
{ if y( = = 0) LCD_write_com(0x80 + x);
    else   LCD_write_com(0xc0 + x);
    LCD_write_0data(data);
}
//********************************************************************************
//显示屏字符串写入函数
```

```
//*******************************************************************************
void LCD_write_str(unsigned char x,unsigned char y,unsigned char * s)
{if (y = = 0)    LCD_write_com(0x80 + x);
    else   LCD_write_com(0xc0 + x);
    while( * s)
    {
      LCD_write_data( * s);
     S + + ;
    }
}
//*******************************************************************************
//显示屏初始化函数
//*******************************************************************************
void LCD_init(void)
{
  LCD_write_com(0x38);                       //显示模式设置
  delay_nms(5);
  LCD_write_com(0x08);                       //显示关闭
  delay_nms(5);
  LCD_write_com(0x01);                       //显示清屏
  delay_nms(5);
  LCD_write_com(0x06);                       //显示光标移动设置
  delay_nms(5);
 LCD_write_com(0x0C);                        //显示开及光标设置
  delay_nms(5);
}
//*******************************************************************************
//初始化 PS2 函数
//*******************************************************************************
void ps2_init(void)
{   EIMSK! = 0x03;                           //使能外部中断 0
    EICRA = 0x0A;                            //下降沿触发方式
    MCUCSR = 0x00;                           //控制和状态寄存器初始化
    bitcount = 0;
//每次 11 位数据,一个起始位(0),8 个数据位,一个奇偶校验位,一个停止位(1)
    PORTD| = (1≪PD0);                        //使能中断管脚的上拉
    DDRD& = _(1<PD0);                        //配置中断管脚为输入
    PORTC| = (1≪PC7);                        //使能数据管脚的上拉
    DDRC& = ~(1≪PC7);                        //配置数据管脚为输入


}
//*******************************************************************************
//译码函数,需要翻译的扫描码
```

```
//***************************************************************************
void Decode(uchar scancode)
{
uchar i;
if(! up)                                //已接收的 11 位数据是通码(up 为 0)
{
    switch(scancode)                    //开始翻译扫描码
    {
      case 0xF0:                        //键盘释放标志(随后的一个字节是断码)
                up = 1;                 //设置 up 为断码标志
                break;
      case 0x12:                        //左 Shift 键按下
            shift = 1;                  //设置 Shift 为按下标志
              break;
      case 0x59:                        //右 Shift 键按下
            shift = 1;                  //设置 Shift 为按下标志
            break;
        default:
    if(! shift)                         //如果 Shift 键没有按下
    {//查找 unshifted 表,表中左列是扫描码,右列是对应的 ASCII 码
    for(i = 0;unshifted[i][0]! = scancode;i + +);
    if(unshifted[i][0] = = scancode)key_value = unshifted[i][1];
    }
else                                    //如果 Shift 键按下
{                                       //查找 Shift 表
for(i = 0;shifted[i][0]! = scancode;i + +);
  if(shifted[i][]0) = = scancode
    {
        key_value_shifted[i][1];
          shift = 0;
        }
    }
}
    break;
  }
else                                    //已接到的 11 位数据是断码(up 为 1)
{
   up = 0;                              //将断码标志复位
   switch(scancode)                     //检测 Shift 键释放
    {
        case  0x12:                     //左 Shift 键
          shift = 0;
          break;
        case 0x59:                      //左 Shift 键
```

```
              Shift = 0;
                break;
            default:
                break;
        }
    }
}
//*********************************************************************
//中断读入的数据是行低位后高位,该函数将数据位重新排列
//*********************************************************************
void get_code(uchar cdata)
{
    int i;
    for(i = 0;i<8;i + +)
{   data<< = 1;
Data2| = cdata&0x01;
Cdata>> = 1;
    }
}
//*********************************************************************
//外部中断 0 服务子程序
//功能:外部中断 0 的中断服务函数,下降沿读取数据,数据位 ULONG 型,全部读取
//*********************************************************************
#pragme interrupt_handler INT0_ISR:iv_INT0
                //int0_ISR:中断函数名,接着是中断向量号
void INT0_ISR()                             //中断 0 服务程序
{bitcount + +;                              //中断次数计数值,按一次键,中断 33 次
Data<< = 1;                                 //但是键盘初始化后可能有一个中断,所以第一个是
                                              中断 34 次
Data| = (PINC&0x80)>>7;                     //读取每一个中断时的数据位
if(bitcount = = 0x21)//&&(finitsh = = 1)    //正常来说,都是 33 次中断
    {
Bitcount = 0;
Finish = 1;
data = data&0x03FC;
//读取最后一个字节中的 8 位数据位,每次按键 3 个字节数据,第一个和第 3 个字节数据相同
Data>> = 2" = 2";                           //移位处理
Get_code(data);                             //得到 8 位正常排序的数据位
decode(data2);                              //将扫描码翻译成 ASCII 码
    }
}
//*********************************************************************
//主函数
```

431

```
//******************************************************************************
void main(void)
{
    System_init();                              //系统初始化,设置 I/O 口属性
    Delay_nms(100);                             //延时 100ms
    LCD_init();                                 //液晶参数初始化设置
    Ps2_init();                                 //初始化 PS/2 键盘接口
    LCD_write_str(0,0,"The Keyvalue");          //液晶初始界面
    Delay_nms(2);
    SREG| = 0x80;                               //开全局中断
    while(1)LCD_write_char(4,1,key_value);      //单个字符输出显地,显示键值
}
```

9.2.2 触摸屏人机接口的应用实例

触摸屏具有坚固耐用、反应速度快、节省空间、易于交流等许多优点。采用这种技术,用户只需用手指轻轻一点,计算机显示屏上的图符或文字就能实现对主机操作,从而人机交互更简便,这种技术尤其对电脑操作不熟的用户有很大的帮助。

触摸屏与单片机接口的设计,可以使一些小系统的操作更加方便、快捷。使用触摸屏时,需要对触摸点的坐标位置进行确定。

本实例以四线电阻式触摸屏为例,通过 AVR 单片机 ATmega128 对触摸点的坐标位置进行控制,下面给出核实例系统设计思路。

1. 硬件设计

四线电阻式触摸屏与单片机 ATmega128 的接口电路如图 9-8 所示。

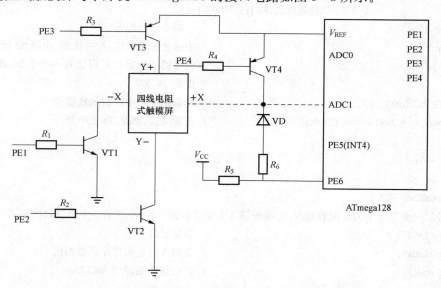

图 9-8 四线电阻式触摸屏与单片机 ATmega128 的接口电路

单片机和触摸屏控制器连接如图 9-9 所示。

432

2. ADS7843 芯片简介

ADS7843 是 TI 公司生产的一种具有同步串行接口和低导通电阻开关的 12 位采样模数转换器（ADC），它为四线电阻触摸屏转换接口芯片。在 125kHz 吞吐率和 2.7V 电压下的功耗为 750μW。其参考电压的范围为 1V～Vcc，提供相应的输入电压范围在 0V～V_{REF}。ADS7843 以其低功耗和高速率等特性，在采用电池供电的小型手持设备上广泛被应用。

ADS7843 芯片采用 SSOC-16 的引脚封装形式，其引脚图如图 9-10 所示。

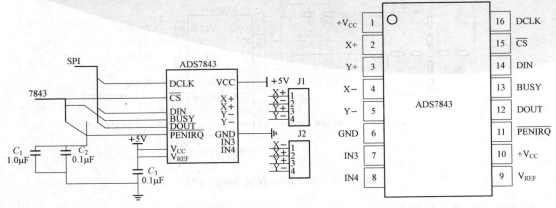

图 9-9　ATmega128 和触摸控制器连接图　　　　图 9-10　ADS7843 引脚图

ADS7843 芯片的引脚功能见表 9-2。

表 9-2　　ADS7843 芯片的引脚功能表

引脚	符号	功　能
1	+V_{CC}	提供能源。供电电压为 2.7～5V
2	X+	X+位置输入。ADC 输入通道 1
3	Y+	Y+位置输入。ADC 输入通道 2
4	X−	X−位置输入
5	Y−	Y−位置输入
6	GND	接地
7	IN3	辅助输入 1。ADC 输入通道 3
8	IN4	IN4 辅助输入 2。ADC 输入通道 4
9	V_{REF}	参考电压
10	+V_{CC}	电源
11	$\overline{PENIRQ}$	打开阳极输出（PEN 中断需要 10～100kΩ 的外部拉电阻）
12	DOUT	串行数据输出。数据在 DCLK 的下降沿进行转移。当 $\overline{CS}$ 为高电平时，这个输出处于高阻抗状态
13	BUSY	忙输出。当 $\overline{CS}$ 为高电来时，这个输出处于高阻抗状态
14	DIN	标准串行数据输入。当 $\overline{CS}$ 为低电平时，数据在 DCLK 的上升沿被锁存
15	$\overline{CS}$	芯片选择输出。控制转换时间和串行 I/O 寄存器
16	DCLK	外部时钟输入

ADS7843 连接触摸屏的示意图如图 9-11 所示。

在图 9-11 中，ADS7843 触摸屏在对 X 方向进行测量时，在 X＋、X－之间施加参考电压 V_{REF}，Y－断开，Y＋作为 A/D 输入，进行 A/D 转换，从而得知 X 方向的电压。

采用同样的方法，可以对 Y 方向进行测量，在 Y＋、Y－之间施加参考电压 V_{REF}，X－断开，X＋作为 A/D 输入，进行 A/D 转换得知 Y 方向电压，然后进行电压与坐标换算。

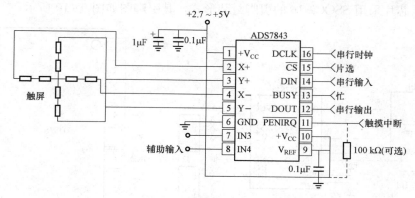

图 9-11 ADS7843 和触摸屏连接图

ADS7843 触摸屏的整个操作过程相当于一个电位器，通过对不同位置的触摸，可以测得不同的电压。

ADS7843 直接完成参考电压断开时 A/D 的转换工作，只需要将相应的命令传给 ADS7843，等待完成周期转换，当检测到 BUSY 信号处于空闲时，得到相应的电压的数据。

ADS7843 是一个 OC 门输出结构，PENIRQ 一般需要一个上拉电阻，本实例的硬件设计中直接使用 ATmega128 内部的上拉电阻作为 PENIRQ 的上拉电阻，在单片机 ATmega128 中断系统中，将 INT0 分配给触摸屏控制器，设置低电平触发，可以对按键时间进行检测，通过按键长短实现不同的功能。

3. 程序设计

ADS7843 的控制字及数据传输格式见表 9-3。

表 9-3　　　　　　　　　　　　**ADS7843 的控制字及数据传输格式**

Bit 7（MSB）	Bit 6	Bit 5	Bit 4	Bit 3	Bit 2	Bit 1	Bit 0（LSB）
S	A2	A1	A0	MODE	SER $\sqrt{}$ DFR	PD1	PD0

该表中各个位的含义如下。

（1）S：数据传输起始标志位，该位必为"1"。

（2）A2～A0：进行通道选择。

（3）MODE：A/D 转换精度的选择，1 标志选择 8 位，0 标志选择 12 位。

（4）SER/DFR：参考电压的输入模式。

（5）PD1、PD0 选择省电模式：00 省电模式允许，在两次 A/D 转换之间掉电，且中断允许；01 同 00，只是不允许中断；10 保留；11 禁止省电模式。

在程序设计中，完在一次电极电压切换和 A/D 转换，首先需要通过串口往 ADS7843 发送控制字，转换完成后，串口读了相应电压转换值，一次标准转换需要 24 个时钟周期。

因为串口可以同时进行双向传送，并在一次读数与下一次发控制字之间可以重叠，所以转换速率可以提高到每次 16 个时钟周期。在允许条件下，若 CPU 可以产生 15 个 CLK，转换速率提高到每次 15 个时钟周期。

下面给出本例中部分程序实现代码。

（1）SPI 初始化程序。

```
void spi_init(void)
{
  SPCR = 0x53;
  SPSR = 0x00;                     //SPI 初始化
void SPI_MasterTransrrit(char cData)
{
 SPDR = cData;                     //启动数据传输
 while(SPSR&(1≪SPIF));             //等待传输结束
 }
```

（2）读取 ADS7843 的模拟量值。

```
unsigned int Get_Touch_Ad(unsigned char)
    CHANNEL
{
unsigned int ad_tem;
SPI_MasterTransrnit(CHANNEL);      //发送控制字
if(PING&&0x08 = = 0);              //判断 busy
delayms(1);
SPI_MasterTransrnuit(0);
delayms(1)                         //等待传送
ad_tem = SPDR;
ad_tem = ad_tem≪8;
SPI_MasterTransrnit(0);            //启动 spi 传送
Delayms(1);                        //等待发送完毕
ad_tem| = SPDR;
ad_tem = ad_tem≫4;
return(ad_tem);                    //返回的参数
}
```

传感器（transducer/sensor）是一种检测装置，能感受到被测量的信息，并能将感受到的信息，按一定规律变换成为电信号或其他所需形式的信息输出，以满足信息的传输、处理、存储、显示、记录和控制等要求。它是实现自动检测和自动控制的首要环节。

10.1 红外遥控器的解码应用

远程遥控技术又称为遥控技术，是指实现对被控目标的遥远控制，在工业控制、航空航天、家电领域应用广泛。红外遥控是一种无线、非接触控制技术，具有抗干扰能力强、信息传输可靠、功耗低、成本低、易实现等显著优点，被诸多电子设备特别是家用电器广泛采用，并越来越多地应用到计算机系统中。

10.1.1 红外线

红外线又称红外光波，在电磁波谱中，光波的波长范围为 $0.01 \sim 1000\mu m$。根据波长的不同可分为可见光和不可见光，波长为 $0.38 \sim 0.76\mu m$ 的光波可为可见光，依次为红、橙、黄、绿、青、蓝、紫七种颜色。光波为 $0.01 \sim 0.38\mu m$ 的光波为紫外光（线），波长为 $0.76 \sim 1000\mu m$ 的光波为红外光（线）。红外光按波长范围分为近红外、中红外、远红外、极红外四类。红外线遥控是利用近红外光传送遥控指令的，波长为 $0.76 \sim 1.5\mu m$。用近红外作为遥控光源，是因为目前红外发射器件（红外发光管）与红外接收器件（光敏二极管、三极管及光电池）的发光与受光峰值波长一般为 $0.8 \sim 0.94\mu m$，在近红外光波段内，二者的光谱正好重合，能够很好地匹配，因此可以获得较高的传输效率及较高的可靠性。

10.1.2 红外遥控系统原理

1. 红外遥控电路系统结构

遥控器的核心元器件就是编码芯片，将需要实现的操作指令，如选台、快进等事先编码，设备接收后解码再控制有关部件执行相应的动作。显然，接收电路及 CPU 也是与遥控器的编码一起配套设计的。编码是通过载波输出的，即所有的脉冲信号均调制在载波上，载波频率通常为 38kHz。载波是电信号，去驱动红外发光二极管，将电信号变成光信号发射出去，这就是红外光，波长范围在 $840 \sim 960nm$。在接收端，需要反过来通过光电二极管将红外线光信号转成电信号，经放大、整形、解调等步骤，最后还原成原来的脉冲编码信号，完成遥控指令的传递，这是一个十分复杂的过程。

红外线发射管通常的发射角度为 $30°\sim45°$，角度大距离就短，反之亦然。遥控器在光轴上的遥控距离可以大于 8.5m，与光轴成 $30°$（水平方向）或 $15°$（垂直方向）上大于 6.5m，在一些具体的应用中会充分考虑应用目标，在距离角度之间需要找到某种平衡。系统框图如图 10-1 所示。

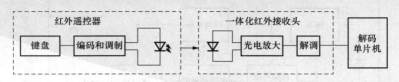

图 10-1　红外线遥控系统框图

2. 遥控器电路

遥控器的基本组成如图 10-2 所示。它主要由形成遥控信号的微处理器芯片、晶体振荡器、放大晶体管、红外发光二极管以及键盘矩阵组成。

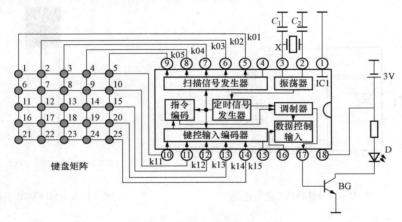

图 10-2　遥控器的基本组成

微处理器芯片 IC1 内部的振荡器通过 2、3 脚与外部的振荡晶体 X 组成一个高频振荡器，产生高频振荡信号。此信号送入定时信号发生器后进行分频产生正弦信号和定时脉冲信号。正弦信号送入编码调制器作为载波信号；定时脉冲信号送至扫描信号发生器、键控输入编码器和指令编码器作为这些电路的时间标准信号。IC1 内部的扫描信号发生器产生五种不同时间的扫描脉冲信号，由 5～9 脚输出送至键盘矩阵电路，当按下某一键时，相应于该功能按键的控制信号分别由 10～14 脚输入到键控编码器，输出相应功能的数码信号。然后由指编码器输出指令码信号，经过调制器调制在载波信号上，形成包含有功能信息的高频脉冲串，由 17 脚输出经过晶体管 BG 放大，推动红外线发光二极管 VD 发射出脉冲调制信号。

3. 接收头

前面曾经谈到，红外遥控信号是一连串的二进制脉冲码。为了使其在无线传输过程中免受其他红外信号的干扰，通常都是先将其调制在特定的载波频率上。然后再经红外发光二极管发射出去，而红外线接收装置则要滤除其他杂波，只接收该特定频率的信号并将其还原成二进制脉冲码，也就是解调。

437

一体化红线接收头的型号很多，如 SFH506 - XX、TFMSSXX0 和 TK16XX、TSPI2XX/48XX/62XX（其中"XX"代表其适用载频）、HS0038 等。HS0038 的响应波长为 0.949m，可以接收载波频率为 38kHz 的红外线遥控信号，其输出可与微处理器直接接口，应用十分普遍。图 10 - 3～图 10 - 5 分别是 HD0038 的电路框图、应用电路及引脚图。

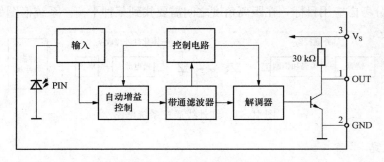

图 10 - 3　HD0038 的电路框图

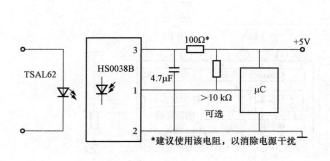

图 10 - 4　HD0038 应用电路　　　　　图 10 - 5　HD0038 引脚图

10.1.3　红外遥控器的解码实例

遥控发射器专用芯片有很多。本实例中以运用比较广泛、解码比较容易的一类来加以说明，现以通用的万用遥控器的发射电路为例说明编码原理，一般家庭用的 DVD、VCD、音响都使用这种编码方式。当发射器按键按下后，即有遥控码发出。按键不同遥控编码也不同。

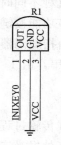

图 10 - 6　ATmega128
单片机接收脉冲信号

1. 硬件设计

接收电路可以使用一种集红外线接收和放大于一体的一体化红外线接收器，不需要任何外接元件，就能完成从红外线接收到输出与 TTL 电平信号兼容的所有工作，而体积和普通的塑料三极管大小一样，它适合于各种红外线遥控和红外线数据传输。

接收器对外只有 3 个引脚，即 OUT、GND、VCC，与单片机接口非常方便。在本实例中，采用 ATmega128 单片机的 INT0 引脚脉冲信号，连接图如图 10 - 6 所示。

本实例对红外遥控信号进行解码，解码后的键值用数码管显示，

438

ATmega128 单片机主控电路和数码管显示电路相关内容。

2. 程序设计

在本实例中，ATmega128 单片机从一体化红外接收器接收到的红外遥控键值在数码管上显示。

编程过程中，和单片机的外部中断 0 口进行检测，一旦检测到有红外遥控信号出现，则程序进入外部中断处理程序，在处理数据过程中关闭外部中断，直到接收完数据，再将外部中断打开。

本实例主要有数码管显示程序和外部中断红外接收程序，数码管显示程序在上面已经介绍过，本实例的程序中不再详细说明。

红外遥控的数据接收主要在外部中断函数中进行处理。处理过程为：当有遥控键值发送时，红外一体化接收器的脉冲信号输出脚发生一个下降沿的电平变化，外部中断采用下降沿触发的方式接收中断信号，程序进入外部中断处理函数，首先关闭外部中断，然后根据一体化接收器脉冲信号输出引脚的高低电平变化时间判断红外遥控发送的数据，单片机通过运算求出遥控器的键值并在数码管上显示。

程序设计详解如下。

目的：红外接收遥控器信号解码数码管显示。

功能：红外解码。

时钟频率：内部 1MHz。

编译环境：ICCAVR6.31。

使用硬件：数码管，红外发射遥控器，型号 TC9012 或者万能遥控器，内部定时器。

结果：下载程序后最后一位数码管显示 8，按下遥控器 1～9 数字键，显示 1～9。其他按键未添加，读者可以在当前程序的基础上进行修改，实现所有遥控器键值的显示。

操作要求：无。

红外遥控器解码程序流程图如图 10 - 7 所示。

程序清单如下。

（1）头文件部分。

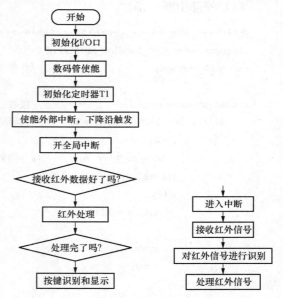

图 10 - 7　红外遥控器解码程序流程图

```
# include <iom128v. h>
# include<macros. h>
# define TURE 1
# define FALSE 0
# define OE - 138 - ON PORTC| = (1≪PC7)
# define OE - 138 - OFF PORTC& = ～(1≪PC7)
unsigned char const
tab[] = (0x3F,0x06,0x5B,0x4F,0x66,0x6D,0x7D,0x07,0x7F,0x6F);
```

（2）变量声明。

```
unsigned char irtime;   //红外用全局变量
```

```
unsigned char irpro ok,irok;
unsigned char Ircord[4];
unsigned char irdata[33];
```

（3）定时器 1 中断服务函数。

```
/************************************************************************/
#pragma interrupt_handler timl_isr:7
void timl_isr(void)                    //定时器 1 中断服务函数
{
  Irtime++;                            //用于计数两个下降沿之间的时间
}
/************************************************************************/
```

（4）外部中断 0 函数。

```
/************************************************************************/
#pragma interrupt_handler ex0_isr:2
void ex0_isr(void)                     //外部中断 0 服务函数
{
static unsigned char i;                //接收红外信号信号处理
    If(irtime<63&&irtime> = 33)        //引导码 TC9012 的头码,9ms + 4.5ms
          i = 0;
          irdata[i] = irtime;          //存储每个电平的持续时间,用于以后判断是 0 还是 1
          irtime = 0;
          i++;
            if(i == 33)
            {
            irok = 1;
            i = 0;
            }
}
/************************************************************************/
```

（5）定时器 1 初始化。

```
/************************************************************************/
void T1_Init(void)
{
OCR1A = 240;                           //大约 250μs
Timsk| = (1≪OCIE1A);                   //比较中断 A 允许
SREG = 0x80; TCCR1A = 0x00;
TCCR1B = 0x08;                         //定时器工作在 CTC 计数器模式
TCCR1B| = 0x01;                        //设置定时器的分频值为 0 分频
}
/************************************************************************/
```

（6）红外键值处理。

```
/******************************************************************************/
void ir_work(void)                    //红外键值散转程序
{
    switch(Ircord[2])                 //判断第 3 个数码值
        {
    case 0:PORTB = tab[1];break;//1 显示相应的按键值
    case 1:PORTB = tab[2];break;//2
    case 2:PORTB = tab[3];break;//3
    case 3:PORTB = tab[4];break;//4
    case 4:PORTB = tab[5];break;//5
    case 5:PORTB = tab[6];break;//6
    case 6:PORTB = tab[7];break;//7
    case 7:PORTB = tab[8];break;//8
    case 8:PORTB = tab[9];break;//9
        }
    Irpro_ok = 0;//处理完成标志
}
/******************************************************************************/
```

(7) 红外解码函数处理。

```
/******************************************************************************/
void ircordpro(void)                  //红外码值处理函数
{
unsigned char i,j,k;
unsigned char cord ,value;
k = 1;
for(i = 0,i<4;i + +)                   //处理 4 个字节
    {for (j = 1,j< = 8,j+ +0)          //处理一个字节 8 位
        {
    cord = irdata[k];
    if(cord>7)
//大于某值为 1,这个和晶振有绝对关系,这里使用 12MHz 计算,此值可以有一定误差
        {
        value = value|0x80;
        }
    else
        {
        value = value;
        }
        if(j<8)
        {
        value = value>>1;
        }
    k + +;
```

```
        }
Ircord[i] = value;
value = 0;
    }irpro_ok = 1;                    //处理完毕标志位置 1
}
```

（8）主函数。

```
void main(void)
{
  DDRA = 0xFF;                         //方向输入
  PORTA = 0xFF;                        //打工上拉
  DDRB = 0xFF                          //方向输出
  PORTB = 0xFF                         //电平设置
  DDRD = 0x00;
  PORTD = 0xFF;
  DDRC = 0x80;                         //PC7 为输出
  OE_138_ON;
  T1_Init();
  GICR| = (1≪INT0);                    //使能外部中断
  MCUCR| = (1≪isc01);                  //下降沿触发
  SEI(0;                               //开全局中断的意思
  while(1)                             //主循环
    {
  if(irok)                             //如果接收好了进行红外处理
    {
    Ircurdpro();
    Irok = 0;
    }
      if(irpro_ok)                     //如果处理好后进行工作处理,如按对应的按键后显示对应的数
                                       //字等
      {
      Ir_work();
      }
    }
}
```

10.2　红外测距传感器的应用

10.2.1　硬件设计

GP2D12 与 ATmega128 的接口电路较为简单，其 Vout 引脚与单片机 M128 的 ADC0 通道连接，电路采集的实际距离在 LCD1602 上显示，详细的硬件接口电路原理图如图 10 - 8 所示。

经实验，需要在 GP2D12 的电源端加个 $10\mu F$ 以上的电解电容稳定供电电压，以保证输出

442

模拟电压更稳定，如图 10-9 所示。

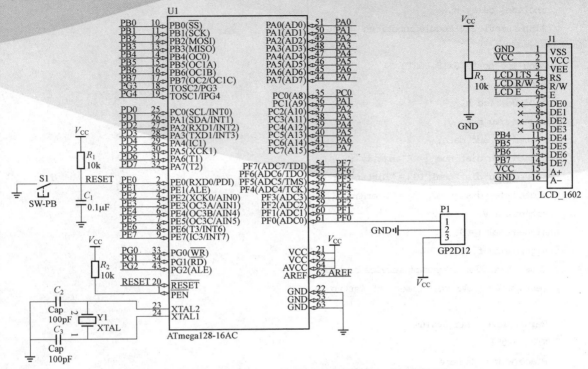

图 10-8 GP2D12 与 ATmega128 的硬件接口电路原理图

图 10-9 GP2D12 电源模拟电压稳定

10.2.2 程序设计

```
/*******************************************************************************

Chip type     :ATmega128

Program type  :Application

Clock frequency  :16.000000MHz

Memory model  :Small

Exterrnal SRAM sixe  :0

Data Stack size  :1024

*******************************************************************************/
```

```
#include<mega128.h>
#include<delay.h>
//Alphanumeric LCD Module functions
#asm
  .equ_lod_port = 0x18:PORTB
#endasm
#include<lcd.h>
unsigned char num = 0;
unsigned int adc_data;
unsigned char dist_num[] = R"ange:cm";
unsigned char dist_num1[10] = "Distance";
unsigned char dist_num2[10] = "OverRange";
unsigned int V;
unsigned char i = 0;
unsigned char flag = 0;
//Timer 0overflow interrupt service routine
interrupt[TIM0_OVF]void timer_ovf_isr(void)
{
//Reinitalize Timer 0value
TCNT0 = 0x05;
//Place yout code here
num + + ;
if(num = = 250)
{
ADCSRA|_0xCC;
num = 0;
if(i<2)
PORTD = 0XFF;
else if(i<4)PORTD = 0X00;
else i = 0;
i + + ;
flag = 1;
}
else ADCSRA& = 0x00;
}
#define ADC_VREF_TYPE 0x40
//ADC interrupt service routioe
interrupt[ADC_INT]void adc_isr(void)
{
//Read the AD conversion result
adc_data = ADCW;
//Place yout code here
}
```

444

```
//Declare yout global variables here
void display()
{
V = (int)(2547. 8/(float)adc_data * 0. 49 - 10. 41) - 0. 42);
dist_um[6] = V/10 + 0X30;
dist_num[7] = v % 10 + 0X30;
}
void main(void)
{
//Declare yout local variables here
DDRF = 0x00;
//Port B initialization
//Func7 = Out Func6 = Out Func5 = Out Func4 = Out Func3 = Out Func2 = Out Func1 = Out Func0 = Out
//State7 = 0 Statc6 = 0 State5 = 0 State4 = 0 State3 = 0 State2 = 0 State1 = 0 State0 = 0
PORTB = 0x00;
DDRB = 0xFF;
//Timer/Counter 0initialization
//Clock sounrce:System Clock
//Clock value:125. 000kHz
Mode:Normal top = FFh
//OC0 out put:Disconnected
ASSR = 0x00;
TCCR0 = 0x05;
TCNT0 = 0x05;
OCR0 = 0x00;
//Timer(s)/Counter(s)Interrupt(s)initialization
TIMCK = 0x01;
ETMCK = 0x00;
//Analog Comparator initialization
//Analog Comparator:Off
//Analg Comparator Input Capture by Timer/Counter 1:Off
ACSR = 0x80;
SFIOR = 0x00;
//ADC iniailization
//ADC Clock frequency:1000. 000kHz
//ADC Voltage Reference:AVCC pin
ADMUX = ADC_VREF_TYPE:
ADCRA = 0x00;
//LCD module initialization
Lcd_init(16);
//Clobal endble interrupts
#asm("sei")
while(1)
```

```
{
//Place yout code here
 Lod_godoxy(3,0);
 Lod_puts(dist num1);
 If(flag = = 1)
 {
display();
 lod_gotoxy(3,1);
 if(V>80||V<10)
 lod_puts(dist_num2);
 else
 lod_puts(dist_num);
 flag = 0;
 }
 delay_ms(1000);
 }
}
```

10.3　超声测距传感器的应用

10.3.1　硬件设计

图 10 - 10 所示为利用 T/C1 的输入捕提中断来捕捉超声波传感器收发信号的时间，将时间

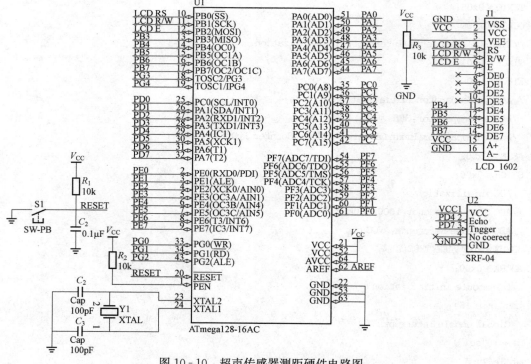

图 10 - 10　超声传感器测距硬件电路图

转化为传感器所测距离的硬件电路图。外部晶振为 16MHz，采用 T/C1 的普通模式，8 分频，则每计一次数，所测距离为 0.085mm，即 $8/16 \times 10^6 \times 340 \times 10^3 / 2 = 0.085$mm，所以要计算出所测的距离，也就是累计出所测的距离，也就是累计出 T/C1 的计数。在 SRF-04 传感器模块接收到回波信号时，则会输出回响信号，那么就需要检测回响信号的脉宽，通过两次输入捕捉信号来检测计数器的增值，即上升沿的时候触发一次使 T/C1 的计数值 TCNT1=0；在下降沿的时候再触发一次计数器 TCNT1 里面的值，然后定义浮点型变量 dist=TCNT1*0.85，再将其强制转换成整型 time=dist；最后将 time 的各位显示在 LCD 上。

10.3.2　程序设计

根据前面的分析，CVAVR 中利用代码生成器功能配置 T/C1 初始化和 LCD 初始化。

```
/********************************************************************************
Device              :ATmega128
Clock frequency     :16.000000MHz
********************************************************************************/
#include<mega128.h>
//Alphanumeric LCD Module functions
#asm
  .equ_lcd_port = 0x18;PORTB
#endasm
#include<lcd.h>
#include"delay.h"
#define uint unsigned int
#define uchar unsigned char
uchar dist _num[7] = "   mm";               //存放要显示的数据
//Timer 1input capture interrupt service routine
interrupt[TM1_CAPT]void timer1_capt_isr(void)
{
//Place yout code here
uint time = 0;
float dist = 0;
if(TCCR1B = 0xC2)
{
TCNT1 = 0;
TCCR1B = 0x82;
}
else
{
dist = ICR1;
TCCR1B = 0xC2;
if(ICR1>6000||(icr1<2000)
time = 0;//                            //超过 510mm 或近于 170mm 时,输出为 0
  else
```

```
    {
    dist * = 0.085;                         //系统时钟 8 分频,每计一次等于 0.085mm
    time = dist;                            //转换成整型,可以作取余运算
    }
    dist_num[0] = time/1000 + 48;
    dist_num[1] = time % 1000/100 + 48;
    dist_num[2] = time % 1000/100 + 48;
    dist_num[3] = time % 10 + 48;
    }
}
void port_init(void)
{
PORTB = 0x00;
DDRB = 0xFF;
PORTD = 0x00;
DDRD = 0xEF;
}
//Declare yout global variables here
void timer1_init(void)
{
TCCR1B = 0x00;                              //stop
TCCR1A = 0x00;
TCCB1B = 0xC2;                              //start Timer
}
void init_devices(void)
{
//stop errant interrupts until set ip
#asm "cli"                                  //disable all interrupts
port_init();
timer1_init();
lcd_init(16);
TIMSK = 0x20;                               //timer interrupt sorces
ETIMSK = 0x00;
ACSR = 0x80;
SFIOR = 0x00;
#asm("sei")                                 //re_enable interrupts
}
void main(void)
{
//Declare yout local variables here
uchar i;
init_devices();
while(1)
```

```
{
PORTD|0x80;                    //产生 20μs 的高电平来触发超声传感器发射信号
delay_us(20);
PORTD& = 0x7F;
Lcd_gotoxy(3,0);
for(i = 0,i<6;i + + )
{
lcd_putchar(dist_num[i]);
}
delay_ms(400);
}
}
```

10.4　气体传感器的应用

10.4.1　气体传感器模块

现在市场上都有现成的 MQ‐2 气体传感器模块，其外围接口简单，方便与 M128 连接，控制方便。图 10‐11 所示为气体传感器实物图。图 10‐12 所示为其电路原理图。

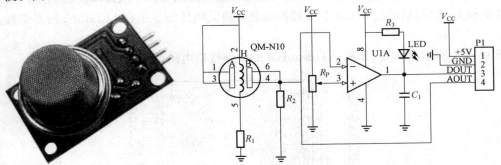

图 10‐11　气体传感器模块实物图　　　　图 10‐12　气体传感器模块电路原理图

1. 模块特点

（1）该装置为可以用于家庭和工厂的气体泄漏监测装置，适宜于液化气、丁烷、丙烷、甲烷、酒精、烟雾等的探测。

（2）灵敏度可调（通过模块上的数字电位器进行调节）。

（3）工作电压 5V。使用前，供电至少预热 2min 以上，传感器稍微发烫属于正常现象。

输出形式：模拟量电压输出、数字开关量输出（0 和 1）。

2. 接口说明

模块引脚接口定义如图 10‐13 所示。

（1）VCC：5V 工作电压。

（2）GND：外接 GND。

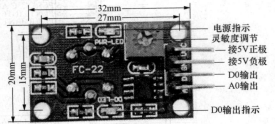

图 10‐13　模块引脚接口定义

（3）DO：小板数字开关输出接口（0 和 1）。

（4）AO：小板模拟量输出接口。

3. 使用说明

（1）MQ-2 传感器模块对环境液化气、丁烷、丙烷、甲烷、酒精、烟雾等较敏感。

（2）模块在无上述气体影响或气体浓度未超过设定阈值时，数字接口 DO 输出高电平，模拟接口 AO 电压基本为 0V 左右；当气体影响超过设定阈值时，模块数字接口 DO 输出低电平，模拟接口 AO 输出的电压会随着气体的影响慢慢增大。

（3）小板数字量输出 DO 可以与单片机直接相连，通过单片机来检测高低电平，由此来检测环境气体。

（4）小板数字量输出 DO 可以直接驱动继电器，由此可以组成一个气体开关。

（5）小板数字量输出 DO 可以直接驱动原蜂鸣器，由此可以组成一个气体报警器。

（6）小板模拟量输出 AO 可以和 A/D 芯片相连，通过 A/D 转换，可以获得环境气体浓度精准的数值。

10.4.2 气体传感器应用实例

本例要实现的实验目的是：把 MQ-2 气体传感器采集的数据，通过 MQ-2 的数据采集模块的处理，可以输出开关量或模拟量，模块上的旋钮可以用来调节气体浓度的阈值，进而输出开关量 0 和 1；模拟量通过 M128 数模转换的功能将其电压值显示在 LCD1602 液晶面板上。

1. 硬件设计

图 10-14 所示为 MQ-2 和 ATmega128 的硬件接口电路图。

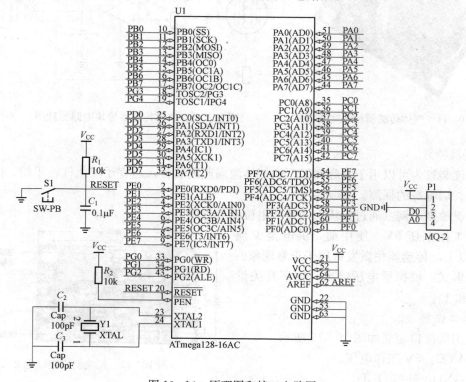

图 10-14 原理图和接口电路图

2. 程序设计

```
/*****************************************************************************

Chinp type      :ATmega128
Program type    :Applieation
Clock frequency :16.000000MHz
Memouy model    :Small
Exterml SRAM size   :0
Data Stack size     :1024
***************************************************************************** /
# include<mega128.h>
# include<delay.h>
//Alphanumeric LCD Modult functions
# asm
   .equ_lcd_port = 0x18;PORTB
# include<lcd.h>
# define ADC_VREF_TYPE 0x40
unsigned char dist_num[7];
unsigned char i = 0;
unsigned int V;
unsigned char num = 0;
unsigned char flag = 0;
//Read the AD conversion result
//Timer 0 overtlow mterrupt service routine
interrupt [TIM0_OVF]void timer0_ovf_isr(void)        //每隔 0.5s 采集一次数据
{
//Place yout code here
TCNT0 = 0x05;
num + + ;
if(num = = 250)
{
    flag = 1;
    num = 0;
}
}
unsigned int read_adc(unsigned char adc_input)       //模拟量的采集函数
{
ADMUX = adc_input|ADC_VREF_TYPE;
//Start the AD conversion
ADCSRA| = 0x40;
//Wait for the AD conversion to complete
while((ADCSRA&0x10) = = 0;
ADCSRA|0x10;
return ADCW;
```

```
}
void display()                                          //显示函数
{
V = (int)((float)(read_adc(i) = 5000. 0/1024. 0);
dist_num[0] = V/1000 + 48;
dist_num[1] = '. ';
dist_num[2] = V % 1000/100 + 48;
dist_num[3] = v % 100/10 + 48;
dist_num[4] = V % 10 + 48;
dist_num[5] = V;
}
//Declare your global variables here
void main(void)
{
DDRD = 0XFE;
//Timer/Counter 0 initialization
//Clock sourree:System Clock
//Clock value:Timer0Stopped
//Mode:Normal top = FFh
//OC0 out put:Disconnected
ASSR = 0x00;
TCCR0 = 0x05;
TCNT0 = 0x05;
OCR0 = 0x00;
//Timer(s)/Counter(s)Interrupt(s)initialization
TIMSK = 0x01;
ETIMSK = 0x00;
//Analog Comparator initiaization
//Analog Comparator :Off
//Analog Comparator Input Captire by Timer/Counter 1:Off
ACSR = 0x80;
SFIOR = 0x00;
//ADC initialization
//ADC Clock frequency:1000. 000kHz
//ADC Voltage Reference:AREF pin
ADMUX = ADC_VREF_TYPE;
ADCSRA = 0x84;
//LCD mpdule initialization
Lcd init(16);
#asm("sei")
while(1)
   {
   PORTD. 1 = 1;
```
452

```
    if(flag = = 1)                                    //使用模块的模拟量输出
    {
        flag = 0;
        display();
        lcd_gotoxy(3,0);
        lcd_puts(dist_num);
        delay_ms(1000);
    }
    if (PIND. 0 = = 0)                                //使用模块的开关量输出
    {
            PORTD. 1 = 0;
    }
    else PORTD. 1 = 1;
    }
}
```

10.5　加速度传感器的应用

10.5.1　型加速度传感器模块

现在市场上都有现成的 MMA7361 加速度传感器模块。其外围接口简单，方便与 M128 连接，控制方便。图 10 - 15 所示为本实验所用的传感器模块原理图。

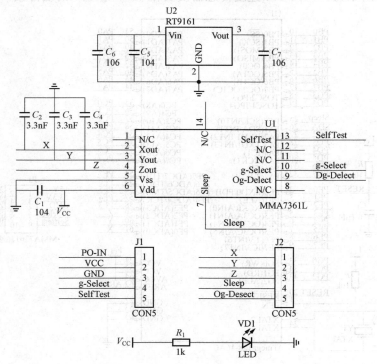

图 10 - 15　MMA7361 加速度传感器模块的原理图

Arduino 三轴加速度传感器采用 Freescale（飞思卡尔）公司生产的高性价比微型电容式三轴加速度传感器 MMA7361 芯片，对于普通的互动应用来讲应该是个不错的选择，可以应用于摩托车和汽车防盗报警、遥控航模、游戏手柄、人形机器人跌倒检测、硬盘冲击保护、倾斜度测量等场合。它具有电源指示灯，方便观察工作情况的特点：±1.5g/6g 两个量程可通过开关任意切换；预留排针焊接孔，客户可自动焊接排针，可通过多彩跳线连接插到 Mini 面包板上进行实验；3 个 PH2.0 插座配合模拟传感器连接；可轻松连接到 Aduino 传感器扩展板上，可制作倾角、运动、姿态相关的互动作品。

此模块的特点如下。

（1）供电电压：3.3~8V。

（2）数据接口：模拟电压输出兼容 Arduino。

（3）可选灵敏度±1.5g/6g，通过开关选择。

（4）低功耗，工作时电流为 $400\mu A$，休眠模式下为 $3\mu A$。

（5）高灵敏度，在 1.5g 量程下为 800mV/g。

（6）低通滤波器具有内部信号调理功能。

（7）设计稳定，防震能力强。

10.5.2 加速度传感器应用实例

1. 实现的实验目的

本例要实现的实验目的是把 MMA7361 加速度传感器采集的数据显示在 LCD1602 液晶面板上。图 10-16 所示为 MMA7361 速度传感器模块和 ATmega128 的硬件接口电路图。

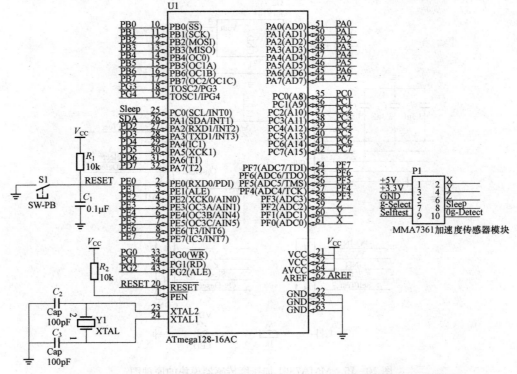

图 10-16　MMA7361 加速度传感器模块与 ATmega128 的硬件接口电路图

2. 软件编程

```
//---------------------------------------------------------------------------------
//MMA7361 Demo code,show the 3 axis date through UART periodically
//Hardware conncection;X_out    PF2
//                     Y_out    PF1
//                     Z_out    PF0
//---------------------------------------------------------------------------------
#include<mega128.h>
#asm
  .equ_lcd_port=0x18;PORTB
#endasm
#include<ocd.h>
#define Max_Axis3
#define X_Channel0                           //PF0
#define Y_Channel1                           //PE1
#define Z_Channel2                           //PF0
#define MMA7361_EN0x01                       //PD0
const unsigned char Channel_Tbl[Max_Axis]={0x42,0x41,0x40};//z,y,x
const unsigned char Axis_Name[Max_Axis]=|X,Y,Z|;
unsigned int Axis_Data[Max_Axis];
void IO_Ports_Init();
void ADC_Init();
void MMA7361_Init();
unsig ned int Get_ADC(unsigned char Channel);
void Put _Axis(unsigned int Data);
unsigned char Templ;
int main(void)
{
 unsigned char                         //初始化 I/O
 IO_Ports_Init();                       //初始化 ADC
 ADC_Init();
 MMA7361_Init();
 Lcd_init(16);
 while(1)
 {
 for(i=0,i<Max_Axis;i++)               //得到坐标值
        {
  Axis_Data[i]=Get_ADC(i);
         Lcd_gotoxy(0,4*i);
         Put_Axis_Data[i];
         }
 }
```

```
void IO_Ports_Init(void)
{
    PORTB = 0x00;                          //置为 0
    DDRB = 0xFF;                           //PortB(6,7)设为输入口
    PORTF = 0x00;                          //置为 0
    DDRF = 0xF8;                           //PortF(0,2)设为模拟输入
    PORTD = 0x00;                          //置为 0
    DDRD = 0XFF;                           //设为输出口
    PORTD| = 0x01;
}
void ADC_Init(void)
{
    ACSR = 0x80;                           //禁用模拟比较器
    ADCSRA = 0x83;                         //0;//启用 ADC 最大的时钟频率
    ADMUX = 0x42;                          //初始化位置
}
void MMA7361_Init(void)
{
    PORTD|MMA7361_EN                       //使能 MMA7361
}
unsigned int Get_ADC(unsigned char Channel)
{
     unsigned int Result;
    ADMUX = Channe_Tb1[Channel];
    for(Temp1 = 0;temp1<50;temp1 + + );
    ADCSRA| = 0x40;
     //Wait for the AD conversion to complete
     while((ADCSRA&0x10) = = 0);
    ADCSRA|0x10;
    return ADCW;
    }
  void Put_Axis(unsigned int Data)
  {
  unsigned char buf[4];
  buf[0] = (Data/1000 + 0x30);
  buf[1] = (Data % 1000/100 + 0x30);
  buf[2] = (Data % 1000 % 100/10 + 0x30);
  buf[3] = (Data % 1000 % 100 % 10 + 0x30);
}
```

10.6　光照传感器的应用

本例要实现的实验目的是把 BH1750FVI 光照传感器采集的数据，通过 ATmega128 的 I²C 总线传送到 ATmega128 进行数据处理，再将处理后的光强度显示在 LCD1602 液晶面板上。

456

10.6.1　硬件设计

BH1750FVI 光照传感器模块与 ATmega128 的硬件接口电路如图 10-17 所示。

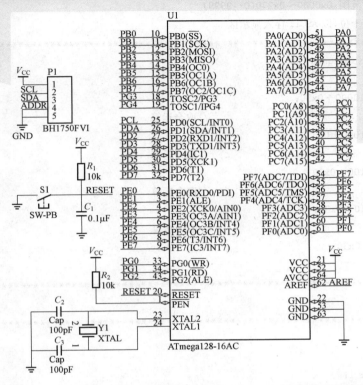

图 10-17　BH1750FVI 光照传感器模块与 ATmega128 的硬件接口电路

10.6.2　程序设计

```
# include<mega128.h>

# include<"12C.h">

# include<"1602.h">

# include<delay.h>

#asm
    .equ lcd_port = 0x18;PORTB
# endasm

# include<lcd.h>

#asm
    .equ i2c_port = 0x12;PORTD
    .equ sda_bit = 1
    .equ sel_bit = 0
# endasm

# include<i2c.h>

void conversion(unsigned int i);
```

```
unsigned char display[10] = {0,0,0,0,0,'1','u','x'};//显示数据
/******************************************************************************
数据转换,十六进制数据转换成十进制数据
输入十六进制数范围:0x0000~0x270(0~9999)
结果分成个十百千位,以 ASCII 存入显示区
****************************************************************************** /
void conversion(insigned int i)
{
Display[0] = i/10000 + 0x30;
  i = i % 10000;                    //取余运算
Display[1] = i/1000 + 0x30;
  i = i % 1000;                     //取余运算
Display[2] = i/100 + 0x30;
  i = i % 100;                      //取余运算
Display[3] = i/10 + 0x30;
  i = i % 10                        //取余运算
Display[4] = i + 0x30;
}
/******************************************************************************
主程序
****************************************************************************** /
void main(void)
{
    unsigned char i;
    float lux_data;                 //光数据
    dalay_us(10);                   //LCD 上电延迟
    lcd_init(16);                   //LCD 初始化
    i2c_init();
    //conversion(100);
    lcd_gotoxy(0,1);
    lcd_puts(display);
    i = i2c_write(0x01);            //BH1750 初始化
    delay_us(10);
    while(1){                       //循环
    i = i2c_write(0x01);            //上电
    i = i2c_write(0x10);            //高分辨率模式
    //TWCR = 0;                     //释放引脚
    delay_us(180);                  //约 180ms
        if(i = = 0){
            lux_data = i2c_read(1);          //从 I²C 总线读取数据
            lux_data = (float)lux_data/1.2;
            conversion(lux_data);            //数据转换出个、十、百、千位
            lcd_gotoxy(0,0);
```

```
        lcd_puts(display);              //显示数值，从第 9 列开始
    }
}
}
```

10.7　温度传感器应用实例

10.7.1　硬件设计

　　DS16230 通过高温系数振荡器控制低温系数振荡器的脉冲个数来实现被测温度的数字量输出。首先，温度寄存器和计数器设置−55℃的基准值，若温度寄存器与计数器在脉冲周期结束之前为 0，则温度寄存器增数，直到温度寄存器中的数值为被测温度值为止。DS1620 与单片机的连接如图 10 - 18 所示。该芯片与单片机通过数据、时钟和复位三线完成通信。

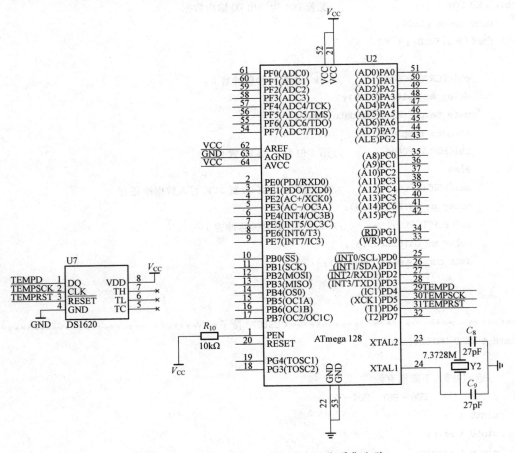

图 10 - 18　ATmega128 与 DS1620 温度采集电路

10.7.2　软件设计

　　数字温度芯片 DS1620 通过 CLK、DQ、RST 三线与单片机进行通信。设计程序时，首先

459

要对 DS1620 进行初始化处理，设定方式/状态寄存器的第 1 位 OSHOT 为 0，第 2 位 CPU 位为 1，即设置 DS1620 为"有 CPU"工作状态和"连续转换方式"。单片机执行延时程序后，输出"开始转换"命令（EEH）使 DS1620 开始温度测量与转换，然后查询方式/状态寄存器的第 8 位，若方式/状态寄存器的第 8 位（DONE 为 1，则表明温度测量值的数字化转换已经完成，单片机可以读取 DS1620 输出的温度测量数据，在连续转换状态，单片机向 DS1620 发送"开始转换"指令（EEH）后，DS1620 会在输出一次温度测量的数字化转换后，继续进行下一次的温度测量和数字化转换，直到接收到单片机的"停止"命令（22H）为止。

```
/******************************** DS1620 写子程序********************************/
void WRITE_DS1620(uint8_t datacode)
{
    //PD5 - CLK   PD6 - RST   PD4 - DQ
    uint8_t i,data_temp,data_const;
    sbi(DDRD,PD4);                    //配置 PD4 为输出 DQ 输出数据
    data_const = 0x01;
    for(i = 0;i<8;i++)
    {
        cbi(PORTD,PD5);          //clk = 0 将时钟脉冲置 0
        delay_ms_ds1620(50,8);
        data_temp = datacode&data_const;
        if(data_temp == 0)
        cbi(PORTD,PD4);          //第 i 位为 0,将 DQ 置 0
        else
        sbi(PORTD,PD4);          //第 i 位为 1,将 DQ 置 1,将写入数据准备好
        delay_ms_ds1620(50,8);
        sbi(PORTD,PD5);          //clk = 1  将时钟脉冲置 1
        delay_ms_ds1620(50,8);
        data_const = data_const<<1;
    }
}

/******************************** DS1620 读子程序********************************/
uint8_t READ_DS1620(void)
{
    //返回补码,下降沿有效
    //PD5 - CLK   PD6 - PST   PD4 - DQ
    uint8_t i;
    uint8_t temp;
    uint8_t result;
    reslut = 0;
    cbi(DDRD,PD4);                    //配置 PD4 为输入 DQ 输入数据
    for(i = 0,i<8;i++)
    {
        cbi(PORTD,PD5);          //clk = 0
```

```
        Delay_ms_ds1620(50,8);
        Temp_PIND;                      //读入数据
        Delay_ms_ds1620(50,8);
        sbi(PORTD,PD5);                 //clk = 1
        Delay_ms_ds1620(50,8);
        Temp = temp&0x10;               //得到 PD4 管脚的值 DQ
        Temp = temp/16;
        result + = temp≪1;             //将第 i 位左移 i 位与上次值相加
    }
    Delay_ms_ds1620(50,8);
    return result;
}
/*********************************** 补码转换子程序***********************************
uint8_t BUMA_CONVERT(uint8_t data)
{
    uint8_t dataresult,i,temp;
    dataresult = 0;
    for(i = 0,i<8,i + + )                //逐位取反
    {
        temp = data≫i;
        temp = temp&0x01;
        if(temp = = 1)
        temp = 0;
        else
        temp = 1;
        dataresult + = temp≪i;
        }
        dataresult + = 0x01;
        return dataresult;
}
/*********************************** DS1620 温度转换子程序*********************************** /
float temperature_convert(void)
{
    uint8_t adresult;
    uint8_t adresult1;
    uint8_t temp,data_remain;
    uint8_t i,data_per;
    int8_t adresult2;
    float temperature_result;
    float data_per1,data_remain1;
    //PD5 - CLK PD6 - RST PD4 - DQ
    sbi(PORTD,PD5);                     //clk = 1
    delay_ms_ds1620(50,8);
```

```
        sbi(PORTD,PD6);                    //rst = 1 开始通信
        delay_ms_ds1620(50,8);
        WRITE _DS1620(0x0C);               //发送写工作方式命令
        delay_ms_ds1620(400,8);
        WRITE_DS1620(0x0B);
        delay_ms_ds1620(400,8);            //发工作方式程序字,OB 为连续转换
        cbi(PORTD,PD6);                    //RST = 0 取消通信
        delay_ms_ds1620(50,8);
        sbi(PORTD,PD5)                     //clk = 1
        delay_ms_ds1620(50,8);
        sbi(PORTD,PD6);                    //rst = 1 开始通信
        delay_ms_ds1620(50,8);
        WRITE_DS1620(0xEE);                //发开始转换命令,启动 DS1620 转换
        delay_ms_ds1620(400,8)
        cbi(PORTD,PD6);                    //ret = 0 取消通信
        delay_ms_ds1620(50,8)              //一次转换完后等待 1s
        delay_ms_ds1620(7000,8)            //一次转换完后等待 1s
        delay_ms_ds1620(500,8)             //一次转换完后等待 1s
        delay_ms_ds1620(500,8)             //一次转换完后等待 1s
        temp = 0;
        sbi(PORTD,PD5)                     //clk = 1
        delay_ms_ds1620(50,8);
        sbi(PORTD,PD6);                    //ret = 1 开始通信
        delay_ms_ds1620(50,8);
        WRITE_DS1620(0xAA);                //发送读取温度值命令
        delay_ms_ds1620(400,8)
        adresult = READ_DS1620();          //读取温度值的第一个字节
        delay_ms_ds1620(400,8);
        adresult = read_ds1620();          //读取温度值第二个字节
        delay_ms_ds1620(400,8);
        cbi(PORTD,PD6)                     //rst = 0 取消通信
        delay_ms_ds1620(50,8);
        adresult = 0x01;                   //取符号位
        //补码转换
        if(adresult = = 1;)                //为负数,求补码
        {
            global_temp_fuhao = 0xFF;
            adresult2 = BUMA_CONVERT(adresult);
            adresult2 = − adresult2;
    }
    else
    adresult2 = adresult
    sbi(PORTD,PD5);                        //clk = 1
```

462

```
delay_ms_ds1620(50,8);
sbi(PORTD,PD6);                          //RST = 1 开始通信
delay_ms_ds1620(50,8);                   //发送读取计数器预留值命令
WRITE_DS1620(0xA0);
delay_ms_ds1620(400,8);
data_remain = READ_DS1620();             //读计数器预留值
delay_ms_ds1620(400,8);
cbi(PORTD,PD6);                          //rst = 0 取消通信
delay_ms_ds1620(50,8);
sbi(PORTD,PD5);                          //clk = 1
delay_ms_ds1620(50,8);
sbi(PORTD,PD6);                          //rst = 1 开始通信
delay_ms_ds1620(50,8);
WRITE_DS1620(0x41);                      //装载计数器指令
delay_ms_ds1620(400,8);
cbi(PORTD,PD6);                          //RST = 0 取消通信
delay_ms_ds1620(50,8);
sbi(PORTD,PD5);//clk = 1
delay_ms_ds1620(50,8);
sbi(PORTD,PD6);                          //rst = 1 开始通信
delay_ms_ds1620(50,8);
WRITEODS1620(0xA0);                      //重新发送读取计数器预留值命令
delay_ms_ds1620(400,8);
data_per = RETD_DS1620();                //重新读计数器预留值
cbi(PORTD,PD6);                          //rst = 0 取消通信
data_per = RETD_DS1620(50,8);
data_per1 = data_per;
data_remain1 = data_remin;
//根据公式计算温度
temperature_result_adresult2_0,250 + (data_per1_data_remain1)/data_per1;
temperature_result = temperature_result/2;
return temperature_result;
}
```

第11章
AVR单片机的综合应用设计实例

11.1 基于 ATmega128 单片机的轮式机器人设计

11.1.1 硬件设计

1. 机械结构整体设计方案

轮式智能移动平台应将步进电动机、电动机驱动板、主动轮、万向轮及测距传感器等元器件合理布置。在设计移动平台时，采用两个主动轮、两个万向轮以保证小车在行进过程中的平稳性，充分利用小车的空间位置使车体更小巧，同时还要注意部分零件在安装时要避免与车体金属机架接触，否则可能导致硬件电路的电源与地导通。图 11-1 所示为小车的设计方案。

2. 轮式智能移动小车的总体装配图

步进电动机采用的是 42 号步进电动机，它的外形尺寸是 42mm×42mm×40mm，红外线传感器的型号是 GP2Y0A02YK0F，超声波测距传感器的型号是 HC-SR04，前方和后方采用的是小型牛眼万向轮，小车的机械结构总体装配效果图如图 11-2 所示。

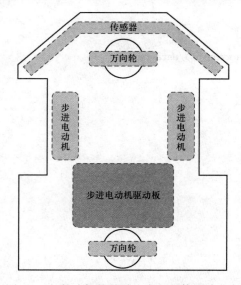

图 11-1 轮式智能移动小车的整体设计方案　　图 11-2 智能小车的机械结构总体装配效果图

3. 电源稳压模块

采用 78M05 稳压模块将 12.6V 电源稳压到 5V，即可给核心板、超声波传感器、红外线传感器供电。其原理图如图 11-3 所示。

4. 步进电动机驱动模块

根据电动机驱动板的原理说明进行设置，驱动板上的 ENA、DIR、PUL 端口分别接到核心板 ATmega128 上的 PA0、PA1、PB4 上，第二个驱动板接到 PA2、PA3、PB7 上。电动机驱动板上的 +5V 与核心板的 +5V 相连。其原理图如图 11-4 所示。

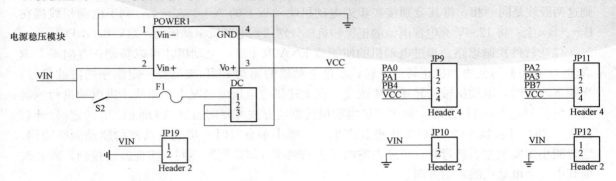

图 11-3　电源稳压模块原理图　　　　图 11-4　步进电动机驱动模块原理图

5. 传感器接口模块

超声波传感器有 4 个端口，VCC 和 GND 分别与核心板 5V 电源、GND 相连；3 个传感器的 TRIG 触发控制信号输入端分别与核心板 PA4、PA5、PA6 相连；ECHO 回响信号输出端分别与核心板 PD0、PD1、PD2 相连。红外测距传感器有 3 个接口，左面的应与 A/D 转换的 I/O 口相接，如 PF0、PF1、PF2，中间是 GND，右面的是 +5V，需分别与核心板的 GND、+5V 相连。按照相应的接口进行接线，其原理图如图 11-5 所示。

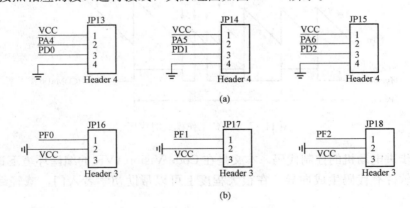

(a)

(b)

图 11-5　传感器接口模块原理图

(a) 超声波测距传感器接口；(b) 红外线测距传感器接口

6. LCD 显示模块

添加显示模块，便于将获取的信息显示出来，方便程序调试。其原理图如图 11-6 所示。

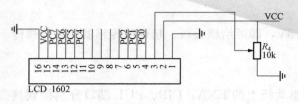

LCD 1602

图 11-6　LCD 显示模块

11.1.2　软件设计

1. 步进电动机的驱动

步进电动机通过步进电动机驱动器与控制板相连。本项目采用的是两相四线 42 号步进电动机，驱动器型号是日本东芝的 TB6560。

（1）步进电动机与驱动板的线路连接。将步进电动机任意两股线捏在一起，如果阻力较大，则这两股线是同一相，将其分别接在步进电动机驱动板上的 A＋、A－上，剩下的两根线接在 B＋、B－上；将 12.6V 充电锂电池的正极和负极分别接到电动机驱动板的＋24V 和 GND 上。

（2）软件控制思路。步进电动机的使能端 ENA 取 1 时，电动机才可以转动；方向端 DIR 取值（0 或 1）可使电动机正转或反转；步进电动机的驱动 PUL 端需要一定频率的方波信号，当频率改变时，电动机轴的转速发生改变。在上述供电电压的情况下，要使步进电动机稳速运转，应控制在 4000Hz 左右。两个步进电动机的驱动方波可分别通过 ATmega128 的定时/计数器 0、定时/计数器 2 的 CTC 工作模式产生。智能小车直行时，步进电动机的驱动频率相同。当智能小车实现左右转弯时，可使左右电动机的频率（即速度）不同，实现差速控制，或者改变其中一个电动机的转动方向。

定时/计数器的 CTC 工作模式是指在 OCRn 寄存器中存储比较值，当计数器 TCNTn 值与 OCRn 相同时，计数器清零。通过设置控制寄存器 TCCRn，可以在 CTC 模式下将比较输出模式设置为交替方式，只要比较匹配发生，OCn 的输出电平就取反。在将其相应端口（PB4、PB7）设置为输出状态时，就可以获得 OCn 的输出波形。因此，OCRn 寄存器存储值是计数器的 TOP 值，改变它即可改变方波的频率。此工作模式的时序如图 11-7 所示。

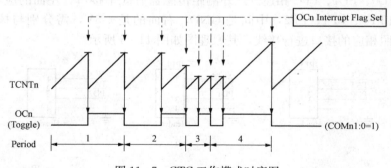

图 11-7　CTC 工作模式时序图

（3）驱动步进电动机的控制代码。本文是在 Code VisionAVR 的编译环境下进行代码编写及编译的，此软件有代码生成向导，在很大程度上可以帮助初学者入门，减轻编码人员的工作量。

1）智能移动平台直行。

```
//定义步进电动机端口
#define Motor_ENA PORTA.0
#define Motor_DIR PORTA.1
#define Motor_PUL PORTB.4
#define Motorr_ENA PORTA.2        //以下为第二个电动机端口的定义
```

```
#define Motorr_DIR PORTA.3
#define Motorr_PUL PORTB.7
//定时/计数器 0 初始化
TCCR0 = 0x1C;
TCNT0 = 0x00;
OCR0 = 0x00;
//定时/计数器 2 初始化
TCCR0 = 0x1B;
TCNT0 = 0x00;
OCR0 = 0x00;
//智能移动平台直行子程序
void direct_go(void)
{
Motor_ENA = 1;
Motorr_ENA = 1;
Motorr_DIR = 1;
Motorr_DIR = 0;
OCR0 = 0x15;                    //确保定时/计数器的方波频率为 4000Hz
OCR2 = 0x15;
}
```

2）智能移动平台转变。

```
//端口定义和定时/计数器初始化与直行相同
//智能移动平台左转弯子程序(使其中一个电动机反转)
void direct_left(unsigned long left_angle)
  {
Motor_DIR = 1;
Motorr_DIR = 1;
  Motor_ENA = 1;
  Mtorr_ENA = 1;
    OCR0 = 0x15;
    OCR2 = 0x15;
delay_ms(left_angle);
Motorr_DIR = 0;
Motor_DIR = 1;
  }
//智能移动平台右转弯子程序
void direct_left(unsigned longright_angle)
  {
Motor_DIR = 0;
Motorr_DIR = 0;
  Motor_ENA = 1;
  Motorr_ENA = 1;
    OCR0 = 0x15;
```

```
    OCR2 = 0x15;
  delay_ms(left_angle);
  Motor_DIR = 0;
  Motorr_DIR = 1;
    }
```

2. 超声波测距传感器的应用

HC - SR04 型的超声波测距传感器可提供 2～400cm 的非接触式距离感测功能，测距精度可以达到 3mm；模块包括超声波发射器，接收器与控制电路。

在本项目设计中需要 3 个超声波测距传感器，分别捕捉左前方、前方、右前方的障碍物距离信息，以判断小车的行驶标志。

（1）软件控制思路。超声波模块需要给 TRIG 触发控制信号输入提供一个 $10\mu s$ 以上的脉冲触发信号，该模块内部将发出 8 个 40kHz 周期电平并检测回波。一旦检测到有回波信号则输出回响信号，ECHO 端口将输出一个高电平，高电平持续的时间就是超声波从发射到返回的时间。采集高电平的时间就可以获得障碍物的距离信息。其工作时序图如图 11 - 8 所示。

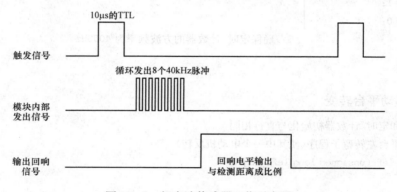

图 11 - 8　超声波传感器工作时序图

在本项目设计中，定时/计数器 1 在 CTC 工作模式下可设置为 100ms 的定时中断，在第一个 100ms 中断里给左前方的超声波传感器发送 $20\mu s$ 的高电平来启动传感器，第二个 100ms 中断时启动前方的传感器，第三个 100ms 时启动右前方的传感器。用自加计数变量 counter 来区分传感器。

要测量距离，需要采集回响信号 ECHO 高电平的时间。用定时/计数器 3 来计时，在启动超声波传感器的时候计数器清零。在外部中断 PD 端口捕捉到下降沿的时候产生外部中断，利用计数器 3 的值来计算距离值。

（2）超声波传感器模块的控制代码。

```
//定时/计数器 1 初始化
TCCR1A = 0x00;
TCCR1B = 0x0D;
TCNT1H = 0x00;
TCNT1L = 0x00;
OCR1AH = 0x43;
OCR1AL = 0x80;
```

```
//定时/计数器 3 初始化
TCCR3A = 0x00;
TCCR3B = 0x05;
TCNT3H = 0x00;
TCNT3L = 0x00;
//定时/计数器中断初始化
TIMSK = 0x10;
ETIMSK = 0x00;
//外部中断初始化
EICRA = 0x2A;
EICRB = 0x00;
EIMCK = 0x07;
EIFR = 0x07;
//定时/计数器 1 的中断程序
interrupt[TIM1_COMPA]void timer1_compa_isr(void)
{
    switch(counter)                              //启动相应传感器
    {
    case0:PORTA. 4 = 1;delay_us(20);PORTA. 4 = 0;break;
    case1:PORTA. 5 = 1;delay_us(20);PORTA. 5 = 0;break;
    case2:PORTA. 6 = 1;delay_us(20);PORTA. 6 = 0;break;
    default:break;
    }
    TCNT3H = 0;
TCNT3L = 0;                                       //计数器 3 清零,开始计时高电平
counter + + ;                                     //为下一个定时器 1 中断作准备
if(counter = = 3)
{
    counter = 0;
}
}
//外部中断程序
interrupt[EXT_INT0]void ext_int0_isr(void)
{
    disl = (TCNT3L + TCNT3H + 256) = 170/108 - 6;    //测量左前方的距离值
}
interrupt[EXT_INT1] void ext_int1_sir(void)
{
    dis = [TCNT3L + TCNT3H + 256] * 170/108 - 6      //测量前方的距离值
}
interrupt[EXT_INT1] void ext_int2_sir(void)
{
dis = [TCNT3L + TCNT3H + 256] * 170/108 - 6          //测量右前方的距离值
```

```
}
//主函数实现自主避障
while(1)
{
If(dis<20)
direct_right(20);
if(disr<20)
direct_left(20);
if(dis<20)
direct_left(20);
}
```

3. 红外测距传感器的应用

在本项目中采用的是夏普原装 GP2Y0A03YK0F 型的红外测距传感器，它由 PSD（Position Sensitive Detector）、IRED（Infrared Emitting Diode）及信号处理电路三部分组成。由于采用了三角测量方法，被测物体的材质、环境温度及测量时间都不会影响传感器的测量精度。它所测量的距离范围是 20～150cm，输出的信号类型为电压模拟信号。

与超声波测距传感器相同，同样需要 3 个红外传感器来获取小车 3 个方向的道路信息。

（1）软件控制思路。在本项目设计中，定时/计数器 1 在 CTC 工作模式下可以设置 100ms 的定时中断，在每一个中断里启动 A/D 转换，并对 3 个 PF 端口的 A/D 进行连续扫描。在 A/D 转换中断中，对电压模拟信号进行线性化，测量障碍物数值。

（2）红外线传感器模块的控制代码。

```
//变量定义
#define FIRST_ADC_INPUT0                        //A/D扫描的起始位
#define LAST_ADC_INPUT2                         //A/D扫描的终止位
#define ADC_VREF_TYPE 0x40
//定时/计数器1初始化
TCCR1A = 0x00;
TCCR1B = 0x0B;
TCNT1H = 0x00;
TCNT1L = 0x00;
ICR1H = 0x00;
ICR1L = 0x00;
OCR1AL = 0x43;
OCR1AL = 0x80;
//定时/计数器中断设置
TIMSK = 0x10;
ETIMSK = 0x00;
//定时/计数器1中断程序
interrupt[TIM1_COMPA]void timer1_compa_isr(void)
{
ADCSRA = 0xCF;                                  //A/D开始转换
}
```

470

```
//A/D 转换中断程序
interrupt[ADC_INT]void adc_isr(void)
{
regster static unsigned char input _index = 0;
diss = ADCW;                                    //读取 A/D 转换的模拟值
switch(input_index)                             //通过自加变量 input_index 来选择传感器
  {
case0:dis1 = (1064700/(diss + 2977)) - 285;break;   //线性化,测量左前方障碍物距离
case1:dis = (1064700/(diss + 2977)) - 285;break;    //线性化,测量前方障碍物距离
case2:disr = (1064700/(diss + 2977)) - 285;break;   //线性化,测量右前方障碍物距离
  }
if( + + input_index>(LAST_ADC_INPUT - FIRST_ADC_INPUT))
  {
input_index = 0;                                //为下次 AD 转换作准备
  ADCSRA = 0x1F;                                 //连续转换结束后才结束 A/D 转换
  }
ADMUX = (FIRST_ADC_INPUT|ADC_VREF_TYPE) + input_index;   //A/D 转换寄存器设置
ADCSRA| = 0x40;
}
//主函数实现自主避险
while(1)
{
if(dis1<20)
direct_right(20);
if(disr<20)
direct_left(20);
if(dis<20)
direct_left(20);
}
```

11.2　基于 ATmega128 单片机的交通信号机设计

11.2.1　硬件设计

1. 交通信号机的功能

(1) 控制方式:无线载波。

(2) 输出功率大:每路输出均采用 25A/800A 可控硅,有安全保护措施。

(3) 多时段、多相位控制时,一天可以设为多个时段,时段内的运行时间可以进行独立设置。

(4) 非机动车道灯、人行横道灯单独控制,可以提前结束或滞后开始。

(5) RS - 232 接口,与 PC 相连,配合辅助软件输入必要参数,可以实现人机界面的应用。

(6) 实现远程联网控制。连接交通监控系统,接受指控中心的远程监控。

(7) 模拟路口显示。信号机面板上具有一个模拟路口,模拟车道及人行道运行,在设置参

数时无须观看路口信号灯，使操作更为便捷。

（8）多种信号的过渡方式，系统可对绿闪、黄闪、红闪的时间和频率进行设置，同时也可以关闭绿闪、黄闪、红闪。

（9）工作参数如下。

1）工作电压：AC176～264V/（50±2）Hz。

2）环境温度：-40～75℃。

3）相对湿度：5％～95％。

4）绝缘强度：大于 20MΩ。

抗电强度：耐压 AC 1500V。

外形尺寸：105mm×290mm×230mm。

抗冲击、震动、可经受各种交通工具正常运行情况下所产生的冲击及震动。

2. 设计思路

本实例信号机实现的功能如下。

（1）实现十字交叉口左转、直行、右转及非机动车的有效控制。

（2）每一类型车道需红、黄、绿三种灯色来控制，还有对行人红灯和行人绿灯两个信号进行控制。控制交叉口的每一个方向需要 4×3+2＝14 个 I/O 口，四个方向共需要 4×14＝56 个 I/O 口。采集交叉口交通流数据，每个车道每个方向需要埋设两个检测线圈，占用两个 I/O 口，单向四车道四个方向需要 32 个 I/O 口。同时指示灯和故障显示灯也需要占用 20 个 I/O 口，故此信号机总共需要 108 个 I/O 口。

（3）信号机对干道或区域协调控制的实现，需要埋设在各个交叉口的检测线圈的检测到的交通流数据上传到上位机，上位机通过控制算法得出相应的配时方案，然后再下传到各个交叉口信号机去执行，需要单片机预留用于交通流数据统计的 I/O 口通道，同时用于单片机与上位机数据传输的通信接口也需要预留。

3. 硬件电路设计

本实例采用 AVR 单片机 ATmega128 作为主控芯片，ATmega128 的 PA、PB、PC 与 8255 芯片分别进行连接，可以实现并行扩展 I/O 口的功能。芯片的 TWI 接口的 SCL 和 SDA 实现 I/O 和 E^2PROM 的串行扩展；RXD0、TXD0 与 RXD1、TXD1 为两组用于 USART 信号接口的传输线。

本实例系统硬件设计中，根据不同的实现功能，分别对电压转换电路部分、信号输出、时钟电路部分、数码管显示部分、指示灯及 E^2PROM 扩展电路部分和串口收发电路部分进行设计。下面将对该系统硬件部分的主要电路进行介绍。

（1）电压转换电路。交通灯照明电压为 220V 的交流电，ATmega128 的供是电压为+5V。所以需要电压转换电路对电压进行转换。若直接采用 220V 交流电变 5V 直流电的方式，变压器容易发热而且电源稳定性差，容易影响单片机的正常工作，从而导致系统不能实现需求的功能。

（2）指示灯及 E^2PROM 扩展电路。ATmega128 两线串行总线 TWI 接口连接到 I^2C 的芯片上，芯片在进行连接时，时钟 SCL 和数据 SDA 两条线起作用，数据传输率最高可达 400kHz，改变芯片的地址连接方式能够实现 8 片 PCA9554D 和 4 片 AT24C256 与 TWI 接口总线相连。该部分电路具有连线简单、传输效率高、与 BG 接口总线连接的器件数易于扩展等优点。

指示灯及 E²PROM 扩展电路图如图 11 - 9 所示。

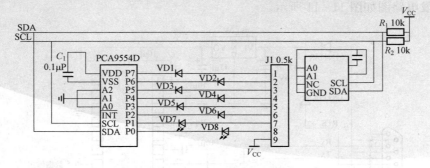

图 11 - 9　指示灯及 E²PROM 扩展电路图

在图中，PCA9554D 芯片用作串入并出的数据转换，AT24C256 实现外部扩展功能。

（3）时钟电路。时钟电路用来给信号机提供实时时间，信号机根据当前时间自动执行时段表中设置的运行方案，因此实钟电路能否提供准确的时间就显得尤为重要。时钟电路采用三线串行接口的 DS1302 芯片提供实时时间。DS1302 芯片与单片机的通信接口简单，可提供秒、分、小时、星期、日、月和年等信息。对于少于 31 天的月份，芯片还会自动予以校正。

（4）数码管显示电路。数码管显示电路采用 ZLG7289 芯片实现按键功能和数码管的显示功能；采用两片 ZLG7289 级连的方式可以将数码管位数扩充到 16 位。

（5）信号输出电路。信号输出电路通过 4 片 8255 芯片进行 I/O 口扩展。扩展后的 I/O 口用于交叉口四个方向信号类的控制，共中 8255 的 PC 口作为预留的 I/O 口。信号输出电路如图 11 - 10 所示。

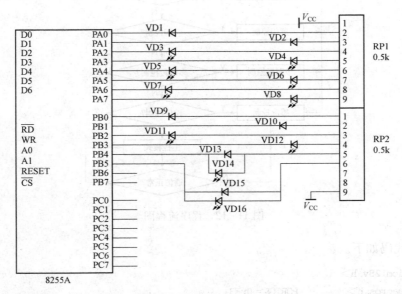

图 11 - 10　信号输出电路图

（6）串口收发电路。该电路设计作为单片机与上位机数据的传输。ATmega128 通过检测线圈，将检测到的交通流数据通过串口上传到上位机，上位机经过算法，把这些数据生成一个可供信号机执行的方案，然后传送到 ATmega128。

串口收发电路图如图 11 - 11 所示。

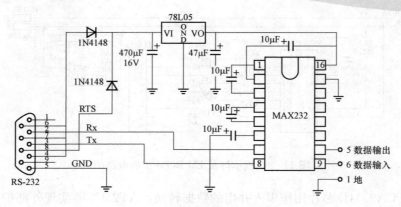

图 11 - 11　串口收发电路图

11.2.2　软件设计

该实例的程序流程图如图 11 - 12 所示。

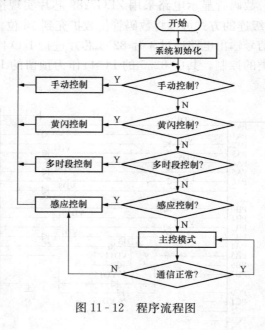

图 11 - 12　程序流程图

实例程序代码如下。

```
# include<iom128v. h>            {
# include<macros. h>              PORTG& = 0xE3;
# include"init. h"               PORTE| = 0x0C;
                                 DDRA = 0xFF;
void IC8255_Init(void)           PORTA = 0x89;
```

```
PORTG& = ~BIT(0);              PORTG| = BIT(0);
PORTG| = BIT(0);               PORTG| = 0x1C;
PORTG| = 0x1C;                 PORTG& = 0xE7;
PORTG& = 0xEF;                 PORTE& = 0xF3;
PORTE| = 0x0C;                 DDRC = 0xFF;
DDRB = 0xFF;                   PORTC = * temp + + ;
PORTB = 0x89;                  PORTG& = ~BIT(0);发送写脉冲
PORTG = ~BIT(0)                PORTG|BIT(1);
PORTG|BIT(0);                  PORTG| = 0x1C;//置 CS 为高电平
PORTG| = 0x1C;                 PORTG& = 0xe7;
POTG& = 0xE7;                  PORTE| = BIT(2);
PORTE| = 0x0C;                 PORTE&~BIT(3);
DDRC = 0xFF;                   DDRC = 0xFF;
PORTC = 0x89;                  PORTC = * temp + + ;
PORTC& = BIT(0);               PORTG& = BIT(0);//发送写脉冲
PORTC| = BIT(0);               PORTG| = BIT(0);
PORTG| = 0x1C;                 PORTG| = 0x1C;//置 CS 为高电平
PORTG& = 0xEB;                 PORTG& = 0xEB;
PORTE| = 0x0C;                 PORTE& = 0xF3;
PORTF = 0xFF;                  DDRF = 0xFF;
PORTF = 0x89;                  PORTF = * temp + + ;
PORTG& = BIT(0);               PORTG& = BIT(0);//发送写脉冲
PORTG|BIT(0);                  PORTG|BIT(0);
PORTG| = 0x1C;                 PORTG|0x1C;//置 CS 为高电平
}                              PORTG& = 0xEB;
void Signal_Light_State(unsigned char *   PORTE|BIT(2)
tep)                              PORTE& = ~BIT(3);
{                                 DDRF = 0xFF;
    PORTG& = 0xE3;                 PORTF = * temp + + ;
    PORTE& = 0xF3;                 PORTG& = ~BIT(0)//发送写脉冲
    DDRA = 0xFF;                   PORTG|BIT(0);
    PORTA = * temp + + ;           PORTG|0x1C;//置 CS 为高电平
    PORTG& = BIT(0);               PORTG& = 0xEF;
    PORTG|BIT(0);                  PORTE& = 0xF3;
    PORTG| = 0x1C;                 DDRB = 0xFF;
    PORTG& = 0xE3;                 PORTB = * temp + + ;
    PORTE| = BIT(2);               PORTG& = ~BIT(0);发送写脉冲
    PORTE& = ~BIT(3);              PORTG| = BIT(0);
    DDRA = 0xFF;                   PORTG| = 0x1C;//置 CS 为高电平
    PORTA = * temp + + ;           PORTG& = 0xEF;
    PORTG& = BIT(0);               PORTE| = BIT(2);
    PORTE& = BIT(3);               Delay_us(20);
    DDRB = 0xFF;                   Portc[1] = PINC;
```

```
    PORTB = * temp + + ;
    PORTG& = ～BIT(0);//发送写脉冲
    PORTG| = BIT(0);
    PORTG| = 0x1c;//置 CS 为高电平
    }
void Read8255_PorrC()
{
    PORTG& = 0xE3;
    PORTE& = ～BIT(2);
    PORTE| = ～BIT(3);
    DDRA = 0;
    PORTG& = ～BIT(1);//发送读脉冲
    Delay_us(20);
    Portc[0] = PINA;
    PORTG| = BIT(1);
    PORTG| = 0x1c;//置 CS 为高电平
    PORTG& = 0xE7;
    PORTE& = BIT(2);
    PORTE| = BIT(3);
    DDRC = 0;
    PORTG& = ～BIT(1);//发送读脉冲

    PORTG| = BIT(1);
    PORTG| = 0x1C;//置 CS 为高电平
    PORTG& = 0xEB;
    PORTE& = ～BIT(2);
    PORTE| = BIT(3);
    DDRF = 0;
    PORTG& = BIT(1);//发送读脉冲
    Portc[2] = PINF;
    PORTG| = BIT(1);
    PORTG|0x1c;//置 CS 为高电平
    PORTG& = 0xEF;
    PORTE& = BIT(2);
    PORTE| = BIT(3);
    DDRB = 0;
    PORTG& = BIT(1);//发送读脉冲
    Delay_us(20);
    Portc[3] = PINB;
    PORTG| = BIT(1);
    PORTG| = 0x1C;//置 CS 为高电平
    }
```